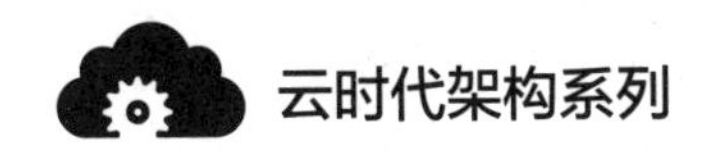


# 互联网轻量级SSM框架解密

## Spring、Spring MVC、MyBatis源码深度剖析

李艳鹏 曲源 宋杨 编著

電子工業出版社
Publishing House of Electronics Industry
北京•BEIJING

## 内 容 简 介

SSM是Spring、Spring MVC和MyBatis框架的组合，是目前Java领域使用非常广泛也非常稳定的开源Web框架。本书以SSM的核心代码剖析为基础，突破Java Web研发瓶颈的束缚，选取Spring、Spring MVC和MyBatis框架中易于理解的版本，深入剖析了其中各个模块的实现，从代码中挖掘常用的设计模式，为读者理解Spring系列框架的可扩展设计艺术提供了方法论和优秀实践。

本书Spring源码剖析篇基于Spring 4.3.2版本，剖析了Spring上下文、Spring AOP和Spring事务的实现，并通过实例展示了框架陷阱的隐蔽性及学习框架原理的必要性。Spring MVC源码剖析篇基于Spring MVC 3.0版本，这个版本比较简单、核心清晰，便于读者理解透彻，这里主要讲解其中的设计模式及可插拔的设计思路。MyBatis源码剖析篇基于MyBatis 3.4版本，帮助读者对SQL语言、JDBC及数据访问方式有更深入的了解，也能看到工厂、Builder、代理、装饰者等设计模式在MyBatis中的大量应用。

本书对于互联网从业者，或者传统行业的IT工程师、架构师、技术经理、技术总监，以及想深耕IT行业的技术人员都有很强的借鉴性和实用价值。



**图书在版编目（CIP）数据**

互联网轻量级SSM框架解密：Spring、Spring MVC、MyBatis源码深度剖析 / 李艳鹏等编著. —北京：电子工业出版社，2019.3
（云时代架构）
ISBN 978-7-121-35954-5

Ⅰ. ①互… Ⅱ. ①李… Ⅲ. ①软件工具－程序设计 Ⅳ. ①TP311.561

中国版本图书馆CIP数据核字（2019）第014988号

责任编辑：张国霞
印　　刷：三河市良远印务有限公司
装　　订：三河市良远印务有限公司
出版发行：电子工业出版社
　　　　　北京市海淀区万寿路173信箱　　邮编100036
开　　本：787×980　1/16　印张：33　字数：740千字
版　　次：2019年3月第1版
印　　次：2021年1月第3次印刷
定　　价：109.00元

凡所购买电子工业出版社图书有缺损问题，请向购买书店调换。若书店售缺，请与本社发行部联系，联系及邮购电话：（010）88254888，88258888。

质量投诉请发邮件至zlts@phei.com.cn，盗版侵权举报请发邮件至dbqq@phei.com.cn。

本书咨询联系方式：010-51260888-819，faq@phei.com.cn。

# 推荐序一

很高兴能为艳鹏的新书写序，之前一直与艳鹏合作写书，非常佩服其知识深度和广度，以及对写作持之以恒的态度。

这是一本非常难得的 SSM 源码书。SSM 框架非常流行，掌握这些技术是大势所趋，但是想要成为 SSM 专家却并不容易，而阅读本书是一个很好的捷径。

SSM，是 Spring+Spring MVC+MyBatis 的缩写，是继 SSH 之后，目前比较主流的 Java EE 企业级框架，适用于搭建各种大型的企业级应用系统。Spring 依赖注入 DI 来管理各层的组件，使用 AOP（面向切面编程）管理事务、日志、权限等。Spring MVC 代表 Model（模型）、View（视图）、Controller（控制）接收外部请求并进行分发和处理。MyBatis 是基于 JDBC 的框架，主要用来操作数据库，并且将业务实体和数据表联系起来。

本书在核心源码分析和企业运用上，由浅入深、由易到难地进行系统分析和讲解，涉及 Spring、Spring MVC 和 MyBatis 的设计理念和整体架构、容器的基本实现、标签的解析、Bean 的加载、容器的功能扩展、IoC、AOP、事务、Spring 消息服务等内容，能很好地指导读者使用 SSM 编写企业级应用，并针对在编写代码的过程中如何优化代码给出切实可行的建议，从而帮助读者全面提升实战能力。

本书语言简洁，示例丰富，可帮助读者迅速掌握使用 SSM 进行开发所需的各种技能，适用于有一定 Java 编程经验或者想学习 SSM 的读者，还适用于 Java 开发人员、测试人员等。

高级架构师、《分布式服务架构：原理、设计与实战》<br>
《可伸缩服务架构：框架与中间件》<br>
主要作者　杨彪

# 推荐序二

在互联网软件开发领域，Java 作为工业生产语言，常年蝉联 TOBLE 排行榜榜首。良好的社区活跃度和广泛的从业基础，也推动着 Java 的蓬勃发展，涌现出一批又一批的优秀框架。

在早期，程序员依靠 Struts+DAO 层打天下，大都经历过学习 EL 和手拼 SQL 的苦日子。Spring 在发布后很快就在社区流行，尽管是否使用 EJB 是当时 Java 圈备受争议的话题，但 SSH 三件套最终发展成为企业应用的必选项。

进入移动互联网时代后，随着前后端分离、微服务等技术的冲击，不管是进行大规模服务化部署，还是进行小作坊快速上线，SSM 逐渐成为事实上的业界标准。程序员面试必被问到 SSM 的实现原理、架构设计，似乎不啃上几遍源码，都不好意思跟面试官交流。

在面试“造火箭”、工作“螺丝钉”的大环境下，很多程序员虽然对这些框架使用得非常娴熟，但对底层原理及架构设计缺少足够的积累与认知，知其然却不知其所以然。面对复杂的类库继承关系、纯英文的源码及注释，很多工程师在学习时遇到重重障碍，我当时也将 Tomcat 源码读了 3 遍，但每每都很难打个通关。

如何帮助程序员快速读懂框架源码，熟悉其背后的设计哲学，掌握其实现上的技巧，既能在面对高阶面试官时侃侃而谈，又能在实际工作中灵活运用，而不是一次次鼓起勇气，却又在源码的漩涡中退却呢？

本书分 3 篇对 SSM 做了深入的源码剖析。每篇都先介绍其框架的主要优点，在互联网开发中的功能定位及模块划分；进而对各个模块进行抽丝剥茧的分析并且给出核心类库的 UML 图，同时对关键代码进行注释、解读，为读者呈现框架的精华部分；最后结合一个实战案例，对企业生产中的优秀实践进行复盘。

本书作者都是业内有多年实际操作经验的专家，在互联网领域积累了大量实战开发经验。本书是他们知识和经验的总结，是他们智慧与理念的结晶，相信各位读者可以通过本书解决源码阅读的痛点，迅速吃透 SSM，在工作中真正做到深入浅出、言必有据。

爱奇艺技术产品中心高级技术经理、支付中心技术负责人　张冲

# 推荐序三

随着互联网的飞速发展，从项目迭代到框架更新的速度之快都让人应接不暇，互联网人能做的就是快速跟进，而抓住纷繁复杂事务的本质和规律，会让我们走得更好。

软件是一个密切关注实践的领域，就像我们研究很多设计模式及设计思想，学习源码也是我们提升实践能力的好方式。而企业级应用至今很难绕开 B/S 结构，无论是在 PC 端还是在手机端，Spring 这样的开源框架都是经典的核心解决方案，并且 Spring Boot、Spring Cloud 等框架都有着很深的影响力，在 Java 软件工程实现领域是很难绕开的核心框架。

我读过 Spring 的 IoC、AOP 及 MVC，至今仍受益良多。好的框架能让你知道过去、现在和未来，Spring 可以算其中一个。

我发现本书抓住了中高级 Java 工程师的一些痛点并给出了很好的解决方案。

（1）高屋建瓴。框架基础及领域模型才是一个框架的灵魂。本书深入浅出地阐释了灵魂思想，使框架的能力及发展轨迹有章可循。

（2）重点突出。Spring 的核心功能全部突出，包括 IoC、AOP、MVC 及相关的 RPC 调用等。一个经典框架很难面面俱到，但是人们用得顺手的核心功能，一定是千锤百炼出来的。Spring 的核心设计模式在本书中都有重点阐释。

（3）注重系统化。作者花了较大的篇幅在 MyBatis 上，这也是本书的一大亮点。作者深入浅出地将 SQL 映射、SQL 解析、执行器、缓存机制等深层次内容呈现给我们，在面临自动化 SQL 生成及各种异构数据库适应的时候，很多延伸框架及解决方案就已经在我们的脑海中了。

程序员在自我修炼的过程中，若想获得超乎寻常的视野，则需要扎实地了解一下过去和现在，需要能够站在开发这些框架的大师角度去审视软件工程领域的优秀实践。这需要大量富有奉献、分享精神的作者引领我们前行，很高兴本书的作者们欣承此责。希望本书作者们能出更多这样的书，满足广大开源爱好者的强烈发展诉求。

新生支付有限公司副总裁 王志成

# 前　言

SSM 是 Spring、Spring MVC 和 MyBatis 框架的组合，是目前 Java 领域使用非常广泛也非常稳定的开源 Web 框架，具有易搭建、开箱即用、配置丰富、扩展度高、运行稳定、开源社区活跃等优点。

本书以 SSM 的核心代码剖析为基础，突破 Java Web 研发瓶颈的束缚，选取 Spring、Spring MVC 和 MyBatis 框架中易于理解的版本，深入剖析了其中各个模块的实现，从代码中挖掘常用的设计模式，为读者理解 Spring 系列框架的可扩展设计艺术提供了方法论和优秀实践。

软件是一个密切关注实践的领域，源码是我们提升实践能力的优质学习资源，我们学习了各种设计模式，最终需要在源码中进行落地。当然，我们也需要从优秀的源码中挖掘设计模式及设计模式的应用场景，学习其中的设计艺术。

本书 Spring 源码剖析篇基于 Spring 4.3.2 版本，剖析了 Spring 上下文、Spring AOP 和 Spring 事务的实现，并通过实例展示了框架陷阱的隐蔽性及学习框架原理的必要性。

Spring MVC 源码剖析篇基于 Spring MVC 3.0 版本，这个版本相对简单、核心清晰，便于读者理解透彻，并主要讲解其中的设计模式及可插拔的设计思路。

MyBatis 源码剖析篇基于 MyBatis 3.4 版本。轻量化、易集成和 SQL 资源易管理等特性为 MyBatis 带来了大量的用户，本篇致力于使读者对 SQL 语言、JDBC 及数据访问方式有更深入的了解，也能看到工厂、Builder、代理、装饰者等设计模式在 MyBatis 中的大量应用。

我们在实际项目中会用到很多中间件，在搭建大型项目工程的时候，多数开发人员主要关注业务逻辑的实现，甚至不关心核心的非功能需求的质量，许多框架高级特性也经常被忽略，导致项目质量不过关。本书通过源码剖析的方式，带领读者挖掘优秀框架的经典设计，窥探框架中高级特性的实现方式，让开源爱好者和应用开发者快速了解 SSM 框架的内部设计细节、设计思路、编程技巧及高级功能特性等内容，为在实际项目中更加熟练地使用框架并巧妙地避开框架内的陷阱提供帮助。

本书对于互联网从业者，或者传统行业的 IT 工程师、架构师、技术经理、技术总监，以及想深耕 IT 行业的技术人员都有很强的借鉴性和实用价值。

# 目　录

## 第 1 篇　深入剖析 Spring 源码

## 第 3 篇 深入剖析 MyBatis 源码

# 第 1 篇

# 深入剖析 Spring 源码

# 第 1 章 Spring 基础介绍

Spring 是一款用于简化企业级 Java 应用开发的分层开源框架，它有着强大的扩展、融合能力，善于将各种单层框架完美地糅合在一起，并建立一个完整体系，统一、高效地构造可提供企业级服务的应用系统。

Spring 的优势主要体现为以下几点。

◎ 降低了 J2EE 的使用难度，并且方便集成各种框架。

◎ 推荐及大量使用面向对象的设计思想，是学习 Java 源码的经典框架。

◎ 面向接口编程，而不是面向类编程，不断地利用 Java 的多态特性及良好的面向对象设计思想，来降低程序的复杂度及耦合度。

◎ 提供了测试框架，并且支持集成其他测试框架，使测试更容易，对测试程序的编写也更简单、高效。

本章讲解 Spring 的核心结构，介绍其中的各个模块及其职责，并讲解设计及使用 Spring 时的领域模型。

## 1.1 Spring 的核心结构

Spring 是一个分层非常清晰并且依赖关系、职责定位非常明确的轻量级架构，主要分为 8 大模块：数据处理模块（Data Access/Integration）、Web 模块、AOP（Aspect Oriented Programming）模块、Aspects 模块、Instrumentation 模块、Messaging 模块、Core Container 模块和 Test 模块，如图 1-1 所示，Spring 依靠这些基本模块，实现了一个令人愉悦的融合了现有解决方案的零侵入的轻量级框架。

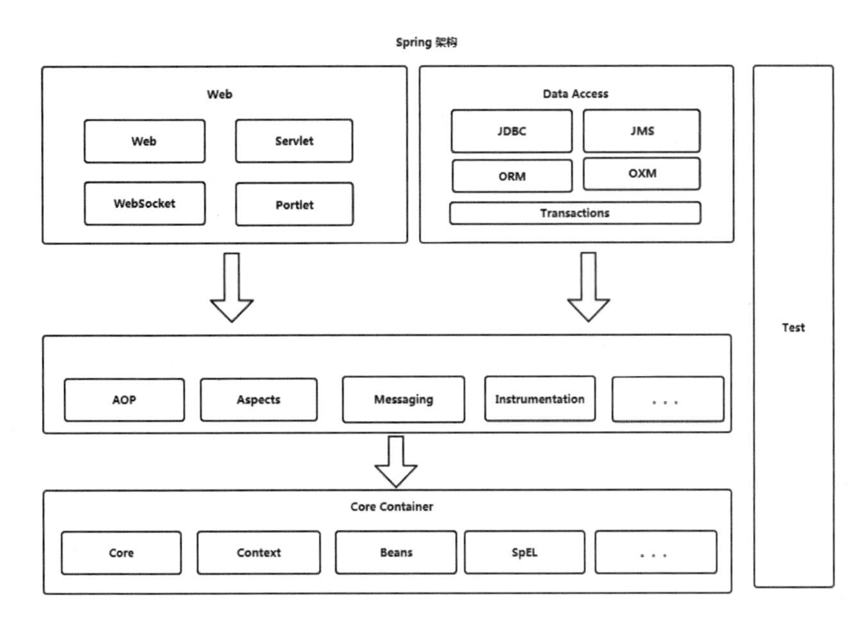


图 1-1

下面对这 8 大模块进行讲解。

### 1. 数据处理模块（Data Access）

该模块由 JDBC、Transactions、ORM、OXM 和 JMS 等模块组成。

◎ JDBC 模块提供了不需要编写冗长的 JDBC 代码和解析数据库厂商特有的错误代码的 JDBC-抽象层。

◎ Transactions 模块支持编程和声明式事务管理。

◎ ORM 模块提供了流行的 Object-Relational Mapping（对象-关系映射）API 集成层，包含 JPA、JDO 和 Hibernate 等 ORM 框架。Spring 对 ORM 的支持和封装主要体现在三方面：一致的异常处理体系结构，对第三方 ORM 框架抛出的专有异常进行了包装；一致的 DAO 抽象的支持，为每个框架都提供了模板类来简化和封装常用操作，例如 JdbcSupport、HibernateTemplate 等；Spring 的事务管理机制，为所有数据访问都提供了一致的事务管理。

◎ OXM 模块提供抽象层，用于支持 Object/XML mapping（对象/XML 映射）的实现，例如 JAXB、Castor、XMLBeans、JiBX 和 XStream 等。

◎ JMS 模块（Java Messaging Service）包含生产和消费信息的功能。

#### 2. Web 模块

该模块由 Web、WebSocket、Servlet 和 Portlet 等模块组成。

◎ Web 模块提供了面向 Web 开发的集成功能。

◎ WebSocket 模块提供了面向 WebSocket 开发的集成功能。

◎ Servlet 模块（也被称为 SpringMVC 模块）包含 Spring 的 Model-View-Controller（模型-视图-控制器，简称 MVC）和 REST Web Services 实现的 Web 应用程序。Spring MVC 框架使 Domain Model（领域模型）代码和 Web Form（网页）代码实现了完全分离，并且集成了 Spring Framework 的所有功能。

◎ Portlet 模块（也被称为 Portlet MVC 模块）是基于 Web 和 Servlet 模块的 MVC 实现。Portlet 和 Servlet 的最大区别是对请求的处理分为 Action 阶段和 Render 阶段。在处理一次 HTTP 请求时，在 Action 阶段处理业务逻辑响应并且当前逻辑处理只被执行一次；而在 Render 阶段随着业务的定制，当前处理逻辑会被执行多次，这样就保证了业务系统在处理同一个业务逻辑时能够进行定制性响应页面模版渲染。

#### 3. AOP 模块

该模块是 Spring 的代理模块，也是 Spring 的核心模块，它巧妙地利用了 JVM 动态代理和 CGLIB 动态代理面向过程编程，来实现业务零侵入、低耦合的效果。为了确保 Spring 与其他 AOP 框架的互用性，Sping AOP 模块支持基于 AOP 联盟定义的 API，也就是 Aspect 模块，与 Spring IoC 模块相辅相成。其中，我们熟知且常用的事务管理就是利用 Spring AOP 模块实现的。Spring AOP 模块及 Spring 良好的架构设计及扩展性，使 Spring 可以融合基本上所有的模块及其他框架，成为真正的集大成者。

#### 4. Aspects 模块

该模块提供了与 AspectJ（一个功能强大并且成熟的面向切面编程的框架）的集成，它扩展了 Java 语言，定义了 AOP 语法（俗称织入点语法），持有一个专门的编译器来生成遵守 Java 字节编码规范的 Class 文件，使用字节码生成技术来实现代理。

Spring 自带 AOP 模块，并且集成了 AspectJ 框架，使原 AspectJ 使用者可以快速掌握 Spring 框架，这同样体现了 Spring 高融合的特性。

#### 5. Instrumentation 模块

该模块是 Spring 对其他容器的集成及对类加载器的扩展实现，其子模块 spring-instrument-tomcat 实现了 Tomcat Instrumentation 代理功能。

#### 6. Messaging 模块

该模块是从 Spring 集成项目（例如 Message、MessageChannel、MessageHandler 及其他基于消息应用的基础模块）中抽象出来的，类似于基于注解的 Spring MVC 编程模块，包含一系列消息与方法的映射注解。

#### 7. Core Container 模块

该模块（也叫 Spring 核心容器模块）是 Spring 的根基，由 Beans、Core、Context、SpEL 四个子模块组成，这四个子模块如下所述。

- ◎ Beans 模块和 Core 模块提供框架的基础部分，包含 IoC（Inversion of Control，控制反转）和 DI（Dependency Injection，依赖注入）功能，使用 BeanFactory 基本概念来实现容器对 Bean 的管理，是所有 Spring 应用的核心。Spring 本身的运行都是由这种 Bean 的核心模型进行加载和执行的，是 Spring 其他模块的核心支撑，是运行的根本保证。
- ◎ Context（包含 Spring-Context 和 Spring-Context-Support 两个子模块）模块建立在 Core 模块和 Beans 模块的坚实基础之上，并且集成了 Beans 模块的特征，增加了对国际化的支持，也支持 Java EE 特征。ApplicationContext 接口是 Context 模块的焦点。Spring-Context-Support 模块支持集成第三方常用库到 Spring 应用上下文中，例如缓存（EhCache、Guava）、调度 Scheduling 框架（CommonJ、Quartz）及模板引擎（FreeMarker、Velocity）。
- ◎ SpEL 模块（Spring-Expression Language）提供了强大的表达式语言来查询和操作运行时的对象。

#### 8. Test 模块

该模块支持通过组合 JUnit 或 TestNG 来进行单元测试和集成测试，并且提供了 Mock Object（模仿对象）方式进行测试。在该模块中定义了注释，例如@ContextConfiguration、@WebAppConfiguration、@ContextHierarchy、@ActiveProfiles，可以被用作元注释来创建自定义注解并避免整个测试套件的重复构造。

## 1.2 Spring 的领域模型

Spring 的领域模型有三种，如下所述。

（1）容器领域模型（Context 模型）：也叫作上下文模型，是 Spring 的掌控域，对 Spring 核心领域模型进行生命周期管理。也可以将其称为 Spring 的服务域，因为它为整个应用服务。

（2）核心领域模型（Bean 模型）：体现了 Spring 的一个核心理念，即“一切皆 Bean，Bean 即一切”。Bean 是应用运行时可执行的最小函数式单元，可以是一个属性单元，也可以是 Java 中的一个函数对象，更倾向于一种对象式的为某种特殊行为而生的可复用的概念，不受职责或者大小的限制。例如 Spring 上下文是一个 Bean，一个简单的描述型的对象也是一个 Bean。Bean 模型是 Spring 的核心服务实体域，是应用要操作的本身，是每个线程的真正执行者，也是整个会话生命周期的管理者，还是 Spring 对外暴露的核心实体。

（3）代理领域模型（Advisor 模型）：Spring 代理的执行依赖于 Bean 模型，但是 Spring 代理的生成、执行及选择都依赖于 Spring 自身定义的 Advisor 模型，只有符合 Advisor 模型的定义，才能生成 Spring 代理。

# 第 2 章 Spring 上下文和容器

本章通过 Spring 容器的设计及加载机制来探秘 Spring，彻底揭开其神秘的面纱。

Core Container 模块是 Spring 整个架构的根基，其核心概念是 BeanFactory，也正是这个概念让 Spring 成为一个容器，帮助 Spring 管理 Bean，并提供 DI（依赖注入）功能来实现对 Bean 的依赖管理，使用配置方式来达到与业务代码及框架代码的分离。

Context 模块即 Spring 上下文模块（也叫 Spring Context 模块），是 Core Container 模块的子模块，它让 Spring 真正成为一个可执行框架。这个模块扩展实现了 BeanFactory，让它不仅仅是 BeanFactory。笔者认为，Context 模块虽然是 BeanFactory 的实现者，但更是一个框架，这才是它的主要职责。这个模块为 Spring 的扩展和架构继承提供了非常多的可能，比如校验框架、调度框架、缓存框架、模板渲染框架，等等。

## 2.1 Spring 上下文的设计

Spring Context 模块是 Spring Core Container 模块中的 Spring Context 子模块，这个模块让 Spring 成为一个执行框架，而不仅仅是对 BeanFactory 概念的扩展。也正是 Spring 上下文的设计，让 Spring 可以提供很多企业级服务的定制。下面从 Spring Context 的核心类图设计入手，来详细讲解 Spring 上下文。

如图 2-1 所示，Spring 容器的设计和实现是对抽象模板设计模式的灵活驾驭，其中大量使用了 Java 语言中的继承关键字来实现代码的高复用，若不能很好地掌握继承的用法，则非常有风险，比如子类重写了父类的方法实现，但是子类的子类仍然依赖这个基类（父类的父类）的原始实现，此时一旦重写程序，将要发生的变化则不可预估（因为它的子类可能还在依赖它的父类的实现逻辑，此时它的子类无法感知它的父类重写，所以无法预测子类的执行结果是什么样的），而且在继承层级较多时更有风险。而 Spring 大神们用合理的分层职责划分及强大的抽象设计能力完美利用了继承的优点并且规避了风险，是我们使用继承设计的教科书式框架设计。

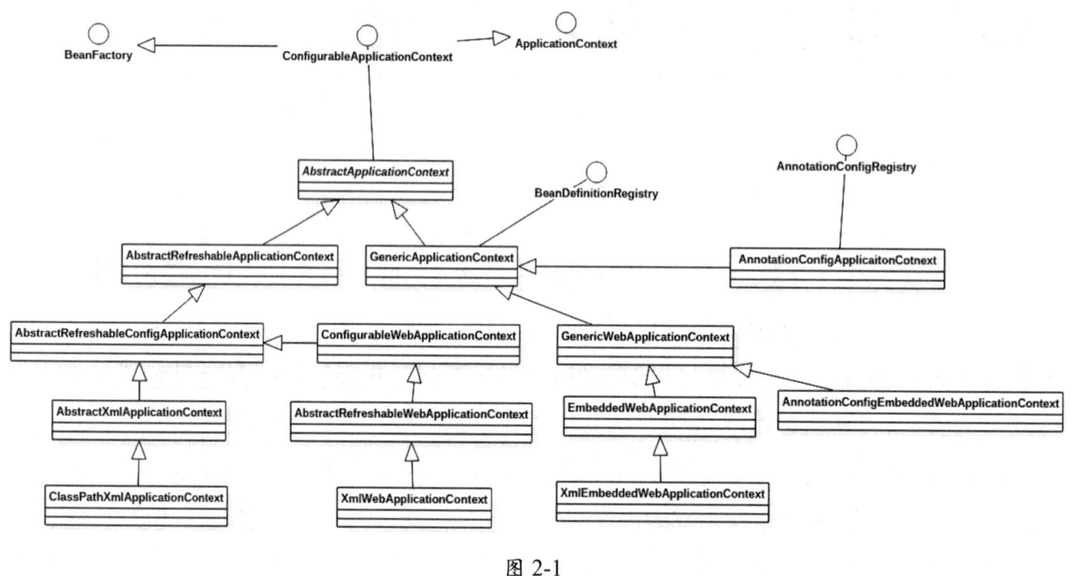


图 2-1

下面说说核心抽象类的职责。

（1）ApplicationContext 是整个容器的基本功能定义类，继承了 BeanFactory，这说明容器也是工厂的多态实现。其实它利用了代理的设计方法，内部持有一个 BeanFactory 实例，这个实例替它执行 BeanFactory 接口定义的功能，这种典型的代理模式应用也是非常巧妙的。

（2）AbstractApplicationContext 是整个容器的核心处理类，是真正的 Spring 容器的执行者，在内部使用了模板方法，实现了高复用、高扩展，实现了 Spring 的启动、停止、刷新、事件推送、BeanFactory 方法的默认实现及虚拟机回调的注册等。在本书中讲解 Spring 容器的加载方式时，会以这个类作为主线来讲解。

（3）GenericApplicationContext 是 Spring Context 模块中最容易构建 Spring 环境的实体类，涵盖了 Spring Context 的核心功能，在不需要特殊定制的场景下可以实现开箱即用。如图 2-1 所示，AnnotationConfigApplicationContext 完美利用了 GenericApplicationContext 的封装性和对外简便性，如果想扩展适合自己业务的轻量级 Spring 容器，使用 GenericApplicationContext 这个基类则会非常容易上手。AnnotationConfigApplicationContext 的构造方法先传入一个 class 数组，再创建一个可执行的上下文实例来构造一个可运行的 Spring 运行环境，使用起来非常简便。

```
    public AnnotationConfigApplicationContext(Class<?>... annotatedClasses) {
      //实例化注解 Bean 定义读取实例，并按照 class 路径扫描 Bean 实例
       this();
         //注册当前这个 class 数组，解析并添加这个 Bean 的描述到 BeanFactory 中
       register(annotatedClasses);
       //启动 Spring 容器就这么简单（在讲解容器加载时会详细讲解如何启动容器）
      refresh();
}
    private final AnnotatedBeanDefinitionReader reader;

private final ClassPathBeanDefinitionScanner scanner;


public AnnotationConfigApplicationContext() {
   this.reader = new AnnotatedBeanDefinitionReader(this);
   this.scanner = new ClassPathBeanDefinitionScanner(this);
}
```

（4）AbstractRefreshableApplicationContext 是 XmlWebApplicationContext 的核心父类，如果当前上下文持有 BeanFactory，则关闭当前 BeanFactory，然后为上下文生命周期的下一个阶段初始化一个新的 BeanFactory，并且在创建新容器时仍然保持对其父容器的引用。

（5）EmbeddedWebApplicationContext 是在 Spring Boot 中新增的上下文实现类，是使用自嵌容器启动 Web 应用的核心上下文基类。

Spring Boot 在启动时，启动 Spring 环境并使用内嵌 Tomcat 容器加载运行 Web 环境，源码如下。

```
    //在Spring启动时，Spring的核心上下文基类AbstractApplicationContext调用onRefresh()
启动 Spring
    protected void onRefresh() {
   super.onRefresh();
```

```
  try {
        //创建 Servlet 容器
        createEmbeddedServletContainer();
  }
  catch (Throwable ex) {
     throw new ApplicationContextException("Unable to start embedded container",
          ex);
  }
}
    private void createEmbeddedServletContainer() {
  EmbeddedServletContainer localContainer = this.embeddedServletContainer;
     //获取当前 ServletContext
     ServletContext localServletContext = getServletContext();
  if (localContainer == null && localServletContext == null) {
        //获得容器工厂类，Spring 的代码都使用自己的模型，可见它的扩展性和模型定义的清晰度
        EmbeddedServletContainerFactory containerFactory =
getEmbeddedServletContainerFactory();
     this.embeddedServletContainer = containerFactory
          .getEmbeddedServletContainer(getSelfInitializer());
  }
  else if (localServletContext != null) {
     try {
        getSelfInitializer().onStartup(localServletContext);
     }
     catch (ServletException ex) {
        throw new ApplicationContextException("Cannot initialize servlet context",
             ex);
     }
  }
  initPropertySources();
}
    protected void finishRefresh() {
  super.finishRefresh();
     //启动容器，并发送启动事件
    EmbeddedServletContainer localContainer = startEmbeddedServletContainer();
  if (localContainer != null) {
     publishEvent(
          new EmbeddedServletContainerInitializedEvent(this, localContainer));
  }
}
```

Spring Boot 的相关细节在本书中不再赘述，总之，Spring Boot 依赖于 Spring 容器，也是基于 Spring 框架产生的，其中体现了 Spring 良好的设计和扩展兼容性，了解 Spring 核心机制对了解 Spring Boot 的设计理念和实现有非常大的帮助。

## 2.2　Spring 容器 BeanFactory 的设计

Spring 的核心功能就是实现对 Bean 的管理，比如 Bean 的注册、注入、依赖等。而 Spring 容器提供了依赖注入这个特征，以实现 Spring 容器对 Bean 的管理，而且使用 IoC 实现了对 Bean 的配置与实际应用代码的隔离。其中，Core Container 模块的核心概念就是 BeanFactory，它是所有 Spring 应用的核心。因为 Spring 的核心模型就是 Bean 模型，所以需要在管理 Spring Bean 的基础上保证 Spring 应用的运行。

下面先通过 BeanFactory 的类图设计入手，展示 Spring 各个 BeanFactory 之间的关系，进而讲解 BeanFactory 的主要职责及作用，如图 2-2 所示。

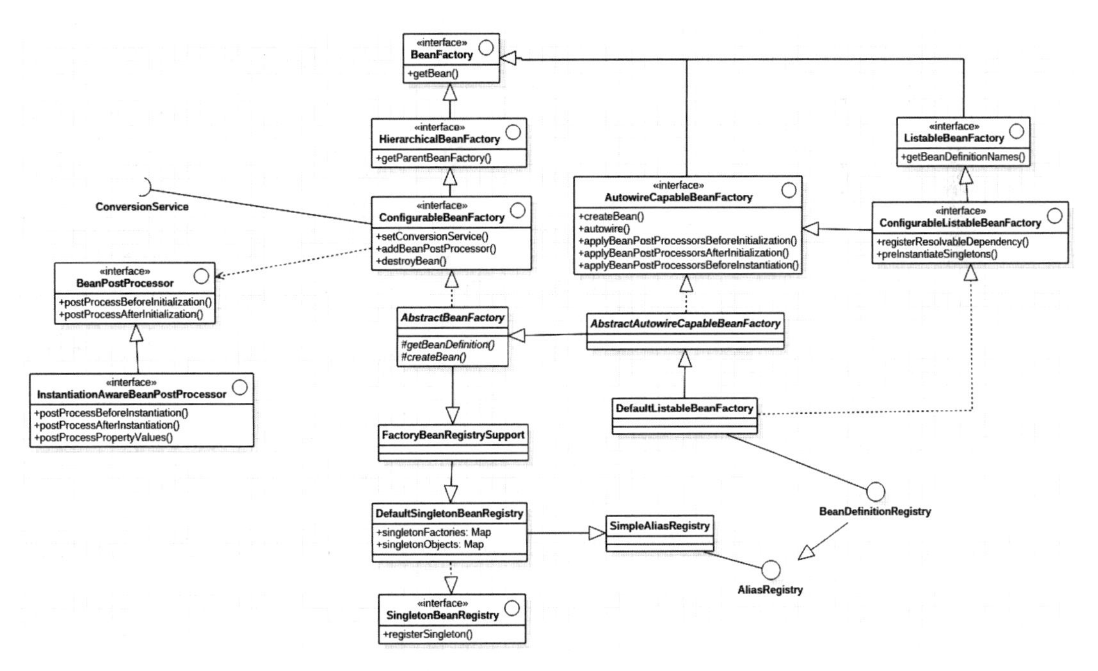


图 2-2

BeanFactory 接口是 Bean 容器设计中基本的职责定义接口，定义了按照名称、参数、类型等几个维度获取、判断 Bean 实例的职能。

HierarchicalBeanFactory 只是对 BeanFactory 进行了扩展，定义了父容器（Parent Bean Factory）及判断当前 Bean 的名称是否在当前 Bean 工厂中等。

ConfigurableBeanFactory 提供了设置父容器接口、指定类加载器的职能，并且为当前容器工厂设计 Bean 的定制型的解析处理器、类型处理器等，主要目的是实现对 BeanFactory 的可配置性。

AutowireCapableBeanFactory 提供了 Bean 的创建、注入职能，并且提供了对 Bean 初始化前后的扩展性处理职能，主要职责是处理在当前工厂中注册的 Bean 实例并使其达到可用状态。

ListableBeanFactory 实现了对 Bean 实例的枚举，以及对有某些共同特征的 Bean 的管理，并且按照 Bean 名称、Bean 实例、Bean 类型获取 Bean 实例。

ConfigurableListableBeanFactory 除了集成了 ListBeanFactory、AutowireCapableBean Factory、ConfigurableBeanFactory 这些接口的所有职能，还扩展了修改 Bean 定义信息和分析 Bean 的功能，并且实现了预实例化单例 Bean 及冻结当前工厂配置等功能。

AbstractBeanFactory 实现了对基本容器功能定义的模板式封装和实现，同时实现了对 Bean 信息的注册，但是对 Bean 的创建及 Bean 定义描述信息相关的处理使用了抽象化处理的方式并交由继承者实现。

AbstractAutowireCapableBeanFactory 主要解决 Bean 之间的依赖和注入问题，其中实现了 Bean 的创建方法。因为 Bean 并不是孤立存在的，很有可能存在 Bean 的相互依赖关系，所以只有在解决 Bean 的依赖的前提下，才能实现 Bean 实例的创建。这也就是 AbstractBeanFactory 不能直接创建 Bean 方法的原因。

DefaultListableBeanFactory 提供了对 Bean 容器的完全成熟的默认实现，可以直接对外使用。

在 Spring Context 模块中，许多依赖 BeanFactory 的场景都通过 DefaultListableBean Factory 类来实现对 Bean 的管理、注入、依赖解决、创建、销毁等功能。

XmlBeanFactory 继承 DefaultListableBeanFactory 并且内部持有 XmlBeanDefinition Reader 属性（该属性用来实现对 XML 文件定义的 Bean 描述信息的加载、解析和处理）的 Bean 工厂容器。

## 2.3　Spring 父子上下文与容器

这里通过 Context 框架来讲解 Spring 父子上下文、父子容器的使用场景和实现细节。

从 ApplicationContext 中可以看出（见图 2-3），Spring 提供了为当前 BeanFactory 和 Application Context 设置父子引用的功能方法，BeanFactory 像一个单向链表节点一样支持 Spring 的多容器场景。

```
/**
 * Return the parent context, or {@code null} if there is no parent
 * and this is the root of the context hierarchy.
 * @return the parent context, or {@code null} if there is no parent
 */
ApplicationContext getParent();
```

图 2-3

ApplicationContext 接口对外提供获取父上下文的方法，既然能对外获取父上下文，那么肯定有上下文属性的设置方法或者初始化方法。最常用的是用构造方法和 set 方法手工指定，相关代码如下。

```
  public AbstractApplicationContext(ApplicationContext parent) {
 this();
 setParent(parent);
}
```

在 Spring MVC 环境中存在 Spring 父子容器时，子容器可以复用父容器的 Bean 实例，从而避免重复创建。

在使用 Spring MVC 时，如下配置会出现在 web.xml 中。

```
  <context-param>
 <param-name>contextConfigLocation</param-name>
 <param-value>classpath:*xml</param-value>
</context-param>
<listener>
 <listener-class> org.springframework.web.context.ContextLoaderListener
  </listener-class>
</listener>
  <servlet>
 <servlet-name>springServlet</servlet-name>
```

```
<servlet-class>org.springframework.web.servlet.DispatcherServlet</servlet-class>
  <init-param>
    <param-name>contextConfigLocation</param-name>
    <param-value>classpath:*servlet.xml</param-value>
  </init-param>
  <load-on-startup>1</load-on-startup>
</servlet>
```

由于在 web.xml 中<listener-class>标签的加载早于<servlet>标签的加载，所以 ContextLoaderListener 在启动后会先创建一个 Spring 容器，之后在 Dispatcher 启动时还会实例化一个容器。

HttpServletBean 是 HttpServlet 的子类，它重写了 init 方法，调用如下方法进行初始化：

```
    @Override
protected final void initServletBean() throws ServletException {
  try {
        //创建 Spring Web 容器
         this.webApplicationContext = initWebApplicationContext();
```

创建 Spring Web 容器：

```
    protected WebApplicationContext initWebApplicationContext() {
  WebApplicationContext rootContext =

        //从 Servlet 上下文中属性中获取 Listener 中的容器
    WebApplicationContextUtils.getWebApplicationContext(getServletContext());
  WebApplicationContext wac = null;

  if (this.webApplicationContext != null) {

     wac = this.webApplicationContext;
     if (wac instanceof ConfigurableWebApplicationContext) {
        ConfigurableWebApplicationContext cwac =
(ConfigurableWebApplicationContext) wac;
        //如果父容器是一个 Web 容器并且没有启动，则此时运行当前容器并且设置它的父容器，也就是说在 XML 中配置了两个 Spring Servlet，仍然可以互相引用 Bean
           if (!cwac.isActive()) {

           if (cwac.getParent() == null) {
              cwac.setParent(rootContext);
           }
```

```
            configureAndRefreshWebApplicationContext(cwac);
         }
      }
   }
   if (wac == null) {
      wac = findWebApplicationContext();
   }
   if (wac == null) {
           //创建当前 Servlet 创建的 Web 容器，并且把父容器设置在其中
      wac = createWebApplicationContext(rootContext);
   }

   if (!this.refreshEventReceived) {
          //实例化的当前容器
          onRefresh(wac);
   }

   return wac;
}
```

Spring 父子容器中的 Bean 是如何被使用的呢？Spring 父子容器从设计上来看，每个容器都可能持有一个父容器，这种设计为各个容器间的共享提供了设计基础，实现了在设计模式 Flyweight 中提到的对象共享和复用。相关代码如下：

```
    protected <T> T doGetBean(
      final String name, final Class<T> requiredType, final Object[] args, boolean
typeCheckOnly)
      throws BeansException {

   final String beanName = transformedBeanName(name);
   Object bean;
   //获取单例 Bean
        Object sharedInstance = getSingleton(beanName);
   if (sharedInstance != null && args == null) {
      bean = getObjectForBeanInstance(sharedInstance, name, beanName, null);
   }

   else {
           //获取当前容器的父容器中的父工厂，然后获取 Bean
           BeanFactory parentBeanFactory = getParentBeanFactory();
      if (parentBeanFactory != null && !containsBeanDefinition(beanName)) {
```

```
        String nameToLookup = originalBeanName(name);
        if (args != null) {

           return (T) parentBeanFactory.getBean(nameToLookup, args);
        }
        else {
        //此处是一个巧妙的递归算法，以在祖先工厂中找到这个 Bean 为止
                return parentBeanFactory.getBean(nameToLookup, requiredType);
        }
    }
```

可是我们设置的是父容器，而此处用的是父工厂，很多人在研读 Spring 源码时会不理解，并且容易混淆容器和工厂的概念，这时可通过在 Spring 类图中熟悉 Spring 容器和上下文的设计来理解。Spring ApplicationContext 有父子上下文的概念，Spring BeanFactory 也有父子工厂的概念，但是 ApplicationContext 的实现者也是 BeanFactory 的实现者，虽然在 ApplicationContext 接口中也声明了 BeanFactory 接口中的功能，但其实 ApplicationContext 和 BeanFactory 并不是一个概念，只是由于在 AplicationContext 实例中持有了 BeanFactory 实例，也就是说 BeanFactory 实例只是 AplicationContext 的一个属性，由这个属性来帮助 ApplicationContext 对外提供 BeanFactory 定义的功能实现。

AbstractRefreshableApplicationContext 是 Spring Web 容器的核心基类，在 Spring AbstractApplicationContext 启动时调用 refreshBeanFactory 方法，相关代码如下：

```
    @Override
protected final void refreshBeanFactory() throws BeansException {
    //如果当前已经存在工厂，则销毁工厂中的 Bean，关闭当前 BeanFactory
      if (hasBeanFactory()) {
     destroyBeans();
     closeBeanFactory();
   }

      //创建工厂 Bean
     DefaultListableBeanFactory beanFactory = createBeanFactory();
     beanFactory.setSerializationId(getId());
    //设置当前工厂 Bean 是否允许 Bean 定义重写覆盖，设置当前 BeanFactory 是否允许 Bean 循环引用
        customizeBeanFactory(beanFactory);
    //按照指定的配置把 Bean 定义加载到 Bean 工厂中
        loadBeanDefinitions(beanFactory);
     synchronized (this.beanFactoryMonitor) {
       this.beanFactory = beanFactory;
```

```
        }
    }
}
    protected DefaultListableBeanFactory createBeanFactory() {
   return new DefaultListableBeanFactory(getInternalParentBeanFactory());
}
    protected BeanFactory getInternalParentBeanFactory() {
      //把父容器中的工厂作为父工厂放在当前容器工厂中
      return (getParent() instanceof ConfigurableApplicationContext) ?
        ((ConfigurableApplicationContext) getParent()).getBeanFactory() :
getParent();
}
```

由于 Spring MVC 中的容器之间存在关联（也就是父子容器），所以容器之间可以互相访问，子容器也可以共用父容器中的 Bean。但是父容器不能共用子容器的 Bean，这是因为当父容器已经启动时，子容器还没有实例化并启动，这时如果父容器引用子容器的 Bean，则是不可能正常运行的。

对于 Spring 子容器什么时候不能使用父容器的 Bean，即如何隔离容器之间的访问，在 6.1 节会进行详细讲解。

# 第3章 Spring 加载机制的设计与实现

前面讲解了 Spring 上下文的设计和实现，那么 Spring 上下文是怎么加载起来的？Sping 是怎么实现灵活扩展的？Spring 在加载时都做了什么？只有明白了这些，我们才能更好地明白 Spring 的实现细节，从而更好地驾驭 Spring 的二次开发及扩展。

很多知名的中间件都是依赖 Spring 上下文来实现的，很多企业应用也是依赖 Spring 作为基础框架来搭建和实现的，所以了解 Spring 加载机制对于开发通用的中间件来说很重要。

## 3.1 Spring ApplicationContext 的加载及源码实现

若想了解 Spring 的加载机制，则必须先明白 Spring ApplicationContext（后简称 Spring 上下文）到底是什么、是怎么设计的、有哪些职能，以及与 Spring BeanFactory 的关系。

如图 3-1 所示，ApplicationContext 是 Spring 上下文的核心接口，描述了 Spring 容器的所有基本功能，是 Spring Context（Spring 上下文）模块的核心设计。

ApplicationContext 是围绕着 Spring 整体来设计的，从类型上看它虽然是 BeanFactory（因为它是 BeanFactory 的实现类），但比 BeanFactory 的功能更丰富，可以理解为 ApplicationContext 扩展了 BeanFactory，是 Spring ApplicationContext 框架的核心设计。从

图 3-1 可以看出，ApplicationContext 是一个复杂的集成体，它集成了环境接口、BeanFactory 接口、消息接口、上下文事件推送接口及配置源信息解析接口。

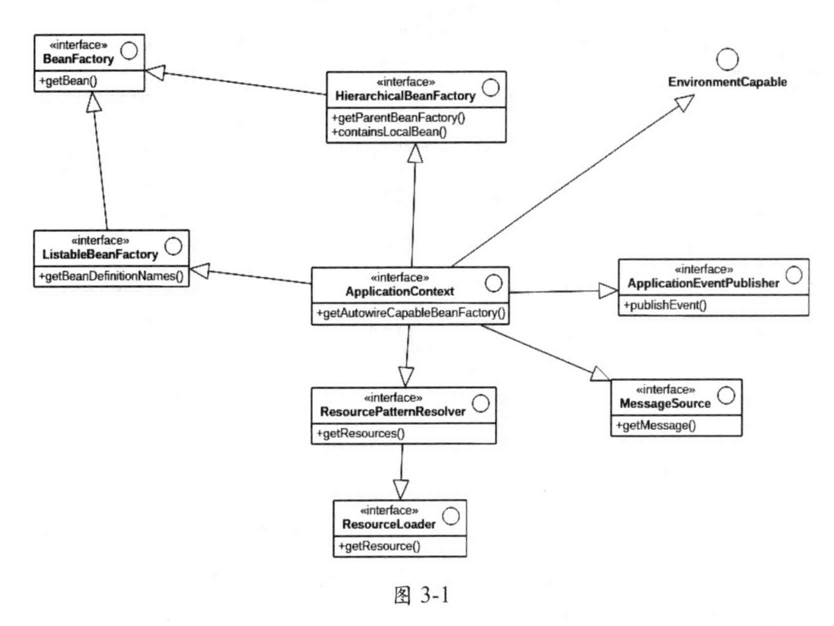


图 3-1

下面通过理解 ApplicationContext 最重要的核心实现类 AbstractApplicationContext，来深入理解 Spring 容器的核心实现。

如图 2-1 所示，AbstractApplicationContext 是 ApplicationContext 实现类中的核心抽象模板类，其中的核心方法 refresh 就是由 AbstractApplicationContext 提供的。

refresh 方法是通过典型的模板方法设计模式实现的，但是我们都知道模板方法有一个最大的弊端，就是要非常慎重地修改，特别是其顺序不能改变，因为一旦发生了改变，已经实现好的子类就不会按照当初设计的目标去执行了。

Spring 的作者 Rod Johnson 是怎么规避模板方法的弊端的呢？一是对整个 Spring 模型的理解及对各个模块职责的明确划分；二是在使用抽象模板的高复用性的同时增加支持重写及注册响应核心处理实体的回调函数，来增加整个模板方法的扩展性。

```
    @Override
public void refresh() throws BeansException, IllegalStateException {
        //使用互斥锁，防止启动、关闭及注册回调函数的重复调用，保证上下文的对象状态
  synchronized (this.startupShutdownMonitor) {
    //提前准备启动参数
```

```
    prepareRefresh();

    //调用创建子类的创建工厂方法和刷新工厂方法
    //上面提到的父子容器就用了它的子类 AbstractRefreshableApplicationContext 来创建
    //beanFactory.Xml 配置文件的读取也是在此时加载的
    ConfigurableListableBeanFactory beanFactory = obtainFreshBeanFactory();

    //初始化和设置 BeanFactory 的初始参数
        prepareBeanFactory(beanFactory);

    try {
       //调用 BeanFactory 实例化后置处理器
       //SpringBoot 的核心上下文实现类 AnnotationConfigEmbeddedWebApplicationContext
       //通过重写 postProcessBeanFactory 方法来实现在 Spring Boot 场景下对 Bean 配置的加载
       postProcessBeanFactory(beanFactory);
       invokeBeanFactoryPostProcessors(beanFactory);
  //在 Bean 工厂中注册 Bean 的后置处理器(BeanPostProcessor)，Bean 的代理的生成由它来实现
        registerBeanPostProcessors(beanFactory);

       //初始化消息源，并且设置父消息源来自父容器的配置
       initMessageSource();

       //初始化消息推送器，注册一个默认的单例 Bean
SimpleApplicationEventMulticaster

       initApplicationEventMulticaster();

       //调用子类重写的当前方法，是子类实现的扩展
       //Spring Boot 核心基类 EmbeddedWebApplicationContext 就是用这个方法来初始化容器的
          onRefresh();

       //注册 listeners
          registerListeners();

     //把所有非延迟加载的 Bean 初始化并设置冻结标志位，防止重新实例化 Bean 浪费资源
     finishBeanFactoryInitialization(beanFactory);

           //注册、启动 LifecycleProcessor，并且发送启动完成事件
           finishRefresh();
    }
```

```
    catch (BeansException ex) {
   //销毁已经存在的 Bean
   destroyBeans();
    //释放标志位，标识其可以重新启动
    cancelRefresh(ex);
   throw ex;
    }

    finally {
    //清除与反射相关的缓存，例如反射的方法、字段、类型解析及类加载
    //Spring 框架对于 Java 反射技术的使用特别多，特别是 IoC 部分，但是能保证对性能、内存的管理，
以及对软引用、弱引用的使用
      resetCommonCaches();
    }
  }
}
```

Spring 上下文的加载虽然使用了模板模式，但是每个方法依赖的子类实现都非常复杂，我们以代码调用依赖的顺序（如图 3-2 所示）理解 Spring 上下文的加载，同时从时序图中看看各个子类是怎么利用 AbstractApplicationContext 模板方法来实现自己的实例加载的。了解这些核心子类的职责，对于以后自己扩展、二次开发 Spring 容器有很好的帮助。

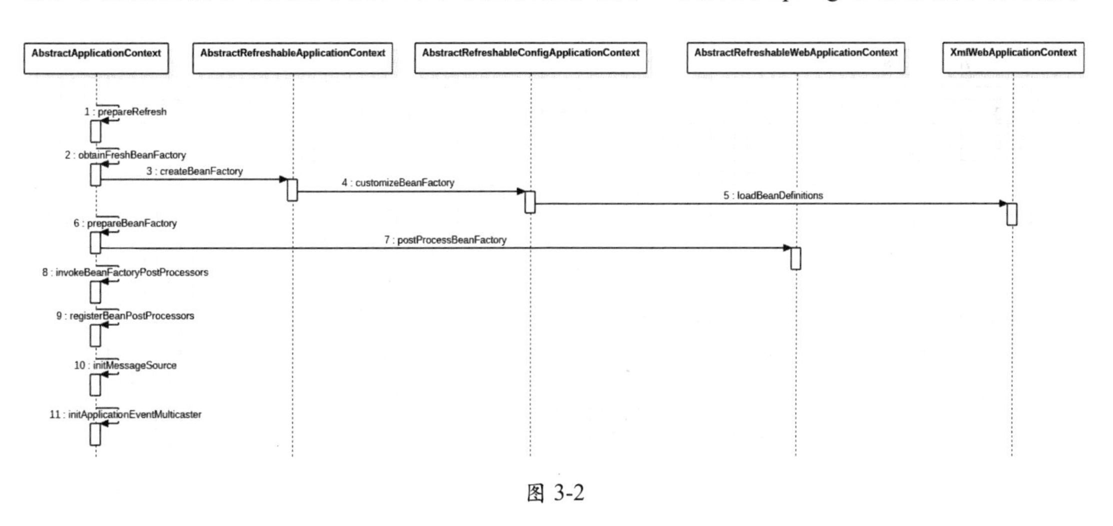


图 3-2

### 1. XmlWebApplicationContext（Web 项目使用的容器加载类）

如图 3-2 所示，XmlWebApplicationContext 只负责配置文件部分的加载；Application

Context 负责整个容器的加载；AbstractRefreshApplicationContext 负责创建 Bean 工厂；AbstractRefreshConfigApplicationContext、AbstractRefreshWebApplicationContext 负责处理配置的加载及 Web 环境的准备；XmlApplicationContext 负责 XML 文件的加载、读取和解析。

```
    @Override
protected void loadBeanDefinitions(DefaultListableBeanFactory beanFactory) throws
BeansException, IOException {
   //创建一个读取 XML 文件的实例对象，并将读取到的 Bean 描述定义信息加载到 BeanFactory 中

    XmlBeanDefinitionReader beanDefinitionReader = new
XmlBeanDefinitionReader(beanFactory);


   beanDefinitionReader.setEnvironment(getEnvironment());
   beanDefinitionReader.setResourceLoader(this);
   beanDefinitionReader.setEntityResolver(new ResourceEntityResolver(this));

      //使用当前 read 读取指定的 XML 文件中的 Bean 描述信息到工厂中
      initBeanDefinitionReader(beanDefinitionReader);
   loadBeanDefinitions(beanDefinitionReader);
}
    protected void loadBeanDefinitions(XmlBeanDefinitionReader reader) throws
IOException {
       //获取指定的 XML 文件的配置地址，读取文件
       String[] configLocations = getConfigLocations();
   if (configLocations != null) {
      for (String configLocation : configLocations) {
         reader.loadBeanDefinitions(configLocation);
      }
   }
}
    @Override
protected void postProcessBeanFactory(ConfigurableListableBeanFactory beanFactory)
{
    //在当前的 Bean 工厂中添加 Bean 后置处理器
    beanFactory.addBeanPostProcessor(new
ServletContextAwareProcessor(this.servletContext, this.servletConfig));
   beanFactory.ignoreDependencyInterface(ServletContextAware.class);
   beanFactory.ignoreDependencyInterface(ServletConfigAware.class);
```

```
    //注册 Web 应用的 Bean 作用范围、Web Request（一次 HTTP 请求或接口调用）、Session（一次 Web 会话，从浏览器的打开到关闭）
    //同时注册 Web Request、Response、Session 的工厂 Bean
    WebApplicationContextUtils.registerWebApplicationScopes(beanFactory,
this.servletContext);

//注册 Servlet 上下文和配置参数，并注册两个 Bean 用于存放这些参数
WebApplicationContextUtils.registerEnvironmentBeans(beanFactory,
this.servletContext, this.servletConfig);
}
```

对于 Bean 的后置处理器的执行源码，会在 4.3 节结合 Bean 的运行加载机制进行详细说明。我们先以 XmlApplicationContext 上下文的加载实现为主线来了解 Spring 上下文的加载机制。Spring 的设计非常巧妙，并且对接口和代理的使用非常多，我们在读源码时可能抓不到重点，容易跟丢源码，这时抓住主线，在掌握整体思路后再看与主线相关的其他实现，可事半功倍。

```
    public static void
registerWebApplicationScopes(ConfigurableListableBeanFactory beanFactory,
ServletContext sc) {
  //在 Web 环境下有很多特定的生命周期，例如 session、request、globalsession，所以 Spring 在处理时为各种不同的对象都设置了特有的 Web 环境的生命周期

   beanFactory.registerScope(WebApplicationContext.SCOPE_REQUEST, new
RequestScope());
   beanFactory.registerScope(WebApplicationContext.SCOPE_SESSION, new
SessionScope(false));
   beanFactory.registerScope(WebApplicationContext.SCOPE_GLOBAL_SESSION, new
SessionScope(true));
   if (sc != null) {
      ServletContextScope appScope = new ServletContextScope(sc);
      beanFactory.registerScope(WebApplicationContext.SCOPE_APPLICATION, appScope);
      sc.setAttribute(ServletContextScope.class.getName(), appScope);
   }

   //为 Web 环境的特定对象设置工厂 Bean，用来生产 ServletRequest、ServletResponse、HttpSession、WebRequest 对象
   beanFactory.registerResolvableDependency(ServletRequest.class, new
RequestObjectFactory());
   beanFactory.registerResolvableDependency(ServletResponse.class, new
ResponseObjectFactory());
```

```
  beanFactory.registerResolvableDependency(HttpSession.class, new
SessionObjectFactory());
  beanFactory.registerResolvableDependency(WebRequest.class, new
WebRequestObjectFactory());
  if    (jsfPresent) {
    //避免 jsf 依赖 FacesDependencyRegistrar.registerFacesDependencies(beanFactory);
  }
}
```

从如上代码可以看出 XmlWebApplicationContext 是怎么巧妙利用 AbstractApplicaiton Context 这个核心基类，并且灵活扩展适应 Web 场景的上下文实例的。

### 2. AnnotationConfigEmbeddedWebApplicationContext

AnnotationConfigEmbeddedWebApplicationContext 是 Spring Boot 的主要启动类之一，这里讲解它的加载流程，以及各类的核心职责。

如图 3-3 所示，AnnotationConfigEmbeddedWebApplicationContext 在整个加载过程中主要负责在 Bean 工厂中注册 Bean 的后置处理器。

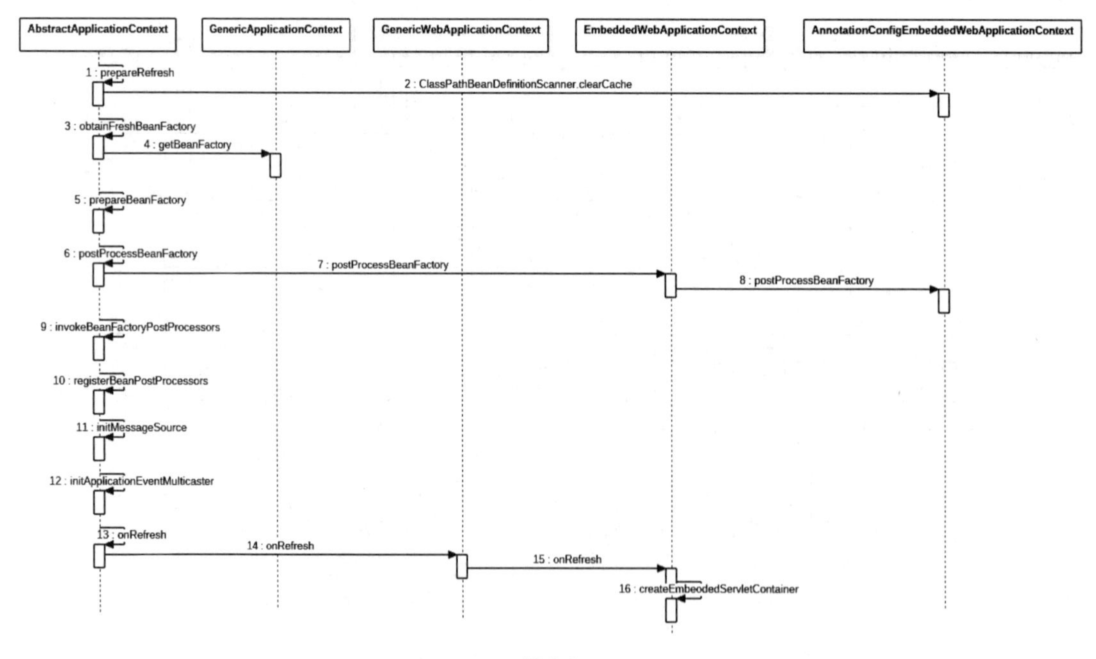


图 3-3

EmbeddedWebApplicationContext 也在当前的 Bean 工厂中注册了 Bean 的后置处理器，它的 postProcessBeanFactory 方法的实现源码如下：

```
    @Override
protected void postProcessBeanFactory(ConfigurableListableBeanFactory beanFactory)
{
   //在 BeanFactory 中注册一个 Bean 后置处理器
   //并且通过 WebApplicationContextServletContextAwareProcessor 设置当前 servletConfig
到 Spring 上下文中
   beanFactory.addBeanPostProcessor(
         new WebApplicationContextServletContextAwareProcessor(this));
   beanFactory.ignoreDependencyInterface(ServletContextAware.class);
}
    //其实和所有 Web 环境一样，必须把 Servlet 配置相关的信息放在指定的类中，为应用提供服务
    @Override
public Object postProcessBeforeInitialization(Object bean, String beanName) throws
BeansException {
   if (getServletContext() != null && bean instanceof ServletContextAware) {
      ((ServletContextAware) bean).setServletContext(getServletContext());
   }
   if (getServletConfig() != null && bean instanceof ServletConfigAware) {
      ((ServletConfigAware) bean).setServletConfig(getServletConfig());
   }
   return bean;
}
```

AnnotationConfigEmbeddedWebApplicationContext 中的处理逻辑如下：

```
    private final AnnotatedBeanDefinitionReader reader;

private final ClassPathBeanDefinitionScanner scanner;

private Class<?>[] annotatedClasses;

private String[] basePackages;

public AnnotationConfigEmbeddedWebApplicationContext() {
   this.reader = new AnnotatedBeanDefinitionReader(this);
   this.scanner = new ClassPathBeanDefinitionScanner(this);
}

    @Override
```

```
protected void postProcessBeanFactory(ConfigurableListableBeanFactory beanFactory)
{
   //调用父类的方法
   super.postProcessBeanFactory(beanFactory);
   if (this.basePackages != null && this.basePackages.length > 0) {
      //使用 classpath reader 读取配置文件，并将读取到的 Bean 的定义描述信息放在当前
BeanFactory 中
      this.scanner.scan(this.basePackages);
   }
   if (this.annotatedClasses != null && this.annotatedClasses.length > 0) {
      //使用注解读取的方式，读取指定的 Bean 定义描述信息并将其放到当前 BeanFactory 中
      this.reader.register(this.annotatedClasses);
   }
}
```

可以看出，Spring Boot 注解上下文实现类，也支持 classpath 文件、注解读取方式。

下面看看 EmbeddedWebApplicationContext 的 onfresh 方法的实现逻辑。

```
    //使用 volatile 来保证多线程的可见性，并且避免指令重排
    private volatile EmbeddedServletContainer embeddedServletContainer;
    private void createEmbeddedServletContainer() {
    //获取当前容器
   EmbeddedServletContainer localContainer = this.embeddedServletContainer;
   //获取 Servlet 配置
   ServletContext localServletContext = getServletContext();

   if (localContainer == null && localServletContext == null) {
      //如果没有实例化，则获取容器工厂。这个工厂也是一个 Bean，存在于 Spring 上下文中
      EmbeddedServletContainerFactory containerFactory =
getEmbeddedServletContainerFactory();
      //使用容器工厂和指定的初始化策略
      this.embeddedServletContainer = containerFactory
           .getEmbeddedServletContainer(getSelfInitializer());
   }
   else if (localServletContext != null) {
      try {
    //使用初始化策略来启动容器
    getSelfInitializer().onStartup(localServletContext);
      }
      catch (ServletException ex) {
         throw new ApplicationContextException("Cannot initialize servlet context",
```

```
            ex);
        }
    }
    initPropertySources();
}
```

Spring Boot 的启动依赖于 EmbeddedWebApplicationContext，它重写 AbstractApplication Context 的 onRefresh 方法，同时在调用子类 onRefresh 方法后创建并启动 SpringBoot 内嵌的 Web 容器逻辑，使 Spring 框架和容器结合。

## 3.2　Spring XML 文件标签加载解析及自定义

我们通过学习 Spring 容器的设计原理，可以看出 Spring 对 XML 标签的加载是在 Abstract XmlApplicationContext 和 XmlWebApplicationContext 这两种容器实例中进行的，如图 3-4 所示。

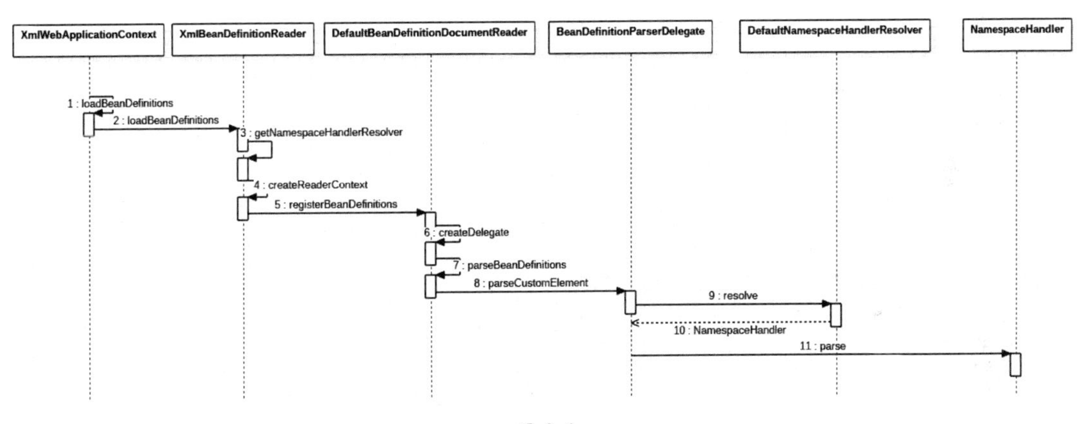


图 3-4

在加载 Bean 配置时先解析 XML 文件，然后获取特定的标签，找到指定的 Namespace Handler 来解析 XML 文件，最后将 Bean 的描述信息注册在工厂中并且完成整个解析流程。

```
    public int registerBeanDefinitions(Document doc, Resource resource) throws
BeanDefinitionStoreException {
   //实例化 DefaultBeanDefinitionDocumentReader
   BeanDefinitionDocumentReader documentReader =
createBeanDefinitionDocumentReader();
    //获取当前 Bean 注册器中已注册 Bean 的数量
```

```
    int countBefore = getRegistry().getBeanDefinitionCount();
    //使用 documentReader 注册当前文档中的 Bean
    documentReader.registerBeanDefinitions(doc, createReaderContext(resource));
    //计算数量
    return getRegistry().getBeanDefinitionCount() - countBefore;
}
    //创建 XmlReaderContext 实例
    public XmlReaderContext createReaderContext(Resource resource) {
    return new XmlReaderContext(resource, this.problemReporter, this.eventListener,
        this.sourceExtractor, this, getNamespaceHandlerResolver());
}

//使用 DefaultNamespaceHandlerResolver 来获得 NameSpaceHandler
public NamespaceHandlerResolver getNamespaceHandlerResolver() {
    if (this.namespaceHandlerResolver == null) {
        this.namespaceHandlerResolver = createDefaultNamespaceHandlerResolver();
    }
    return this.namespaceHandlerResolver;
}
```

接下来看看 Spring 是怎么从 Document 中解析自定义标签的。

BeanDefinitionParserDelegate 是专门用来把 XML 文档元素解析成 BeanDefinition 实例的类，是 Bean 解析处理中非常重要的类。

```
    public BeanDefinition parseCustomElement(Element ele, BeanDefinition
containingBd) {
    //获取当前节点的 NamespaceURI，为解析特定标签做准备
    String namespaceUri = getNamespaceURI(ele);
//先获取当前 XmlReaderContext 中的 NamespaceHandlerResolver，也就是
DefaultNamespaceHandlerResolver，然后获取指定的 NameSpaceHandler
    NamespaceHandler handler =
this.readerContext.getNamespaceHandlerResolver().resolve(namespaceUri);

    //使用 NameSpaceHandler 解析标签
    return handler.parse(ele, new ParserContext(this.readerContext, this,
containingBd));
}
    public DefaultNamespaceHandlerResolver(ClassLoader classLoader) {
    //默认使用 META-INF/spring.handlers 文件，当然也支持用户自定义文件（如
META-INF/spring_ext.handlers）
    this(classLoader, DEFAULT_HANDLER_MAPPINGS_LOCATION);
```

```
}
public static final String DEFAULT_HANDLER_MAPPINGS_LOCATION =
"META-INF/spring.handlers";
    @Override
public NamespaceHandler resolve(String namespaceUri) {
   //获取 META-INF/spring.handlers 配置文件中的值，并将其放在 map 中
   Map<String, Object> handlerMappings = getHandlerMappings();
   Object handlerOrClassName = handlerMappings.get(namespaceUri);
   if (handlerOrClassName == null) {
      return null;
   }
   else if (handlerOrClassName instanceof NamespaceHandler) {
      return (NamespaceHandler) handlerOrClassName;
   }
   else {
      String className = (String) handlerOrClassName;
      try {
         Class<?> handlerClass = ClassUtils.forName(className, this.classLoader);
         NamespaceHandler namespaceHandler = (NamespaceHandler)
BeanUtils.instantiateClass(handlerClass);
         //实例化自定义的 Handler，并且调用 init 方法
         namespaceHandler.init();
         handlerMappings.put(namespaceUri, namespaceHandler);
         return namespaceHandler;
      }
   }
}
    private Map<String, Object> getHandlerMappings() {
   if (this.handlerMappings == null) {
      synchronized (this) {
         if (this.handlerMappings == null) {
            try {
    //从 META-INF/spring.handlers 中读取属性信息，也就是为什么我们在自定义标签时要在这个文件中添加 NameSpaceHandler 的 className
               Properties mappings =
PropertiesLoaderUtils.loadAllProperties(this.handlerMappingsLocation,
this.classLoader);
               Map<String, Object> handlerMappings = new ConcurrentHashMap<String,
Object>(mappings.size());
               CollectionUtils.mergePropertiesIntoMap(mappings, handlerMappings);
               this.handlerMappings = handlerMappings;
```

```
            }
          }
        }
      }
      return this.handlerMappings;
}
    @Override
public final BeanDefinition parse(Element element, ParserContext parserContext) {
    //解析元素中的描述信息并构建 BeanDefinition
  AbstractBeanDefinition definition = parseInternal(element, parserContext);
  if (definition != null && !parserContext.isNested()) {
      try {
          //解析或者生成 beanId
          String id = resolveId(element, definition, parserContext);
          //处理别名，省略部分代码
          String[] aliases = null;
          BeanDefinitionHolder holder = new BeanDefinitionHolder(definition, id,
aliases);
          //将 Bean 的描述信息注册到工厂中
          registerBeanDefinition(holder, parserContext.getRegistry());
   //处理事件通知逻辑，省略
  return definition;
}
```

从 Spring 加载 XML 文件到解析标签，在 XML 文件中定义的每个标签节点其实都是 Spring 预先定义好的标签，包括用户自定义的标签。XML 解析就是解析这些标签。从读取、解析到注册到工厂，Spring 使用了类似于 SPI 模式的高扩展模式，虽然现在提倡少配置文件，并且面向编程、面向注解的开发越来越多，但是 Spring 这种有高度灵活性和扩展性的设计风格越来越受欢迎，例如 Spring Boot 的许多加载和定制仍然使用这种模式。

由于 Spring 在设计时使用了策略、工厂等设计模式来保证扩展性和灵活性，所以我们结合类图（如图 3-5 所示）来更好地了解 Spring 解析 XML 标签扩展、解析、加载的设计与实现，这样就能看出在解析处理 XML 文件标签加载时各个类的职责和关系。

在图 3-5 中，BeanDefinitionParser 是把 XML 文件中的元素解析成 BeanDefinition 实例的核心接口；NamespaceHandler 是 Spring 定义的标签处理的核心接口，其中的 init 是当前实例初始化配置和属性的方法。NamespaceHandlerSupport 是 Spring 提供的标签解析的抽象模板类，提供了标签解析、查找的通用实现。NamespaceHandlerResolver 主要通过在配置文件中指定的 URL 找到对应的 NameSpace Handler 并调用 NameSpaceHandler 的初始化方法；XmlReaderContext 是持有 XmlBean DefinitionReader、NamespaceHandlerResolver 属性的上下文对象；XmlBeanDefinitionReader 是用来加载和读取 XML 文件源的核心。

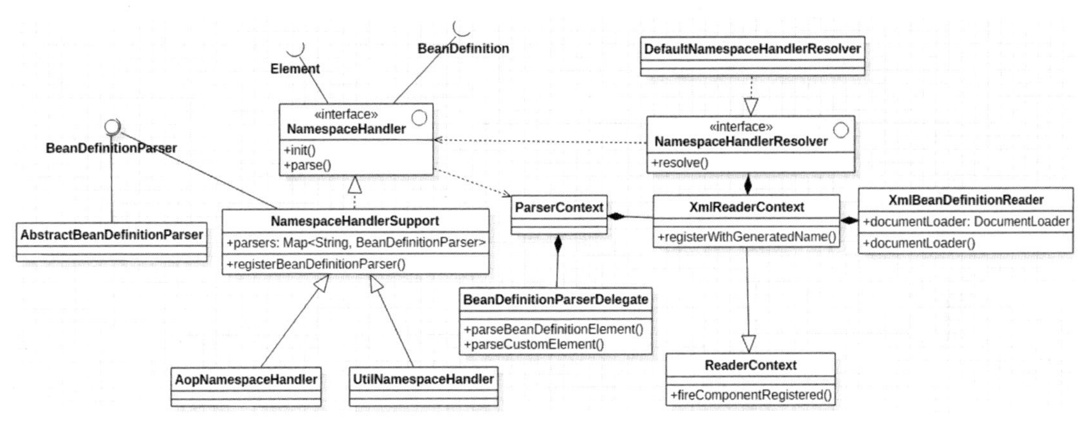


图 3-5

## 3.3　Spring 注解的加载及自动注入

在软件设计和应用高速发展的今天，面向编程开发及面向函数开发越来越受到人们的青睐。有很多应用已经用这种模式代替和减少了面向配置开发，其中使用最多的就是注解，所以了解 Spring 注解加载机制是非常重要的。

Spring XML 的加载是按照在 XML 标签中节点定义的对应关系来读取解析 Bean 之间的对应关系的，进而按照指定的 Bean 关系进行装配注入。

但是 Spring 注解的加载是怎么按照注解（如@Configuration、@Bean）等进行的，并且是怎么实现 Bean 对应关系的注入的呢？

我们先来看看容器在加载时都做了哪些准备，如图 3-6 所示，AnnotationConfigApplicationContex 在构造方法中创建了 DefaultListableBeanFactory（结合图 3-5 可以知道，GnericApplicationContext 聚合 DefaultListableBeanFactory 负责 Bean 的注册职能），并且完成了注解 Bean 工厂后置处理器的注册。

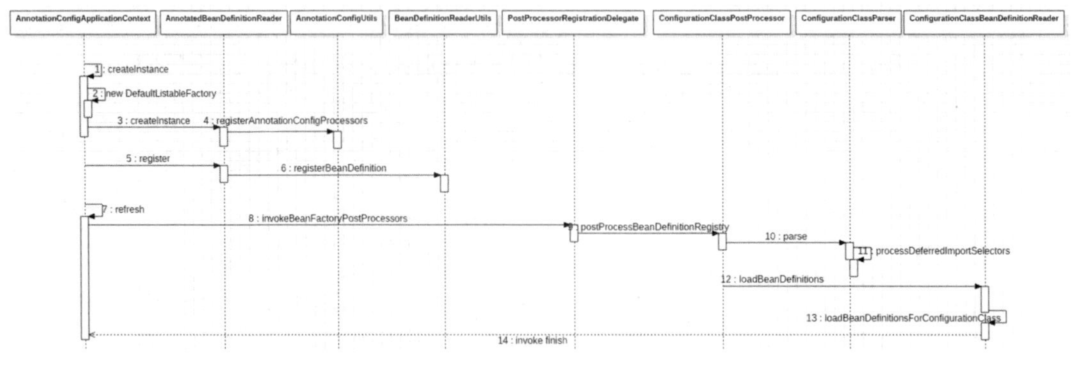


图 3-6

本节会针对源码来看注解的 Bean 工厂后置处理器的职责，同时向 Bean 工厂中指定这个 class 的类。从时序上看，很重要的一步就是注册 Bean 工厂的后置处理器。

在 Spring 容器的核心基类 AbstractApplicationContext refresh 中设置后置处理器时，AnnotatedBeanDefinitionReader 调用 AnnotationConfigUtils.registerAnnotationConfigProcessors (this.registry)的方法，将注解的解析处理器注册到当前 Spring 容器上下文中。正是通过这些注解解析器，实现了对注解的解析及 Bean 的注入等功能。

AnnotationConfigUtils. RegisterAnnotationConfigProcessors 方法的实现源码如下：

```
    public static Set<BeanDefinitionHolder> registerAnnotationConfigProcessors(
     BeanDefinitionRegistry registry, Object source) {

  //将 registry 转换成 BeanFactory 对象的实例
  DefaultListableBeanFactory beanFactory =
unwrapDefaultListableBeanFactory(registry);
  if (beanFactory != null) {

     if (!(beanFactory.getDependencyComparator() instanceof
AnnotationAwareOrderComparator)) {
  //设置 Bean 工厂中的 Bean 比较器
beanFactory.setDependencyComparator(AnnotationAwareOrderComparator.INSTANCE);
     }
     if (!(beanFactory.getAutowireCandidateResolver() instanceof
ContextAnnotationAutowireCandidateResolver)) {
  //设置 Bean 工厂中的自动注入解析器
        beanFactory.setAutowireCandidateResolver(new
ContextAnnotationAutowireCandidateResolver());
```

```
		}
	}

	Set<BeanDefinitionHolder> beanDefs = new LinkedHashSet<BeanDefinitionHolder>(4);

	//在 Bean 定义集合中设置 Bean 工厂的后置处理器
	if
(!registry.containsBeanDefinition(CONFIGURATION_ANNOTATION_PROCESSOR_BEAN_NAME))
{
		RootBeanDefinition def = new
RootBeanDefinition(ConfigurationClassPostProcessor.class);
		def.setSource(source);
		beanDefs.add(registerPostProcessor(registry, def,
CONFIGURATION_ANNOTATION_PROCESSOR_BEAN_NAME));
	}

	if (!registry.containsBeanDefinition(AUTOWIRED_ANNOTATION_PROCESSOR_BEAN_NAME))
{
		RootBeanDefinition def = new
RootBeanDefinition(AutowiredAnnotationBeanPostProcessor.class);
		def.setSource(source);
		beanDefs.add(registerPostProcessor(registry, def,
AUTOWIRED_ANNOTATION_PROCESSOR_BEAN_NAME));
	}

	if (!registry.containsBeanDefinition(REQUIRED_ANNOTATION_PROCESSOR_BEAN_NAME))
{
		RootBeanDefinition def = new
RootBeanDefinition(RequiredAnnotationBeanPostProcessor.class);
		def.setSource(source);
		beanDefs.add(registerPostProcessor(registry, def,
REQUIRED_ANNOTATION_PROCESSOR_BEAN_NAME));
	}

	//如果是jsr250，则设置响应的 Bean 后置处理器
	if (jsr250Present
&& !registry.containsBeanDefinition(COMMON_ANNOTATION_PROCESSOR_BEAN_NAME)) {
		RootBeanDefinition def = new
RootBeanDefinition(CommonAnnotationBeanPostProcessor.class);
		def.setSource(source);
		beanDefs.add(registerPostProcessor(registry, def,
```

```
COMMON_ANNOTATION_PROCESSOR_BEAN_NAME));
   }

   //省略部分代码
   return beanDefs;
}
```

在注解配置上下文时为当前 BeanFactory 设置了很多 Bean 后置处理器，这些处理器都做了什么？又是怎么工作的？

我们通过 ConfigurationClassPostProcessor、AutowiredAnnotationBeanPostProcessor 这两个核心类的实现来看看 Spring 的实现思路。这两个核心类都是 BeanFactoryPostProcessor 的实现类，用于自定义修改 Spring 上下文 Bean 定义信息的接口，其中的核心实现方法是 postProcessBeanFactory 方法。ConfigurationClassPostProcessor 实现了对 Bean 配置类注解的解析和注册（如@Bean、@Configuration 注解）；AutowiredAnnotationBeanPostProcessor 实现了对自动注入类注解的解析和注册（如@Autowired、@Value 注解）。

BeanFactoryPostProcessor 用于自定义修改 Spring 上下文 Bean 定义信息的接口。

### 1. ConfigurationClassPostProcessor

ConfigurationClassPostProcessor 类的代码如下：

```
    @Override
public void postProcessBeanFactory(ConfigurableListableBeanFactory beanFactory) {
   int factoryId = System.identityHashCode(beanFactory);
   if (this.factoriesPostProcessed.contains(factoryId)) {
      throw new IllegalStateException(
            "postProcessBeanFactory already called on this post-processor against "
+ beanFactory);
   }
   this.factoriesPostProcessed.add(factoryId);
   if (!this.registriesPostProcessed.contains(factoryId)) {
     processConfigBeanDefinitions((BeanDefinitionRegistry) beanFactory);
   }
   //如果包含 configuration class 的 Bean 配置，则使用 CGLIB 代理生成
   enhanceConfigurationClasses(beanFactory);
}
    public void enhanceConfigurationClasses(ConfigurableListableBeanFactory
beanFactory) {
```

```
    //获取当前 Bean 工厂中所有配置的 Bean 描述信息
    //如果 Bean 的名称为 ConfigurationClassPostProcessor.class 并且 configurationClass
的值为 full，则把它们的 beanClass 放入 CGLIB 代理生成的 class 中
   Map<String, AbstractBeanDefinition> configBeanDefs = new LinkedHashMap<String,
AbstractBeanDefinition>();
   for (String beanName : beanFactory.getBeanDefinitionNames()) {
      BeanDefinition beanDef = beanFactory.getBeanDefinition(beanName);
     if (ConfigurationClassUtils.isFullConfigurationClass(beanDef)) {
         if (!(beanDef instanceof AbstractBeanDefinition)) {
            throw new BeanDefinitionStoreException("Cannot enhance @Configuration
bean definition '" + beanName + "' since it is not stored in an AbstractBeanDefinition
subclass");
         }
         else if (logger.isWarnEnabled() && beanFactory.containsSingleton(beanName))
{
  //警告日志
            }
         configBeanDefs.put(beanName, (AbstractBeanDefinition) beanDef);
      }
   }
   if (configBeanDefs.isEmpty()) {
      return;
   }
   ConfigurationClassEnhancer enhancer = new ConfigurationClassEnhancer();
   for (Map.Entry<String, AbstractBeanDefinition> entry : configBeanDefs.entrySet())
{
      AbstractBeanDefinition beanDef = entry.getValue();
  beanDef.setAttribute(AutoProxyUtils.PRESERVE_TARGET_CLASS_ATTRIBUTE,
Boolean.TRUE);
      try {
         //生成 CGLIB 代理类
         Class<?> configClass = beanDef.resolveBeanClass(this.beanClassLoader);
         Class<?> enhancedClass = enhancer.enhance(configClass,
this.beanClassLoader);
         if (configClass != enhancedClass) {
            beanDef.setBeanClass(enhancedClass);
         }
      }
      catch (Throwable ex) {
         throw new IllegalStateException("Cannot load configuration class: " +
beanDef.getBeanClassName(), ex);
```

```
        }
    }
}
```

为什么要生成 CGLIB 代理呢？这是因为它带有 configuration 注解类，本身也是一个 Bean，不可能使用这个 Bean 的 class，所以只能使用 CGLIB 代理生成一个新的 class。

PostProcessBeanFactory 是在 fresh 方法中调用的，并且在 Spring 容器加载时触发调用。

我们通过时序图中的 ostProcessBeanDefinitionRegistry 方法，来看看 Bean 是怎么被解析并且注册到 Bean 工厂中的：

```
    @Override
public void postProcessBeanDefinitionRegistry(BeanDefinitionRegistry registry) {
    //向 Bean 工厂中注册 ImportAwareBeanPostProcessor Bean 后置处理器，用来在 Bean 实现 ImportAware 接口时，设置 AnnotationMetadata 属性
    RootBeanDefinition iabpp = new
RootBeanDefinition(ImportAwareBeanPostProcessor.class);
    iabpp.setRole(BeanDefinition.ROLE_INFRASTRUCTURE);
    registry.registerBeanDefinition(IMPORT_AWARE_PROCESSOR_BEAN_NAME, iabpp);
    //向 Bean 工厂中注册 EnhancedConfigurationBeanPostProcessor 类型的 Bean 实例 (EnhancedConfigurationBeanPostProcessor 专门处理类型为 EnhancedConfiguration 的 Bean，把当前 BeanFactory 实例注入目标 Bean 中，以此来实现 BeanFactory 的 Aware 注入)
    RootBeanDefinition ecbpp = new
RootBeanDefinition(EnhancedConfigurationBeanPostProcessor.class);
    ecbpp.setRole(BeanDefinition.ROLE_INFRASTRUCTURE);
    registry.registerBeanDefinition(ENHANCED_CONFIGURATION_PROCESSOR_BEAN_NAME,
ecbpp);
    //主要处理 Bean 描述信息实体的排序，以及 configuration Bean 的解析和读取
    processConfigBeanDefinitions(registry);
}
```

下面看看 ConfigurationClassParser 是怎么解析 Bean 的，解析的属性如下：

```
    protected final SourceClass doProcessConfigurationClass(ConfigurationClass
configClass, SourceClass sourceClass) throws IOException {
    //先处理其成员类，即它的内部类
    processMemberClasses(configClass, sourceClass);

    //如果在这个注解 meta 中含有 PropertySources 循环处理，则加载这些配置文件。Spring Boot 在使用配置文件配合注解时就用到了这部分内容
    //核心处理类 ConfigurationPropertiesBindingPostProcessor 是一个 Bean 后置处理器
    for (AnnotationAttributes propertySource :
```

```
AnnotationConfigUtils.attributesForRepeatable(
        sourceClass.getMetadata(), PropertySources.class,
org.springframework.context.annotation.PropertySource.class)) {
     if (this.environment instanceof ConfigurableEnvironment) {
        processPropertySource(propertySource);
     }
  }
  //扫描注解配置并加载
      Set<AnnotationAttributes> componentScans =
AnnotationConfigUtils.attributesForRepeatable(
        sourceClass.getMetadata(), ComponentScans.class, ComponentScan.class);
  if (!componentScans.isEmpty()
&& !this.conditionEvaluator.shouldSkip(sourceClass.getMetadata(),
ConfigurationPhase.REGISTER_BEAN)) {
     for (AnnotationAttributes componentScan : componentScans) {
        //解析注解的内容，并加载扫描中的 Bean 的描述信息实体
        Set<BeanDefinitionHolder> scannedBeanDefinitions =
            this.componentScanParser.parse(componentScan,
sourceClass.getMetadata().getClassName());

        for (BeanDefinitionHolder holder : scannedBeanDefinitions) {
    //检查并处理 config class 定义的扫描注解定义，并且递归处理
    //因为有可能被扫描到的类也配置了 ConfigurationClass
          if
(ConfigurationClassUtils.checkConfigurationClassCandidate(holder.getBeanDefiniti
on(), this.metadataReaderFactory)) {
             parse(holder.getBeanDefinition().getBeanClassName(),
holder.getBeanName());
          }
        }
     }
  }

  //处理 Import 注解
  processImports(configClass, sourceClass, getImports(sourceClass), true);

  //处理 ImportResource 注解
      if (sourceClass.getMetadata().isAnnotated(ImportResource.class.getName()))
{
    AnnotationAttributes importResource =
        AnnotationConfigUtils.attributesFor(sourceClass.getMetadata(),
```

```
ImportResource.class);
        String[] resources = importResource.getStringArray("locations");
        Class<? extends BeanDefinitionReader> readerClass =
importResource.getClass("reader");
        for (String resource : resources) {
            String resolvedResource =
this.environment.resolveRequiredPlaceholders(resource);
            configClass.addImportedResource(resolvedResource, readerClass);
        }
    }

    //在处理方法中含有@Bean 注解
    Set<MethodMetadata> beanMethods =
sourceClass.getMetadata().getAnnotatedMethods(Bean.class.getName());
    for (MethodMetadata methodMetadata : beanMethods) {
        configClass.addBeanMethod(new BeanMethod(methodMetadata, configClass));
    }

    //处理接口中的默认方法，这是为了兼容 JDK 1.8 以上的版本，因为在 JDK 1.8 版本之前不支持在接口
中有非抽象方法
    processInterfaces(configClass, sourceClass);

    //处理父类部分
    if (sourceClass.getMetadata().hasSuperClass()) {
        String superclass = sourceClass.getMetadata().getSuperClassName();
        if (!superclass.startsWith("java")
&& !this.knownSuperclasses.containsKey(superclass)) {
            this.knownSuperclasses.put(superclass, configClass);

            return sourceClass.getSuperClass();
        }
    }


    return null;
}
```

我们再来看看 ConfigurationClassBeanDefinitionReader 是怎么注册解析这些 Bean 的定义信息的。从入参来看，Spring 注解的加载完全依赖 ConfigurationClass 模型，可以将其理解成 XML 加载的一个配置文件。可知，这个实体模型描述了这个 ConfigurationClass 中所有 Bean 的描述信息。

```
    private void loadBeanDefinitionsForConfigurationClass(ConfigurationClass
configClass,
      TrackedConditionEvaluator trackedConditionEvaluator) {
//判断是否可以跳过这个 ConfigurationClass
   if (trackedConditionEvaluator.shouldSkip(configClass)) {
      String beanName = configClass.getBeanName();
      if (StringUtils.hasLength(beanName) &&
this.registry.containsBeanDefinition(beanName)) {
         this.registry.removeBeanDefinition(beanName);
      }
this.importRegistry.removeImportingClassFor(configClass.getMetadata().getClassNa
me());
      return;
   }
   //如果这个 configClass 是被引入的
   if (configClass.isImported()) {
      registerBeanDefinitionForImportedConfigurationClass(configClass);
   }
   //则处理所有 Bean 方法
   for (BeanMethod beanMethod : configClass.getBeanMethods()) {
      loadBeanDefinitionsForBeanMethod(beanMethod);
   }
    //从 configclass 定义的配置文件地址中加载 Bean 配置信息
    loadBeanDefinitionsFromImportedResources(configClass.getImportedResources());
    //加载 Bean 定义信息，主要是处理 ImportSelect 的情况
loadBeanDefinitionsFromRegistrars(configClass.getImportBeanDefinitionRegistrars(
));
}
```

### 2. AutowiredAnnotationBeanPostProcessor

AutowiredAnnotationBeanPostProcessor 是 Bean 后置处理器，用于处理自动注入注解。

构造函数注入的方法如下：

```
    //本方法主要用于在实例化 Bean 并且在 Bean 的构造方法上有@Autowired 注解时选择合适的构造方法
    public Constructor<?>[] determineCandidateConstructors(Class<?> beanClass,
final String beanName) throws BeansException {
    //寻找当前类中（包含其父类）含有 Lookup 注解的方法并为其添加重写方法。在每次调用方法时实际调
用的是在 LookUp 注解中配置的方法，以此实现方法的灵活定制
   if (!this.lookupMethodsChecked.contains(beanName)) {
      //省略实现代码
```

```
      }

   //先判断在缓存中是否存在当前构造方法数组
   Constructor<?>[] candidateConstructors =
this.candidateConstructorsCache.get(beanClass);
   if (candidateConstructors == null) {
     //在保证缓存和处理的一致性时使用了锁。虽然缓存使用了线程安全的 HashMap，但是为了保证处理逻辑和设置缓存的一致性，使用了内置锁
      synchronized (this.candidateConstructorsCache) {
         candidateConstructors = this.candidateConstructorsCache.get(beanClass);
         if (candidateConstructors == null) {
     //获取当前 class 的所有构造方法
            Constructor<?>[] rawCandidates = beanClass.getDeclaredConstructors();
            List<Constructor<?>> candidates = new
ArrayList<Constructor<?>>(rawCandidates.length);
            Constructor<?> requiredConstructor = null;
            Constructor<?> defaultConstructor = null;
            for (Constructor<?> candidate : rawCandidates) {
     //获取当前构造方法的注解属性@Autowire、@Value 等
               AnnotationAttributes ann = findAutowiredAnnotation(candidate);
     //如果这个构造方法不存在注解属性，则使用这个构造方法的参数类型去父类中寻找
               if (ann == null) {
                  Class<?> userClass = ClassUtils.getUserClass(beanClass);
                  if (userClass != beanClass) {
                     try {
                        Constructor<?> superCtor =

userClass.getDeclaredConstructor(candidate.getParameterTypes());
                        ann = findAutowiredAnnotation(superCtor);
                     }
                  }
               }
     //如果找到了注解，并且发现有的构造方法已经有了注解，则会报错
     //也就是说只能在一个构造方法上有注解，包括父类构造方法
     //如果在这个构造方法上有注解但是没有参数，则说明根本不需要注入，此时也会报错，此处省略抛出异常的代码
     //判断是否是强制依赖注入，如果 required=false，则有多个@Autowire 在构造方法上不报错。主要针对前两个：1 个是无参构造，1 个是多个构造方法有@Autowire
     //选出合适的构造方法并将其放在集合中
                  candidates.add(candidate);
               }
```

```
            else if (candidate.getParameterTypes().length == 0) {
    //如果没有注解，则直接选择一个默认的构造方法，因为调用方的目的是实例化 class
                defaultConstructor = candidate;
              }
          }
          if (!candidates.isEmpty()) {
            //如果找到了合适的构造方法，但是这个构造方法不是 require=true（默认）强依赖，就
采用默认的构造方法
            if (requiredConstructor == null) {
              if (defaultConstructor != null) {
                candidates.add(defaultConstructor);
              }
              else if (candidates.size() == 1 && logger.isWarnEnabled()) {
                    //警告日志          }
            }
            candidateConstructors = candidates.toArray(new
Constructor<?>[candidates.size()]);
          }
    //如果没找到含有注解的构造方法，但是这个类只定义了一个有参构造方法，则默认使用当前构造方法
          else if (rawCandidates.length == 1 &&
rawCandidates[0].getParameterTypes().length > 0) {
            candidateConstructors = new Constructor<?>[] {rawCandidates[0]};
          }
          else {
            candidateConstructors = new Constructor<?>[0];
          }
    //设置缓存
          this.candidateConstructorsCache.put(beanClass, candidateConstructors);
        }
      }
    }
    return (candidateConstructors.length > 0 ? candidateConstructors : null);
}
```

Spring 注解构造方法自动注入的核心实现逻辑是在选取构造方法后找到依赖属性，然后在 BeanFactory 获取 Bean 时或者单例方法启动初始化时，反射当前构造方法来实现 DI（依赖注入）的自动注入。

我们都知道，Spring 的注入分为构造方法、方法、参数、属性和注解类型。AutowiredAnnotationBeanPostProcessor 的注入方法如下：

```
    @Override
public PropertyValues postProcessPropertyValues(
      PropertyValues pvs, PropertyDescriptor[] pds, Object bean, String beanName)
throws BeansException {

    //获取自动注入的元数据
   InjectionMetadata metadata = findAutowiringMetadata(beanName, bean.getClass(),
pvs);
   try {
    //获取当前属性的元数据实体并注入目标属性中
      metadata.inject(bean, beanName, pvs);
   }
   catch (BeanCreationException ex) {
      throw ex;
   }
   catch (Throwable ex) {
    //如果属性注入发生异常，例如类型不匹配或者类型转换错误等，则转换成 BeanCreationException
异常并抛出
      throw new BeanCreationException(beanName, "Injection of autowired dependencies
failed", ex);
   }
   return pvs;
}
    private InjectionMetadata findAutowiringMetadata(String beanName, Class<?>
clazz, PropertyValues pvs) {
   //优先使用 Bean 名称进行缓存，如果 Bean 名称为空，则使用类名进行缓存
   String cacheKey = (StringUtils.hasLength(beanName) ? beanName : clazz.getName());
   //先去缓存中查找
   InjectionMetadata metadata = this.injectionMetadataCache.get(cacheKey);
    //如果在缓存中没有并且 class 不为空
   if (InjectionMetadata.needsRefresh(metadata, clazz)) {
      synchronized (this.injectionMetadataCache) {
    //则使用 double check 的方式来保证性能和线程安全
         metadata = this.injectionMetadataCache.get(cacheKey);
         if (InjectionMetadata.needsRefresh(metadata, clazz)) {
    //保护性操作，先清除原来的属性
            if (metadata != null) {
               metadata.clear(pvs);
            }
            try {
    //构建自动注入元数据。获取属性和方法中含有 Value 和 Autowired 注解的元素来构建数据元实体
```

```
                metadata = buildAutowiringMetadata(clazz);
                this.injectionMetadataCache.put(cacheKey, metadata);
            }
        }
    }
  }
  return metadata;
}
```

注入的核心原理就是使用 Java 反射技术来实现属性赋值：

```
    public static abstract class InjectedElement {

    protected void inject(Object target, String requestingBeanName, PropertyValues
pvs) throws Throwable {
    //按照 Bean 名称从 BeanFactory 中获取或创建 Bean 的实例，然后使用反射将其注入属性的值中
  if (this.isField) {
     Field field = (Field) this.member;
    //如果属性是私有方法，则也会注入
     ReflectionUtils.makeAccessible(field);
     field.set(target, getResourceToInject(target, requestingBeanName));
  }
  else {
    //检查是否可以跳过当前属性
     if (checkPropertySkipping(pvs)) {
        return;
     }
     try {
    //按照 Bean 名称从 BeanFactory 中获取或创建 Bean 的实例，然后使用反射调用方法设置当前属性的
Bean
        Method method = (Method) this.member;
        ReflectionUtils.makeAccessible(method);
        method.invoke(target, getResourceToInject(target, requestingBeanName));
     }
     catch (InvocationTargetException ex) {
        throw ex.getTargetException();
     }
  }
}
```

Spring 的注解注入比较复杂而且 Bean 的注解定义模型和 XML 标签定义模型不同，这里先看看 Spring Bean 注解解析的类图，如图 3-7 所示。

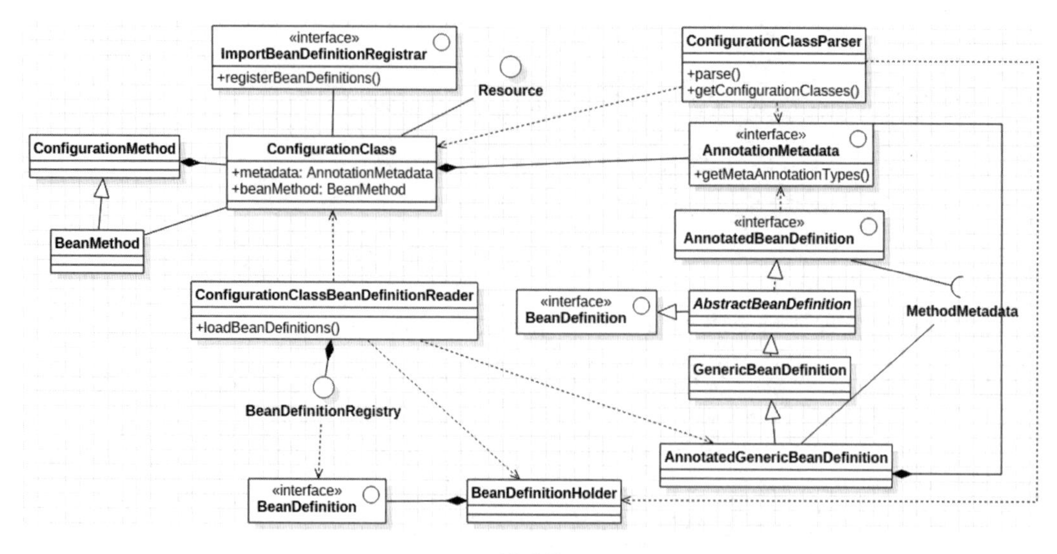


图 3-7

从图 3-7 中可以看出，注解加载的核心聚合属性类是 ConfigurationClass，它支持读取配置文件和注解描述，并且支持 selectImport 函数。ConfigurationClassParser 负责把 BeanDefinitionHolder 解析成 ConfigurationClass（在 BeanDefinitionHolder 中只持有配置了 Configuration 注解的类的描述信息）。ConfigurationClassBeanDefinitionReader 读取 ConfigurationClass 并把这些注解的描述信息注册到 BeanFactory 中。

可以看出，在不改变 Bean 注册和 Bean 核心定义模型的同时使用了代理模式完成扩展。

# 第 4 章 Spring Bean 探秘

Spring Bean 模块是 Spring 运行、管理 Bean 的核心模块。

但是 Spring Bean 的加载执行及 Bean 的定制性功能属性，都是不能脱离 Spring BeanFactory 和 Spring Context 而存在的，所以本章结合 Spring 上下文和 Spring 容器来了解 Spring Bean 到底是怎么设计、加载和工作的。

## 4.1 Spring Bean 的定义和注册设计

在第 3 章不断提到了 Spring 的 BeanDefinition 类型，它是用来描述 Spring Bean 的定义的接口。我们知道 Spring Bean 的定义方式有很多种，比如 XML、注解及自定义标签，而且 Bean 的类型也有很多种，比如工厂 Bean、自定义对象、Advisor 等，那么 Spring 是怎么设计这些 Bean 的定义描述信息的呢？我们来看看 Spring Bean 的定义和注册设计，如图 4-1 所示。

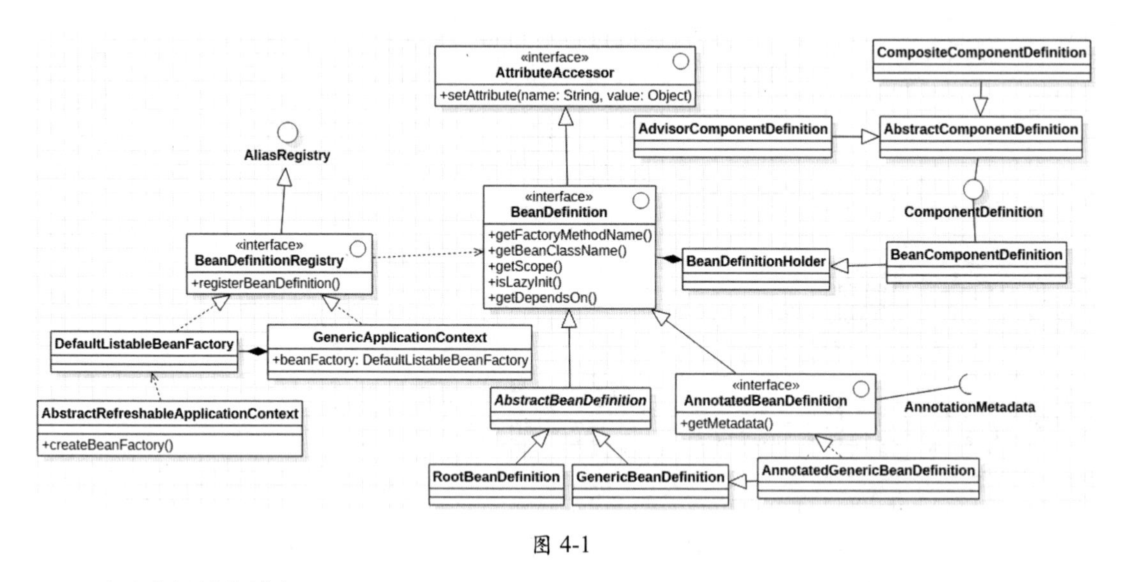


图 4-1

下面进行具体讲解。

◎ AliasRegistry 用来为 Bean 注册一个别名。

◎ BeanDefinitionRegistry 用来把 Bean 的描述信息注册到容器中。Spring 注册 Bean 时一般是在获取 Bean 后用 BeanDefinitionRegistry 把 Bean 注册到当前 BeanFactory 中的。

◎ BeanDefinition 用来定义 Bean 的作用范围、角色、依赖、懒加载等与 Spring 容器运行和管理 Bean 息息相关的属性，以达到对 Bean 的 Spring 特性的定制，是 Spring Bean 描述定义信息的核心接口类。

◎ AnnotatedBeanDefinition 继承并扩展 BeanDefinition，用于获取注解 Bean 的相关描述及定义信息。

◎ AttributeAccessor 用来设置 Bean 配置信息中属性和属性值的接口，实现 key value 的映射配置。

◎ AbstractBeanDefinition 是 BeanDefinition 的模板实现。

◎ GenericBeanDefinition 扩展了 AbstractBeanDefinition，增加了设置父 Bean 名称的功能。

◎ AnnotatedGenericBeanDefinition 扩展了 GenericBeanDefinition，并支持对注解 AnnotatedBeanDefinition 的扩展，以及注解描述信息的重写设置功能。

◎ AnnotationMetadata 定义注解 Bean 信息的接口。

◎ BeanComponentDefinition 组合定义信息，并且扩展 Bean 引用信息的属性。

◎ AdvisorComponentDefinition 关联 Advisor Bean 描述信息和组合 Bean。

## 4.2 Spring Bean 的定义模型

这里通过 Spring 的核心模型 Bean 来横向剖析 Spring，包括 Bean 中的核心描述信息、这些核心描述信息对整个 Spring 应用的影响、在运行时怎么利用这些核心信息来保证 Spring 的扩展和运行，以及 Spring 运行时所需的核心基本属性。

```
    public abstract class AbstractBeanDefinition extends
BeanMetadataAttributeAccessor
     implements BeanDefinition, Cloneable {
   //Bean 实例的 class 类
   private volatile Object beanClass;
   //Bean 的作用范围，默认为空，即默认为单例
   private String scope = SCOPE_DEFAULT;
   //设置抽象标志，用于对 Bean 描述信息的比较
   private boolean abstractFlag = false;
   //是否懒加载，大多数用于容器启动时
   private boolean lazyInit = false;
   //自动注入模式，默认为不自动注入
   private int autowireMode = AUTOWIRE_NO;
   //依赖检查，当处理属性注入时是否启动检查
   private int dependencyCheck = DEPENDENCY_CHECK_NONE;
   //当前 Bean 依赖的 Beans 的名称，当获取 Bean 时，注册并且实例化这些 Bean
   private String[] dependsOn;
   //自动注入候选 Bean，也就是说如果相同类型的 Bean 有多个，则优先使用当前值为 true 的 Bean
   private boolean autowireCandidate = true;
   //当类型相同时，优先选取有此配置的 Bean
   private boolean primary = false;
   //Bean 属性的 Qualifier 注解执行函数的 map
   private final Map<String, AutowireCandidateQualifier> qualifiers =
        new LinkedHashMap<String, AutowireCandidateQualifier>(0);

   //如果 beanclass 的范围修饰符不是 public，并且设置这个值为 false，则在创建实例时检查性报错
   private boolean nonPublicAccessAllowed = true;
   //由于构造函数的参数可能有多个，所以在设置这个参数时，可以在构造函数解析时使用宽松模式（尽管有
同样参数数量的构造函数也可以实例化 Bean）
   private boolean lenientConstructorResolution = true;
   //构造函数的参数值集合
```

```
    private ConstructorArgumentValues constructorArgumentValues;
    //属性值对集合
    private MutablePropertyValues propertyValues;
    //重写方法的设置集合
    private MethodOverrides methodOverrides = new MethodOverrides();
    //工厂 Bean 的名称
    private String factoryBeanName;
    //工厂方法的名称
    private String factoryMethodName;
    //初始化方法名，在初始化 Bean 时调用该方法
    private String initMethodName;
    //销毁 Bean 的方法名
    private String destroyMethodName;
    //强制初始化。如果配置了初始化方法，并且这个参数被设置为 true，则会抛出验证异常
    private boolean enforceInitMethod = true;
    //强制销毁。如果配置了销毁方法，并且这个参数被设置为 true，则也会抛出验证异常
    private boolean enforceDestroyMethod = true;
    //判断 Bean 是否是合成的 Bean，如果 Bean 不是合成的 Bean，则会调用
InstantiationAwareBeanPostProcessor. postProcessBeforeInstantiation 方法
    private boolean synthetic = false;
    //Bean 的角色分为三种：ROLE_APPLICATION == 0，全局角色，面向 Spring 用户，用户自定义的 Bean
一般都是全局角色；ROLE_SUPPORT == 1，特殊场景使用；ROLE_INFRASTRUCTURE == 2，在 Spring 内
部使用
    private int role = BeanDefinition.ROLE_APPLICATION;
    //Bean 的描述
    private String description;
    //Bean 的来源
    private Resource resource;
```

## 4.3 Spring Bean 的运行（获取、创建）实现

前面剖析了 Spring 的整个加载机制及启动机制，而这绝大部分都是为了 getBean（getBean 是 Spring 上下文，是 Spring BeanFactor 获取创建 Bean 的核心入口）做准备的，因为 Bean 工厂最重要的职责就是获得 Bean 并将其提供给调用方使用（在属性依赖注入时，或者 Spring 框架启动且需要获取当前 Bean 实例时）。

其中，getBean 也体现了 Spring 对对象管理、实时加载和提前加载的理解和利用。

下面看看 getBean 是怎么实现的，如图 4-2 所示，Spring getBean 实现了在获取 Bean

实例的过程中对 Bean 的实时创建和加载，如果没有获取预加载的 Bean，则会去父工厂中获取 Bean 实例，如果仍然没有获取这个被依赖的 Bean 实例，则需要解析并创建这个被依赖的 Bean 实例。createBean 是由 AbstractAutowiredCapableBeanFactory 实现的，AbstractBean Factory getBean 方法对整个流程进行组装（又是一个标准的模板方法设计模式）。同时，单例 Bean 由单独的类来管理。在 Bean 创建完成以后，直接调用类型转换器进行转换，体现了职责清晰、处理灵活的设计。

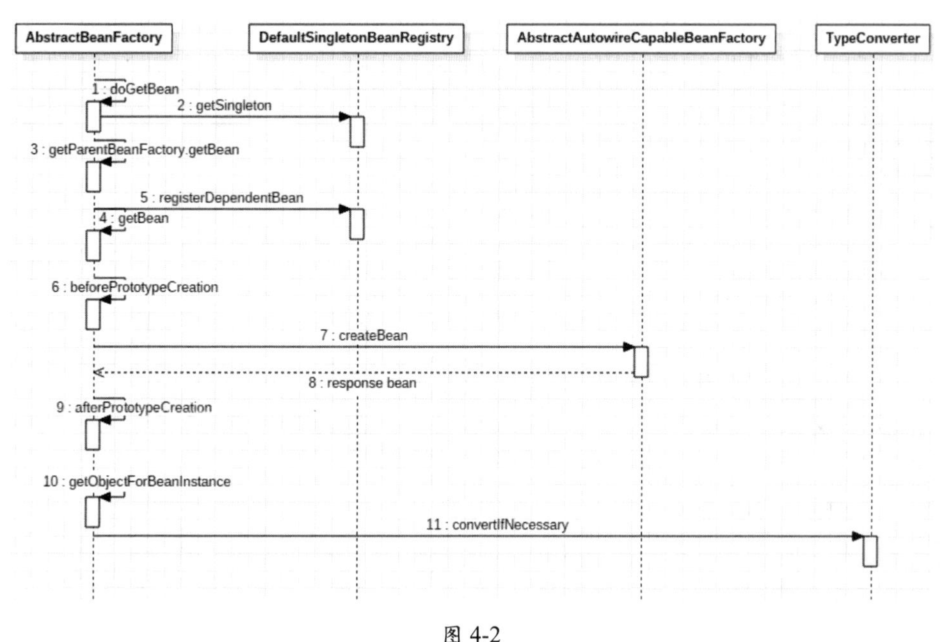


图 4-2

doGetBean 的源码及解析如下：

```
    protected <T> T doGetBean(
     final String name, final Class<T> requiredType, final Object[] args, boolean
typeCheckOnly)
     throws BeansException {
//处理 Bean 名称解析，由于 Spring 在生成 Bean 时使用了&作为前缀，所以在处理时要去掉这个标识符来获取真实的 Bean 名称
   final String beanName = transformedBeanName(name);
   Object bean;

   //从单例的缓存池中判断有没有这个实例，有可能是在 Spring 启动时直接添加的单例，也有可能是在
Spring 启动时直接初始化了非懒加载的单例对象
```

```
    Object sharedInstance = getSingleton(beanName);
    if (sharedInstance != null && args == null) {
      //如果单例工厂已经存在当前Bean实例并且当前Bean是FactoryBean类型，则调用getObject方法获取Bean实例，否则直接获取当前Bean实例
            bean = getObjectForBeanInstance(sharedInstance, name, beanName, null);
    }
    else {
      //如果当前线程已经创建了这个实例，则抛出异常
      if (isPrototypeCurrentlyInCreation(beanName)) {
        throw new BeanCurrentlyInCreationException(beanName);
      }

      //获取当前Bean工厂的父工厂，然后获取Bean。此处是递归寻找，一直找到祖先工厂。如果祖先工厂都没有获取名称为beanName的Bean，则创建名称为beanName的Bean实例
      BeanFactory parentBeanFactory = getParentBeanFactory();
      if (parentBeanFactory != null && !containsBeanDefinition(beanName)) {

        String nameToLookup = originalBeanName(name);
        if (args != null) {
          //调用父工厂的基类的getBean方法，这是利用设计模式实现的递归
          return (T) parentBeanFactory.getBean(nameToLookup, args);
        }
        else {
          //按类型获取
           return parentBeanFactory.getBean(nameToLookup, requiredType);
        }
      }

     //如果参数为仅检查类型，则设置名称为beanName的Bean实例已经创建的标识
        if (!typeCheckOnly) {
        markBeanAsCreated(beanName);
      }

      try {
     //通过当前beanName获取已经合并过的Bean描述信息，为创建、解决Bean的依赖注入等问题提供信息数据，毕竟BeanDefinition是Bean的描述信息的核心模型
            final RootBeanDefinition mbd = getMergedLocalBeanDefinition(beanName);
        checkMergedBeanDefinition(mbd, beanName, args);

         //获取当前Bean的依赖属性
          String[] dependsOn = mbd.getDependsOn();
```

```
        if (dependsOn != null) {
           for (String dependsOnBean : dependsOn) {
                    //校验是否存在循环依赖
                    if (isDependent(beanName, dependsOnBean)) {
                  throw new BeanCreationException(mbd.getResourceDescription(),
beanName,
                         "Circular depends-on relationship between '" + beanName + "' and
'" + dependsOnBean + "'");
               }
                  //先向注册器中注册这个依赖的 Bean
                    registerDependentBean(dependsOnBean, beanName);
      //获取并解决当前 Bean 依赖的名为 dependsOnBean 的 Bean 实例。如果在依赖的 Bean 中也存在依
赖其他 Bean 的场景，则也会一并注册、创建。此处使用递归调用，核心逻辑就是在获取 Bean 的实例前，先解
决当前 Bean 所依赖的其他 Bean 的实例化问题，直到解决完所依赖的所有 Bean 的问题
                    getBean(dependsOnBean);
           }
        }
     //处理当前 Bean 为单例、多例等的场景，见下文

     //删除抛异常逻辑
      }
      catch (BeansException ex) {
     //无论创建哪种类型的 Bean，在失败时都会清除已创建的 Bean 集合
           cleanupAfterBeanCreationFailure(beanName);
        throw ex;
      }
   }
   return (T) bean;
}
```

Spring Bean 的作用范围（Scope）决定了这个 Bean 的生命周期，Spring 对 Scope 的扩展和订制是 Spring Bean 模块对 Web 环境更复杂的 Bean 生命周期管理的支持。

Spring Bean 的生命周期主要如下。

◎ 单例（Singleton）的生命周期和 Spring 上下文的生命周期一致，自始至终只被 Sping 创建一次。

◎ 多例（Prototype）的生命周期在事件级别，每触发一次 getBean，调用方获取的实例就是新的。

◎ Request 的生命周期在 HTTP 请求级别，在每次 Web HTTP 请求中都被创建一次。

◎ Session 的生命周期在 HTTP Session 级别，在每个 HTTP Session 中都被创建一次。

◎ Global Session 的生命周期类似于 Session 的生命周期，但仅在基于 Portlet 的 Web 应用中有意义。PorletSession 继承自 HttpSession，使用目的和 HttpSession 一致。

◎ Application 的生命周期与整个 Web 应用的生命周期一致。

```
    if (mbd.isSingleton()) {
    //如果是单例类型的 Bean，则直接调用 createBean 方法进行创建，同时使用
FactoryBeanRegistrySupport 的 getSingleton 来实现缓存，避免重复创建。由此可见 Spring 对职责
的划分，以及 AbstractBeanFactory 对 FactoryBeanRegistrySupport 继承的考虑
                sharedInstance = getSingleton(beanName, new ObjectFactory<Object>() {
               @Override
               public Object getObject() throws BeansException {
                  try {
                     return createBean(beanName, mbd, args);
                  }
                  catch (BeansException ex) {
                     //如果在创建 Bean 时发生异常，则由于当前 Bean 实例可能已经被添加到单例池中，
需要调用销毁方法销毁当前 Bean 实例
    destroySingleton(beanName);
                     throw ex;
                  }
               }
            });
            bean = getObjectForBeanInstance(sharedInstance, name, beanName, mbd);
        }

        else if (mbd.isPrototype()) {
            //如果当前 Bean 的定义是多例的，则进行实时创建。多例的场景是一次获取新的 Bean 实例，
所以无法和单例 Bean 一样使用单例池进行缓存
                Object prototypeInstance = null;
            try {
    //在 threadlocal 中设置这个 Bean 名称的标志位，防止在同一线程中重复创建此多例 Bean 造成资源
浪费
                beforePrototypeCreation(beanName);
    //创建 Bean 实例
                prototypeInstance = createBean(beanName, mbd, args);
            }
            finally {
          //清除 threadlocal 标志位
                afterPrototypeCreation(beanName);
            }
```

```
            bean = getObjectForBeanInstance(prototypeInstance, name, beanName, mbd);
        }
        else {
    //处理 Bean 的作用范围为 request、session 等的场景
            String scopeName = mbd.getScope();
            final Scope scope = this.scopes.get(scopeName);
            if (scope == null) {
                throw new IllegalStateException("No Scope registered for scope name '"
+ scopeName + "'");
            }
            try {
                Object scopedInstance = scope.get(beanName, new ObjectFactory<Object>()
{
                    @Override
                    public Object getObject() throws BeansException {
                        beforePrototypeCreation(beanName);
                        try {
                            return createBean(beanName, mbd, args);
                        }
                        finally {
                            afterPrototypeCreation(beanName);
                        }
                    }
                });
                bean = getObjectForBeanInstance(scopedInstance, name, beanName, mbd);
            }
```

如果当前 Bean 的类型是 FactoryBean，则在 getBean 时不是直接返回当前 Bean 实例，而是先获取 Bean 实例，然后调用其工厂方法获取 Bean 实例，源码如下：

```
    protected Object getObjectForBeanInstance(
     Object beanInstance, String name, String beanName, RootBeanDefinition mbd) {

  //如果这个 Bean 的名称以"&"为开始，并且不是工厂 Bean，则会报错
      if (BeanFactoryUtils.isFactoryDereference(name) && !(beanInstance instanceof
FactoryBean)) {
     throw new BeanIsNotAFactoryException(transformedBeanName(name),
beanInstance.getClass());
  }

  //如果当前 Bean 实例没有实现 FactoryBean 或者以"&"为开头命名，则将直接返回这个 Bean 实例，
```

```
在这个方法中只处理是 FactoryBean 的情况
    if (!(beanInstance instanceof FactoryBean) ||
BeanFactoryUtils.isFactoryDereference(name)) {
      return beanInstance;
   }

      Object object = null;
   if (mbd == null) {
     //从 FactoryBeanRegistrySupport 的单例 map 中获取实例
         object = getCachedObjectForFactoryBean(beanName);
   }
   if (object == null) {
      //如果没有获取实例，则直接从 FactoryBean 中获取
      FactoryBean<?> factory = (FactoryBean<?>) beanInstance;
     //获取 Bean 的描述信息
         if (mbd == null && containsBeanDefinition(beanName)) {
        mbd = getMergedLocalBeanDefinition(beanName);
      }
         //判断是否是合成的 Bean
         boolean synthetic = (mbd != null && mbd.isSynthetic());
         //从 FactoryBean 中获取 Bean 实例
         object = getObjectFromFactoryBean(factory, beanName, !synthetic);
   }
   return object;
}

}
```

从上面的代码来看，可以把 Spring 的单例看成一层缓存级单例注册器，这样既能提高性能，又能解耦。上面的代码也展示了怎么使用内置锁和 concurrentHashMap 来保证线程安全，同时巧妙地利用 ConcurrentHashMap.get 中的线程可见性来提高性能。

注意：不要觉得 Spring 的每次判断和尝试获取都是多余的，细细品味琢磨，都是这些一点一滴提升了性能并且把懒加载用到了极致。

下面看看 Spring 实时加载的核心部分，Bean 的创建如图 4-3 所示。

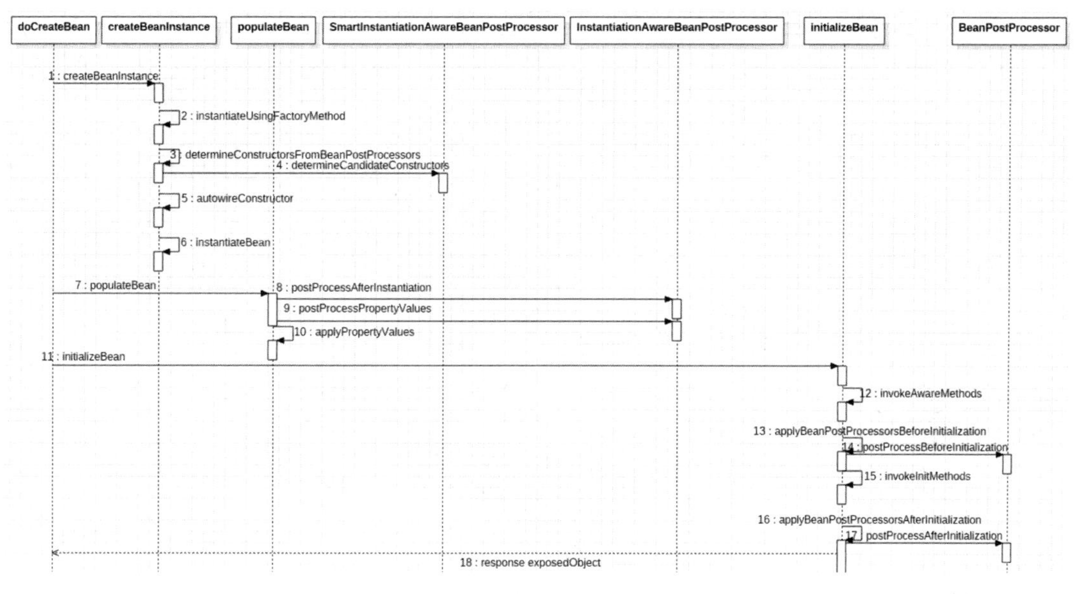


图 4-3

我们先来考虑一个问题：Bean 的创建需要做些什么才能保证整个应用对 Bean 的使用？

Bean 可能是多种多样的，有些是代理 Bean，有些是 FactoryBean，有些是自定义 Bean，等等，这些 Bean 的加载、执行顺序、逻辑及要求的结果都是不同的。

那么 Spring 是怎么支撑多种多样的 Bean 的创建的呢？并且 Spring 对外提供了很多扩展方法，例如 Bean 的初始化方法、Bean 的实例化方法等，这些扩展方法是怎么串联起来的，又是怎么通过保证执行顺序来保证程序执行的正确性的呢？这个创建 Bean 的方法应该在哪个职能类中实现呢？

我们带着这些疑问，通过源码来看看 Spring 是怎么解决这些问题的。

AbstractAutowiredCapableBeanFactory 的实现如下：

```
    protected Object createBean(String beanName, RootBeanDefinition mbd, Object[]
args) throws BeanCreationException {
  RootBeanDefinition mbdToUse = mbd;

  //从 Bean 的描述信息中解析出 Bean 的 class，为创建实例做准备，并且复制一个新的
  //RootBeanDefinition 对象来使用，防止多线程场景篡改原来的对象
```

```
  Class<?> resolvedClass = resolveBeanClass(mbd, beanName);
  if (resolvedClass != null && !mbd.hasBeanClass() && mbd.getBeanClassName() != null)
{
     mbdToUse = new RootBeanDefinition(mbd);
     mbdToUse.setBeanClass(resolvedClass);
  }

  //准备方法重写
      try {
     mbdToUse.prepareMethodOverrides();
  }
  catch (BeanDefinitionValidationException ex) {
     throw new BeanDefinitionStoreException(mbdToUse.getResourceDescription(),
           beanName, "Validation of method overrides failed", ex);
  }

  try {
     //获取并且调用 Bean 的后置处理器的子接口。因为当前的 createBean 方法也是一个模板方法，并且
为了扩展性和灵活性增加了几个 Bean 实例化前的处理器接口
          Object bean = resolveBeforeInstantiation(beanName, mbdToUse);
    //如果为某些 Bean 添加了 Bean 实例化前的后置处理器，并且这些后置处理器已经实例化当前 Bean，
则不用继续创建 Bean 实例，也就是说 Bean 的创建不全是反射创建的。这也再次支持了代理 Bean 的创建，包
括 CGLIB 代理的创建。正是这些 Bean 的实例化前的后置处理器设计，让 Spring 可以非常灵活地扩展
         if (bean != null) {
        return bean;
     }
  }
  catch (Throwable ex) {
     throw new BeanCreationException(mbdToUse.getResourceDescription(), beanName,
           "BeanPostProcessor before instantiation of bean failed", ex);
  }
    //正式创建 Bean
      Object beanInstance = doCreateBean(beanName, mbdToUse, args);
  return beanInstance;
}
```

上面讲解了 Spring Bean 的特殊创建方式，用到了 Bean 实例化前后置处理器的方式。下面看看正常的 Spring Bean 是怎么创建的。

```
   protected Object doCreateBean(final String beanName, final RootBeanDefinition
mbd, final Object[] args) {
```

```
    BeanWrapper instanceWrapper = null;
    if (mbd.isSingleton()) {
      //如果这个Bean是单例的,并且在单例Map(用来存储单例Bean的映射集合)中已经存在名为beanName
的 Bean 实例，则不需要再次实例化当前 Bean。同时，如果在单例 Map 中不存在当前 Bean 实例，则在实例化
当前 Bean 实例后将其添加到单例 Map 中
          instanceWrapper = this.factoryBeanInstanceCache.remove(beanName);
    }
    if (instanceWrapper == null) {
      //创建 Bean 实例
          instanceWrapper = createBeanInstance(beanName, mbd, args);
    }
    final Object bean = (instanceWrapper != null ?
instanceWrapper.getWrappedInstance() : null);
    Class<?> beanType = (instanceWrapper != null ? instanceWrapper.getWrappedClass() :
null);

    //调用这个 Bean 的 merge bean 来定义后置处理器方法，例如检查自动注入时的成员变量等
        synchronized (mbd.postProcessingLock) {
      if (!mbd.postProcessed) {
        applyMergedBeanDefinitionPostProcessors(mbd, beanType, beanName);
        mbd.postProcessed = true;
      }
    }
    //尽量提早创建该单例的 Bean 实例，并解决循环依赖的问题
        boolean earlySingletonExposure = (mbd.isSingleton() &&
this.allowCircularReferences &&
         isSingletonCurrentlyInCreation(beanName));
    if (earlySingletonExposure) {
      addSingletonFactory(beanName, new ObjectFactory<Object>() {
        @Override
        public Object getObject() throws BeansException {
          return getEarlyBeanReference(beanName, mbd, bean);
        }
      });
    }
    //初始化当前 Bean。此时这个 Bean 实例已被创建，但是其中的属性没被赋值，所以要准备当前 Bean 中
    //与属性相关的数据
      Object exposedObject = bean;
    try {
      //处理 Bean 的相关属性和注入等
      populateBean(beanName, mbd, instanceWrapper);
```

```
    if (exposedObject != null) {
   //初始化当前 Bean
           exposedObject = initializeBean(beanName, exposedObject, mbd);
    }
  }
  catch (Throwable ex) {
    if (ex instanceof BeanCreationException &&
beanName.equals(((BeanCreationException) ex).getBeanName())) {
       throw (BeanCreationException) ex;
    }
    else {
       throw new BeanCreationException(mbd.getResourceDescription(), beanName,
"Initialization of bean failed", ex);
    }
  }
   //为 Bean 的循环依赖的处理及提早注册的实现部分
     if (earlySingletonExposure) {
    Object earlySingletonReference = getSingleton(beanName, false);
    if (earlySingletonReference != null) {
       if (exposedObject == bean) {
          exposedObject = earlySingletonReference;
       }
       else if (!this.allowRawInjectionDespiteWrapping &&
hasDependentBean(beanName)) {
          String[] dependentBeans = getDependentBeans(beanName);
          Set<String> actualDependentBeans = new
LinkedHashSet<String>(dependentBeans.length);
          for (String dependentBean : dependentBeans) {
             if (!removeSingletonIfCreatedForTypeCheckOnly(dependentBean)) {
                actualDependentBeans.add(dependentBean);
             }
          }
          if (!actualDependentBeans.isEmpty()) {
             throw new BeanCurrentlyInCreationException(beanName,
                   "Bean with name '" + beanName + "' has been injected into other beans
[" + StringUtils.collectionToCommaDelimitedString(actualDependentBeans) + "] in its
raw version as part of a circular reference, but has eventually been " + "wrapped.
This means that said other beans do not use the final version of the " + "bean. This
is often the result of over-eager type matching - consider using " +
"'getBeanNamesOfType' with the 'allowEagerInit' flag turned off, for example.");
          }
```

```
            }
        }
    }
    //如果当前 Bean 的生命周期不是多例（包含单例、request、session 等范围的 Bean）的，也就是说
需要Spring来管理Bean的生命周期，则此时会把Bean的destory方法注册到Spring上下文中。当Spring
上下文启动异常时，调用销毁回调方法，处理已经生成的 Bean，来释放 Bean 占用的资源
    try {
        registerDisposableBeanIfNecessary(beanName, bean, mbd);
    }
    catch (BeanDefinitionValidationException ex) {
        throw new BeanCreationException(mbd.getResourceDescription(), beanName,
"Invalid destruction signature", ex);
    }

    return exposedObject;
}
```

## 4.4　Spring Bean 的依赖注入的实现

Spring 的自动装配是非常受使用者和研究者欢迎的，是实现 Spring 依赖注入的核心。

在讲解 Spring 注解加载时提及 Autowire（见 3.3 节）注解的使用、加载及调用，这里讲解 Spring 在整个运行过程中怎么实现 Bean 属性的解析及注入。

注入的实现一般分为两种，一种是构造方法注入，一种是属性注入（与 set 方法注入类似）。但是它们的注入顺序不一致，因为 Spring 在实例化 Bean 时要先找到合适的构造方法，并准备构造方法的参数等数据，再进行实例化。在实例化后产生对象时才能对当前对象的属性进行装载注入（如反射调用方法、为属性赋值等）；也就是说，我们若想知道构造方法的注入，就要从 Bean 的实例说起。下面看看 AbstractAutowireCapableBeanFactory.createBeanInstance 方法是怎么在 Bean 实例化过程中实现构造方法注入的：

```
    protected BeanWrapper createBeanInstance(String beanName, RootBeanDefinition
mbd, Object[] args) {
    //解析 class 信息
        Class<?> beanClass = resolveBeanClass(mbd, beanName);

    if (beanClass != null && !Modifier.isPublic(beanClass.getModifiers())
&& !mbd.isNonPublicAccessAllowed()) {
        throw new BeanCreationException(mbd.getResourceDescription(), beanName,
```

```
            "Bean class isn't public, and non-public access not allowed: " +
beanClass.getName());
   }
   //如果当前 Bean 含有工厂方法，则直接通过反射调用工厂方法进行实例化
      if (mbd.getFactoryMethodName() != null)  {
      return instantiateUsingFactoryMethod(beanName, mbd, args);
   }

   boolean resolved = false;
   boolean autowireNecessary = false;
   if (args == null) {
      synchronized (mbd.constructorArgumentLock) {
         if (mbd.resolvedConstructorOrFactoryMethod != null) {
            resolved = true;
     //如果构造函数的参数已经被解析过，则设置标志
                autowireNecessary = mbd.constructorArgumentsResolved;
         }
      }
   }
     //如果已经解析过构造方法
      if (resolved) {
     //如果需要自动注入，则使用构造方法注入
         if (autowireNecessary) {
         return autowireConstructor(beanName, mbd, null, null);
      }
      else {
          //如果不需要构造方法注入，则直接实例化当前 Bean
             return instantiateBean(beanName, mbd);
      }
   }

   //找出合适的构造函数（调用 SmartInstantiationAwareBeanPostProcessor 后置处理器来寻找在
父类和当前类中配置了需要自动注入注解的构造函数）
     Constructor<?>[] ctors = determineConstructorsFromBeanPostProcessors(beanClass,
beanName);
     //如果找到了匹配的需要自动注入的构造函数，则将构造函数需要的参数注入构造函数中，并通过构造函
数实例化当前 Bean
   if (ctors != null ||
         mbd.getResolvedAutowireMode() == RootBeanDefinition.AUTOWIRE_CONSTRUCTOR
||
         mbd.hasConstructorArgumentValues() || !ObjectUtils.isEmpty(args))  {
```

```
        return autowireConstructor(beanName, mbd, ctors, args);
    }
    //如果不是自动注入的，或者只有一个构造方法，则直接通过当前构造方法或默认的构造方法实例化 Bean
    return instantiateBean(beanName, mbd);
}
```

我们来看看构造方法到底是怎么自动装配的。构造方法的解析和装配都在 Constructor Resolver 类中实现，该类的相关代码如下：

```
    class ConstructorResolver {
   public BeanWrapper autowireConstructor(final String beanName, final
RootBeanDefinition mbd,
        Constructor<?>[] chosenCtors, final Object[] explicitArgs) {
     //为当前 BeanWrapperImpl 设置类型解析器
     BeanWrapperImpl bw = new BeanWrapperImpl();
      this.beanFactory.initBeanWrapper(bw);
      Constructor<?> constructorToUse = null;
      ArgumentsHolder argsHolderToUse = null;
      Object[] argsToUse = null;
      if (explicitArgs != null) {
         argsToUse = explicitArgs;
      }
      else {
         Object[] argsToResolve = null;
         synchronized (mbd.constructorArgumentLock) {
            constructorToUse = (Constructor<?>)
mbd.resolvedConstructorOrFactoryMethod;
            if (constructorToUse != null && mbd.constructorArgumentsResolved) {
               //获取构造方法的参数已经被解析的对象
               argsToUse = mbd.resolvedConstructorArguments;
               if (argsToUse == null) {
     argsToResolve = mbd.preparedConstructorArguments;
               }
            }
         }
     //如果有参数需要被解析
         if (argsToResolve != null) {
               argsToUse = resolvePreparedArguments(beanName, mbd, bw,
constructorToUse, argsToResolve);
         }
      }
     //如果构造方法没被解析过
```

```
    if (constructorToUse == null) {
       //则获取构造方法自动注入标识
           boolean autowiring = (chosenCtors != null ||
            mbd.getResolvedAutowireMode() ==
RootBeanDefinition.AUTOWIRE_CONSTRUCTOR);
       ConstructorArgumentValues resolvedValues = null;
       int minNrOfArgs;
       if (explicitArgs != null) {
          minNrOfArgs = explicitArgs.length;
       }
       else {
   //如果入参为空，则在 Bean 的描述信息中获取构造函数的参数个数
          ConstructorArgumentValues cargs = mbd.getConstructorArgumentValues();
 resolvedValues = new ConstructorArgumentValues();
   //解析构造方法的参数
          minNrOfArgs = resolveConstructorArguments(beanName, mbd, bw, cargs,
resolvedValues);
       }
       //如果没有找到，则在 Bean 的 class 中获取构造函数
       Constructor<?>[] candidates = chosenCtors;
       if (candidates == null) {
   //按照 Bean 描述配置的 Class 及访问限制配置获取构造方法数组
       }
       AutowireUtils.sortConstructors(candidates);
       int minTypeDiffWeight = Integer.MAX_VALUE;
       Set<Constructor<?>> ambiguousConstructors = null;
       LinkedList<UnsatisfiedDependencyException> causes = null;
       for (Constructor<?> candidate : candidates) {
          Class<?>[] paramTypes = candidate.getParameterTypes();
   //如果已存在的参数数量多于参数类型的数组数量，则跳出循环
   //如果当前构造函数的参数数量少于需要注入的参数数量，则说明当前构造函数不符合要求，继续匹配下
   //一个构造函数。此处省略部分代码
          ArgumentsHolder argsHolder;
          if (resolvedValues != null) {
             try {
                String[] paramNames =
ConstructorPropertiesChecker.evaluate(candidate, paramTypes.length);
                if (paramNames == null) {
                   ParameterNameDiscoverer pnd =
this.beanFactory.getParameterNameDiscoverer();
                   if (pnd != null) {
```

```
    paramNames = pnd.getParameterNames(candidate);
                }
            }
    //创建构造方法所需的参数值，用类型转换器解析和转换参数值，并且把自动注入的 Bean 注册到 Bean
工厂中
                  argsHolder = createArgumentArray(beanName, mbd, resolvedValues,
bw, paramTypes, paramNames,
                   getUserDeclaredConstructor(candidate), autowiring);
          }
          catch (UnsatisfiedDependencyException ex) {
            if (causes == null) {
              causes = new LinkedList<UnsatisfiedDependencyException>();
            }
            causes.add(ex);
            continue;
          }
        }
        else {
    //在 Java 的一个类中不能同时存在两个参数类型和个数都相同的构造函数
      if (paramTypes.length != explicitArgs.length) {
            continue;
          }
    argsHolder = new ArgumentsHolder(explicitArgs);
        }
        int typeDiffWeight = (mbd.isLenientConstructorResolution() ?
            argsHolder.getTypeDifferenceWeight(paramTypes) :
argsHolder.getAssignabilityWeight(paramTypes));
        //按照匹配项获取构造函数
        if (typeDiffWeight < minTypeDiffWeight) {
          constructorToUse = candidate;
          argsHolderToUse = argsHolder;
          argsToUse = argsHolder.arguments;
          minTypeDiffWeight = typeDiffWeight;
          ambiguousConstructors = null;
        }
        else if (constructorToUse != null && typeDiffWeight == minTypeDiffWeight)
{
          if (ambiguousConstructors == null) {
            ambiguousConstructors = new LinkedHashSet<Constructor<?>>();
            ambiguousConstructors.add(constructorToUse);
          }
```

```
                ambiguousConstructors.add(candidate);
            }
        }
        //忽略异常部分。由于 Spring 的异常描述非常清晰，所以为了便于解决问题，本文中重要的异常描
述并没有被删除

        if (explicitArgs == null) {
    //如果入参为空，则此时存储标志位，防止重复解析，这部分和 createInstance 中的判断是相互呼应
的
  argsHolderToUse.storeCache(mbd, constructorToUse);
        }
    }
    try {
        Object beanInstance;

        if (System.getSecurityManager() != null) {
            final Constructor<?> ctorToUse = constructorToUse;
            final Object[] argumentsToUse = argsToUse;
    //获取实例化策略，实例化这个构造方法和参数。此处省略实例化细节
    return beanInstance;
}
```

下面看看 AbstractAutowireCapableBeanFactory 的核心子类 DefaultListableBeanFactory 是怎么实现自动注入的。

```
    protected Map<String, Object> findAutowireCandidates(
     String beanName, Class<?> requiredType, DependencyDescriptor descriptor) {
    //按照指定的类型查找所有类型的 Bean 的名称（包括父工厂中的 Bean）
  String[] candidateNames = BeanFactoryUtils.beanNamesForTypeIncludingAncestors(
        this, requiredType, true, descriptor.isEager());
  Map<String, Object> result = new LinkedHashMap<String,
Object>(candidateNames.length);
    //先在已解决的依赖的 Bean 中查找，因为 Spring 内部使用的 Bean 一般都会被注册在这里，所以优先
在这里查找
   for (Class<?> autowiringType : this.resolvableDependencies.keySet()) {
      if (autowiringType.isAssignableFrom(requiredType)) {
         Object autowiringValue = this.resolvableDependencies.get(autowiringType);
         autowiringValue = AutowireUtils.resolveAutowiringValue(autowiringValue,
requiredType);
         if (requiredType.isInstance(autowiringValue)) {
            result.put(ObjectUtils.identityToString(autowiringValue),
autowiringValue);
```

```
                break;
            }
        }
    }
    //获取匹配的 Bean
    for (String candidateName : candidateNames) {
      //只处理名称不是当前 Bean 名称及工厂 Bean 名称的场景
        if (!isSelfReference(beanName, candidateName) &&
isAutowireCandidate(candidateName, descriptor)) {
      //在找到这个 Bean 后直接进行解析，然后调用 BeanFactory 的 getBean 方法生成和获取这个 Bean，
达到 Bean 热加载的设计效果
            result.put(candidateName, descriptor.resolveCandidate(candidateName,
requiredType, this));
        }
    }
    if (result.isEmpty() && !indicatesMultipleBeans(requiredType)) {
        //如果还没找到并且不是集合或数组 map，则使用 fallback 再次查找
        DependencyDescriptor fallbackDescriptor = descriptor.forFallbackMatch();
        for (String candidateName : candidateNames) {
            if (!isSelfReference(beanName, candidateName) &&
isAutowireCandidate(candidateName, fallbackDescriptor)) {
                result.put(candidateName, descriptor.resolveCandidate(candidateName,
requiredType, this));
            }
        }
        if (result.isEmpty()) {
                for (String candidateName : candidateNames) {
                if (isSelfReference(beanName, candidateName) &&
isAutowireCandidate(candidateName, fallbackDescriptor)) {
                    result.put(candidateName, descriptor.resolveCandidate(candidateName,
requiredType, this));
                }
            }
        }
    }
    return result;
}
```

我们再来看看依赖的 Bean 是集合类型或者数组类型时该怎么实现自动装配。其中包括的类型有数组类型、Collection 或者 Collection 子接口类型、Map 类型。

```
    private Object resolveMultipleBeans(DependencyDescriptor descriptor, String
```

```
beanName,
      Set<String> autowiredBeanNames, TypeConverter typeConverter) {

   Class<?> type = descriptor.getDependencyType();
     //如果需要注入的 Bean 是数组类型
   if (type.isArray()) {
     //则获取数组成员的类型
      Class<?> componentType = type.getComponentType();
      DependencyDescriptor targetDesc = new DependencyDescriptor(descriptor);
      targetDesc.increaseNestingLevel();
     //按照数组成员类型，查找并且匹配 BeanFactory 的类，如果存在就获取或者创建
      Map<String, Object> matchingBeans = findAutowireCandidates(beanName,
componentType, targetDesc);
      if (matchingBeans.isEmpty()) {
         return null;
      }
      if (autowiredBeanNames != null) {
         autowiredBeanNames.addAll(matchingBeans.keySet());
      }
      TypeConverter converter = (typeConverter != null ? typeConverter :
getTypeConverter());
     //使用类型转换器解析转换当前对象数组
           Object result = converter.convertIfNecessary(matchingBeans.values(),
type);
      if (getDependencyComparator() != null && result instanceof Object[]) {
     //使用工厂比较器排序当前数组
         Arrays.sort((Object[]) result, adaptDependencyComparator(matchingBeans));
      }
      return result;
   }
     //如果这个类型是 Collection 或者 Collection 子接口类型
   else if (Collection.class.isAssignableFrom(type) && type.isInterface()) {
      Class<?> elementType = descriptor.getCollectionType();
      if (elementType == null) {
         return null;
      }
      DependencyDescriptor targetDesc = new DependencyDescriptor(descriptor);
      targetDesc.increaseNestingLevel();
      Map<String, Object> matchingBeans = findAutowireCandidates(beanName,
elementType, targetDesc);
      if (matchingBeans.isEmpty()) {
```

```
            return null;
        }
        if (autowiredBeanNames != null) {
            autowiredBeanNames.addAll(matchingBeans.keySet());
        }
        TypeConverter converter = (typeConverter != null ? typeConverter :
getTypeConverter());
        Object result = converter.convertIfNecessary(matchingBeans.values(), type);
        if (getDependencyComparator() != null && result instanceof List) {
            Collections.sort((List<?>) result,
adaptDependencyComparator(matchingBeans));
        }
        return result;
    }
      //处理当前 Bean 类型为 Map 的场景
    else if (Map.class.isAssignableFrom(type) && type.isInterface()) {
        Class<?> keyType = descriptor.getMapKeyType();
        if (String.class != keyType) {
            return null;
        }
        Class<?> valueType = descriptor.getMapValueType();
        if (valueType == null) {
            return null;
        }
        DependencyDescriptor targetDesc = new DependencyDescriptor(descriptor);
        targetDesc.increaseNestingLevel();
        Map<String, Object> matchingBeans = findAutowireCandidates(beanName, valueType,
targetDesc);
        if (matchingBeans.isEmpty()) {
      //若没有找到匹配的 Bean，则返回 null
            return null;
        }
      //若设置自动装配的 Bean 名称集合不为空
        if (autowiredBeanNames != null) {
            autowiredBeanNames.addAll(matchingBeans.keySet());
        }
        return matchingBeans;
    }
    else {
      //如果不存在上面的情况，则返回空，无法处理
        return null;
```

```
    }
}
```

由于构造函数的注入比较复杂，所以我们用一个设计图来看一下，如图 4-4 所示。

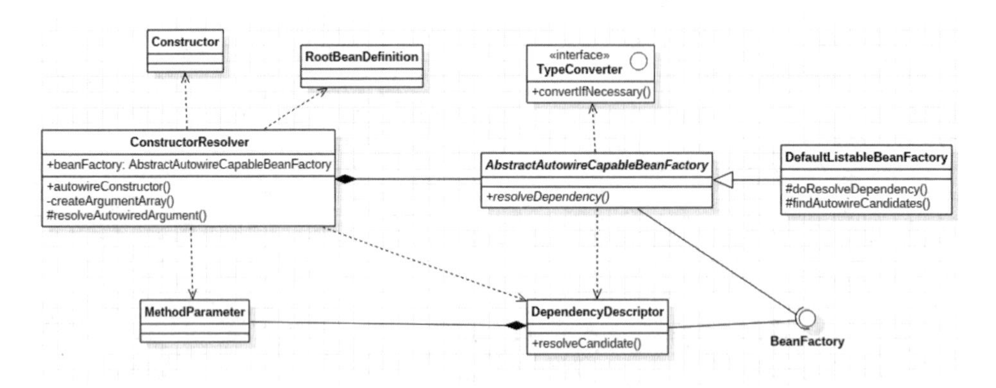


图 4-4

ConstutorResolver 负责创建构造函数，之后完成注入。从图 4-4 中可以看出，Dependency Descriptor 负责解决 Bean 依赖。

我们再来看看属性注入的原理。

属性注入的前提是当前对象已经完成了实例化，这样才能注入属性，因为注入属性的前提是有真正的 targetObject。

如图 4-3 所示，在创建 Bean 实例后调用了 populateBean 方法。属性注入就是通过 populateBean 方法开始的。

如下所示为 AbstractAutowireCapableBeanFactory. populateBean 方法的实现细节：

```
    protected void populateBean(String beanName, RootBeanDefinition mbd,
BeanWrapper bw) {
   PropertyValues pvs = mbd.getPropertyValues();
   //如果实例为空，并且属性值不为空，则不能注入，抛出异常；如果属性值为空，则跳出当前方法
   //如果当前 Bean 不是合成的 Bean，并且在当前工厂中已经注册了 Bean 实例化的后置处理器，则顺序调
用 Bean 后置处理器，如果其中任意一个处理器发生问题，则循环不继续，方法也不继续
   boolean continueWithPropertyPopulation = true;
   if (!mbd.isSynthetic() && hasInstantiationAwareBeanPostProcessors()) {
      for (BeanPostProcessor bp : getBeanPostProcessors()) {
         if (bp instanceof InstantiationAwareBeanPostProcessor) {
            InstantiationAwareBeanPostProcessor ibp =
```

```
(InstantiationAwareBeanPostProcessor) bp;
          if (!ibp.postProcessAfterInstantiation(bw.getWrappedInstance(),
beanName)) {
             continueWithPropertyPopulation = false;
             break;
          }
       }
    }
  }
  if (!continueWithPropertyPopulation) {
    return;
  }
//只处理当前 Bean 按类型自动注入和按名称自动注入。也就是说 Bean 的属性注入只支持两种：一种是按照名称注入，一种是按照类型注入
  if (mbd.getResolvedAutowireMode() == RootBeanDefinition.AUTOWIRE_BY_NAME ||
       mbd.getResolvedAutowireMode() == RootBeanDefinition.AUTOWIRE_BY_TYPE) {
    MutablePropertyValues newPvs = new MutablePropertyValues(pvs);

    if (mbd.getResolvedAutowireMode() == RootBeanDefinition.AUTOWIRE_BY_NAME) {
    //如果按名称注入，则直接通过 getBean 获取这些 Bean，然后注入，添加属性信息并注册当前依赖的Bean 到 BeanFactory 中
       autowireByName(beanName, mbd, bw, newPvs);
    }
    //按类型获取并解决依赖，调用这个 resolveDependency 方法来处理，在获取对象的值后调用类型转换处理返回值，并且添加到属性信息中
    if (mbd.getResolvedAutowireMode() == RootBeanDefinition.AUTOWIRE_BY_TYPE) {
       autowireByType(beanName, mbd, bw, newPvs);
    }
    pvs = newPvs;
  }
  boolean hasInstAwareBpps = hasInstantiationAwareBeanPostProcessors();
    //当前 Bean 是否定义了依赖检查（默认是检查）
  boolean needsDepCheck = (mbd.getDependencyCheck() !=
RootBeanDefinition.DEPENDENCY_CHECK_NONE);

  if (hasInstAwareBpps || needsDepCheck) {
    PropertyDescriptor[] filteredPds =
filterPropertyDescriptorsForDependencyCheck(bw, mbd.allowCaching);
    if (hasInstAwareBpps) {
    //调用 Bean 实例化后置处理器，处理已经设置好的属性，如果有任意一个处理器返回属性为 null，则直接完成装配属性
```

```
    for (BeanPostProcessor bp : getBeanPostProcessors()) {
            if (bp instanceof InstantiationAwareBeanPostProcessor) {
               InstantiationAwareBeanPostProcessor ibp =
(InstantiationAwareBeanPostProcessor) bp;
               pvs = ibp.postProcessPropertyValues(pvs, filteredPds,
bw.getWrappedInstance(), beanName);
               if (pvs == null) {
                  return;
               }
            }
         }
      }
      if (needsDepCheck) {
         checkDependencies(beanName, mbd, filteredPds, pvs);
      }
   }
   //解析转换所有的属性信息，并且为这个 Bean 实例装入所有的属性，绝大多数采用反射机制
   applyPropertyValues(beanName, mbd, bw, pvs);
}
```

## 4.5 Spring Bean 的初始化

我们一般在使用 Spring 注入 Bean 时会对 Bean 进行初始化，Bean 在初始化时会为 Bean 初始化一些属性，甚至利用 Bean 的初始化接口为应用的全局做准备。但是如果初始化的 Bean 不是单例，或者这个 Bean 的设置是懒加载的，又或者这个 Bean 没有被另一个提前加载的 Bean 依赖，那么在 Spring 启动后，这个 Bean 的初始化函数就无法被提前触发，也无法达到数据和函数提前加载的效果。

另外，Spring 为 Bean 的初始化提供了构造方法、Init-Method、@postConstruct、InitializingBean 这四种方式。只有了解这四种方式的先后顺序及实现原理，才能利用好它们为整个应用服务；如果初始化的顺序与业务数据的依赖关系背道而驰，则将很难排查发生的错误，结果也不可估量。这有点像 Java 中的 happen-before，只有了解了执行顺序才能更好地掌握和使用 Spring，为项目服务。

初始化的源码如下：

```
   protected Object initializeBean(final String beanName, final Object bean,
RootBeanDefinition mbd) {
```

```
    //初始化 Bean 发生在 Bean 的属性注入完成以后，要先调用 beanAware 接口，这些接口为当前 Bean
注入一些属性，注入的属性分别是 BeanName、classLoader 和 BeanFactory，为后续的初始化数据做准备
  if (System.getSecurityManager() != null) {
     AccessController.doPrivileged(new PrivilegedAction<Object>() {
        @Override
        public Object run() {
           invokeAwareMethods(beanName, bean);
           return null;
        }
     }, getAccessControlContext());
  }
  else {
     invokeAwareMethods(beanName, bean);
  }
 //调用 Bean 初始化后置处理器
  Object wrappedBean = bean;
  if (mbd == null || !mbd.isSynthetic()) {
     wrappedBean = applyBeanPostProcessorsBeforeInitialization(wrappedBean,
beanName);
  }
 //调用初始化方法
  try {
     invokeInitMethods(beanName, wrappedBean, mbd);
  }
  catch (Throwable ex) {
     throw new BeanCreationException(
           (mbd != null ? mbd.getResourceDescription() : null),
           beanName, "Invocation of init method failed", ex);
  }

  if (mbd == null || !mbd.isSynthetic()) {
     wrappedBean = applyBeanPostProcessorsAfterInitialization(wrappedBean,
beanName);
  }
  return wrappedBean;
}
    protected void invokeInitMethods(String beanName, final Object bean,
RootBeanDefinition mbd)
     throws Throwable {
//先调用 InitializingBean 的 afterProperties 方法
  boolean isInitializingBean = (bean instanceof InitializingBean);
```

```
  if (isInitializingBean && (mbd == null
|| !mbd.isExternallyManagedInitMethod("afterPropertiesSet"))) {
     if (System.getSecurityManager() != null) {
        try {
           AccessController.doPrivileged(new PrivilegedExceptionAction<Object>() {
              @Override
              public Object run() throws Exception {
                 ((InitializingBean) bean).afterPropertiesSet();
                 return null;
              }
           }, getAccessControlContext());
        }
        catch (PrivilegedActionException pae) {
           throw pae.getException();
        }
     }
     else {
        ((InitializingBean) bean).afterPropertiesSet();
     }
  }
//然后调用 Bean 自定义初始化方法
  if (mbd != null) {
     String initMethodName = mbd.getInitMethodName();
     if (initMethodName != null && !(isInitializingBean &&
"afterPropertiesSet".equals(initMethodName)) &&
           !mbd.isExternallyManagedInitMethod(initMethodName)) {
        invokeCustomInitMethod(beanName, bean, mbd);
     }
  }
}
```

从 Spring createBean 的时序上来看，构造方法是在实例化 Bean 时调用的，然后注入 Bean 所需的属性到已实例化的对象中，最后初始化 Bean（调用 Bean 配置的初始化方法）。

也就是说，从执行顺序来看，如果这里用大于号表示“早于”，则构造函数 > InitializingBean；从源码来看，InitializingBean > 自定义 init-method。所以得出结论：构造函数 > 初始化 Bean > InitializingBean >自定义 init-method。

那么，@ postConstruct 是在哪里调用从而进行初始化的呢？

我们先考虑几个问题。该方法有固定的执行顺序，无法让 init-method 早于

InitializingBean 执行，如果想添加一个早于 InitializingBean 执行的方法，则该怎么办？我们在找到执行 InitializingBean 之前，都有什么逻辑能利用？我们从 4.3 节中知道，Spring 在执行 getBean 方法时会调用 Bean 后置处理器，而且后置处理器的调用早于 InitializingBean 接口的调用。@postConstruct 就是在 Bean 的后置处理器中解析执行的。

我们在学习注解加载时了解到，注解 Reader 在实例化时注册了 CommonAnnotationBeanPostProcessor 实例，CommonAnnotationBeanPostProcessor 可以解析 Bean 中含有这个@PostConstruct 注解的方法，同时在调用 CommonAnnotationBeanPostProcessor 时调用当前 Bean 已经配置了@PostConstruct 的方法。也就是说配置了@PostConstruct 注解的方法调用是在 Bean 后置处理器中进行的，从初始化 Bean 的方法来看，早于 InitializingBean，所以得出结论：构造函数 > @PostConstruct > InitializingBean > 自定义 init-method。

# 第 5 章 Spring 代理与 AOP

Spring 代理在支持 AOP（Aspect-Oriented Programming，面向切面编程）的同时，为 Spring 自身的扩展及对其他框架的融合奠定了非常好的基础。Spring 代理分为两种：JDK 动态代理和 CGLIB 动态代理。JDK 动态代理是 Java 自带的使用反射技术生成一个实现代理接口的匿名类，在执行具体方法前调用 InvokeHandler 进行处理。CGLIB 动态代理是使用 ASM 开源包，将代理对象类的 class 文件加载进来，然后利用字节码技术修改 class 文件的字节码生成子类，进而实现代理类。

OOP（Object Oriented Programming）是一种面向对象的程序设计。“对象”在显式支持面向对象的语言中，一般指类在内存中装载的实例，具有相关的成员变量和成员函数（也被称为方法）。我们通过抽象的方式把对象的共同特性总结出来构造类（共同模型），主要关心对象包含哪些属性及行为，但是不关心具体的细节，从而达到软件工程的要求：重用性、灵活性和扩展性。

AOP 可以说是 OOP 的补充和完善。OOP 通过引入封装、继承和多态性等概念来建立一种对象的层次结构，用于模拟公共行为的一个集合，但在需要为分散的对象引入公共行为时就显得无能为力了。例如日志功能，因为日志代码往往水平地散布在所有对象的层次中，却与它所在对象的核心功能毫无关系；以及其他类型如安全性、异常处理等非业务代码。也就是说，OOP 允许我们定义从上到下的关系，但并不适合定义从左到右的关系。这种散布在各处的毫无关系的代码被称为横切（cross-cutting）代码。在 OOP 的设计中有大量的重复代码，不利于各个模块的重用。

在以下场景中更适合使用 AOP。

（1）组件代码与业务代码解耦。例如日志功能、事务功能、异常处理、统一拦截、数据提取等。很多开源组件都是利用 AOP 的面向切面编程特性实现零侵入的。

（2）代码高度复用、功能可配置。在部分逻辑相同但需要覆盖的业务场景比较丰富时，可以先通过定义切面实现通用逻辑，然后把需要实现这部分通用逻辑的业务代码配置在切面范围内。同时，代码可高度复用，当通用逻辑发生变更甚至删除或按配置切换部分过渡代码时，可以进行统一处理，避免漏改、漏配等。

在 Spring AOP 模块中对面向切面编程提供了大力支持，为了确保 Spring 与其他 AOP 框架的互用性，Spring AOP 模块支持基于 AOP 联盟定义的 API。

## 5.1　Spring 代理的设计及 JDK、CGLIB 动态代理

本节通过 Bean 的一种特殊类型（ProxyFactoryBean）来讲解 Spring 代理的设计，以及 Spring 在实现代理的过程中各自模块的职责及衔接。

如图 5-1 所示，ProxyFactoryBean 是 FactoryBean 的实现类，是 Spring 提供给使用者的代理工厂 Bean，通过 getObject 方法实现代理的自动生成，更拥有代理的自动创建功能、Advisor 和 Advice 的配置转换功能，以及拦截器的生成和组装功能。其实 Spring 在内部使用最多的是 ProxyFactory，但是 ProxyFactory 远没有 ProxyFactoryBean 灵活，更没有 ProxyFactoryBean 支持的功能多。ProxyFactory 也是 ProxyCreatorSupport 的子类，所以只要我们在使用 ProxyFactoryBean 的过程中了解 ProxyCreatorSupport 的实现逻辑，便也能掌握 ProxyFactory。

ProxyCreateSupport 用于处理代理对象的生成，内部拥有 DefaultAOPProxyFactory 实例。DefaultAOPProxyFactory 是 AOPProxy 的实现者，通过 AdvisedSupport 配置实现对 JdkDynamicAOPProxy、ObjenesisCglibAOPProxy 两种实例的选择和实例化。

AdvisedSupport 主要用于管理 Advisor。

ProxyConfig 负责配置和设置代理目标类等。

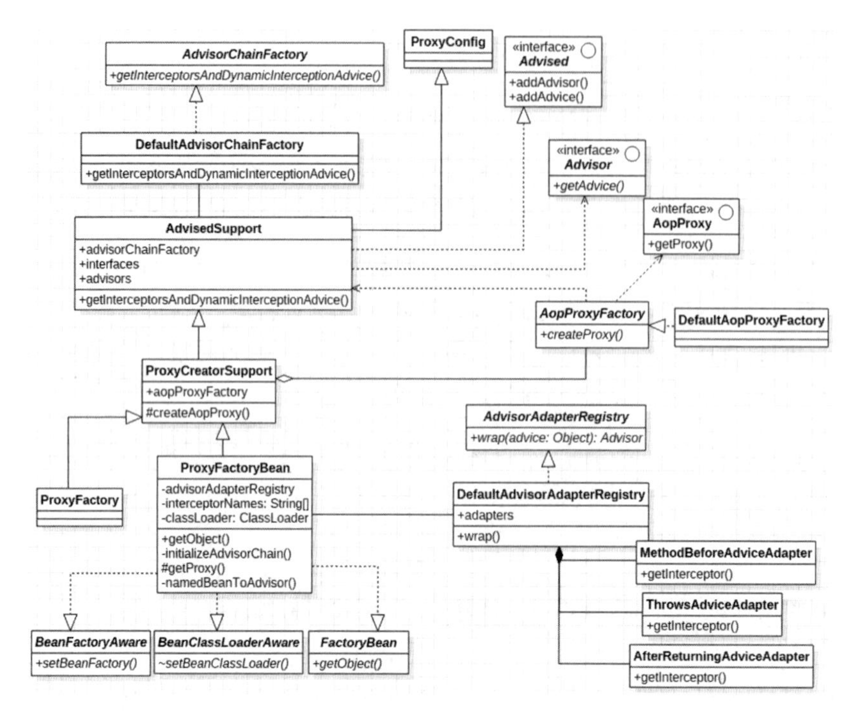


图 5-1

AdvisorAdapterRegistry 只有一个默认实现，即 DefaultAdvisorAdapterRegistry，主要用于处理 Advisor 和 Interceptor 的转换，在代理实例发生 invoke（调用）时，根据各个 Advisor 选择 MethodInterceptor，然后根据 pointCut 选择在什么时候调用该拦截器来执行。DefaultAdvisorChainFactory 在按照多个 Advisor 生成整个 MethodInteceptor 并提供给代理对象使用时会依赖它。

Spring 在创建代理的过程中依赖 AdvisorSupport，即在执行代理时也需要这个属性，因为创建本身就是为执行做准备的。

从如图 5-1 所示的设置职责来看，无论是 JDK 动态代理还是 CGLIB 动态代理，都依赖 Advisor 和 Advice（Advice 是最小颗粒度），Spring 代理都是围绕它们实现的。

这里先熟悉一下 Spring 动态代理部分的设计。如图 5-2 所示，JdkDynamicAOPProxy 和 CglibAOPProxy 都是 AOPProxy 的实现并且依赖 AdvisedSupport，也就是说，拦截器的部分获取和转换排序都是由 AdvisedSupport 提供的，并且这两个代理的 invoke 都依赖 ReflectiveMethodInvocation 来执行。这两个代理类本身既是代理的生成类，又是代理实例的执行类（因为既能通过 getProxy 获取新的代理对象，又能直接调用 invoke 方法执行代理对象）。

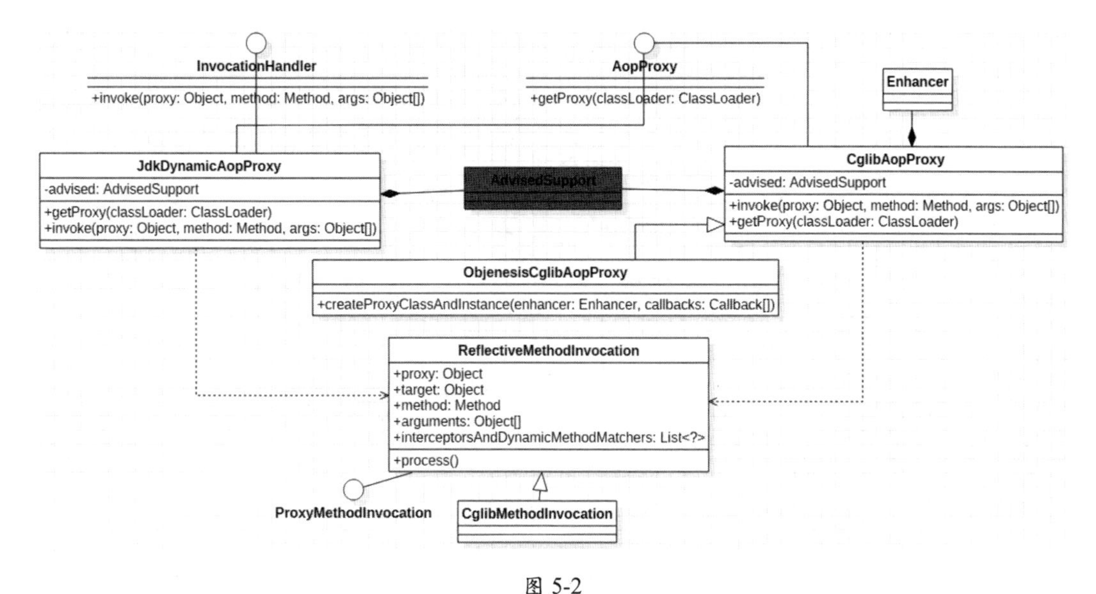


图 5-2

下面这个代理工厂是由 FactoryBean 实现的，所以它的核心方法是 getObject 方法：

```
    @Override
public Object getObject() throws BeansException {
    //通过获取该 FactoryBean 的 interceptors 名称来创建并注册整个 Advisor
  initializeAdvisorChain();
  if (isSingleton()) {
    //如果配置的代理是单例模式的，则获取单例代理实例
     return getSingletonInstance();
  }
  else {
    //如果为多例场景，则创建多例代理实例
     return newPrototypeInstance();
  }
}
    private synchronized Object getSingletonInstance() {
  if (this.singletonInstance == null) {
     this.targetSource = freshTargetSource();
     if (this.autodetectInterfaces && getProxiedInterfaces().length == 0
&& !isProxyTargetClass()) {
        Class<?> targetClass = getTargetClass();
        if (targetClass == null) {
```

```
            throw new FactoryBeanNotInitializedException("Cannot determine target
class for proxy");
         }
         //获取这个类的所有接口，包括其父类接口，并且将其设置到接口集合中，因为当前类是否实现某个
接口，对于选择采用哪种代理方式处理非常重要。比如当前类是某个接口的实现类，所以优先采用 JDK 动态代
理
    setInterfaces(ClassUtils.getAllInterfacesForClass(targetClass,
this.proxyClassLoader));
      }
      //设置冻结标志，一旦冻结，则不能改变 Advisor
      super.setFrozen(this.freezeProxy);
     //创建并获取代理实例
      this.singletonInstance = getProxy(createAopProxy());
   }
   return this.singletonInstance;
}
    public class DefaultAopProxyFactory implements AopProxyFactory, Serializable {

   @Override
   public AopProxy createAopProxy(AdvisedSupport config) throws AopConfigException {
     //检查配置，判断是否是代理类或者接口
      if (config.isOptimize() || config.isProxyTargetClass() ||
hasNoUserSuppliedProxyInterfaces(config)) {
         Class<?> targetClass = config.getTargetClass();
         if (targetClass == null) {
            throw new AopConfigException("TargetSource cannot determine target class:
" + "Either an interface or a target is required for proxy creation.");
         }
     //如果是接口或者当前目标类就是 JDK 动态代理的类，则使用 JDK 动态代理实例
         if (targetClass.isInterface() || Proxy.isProxyClass(targetClass)) {
            return new JdkDynamicAopProxy(config);
         }
     //如果不是接口，也不是 JDK 动态代理的类，则使用 CGLIB 动态代理，可根据当前类是否实现了接口类，
来判断是哪种代理模式
         return new ObjenesisCglibAopProxy(config);
      }
      else {
         return new JdkDynamicAopProxy(config);
      }
   }
```

由于 CGLIB 代理和 JDK 动态代理都是 AOPProxy 代理，所以 ProxyFactoryBean 是通过它们的 getProxy 方法来真正获取代理实例的。我们来看看这两个代理类是怎么获取生产目标类的代理实例的：

```
    @Override
public Object getProxy(ClassLoader classLoader) {
    //通过这些配置的 Advised 来获取所有需要代理的接口类
   Class<?>[] proxiedInterfaces =
AopProxyUtils.completeProxiedInterfaces(this.advised, true);
    //处理 Object 自带的方法
   findDefinedEqualsAndHashCodeMethods(proxiedInterfaces);
    //创建一个新的代理对象实例
       return Proxy.newProxyInstance(classLoader, proxiedInterfaces, this);
}

private void findDefinedEqualsAndHashCodeMethods(Class<?>[] proxiedInterfaces) {
   for (Class<?> proxiedInterface : proxiedInterfaces) {
      Method[] methods = proxiedInterface.getDeclaredMethods();
    //处理 Object 中的 hashCode、equals 方法
      for (Method method : methods) {
         if (AopUtils.isEqualsMethod(method)) {
            this.equalsDefined = true;
         }
         if (AopUtils.isHashCodeMethod(method)) {
            this.hashCodeDefined = true;
         }
         if (this.equalsDefined && this.hashCodeDefined) {
            return;
         }
      }
   }
}
```

Proxy 类生成 JDK 动态代理的实例如下：

```
    public static Object newProxyInstance(ClassLoader loader,
                                  Class<?>[] interfaces,
                                  InvocationHandler h)
   throws IllegalArgumentException
{
   Objects.requireNonNull(h);
//克隆（clone）Class 数组
```

```
    final Class<?>[] intfs = interfaces.clone();
    final SecurityManager sm = System.getSecurityManager();
    if (sm != null) {
     //检查类接口的权限
        checkProxyAccess(Reflection.getCallerClass(), loader, intfs);
    }
  //先从缓存中查找当前接口数组在 classloader 里是否存在代理类，如果没有存在，则创建代理类并将其放置在缓存中
  //因为在创建代理类时使用了字节码技术，性能比较差，所以放进缓存中以免每次都生成创建代理类，来加快运行速度
         Class<?> cl = getProxyClass0(loader, intfs);
    try {
        if (sm != null) {
            //再次检查新生成的代理类的权限
     checkNewProxyPermission(Reflection.getCallerClass(), cl);
        }
//获取参数为 InvocationHandler 的构造方法。也就是说，InvocationHandler 是其核心依赖，若想使用 JDK 动态代理，则当前被代理的类必须是 InvocationHandler 接口的实现类，来达到统一调用入口（这也是 JDK 动态代理的约定）及动态代理的效果
        final Constructor<?> cons = cl.getConstructor(constructorParams);
        final InvocationHandler ih = h;
        if (!Modifier.isPublic(cl.getModifiers())) {
            AccessController.doPrivileged(new PrivilegedAction<Void>() {
                public Void run() {
                    cons.setAccessible(true);
                    return null;
                }
            });
        }
        return cons.newInstance(new Object[]{h});
    }
}
```

我们再看看 CGLIB 是怎么获取创建的代理对象的：

```
    class CglibAopProxy implements AopProxy, Serializable {

  @Override
  public Object getProxy(ClassLoader classLoader) {
      try {
    //获取 Advisor 的目标类
         Class<?> rootClass = this.advised.getTargetClass();
```

```
        Class<?> proxySuperClass = rootClass;
    //如果这个目标类是 CGLIB 代理生成的，则获取其父类，并且把当前类实现的接口添加到 Advisor 配置信息中
        if (ClassUtils.isCglibProxyClass(rootClass)) {
          proxySuperClass = rootClass.getSuperclass();
          Class<?>[] additionalInterfaces = rootClass.getInterfaces();
          for (Class<?> additionalInterface : additionalInterfaces) {
            this.advised.addInterface(additionalInterface);
          }
        }
        //验证父类
        validateClassIfNecessary(proxySuperClass, classLoader);
        //创建一个 CGLIB 的 enhancer，它是使用 ASM 字节码技术生成的对象实例。每一个 CGLIB 代理生成的对象实例都是 enhancer 类的子类
            Enhancer enhancer = createEnhancer();
        if (classLoader != null) {
    //设置当前类加载器
          enhancer.setClassLoader(classLoader);
          if (classLoader instanceof SmartClassLoader &&
              ((SmartClassLoader)
classLoader).isClassReloadable(proxySuperClass)) {
    //设置不使用缓存
            enhancer.setUseCache(false);
          }
        }
    //把目标父类设置为这个代理类的父类
        enhancer.setSuperclass(proxySuperClass);
        //获取 Advised 配置信息中需要被代理的接口，并且将这些接口类设置到新的 CGLIB 代理实例中
    enhancer.setInterfaces(AopProxyUtils.completeProxiedInterfaces(this.advised));
        enhancer.setNamingPolicy(SpringNamingPolicy.INSTANCE);
        enhancer.setStrategy(new
ClassLoaderAwareUndeclaredThrowableStrategy(classLoader));
//设置 callback，相当于 JDK 动态代理中的 InvocationHandler，是真正执行拦截处理的回调函数
        Callback[] callbacks = getCallbacks(rootClass);
        Class<?>[] types = new Class<?>[callbacks.length];
        for (int x = 0; x < types.length; x++) {
          types[x] = callbacks[x].getClass();
        }
        enhancer.setCallbackFilter(new ProxyCallbackFilter(
            this.advised.getConfigurationOnlyCopy(), this.fixedInterceptorMap,
this.fixedInterceptorOffset));
```

```
        enhancer.setCallbackTypes(types);
        //使用生产的 enhancer 实例生成代理类的 class 并且实例化当前 class，返回当前新实例化的对象
            return createProxyClassAndInstance(enhancer, callbacks);
    }
    }
}
```

## 5.2 Spring AOP 的设计

Spring AOP 是利用代理模式实现的面向切面编程的框架设计，以 Advisor 为核心模型使用动态代理技术实现。著名的 Spring 事务控制就是利用 AOP 实现的，保证了即声明即生效的效果，大大提高了系统的开发效率，避免由于手动控制事务导致产生 Bug。其中，PointCut 接口（Spring AOP 用来定义切面的相关描述信息）以此来实现对类及方法的拦截，然后采用代理技术和代理模式达到与业务代码解耦、业务与非业务代码分离的效果。

下面通过图 5-3 来展示整个 Spring AOP 的核心设计。

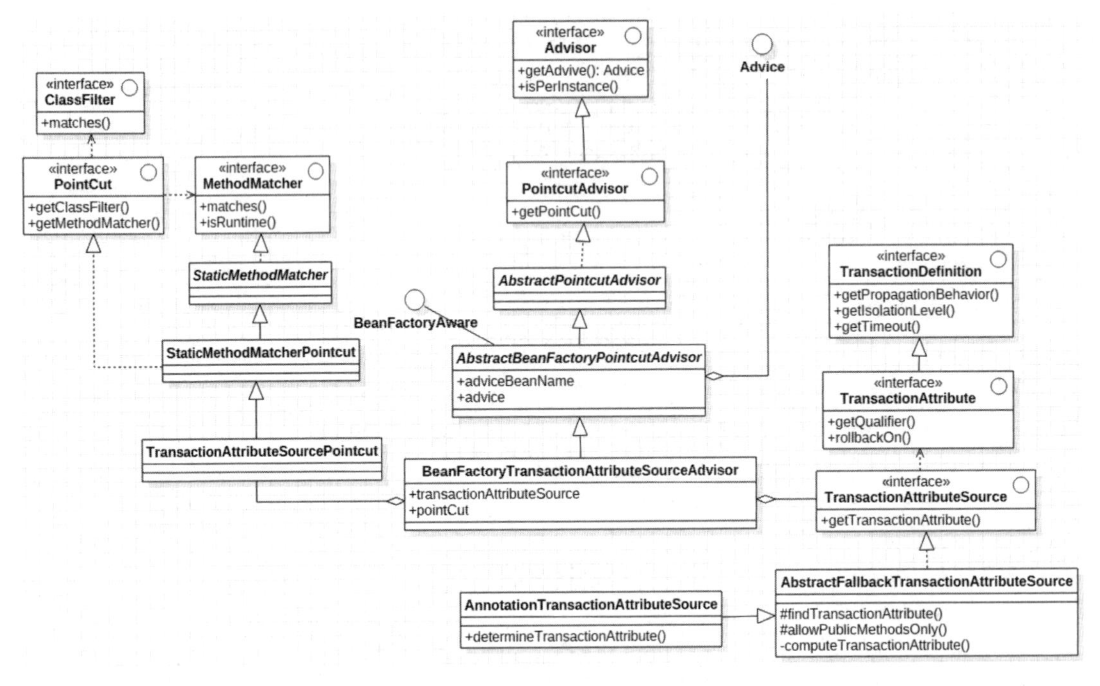


图 5-3

Spring 代理都是依赖 Advisor 实现的，但在面向切面编程时需要考虑这个 Advisor 在执行哪个目标类及目标方法时被调用。从图 5-3 可以看出，方法的匹配和类的匹配的职责都在 PointCut 接口的实现类中聚合，同时 PointCut 和 Advice 的配置在 Advisor 实体中聚合，从而实现 Advice 和 PointCut 的职责清晰。也正因为这种设计，才完成了 Spring AOP 模块与著名的 AspectJ 框架的结合，实现了基于织入点语法的切面配置，同时提供了方法调用前、方法调用后、异常时调用触发等场景。

## 5.3　Spring AOP 的加载和执行机制

本节通过展示一种通用的从加载到执行的实际情况，彻底揭开 Spring AOP 代理执行的面纱。

比较常见的使用场景是以 XML 形式使用 AOP 标签定义 Spring AOP 的切面配置及执行代理的 Bean，例如：

```
    <aop:config>
  <aop:aspect id="aspect" ref="aspectBean">
     <aop:pointcut id="pointCut" expression="execution(* x.x.x.x.*.*(..))" />

<bean id=" aspectBean " class="x.x.x.x.AspectBean"/>
```

下面从这组配置入手，通过源码和设计逐步研究 Spring AOP 的加载和执行原理。

### 5.3.1　Spring AOP 的加载及源码解析

整个 Spring AOP 的加载解析过程如图 5-4 所示，可以看出，Spring 是使用在 AOPNamespaceHandler 中注册的 ConfigBeanDefinitionParser 来解析 AOP 注解的，它在解析标签时会将一个自动生成代理创建者的对象注册到 Spring BeanDefinitionRegistry 中。从 Spring 容器的设计可以看出，BeanDefinitionRegistry 的实现就是 BeanFactory，也就是说，在加载的过程中自动创建了一个专门为其他 Bean 生成代理实例的工具类实例，并将这个实例注册到 Spring 工厂中，然后将切面的配置信息也注册到 Spring 工厂中，为后续的执行做准备。

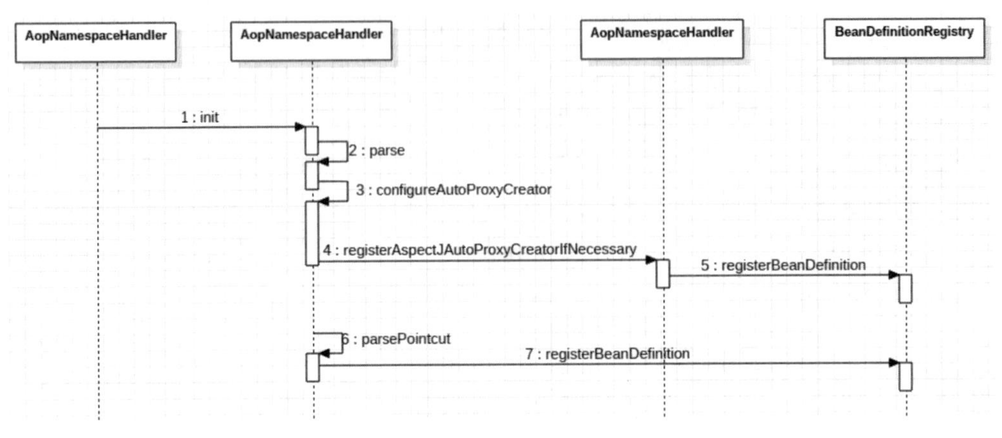


图 5-4

下面通过 AOP 标签的解析和加载，来看看 Spring 是怎么自定义标签的。具体的代码实现如下：

```
    public class AopNamespaceHandler extends NamespaceHandlerSupport {

   @Override
   public void init() {
     //初始化方法并且注册配置的解析类到 Spring 容器中
      registerBeanDefinitionParser("config", new ConfigBeanDefinitionParser());
      registerBeanDefinitionParser("aspectj-autoproxy", new
AspectJAutoProxyBeanDefinitionParser());
      registerBeanDefinitionDecorator("scoped-proxy", new
ScopedProxyBeanDefinitionDecorator());
      registerBeanDefinitionParser("spring-configured", new
SpringConfiguredBeanDefinitionParser());
   }
}
```

根据前面的配置可以知道，我们使用的解析类是 ConfigBeanDefinitionParser 类，从该类的属性定义可以看出其负责解析哪些标签：

```
    class ConfigBeanDefinitionParser implements BeanDefinitionParser {

   private ParseState parseState = new ParseState();
   @Override
   public BeanDefinition parse(Element element, ParserContext parserContext) {
     //设置元素组件描述信息
      CompositeComponentDefinition compositeDef =
```

```
        new CompositeComponentDefinition(element.getTagName(),
parserContext.extractSource(element));
    parserContext.pushContainingComponent(compositeDef);
//配置代理自动创建器
    configureAutoProxyCreator(parserContext, element);
//解析孩子节点，并且完成 Bean 描述信息的注册
    List<Element> childElts = DomUtils.getChildElements(element);
    for (Element elt: childElts) {
      String localName = parserContext.getDelegate().getLocalName(elt);
      if (POINTCUT.equals(localName)) {
   //解析 Pointcut 标签并完成注册
        parsePointcut(elt, parserContext);
      }
      else if (ADVISOR.equals(localName)) {
   //解析 Advisor 标签并完成注册
        parseAdvisor(elt, parserContext);
      }
      else if (ASPECT.equals(localName)) {
   //解析 Aspect 标签并完成注册
        parseAspect(elt, parserContext);
      }
    }

    parserContext.popAndRegisterContainingComponent();
    return null;
  }
   public static void registerAspectJAutoProxyCreatorIfNecessary(
    ParserContext parserContext, Element sourceElement) {
//如果需要，则注册在 ApsectJ 场景下为指定的 Bean 创建代理的工具类实例，并将其注册到 BeanFactory
中
  BeanDefinition beanDefinition =
AopConfigUtils.registerAspectJAutoProxyCreatorIfNecessary(
      parserContext.getRegistry(), parserContext.extractSource(sourceElement));
  useClassProxyingIfNecessary(parserContext.getRegistry(), sourceElement);
  registerComponentIfNecessary(beanDefinition, parserContext);
}
   public static BeanDefinition
registerAspectJAutoProxyCreatorIfNecessary(BeanDefinitionRegistry registry,
Object source) {
   //如果需要注册，则将 AspectJAwareAdvisorAutoProxyCreator.class 类型的 Bean 描述信息注
册到 BeanFactory 中
```

```
    return
registerOrEscalateApcAsRequired(AspectJAwareAdvisorAutoProxyCreator.class,
registry, source);
}

    private static BeanDefinition registerOrEscalateApcAsRequired(Class<?> cls,
BeanDefinitionRegistry registry, Object source) {
    /*
     String AUTO_PROXY_CREATOR_BEAN_NAME =
     "org.springframework.aop.config.internalAutoProxyCreator";
    //如果在 BeanFactory 中存在名为“org.springframework.aop.config.internalAutoProxy
Creator”的 Bean，则不再创建
```

这个自动创建代理的 Bean 是 Spring 自己创建的非常重要的 Bean。下面会从设计的角度，来看看 Spring 是怎么设计这个 autoProxyCreator 的，如图 5-5 所示。

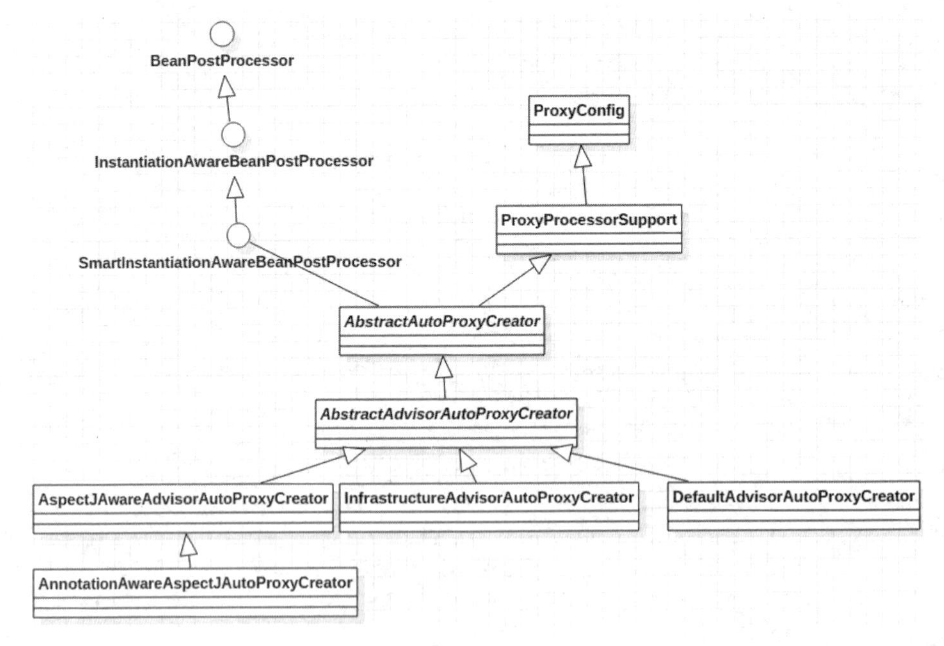


图 5-5

AutoProxyCreator 的设计如图 5-5 所示，可以看出，AbstractAutoProxyCreator 是所有自动创建代理类的父类，它实现了 BeanPostProcessor（Bean 后置处理器）接口，同时继承了 ProxyConfig。可以看出，自动创建代理类是利用 Bean 后置处理器来实现 Bean 代理的创建的；AbstractAdvisorAutoProxyCreator 是专门为含有 Advisor 的 Bean 处理代理创建的

核心抽象类；AspectJAwareAdvisorAutoProxyCreator 是支持 AspectJ 的 Advisor 代理创建者；AnnotationAwareAspectJAutoProxyCreator 则是使用注解创建 AspectJ 的 Advisor 代理创建者。

```
     if (registry.containsBeanDefinition(AUTO_PROXY_CREATOR_BEAN_NAME)) {
     BeanDefinition apcDefinition =
registry.getBeanDefinition(AUTO_PROXY_CREATOR_BEAN_NAME);
     if (!cls.getName().equals(apcDefinition.getBeanClassName())) {
    //如果当前 Bean 的 class 与容器中已存在的 Bean 描述信息的 class 不一致，则按照类的优先级来选
    //择使用目标类
        int currentPriority =
findPriorityForClass(apcDefinition.getBeanClassName());
        int requiredPriority = findPriorityForClass(cls);
        if (currentPriority < requiredPriority) {
           apcDefinition.setBeanClassName(cls.getName());
        }
     }
     return null;
  }
    //如果在当前 BeanFactory 中没有这个 Bean 的描述信息，则为当前对象创建 Bean 描述信息并将其注
    //册到 BeanFactory 中
  RootBeanDefinition beanDefinition = new RootBeanDefinition(cls);
  beanDefinition.setSource(source);
  beanDefinition.getPropertyValues().add("order", Ordered.HIGHEST_PRECEDENCE);
  beanDefinition.setRole(BeanDefinition.ROLE_INFRASTRUCTURE);
  registry.registerBeanDefinition(AUTO_PROXY_CREATOR_BEAN_NAME, beanDefinition);
  return beanDefinition;
}


    private static final List<Class<?>> APC_PRIORITY_LIST = new
ArrayList<Class<?>>();

//从下面 List 的添加顺序可以看出 Bean 的索引值顺序
static {
  APC_PRIORITY_LIST.add(InfrastructureAdvisorAutoProxyCreator.class);
  APC_PRIORITY_LIST.add(AspectJAwareAdvisorAutoProxyCreator.class);
  APC_PRIORITY_LIST.add(AnnotationAwareAspectJAutoProxyCreator.class);
}
    private static int findPriorityForClass(String className) {
  for (int i = 0; i < APC_PRIORITY_LIST.size(); i++) {
```

```
        Class<?> clazz = APC_PRIORITY_LIST.get(i);
        if (clazz.getName().equals(className)) {
            return i;
        }
    }
    throw new IllegalArgumentException(
            "Class name [" + className + "] is not a known auto-proxy creator class");
}
    private static int findPriorityForClass(Class<?> clazz) {
    return APC_PRIORITY_LIST.indexOf(clazz);
}
```

## 5.3.2 Spring AOP 的创建执行及源码解析

Spring AOP 代理在加载时做了很多准备，但 Spring 是在什么时候创建代理的，又是怎样执行的呢？

我们先看看 Spring AOP 代理创建时的时序图，如图 5-6 所示。

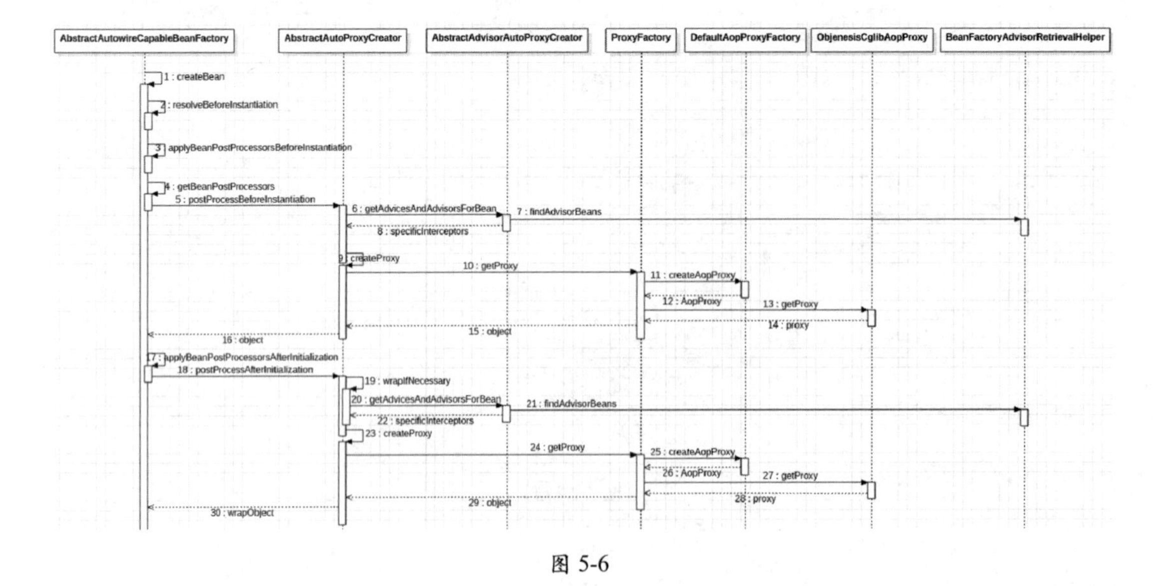


图 5-6

Create Bean 会先调用 InstantiationAwareBeanPostProcessor( Bean 实例化前的回调函数 BeanPost Processor 的实现类，BeanPostProcessor 是 Spring AOP 创建代理 Bean 的核心，后面会详细讲解 applyBeanPostProcessorsBeforeInstantiation 及 applyBeanPostProcessorsAfterIni tialization 方法，来了解代理 Bean 的生成原理），如果 BeanFactory 注册了当前实例，则可以提前实例化当前 Bean，然后获取 BeanPostProcessors，这些 Bean 后置处理器是在加载 Spring 上下文时被注册到 Bean 工厂中的，然后调用它的 postProcessBeforeInitialization。

之前在加载 Spring 代理时就注册了 AspectJAwareAdvisorAutoProxyCreator Bean，这个 Bean 正好是 Bean 后置处理器（BeanPostProcessor）的实现，也是 AbstractAdvisorAutoProxyCreator 和 AbstractAutoProxyCreator 的子类。然后调用 getAdvicesAndAdvisorsForBean 来获取所有拦截器的信息，并调用 createProxy 方法委托 ProxyFactory 获取代理信息，这个代理工厂持有拦截器的数组属性，把这个属性传递给 DefaultAOPProxyFactory 创建代理方法，生成 ObjenesisCglibAOPProxy 实例，然后由 ObjenesisCglibAOPProxy 获取代理方法。

现在，我们知道了整个调用过程，但 Spring 是怎么获取这些 Advisor 的？这些 Advisor 的执行顺序是什么？Advisor 又是怎么交给代理执行的？为什么在图 5-6 中调用了 postProcessAfterInstantiation？这是不是有些重复？每一步调用都起到了哪些作用？由于时序图对于细节的展示能力较弱，所以我们从源码来看看如何执行：

```
    protected Object resolveBeforeInstantiation(String beanName,
RootBeanDefinition mbd) {
   Object bean = null;
    //判断是否已执行，防止重复执行，Spring 对健壮性及性能的考虑很好
   if (!Boolean.FALSE.equals(mbd.beforeInstantiationResolved)) {
     //如果不是合成的 Bean，并且在当前 Bean 工厂中有 InstantiationAwareBeanPostProcessors，
才进行处理。上面注册的 AbstractAutoProxyCreator 就是它的实现
     if (!mbd.isSynthetic() && hasInstantiationAwareBeanPostProcessors()) {
        Class<?> targetType = determineTargetType(beanName, mbd);
        if (targetType != null) {
    //调用 Bean 实例化前的处理器的前置方法
               bean = applyBeanPostProcessorsBeforeInstantiation(targetType,
beanName);
          if (bean != null) {
    //调用 Bean 实例化前的处理器的后置方法
                 bean = applyBeanPostProcessorsAfterInitialization(bean, beanName);
          }
        }
     }
    //设置标志位
     mbd.beforeInstantiationResolved = (bean != null);
   }
   return bean;
```

```
}
    protected Object applyBeanPostProcessorsBeforeInstantiation(Class<?> beanClass,
String beanName)
     throws BeansException {
//获取 Bean 的所有后期处理器,如果当前处理器是 InstantiationAwareBeanPostProcessor 的实现者,
则触发调用。从图 5-6 可以看出，AbstractAutoProxyCreator 就是其中之一
  for (BeanPostProcessor bp : getBeanPostProcessors()) {
     if (bp instanceof InstantiationAwareBeanPostProcessor) {
        InstantiationAwareBeanPostProcessor ibp =
(InstantiationAwareBeanPostProcessor) bp;
        Object result = ibp.postProcessBeforeInstantiation(beanClass, beanName);
        if (result != null) {
           return result;
        }
     }
  }
  return null;
}
```

进入 AbstractAutoProxy 中执行如下代码：

```
    @Override
public Object postProcessBeforeInstantiation(Class<?> beanClass, String beanName)
throws BeansException {
  Object cacheKey = getCacheKey(beanClass, beanName);

    //如果 Bean 的名称为空，或者在目标源 Bean 中不包含这个名称，则此时 Spring 开始怀疑这个 Bean
是否需要创建代理，我们继续向下看
  if (beanName == null || !this.targetSourcedBeans.contains(beanName)) {
    //如果这个 Bean 是 Advisor 等，则不处理
     if (this.advisedBeans.containsKey(cacheKey)) {
        return null;
     }
    //如果这个 Bean 是 Advice、PointCut、Advisor、AopInfrastructureBean 或者设置了可跳过
标志，则不做处理，并且标记不处理标志，和上面的处理逻辑呼应，也就是说符合这些条件的 Bean 是不能被
代理的
     if (isInfrastructureClass(beanClass) || shouldSkip(beanClass, beanName)) {
        this.advisedBeans.put(cacheKey, Boolean.FALSE);
        return null;
     }
  }
```

```
    //如果 Bean 的名称不为空，自定义了目标源对象并且开始创建代理
    if (beanName != null) {
        TargetSource targetSource = getCustomTargetSource(beanClass, beanName);
        if (targetSource != null) {
            this.targetSourcedBeans.add(beanName);
        //则获取这个 Bean 的所有拦截器
            Object[] specificInterceptors = getAdvicesAndAdvisorsForBean(beanClass,
beanName, targetSource);
        //开始创建代理类
            Object proxy = createProxy(beanClass, beanName, specificInterceptors,
targetSource);
        //设置缓存
            this.proxyTypes.put(cacheKey, proxy.getClass());
            return proxy;
        }
    }

    return null;
}
```

我们先看看当前 Bean 的拦截器都是怎么获取的，然后看看代理是怎么创建的：

```
    @Override
protected Object[] getAdvicesAndAdvisorsForBean(Class<?> beanClass, String beanName,
TargetSource targetSource) {
    //获取当前 Bean 匹配的 Advisor
    List<Advisor> advisors = findEligibleAdvisors(beanClass, beanName);
    if (advisors.isEmpty()) {
        return DO_NOT_PROXY;
    }
    return advisors.toArray();
}


    protected List<Advisor> findEligibleAdvisors(Class<?> beanClass, String
beanName) {
    //获取可用的 Advisor
    List<Advisor> candidateAdvisors = findCandidateAdvisors();
    //获取匹配当前 Bean 的所有 Advisor
    List<Advisor> eligibleAdvisors = findAdvisorsThatCanApply(candidateAdvisors,
beanClass, beanName);
//获取在子类中扩展的 Advisor 并且排序
    extendAdvisors(eligibleAdvisors);
```

```
  if (!eligibleAdvisors.isEmpty()) {
     eligibleAdvisors = sortAdvisors(eligibleAdvisors);
  }
  return eligibleAdvisors;
}
```

我们先看看如何获取可用的 Advisor：

```
   public List<Advisor> findAdvisorBeans() {
  //double check 模式，既保证线程安全，又保证不用每次都加载。这种加载方式在 Spring 中很常用
  String[] advisorNames = null;
  synchronized (this) {
     advisorNames = this.cachedAdvisorBeanNames;
     if (advisorNames == null) {
       //获取当前BeanFactory中的Advisor的名称,包括父工厂中的Advisor,即子工厂中合适的Bean
也有可能被当前工厂和 Bean 工厂的 Advisor 拦截
        advisorNames = BeanFactoryUtils.beanNamesForTypeIncludingAncestors(
              this.beanFactory, Advisor.class, true, false);
        this.cachedAdvisorBeanNames = advisorNames;
     }
  }
  if (advisorNames.length == 0) {
     return new LinkedList<Advisor>();
  }

  List<Advisor> advisors = new LinkedList<Advisor>();
  for (String name : advisorNames) {
    //选取合适的 Advisor Bean，使用 AutoProxyCreator 进行通用性处理，这保证了
AutoProxyCreator 子类的灵活性，比如对于某个代理创建者类，可以过滤掉一些不符合条件的 Advisor
       if (isEligibleBean(name)) {
        if (this.beanFactory.isCurrentlyInCreation(name)) {
        }
        else {
           try {
              advisors.add(this.beanFactory.getBean(name, Advisor.class));
           }
           catch (BeanCreationException ex) {
              Throwable rootCause = ex.getMostSpecificCause();
              if (rootCause instanceof BeanCurrentlyInCreationException) {
                 BeanCreationException bce = (BeanCreationException) rootCause;
                 if (this.beanFactory.isCurrentlyInCreation(bce.getBeanName())) {
                    continue;
```

```
                }
            }
            throw ex;
        }
      }
    }
  }
  return advisors;
}
    //从获取到的集合中继续查找符合当前 Bean 的 Advisor 集合
    protected List<Advisor> findAdvisorsThatCanApply(
     List<Advisor> candidateAdvisors, Class<?> beanClass, String beanName) {
    //设置当前线程级别的标志位
  ProxyCreationContext.setCurrentProxiedBeanName(beanName);
  try {
    //从大体合适的 Advisor 中找到真正合适的 Advisor
     return AopUtils.findAdvisorsThatCanApply(candidateAdvisors, beanClass);
  }
  finally {
     //清空线程标志
    ProxyCreationContext.setCurrentProxiedBeanName(null);
  }
}
    public static List<Advisor> findAdvisorsThatCanApply(List<Advisor>
candidateAdvisors, Class<?> clazz) {
  if (candidateAdvisors.isEmpty()) {
     return candidateAdvisors;
  }
  List<Advisor> eligibleAdvisors = new LinkedList<Advisor>();
  for (Advisor candidate : candidateAdvisors) {
    //如果当前 Advisor 是 IntroductionAdvisor 类型并且是目标 Bean 的 Advisor，则将当前
Advisor 添加到符合目标 Bean 的 Advisor 集合中；如果当前 Advisor 是 IntroductionAdvisor 类型，
则优先添加，保证这种类型的 Advisor 优先执行
          if (candidate instanceof IntroductionAdvisor && canApply(candidate, clazz))
{
        eligibleAdvisors.add(candidate);
      }
  }
  boolean hasIntroductions = !eligibleAdvisors.isEmpty();
  for (Advisor candidate : candidateAdvisors) {
     if (candidate instanceof IntroductionAdvisor) {
```

```
            continue;
        }
        if (canApply(candidate, clazz, hasIntroductions)) {
            eligibleAdvisors.add(candidate);
        }
    }
    return eligibleAdvisors;
}
    //我们来看看匹配的算法,在 Advisor 是 IntroductionAdvisor 和 PointcutAdvisor 两种类型时
使用不同的匹配策略
    public static boolean canApply(Advisor advisor, Class<?> targetClass, boolean
hasIntroductions) {
    if (advisor instanceof IntroductionAdvisor) {
    //如果当前 Advisor 是 IntroductionAdvisor 类型，则直接使用 ClassFilter 匹配类，说明这种
Advisor 的作用范围很大，以类为范围
        return ((IntroductionAdvisor) advisor).getClassFilter().matches(targetClass);
    }
    else if (advisor instanceof PointcutAdvisor) {
         PointcutAdvisor pca = (PointcutAdvisor) advisor;
        return canApply(pca.getPointcut(), targetClass, hasIntroductions);
    }
    else {
        return true;
    }
}
    //在找完 Advisor 后，需要把这些匹配的当前 Bean 的 Advisor 生成在代理类中，再看看代理是怎么
创建的
    protected Object createProxy(
        Class<?> beanClass, String beanName, Object[] specificInterceptors,
TargetSource targetSource) {
//如果当前 Bean 工厂为 ConfigurableListableBeanFactory 并且在 BeanFactory 中含有当前 Bean，
则进行 merge 处理
    if (this.beanFactory instanceof ConfigurableListableBeanFactory) {
        AutoProxyUtils.exposeTargetClass((ConfigurableListableBeanFactory)
this.beanFactory, beanName, beanClass);
    }
//创建 ProxyFactory 实例（Spring 自用的代理工厂类），ProxyFactoryBean 虽然功能全，但主要是对
外提供的
    ProxyFactory proxyFactory = new ProxyFactory();
    //把 proxyConfig 设置在代理工厂中
    proxyFactory.copyFrom(this);
```

```
//设置是否直接代理目标类
  if (!proxyFactory.isProxyTargetClass()) {
     if (shouldProxyTargetClass(beanClass, beanName)) {
        proxyFactory.setProxyTargetClass(true);
     }
     else {
        evaluateProxyInterfaces(beanClass, proxyFactory);
     }
  }
//把这些拦截器都包装成 Advisor，因为从设计图中可以看出，代理是面向 Advisor 的
  Advisor[] advisors = buildAdvisors(beanName, specificInterceptors);
  for (Advisor advisor : advisors) {
     proxyFactory.addAdvisor(advisor);
  }
  proxyFactory.setTargetSource(targetSource);
    //扩展方法
  customizeProxyFactory(proxyFactory);
  proxyFactory.setFrozen(this.freezeProxy);
  if (advisorsPreFiltered()) {
     proxyFactory.setPreFiltered(true);
  }
  return proxyFactory.getProxy(getProxyClassLoader());
}


    //调用父类 ProxyCreatorSupport 来创建 AOP 代理，然后获取代理实例
    public Object getProxy(ClassLoader classLoader) {
  return createAopProxy().getProxy(classLoader);
}
```

我们再来看看在图 5-6 中 applyBeanPostProcessorsAfterInitialization 被调用时处理了哪些实现。从上面的源码和图 5-6 中可以看出，它在 createBean 中调用了 AbstractAutoProxyCreator 的 wrapIfNecessary 方法。

看看下面这段代码：

```
    protected Object wrapIfNecessary(Object bean, String beanName, Object cacheKey)
{
    //健壮性处理和避免重复调用
       if (beanName != null && this.targetSourcedBeans.contains(beanName)) {
     return bean;
  }
  if (Boolean.FALSE.equals(this.advisedBeans.get(cacheKey))) {
```

```
        return bean;
    }
    if (isInfrastructureClass(bean.getClass()) || shouldSkip(bean.getClass(), 
beanName)) {
        this.advisedBeans.put(cacheKey, Boolean.FALSE);
        return bean;
    }

    //获取被代理对象的拦截器
    Object[] specificInterceptors = getAdvicesAndAdvisorsForBean(bean.getClass(), 
beanName, null);
    if (specificInterceptors != DO_NOT_PROXY) {
        this.advisedBeans.put(cacheKey, Boolean.TRUE);
       //生成代理
        Object proxy = createProxy(
                bean.getClass(), beanName, specificInterceptors, new 
SingletonTargetSource(bean));
        this.proxyTypes.put(cacheKey, proxy.getClass());
        return proxy;
    }

    this.advisedBeans.put(cacheKey, Boolean.FALSE);
    return bean;
}
```

从这部分代码可以看出，wrapIfNecessary 方法的实现逻辑是，如果当前 Bean 需要被包装，则为当前 Bean 创建代理实例。

上面讲解了整个 AOP 的加载、目标 Bean Advisor 的选取，以及代理对象的生成、创建。接下来看看这些代理实例在被调用时是怎样实现 AOP 效果的。我们先从 JDK 动态代理说起，通过一个简单的 JDK 动态代理对象创建、调用代码及代理实例的执行逻辑，来掌握整个代理的过程，代码如下：

```
    TestInterface testInterface1 = new RunProxy();
InvocationHandler invocationHandler = new MyProxy(testInterface1);

Object object = 
Proxy.newProxyInstance(Thread.currentThread().getContextClassLoader(),
        new Class[]{TestInterface.class},
        invocationHandler);
```

```
//生成一个 TestInterface 的代理实现类$Proxy（JDK 动态代理字节码生成类的类名称前缀），这个类实现了 TestInterface 的所有方法，并且包含一个构造方法
//构造方法就是初始化全局变量 InvocationHandler 的实例 MyProxy，而实现 TestInterface 中 test 方法的具体实现就是调用构造方法注入的 InvocationHandler 属性的 invoke 方法
/**
 * 如:
 * class $Proxy123 implements TestInterface {
 *
 *     private InvocationHandler invocationHandler;
 *
 *     public $Proxy123(InvocationHandler invocationHandler) {
 *         this.invocationHandler = invocationHandler;
 *     }
 *
 *     public void test(String message) {
 *         invocationHandler.invoke(this,this.getMethod("test"),message);
 *     }
 * }
 */

TestInterface testInterface = (TestInterface)object;
testInterface.test("TEST");
```

也就是说，生成的 Proxy123 代理类是定义的接口的实现者，它会实现在接口中定义的每个方法，但实际上它每次都通过反射调用 MyProxy 中的 invoke 方法来调用目标方法（invoke 方法即 InvocationHandler 中的 invoke 方法）。再来看看如图 5-7 所示的类图，可以看出，代理类组合了目标类的实现，并且继承了 InvocationHandler，在对外调用代理类时只需调用 invoke 方法、传递方法和目标对象，也正是这种统一对外实现所有方法的调用，实现了动态代理的效果。而 Proxy 是动态代理的核心生成类，用 Java 自带的字节码生成技术生成了被代理类的接口的所有方法。对 Spring 代理对象类型按照接口进行选择的。

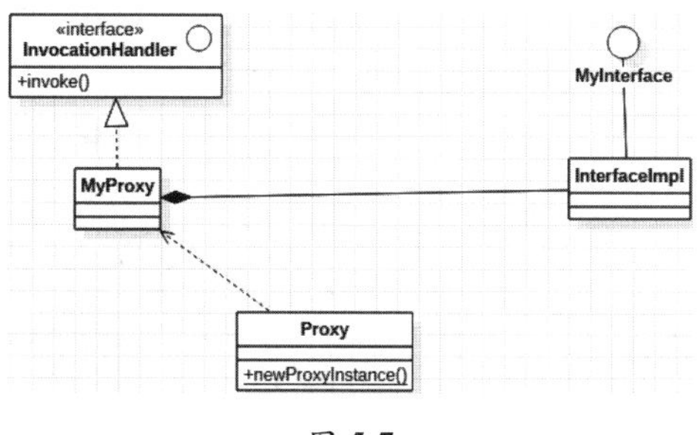


图 5-7

我们再来看看 JdkDynamicAOPProxy 中的核心实现，即 invoke 方法，看看它是怎么实现 AOP 代理功能的：

```
    @Override
public Object invoke(Object proxy, Method method, Object[] args) throws Throwable
{
   MethodInvocation invocation;
   Object oldProxy = null;
   boolean setProxyContext = false;

   TargetSource targetSource = this.advised.targetSource;
   Class<?> targetClass = null;
   Object target = null;

   try {
    //如果这个方法没有设置 equal 标志，并且是 equal 方法，则直接调用 JdkDynamicAopProxy 的 equal 方法
      if (!this.equalsDefined && AopUtils.isEqualsMethod(method)) {
         return equals(args[0]);
      }
    //如果这个方法没有设置 hashCode 标志，并且是 hashCode 方法，则直接调用 JdkDynamicAopProxy 的 hashCode 方法
      else if (!this.hashCodeDefined && AopUtils.isHashCodeMethod(method)) {
         return hashCode();
      }
    //如果这个方法所在的类是装饰代理类，则找到目标类的 class 并返回
      else if (method.getDeclaringClass() == DecoratingProxy.class) {
         return AopProxyUtils.ultimateTargetClass(this.advised);
      }
    //如果这个 proxyConfig 没有被设置为可拦截，并且这个方法是在接口中定义的方法，同时这个方法的接口是 Advisored 的子接口，则直接通过 Java 反射机制调用该方法
      else if (!this.advised.opaque && method.getDeclaringClass().isInterface() &&
            method.getDeclaringClass().isAssignableFrom(Advised.class)) {
         return AopUtils.invokeJoinpointUsingReflection(this.advised, method, args);
      }
      Object retVal;
//将当前代理对象设置在线程上下文中，保证在同一线程内复用
      if (this.advised.exposeProxy) {
         oldProxy = AopContext.setCurrentProxy(proxy);
         setProxyContext = true;
      }
```

```
        target = targetSource.getTarget();
        if (target != null) {
            targetClass = target.getClass();
        }
        //从 AdivisorSupport 即 ProxyConfig 中获取当前方法的拦截器
        List<Object> chain =
this.advised.getInterceptorsAndDynamicInterceptionAdvice(method, targetClass);
        //如果拦截器为空并且参数是数组，则复制参数值，然后直接通过 Java 反射机制调用该方法，获取响
应值
        if (chain.isEmpty()) {
            Object[] argsToUse = AopProxyUtils.adaptArgumentsIfNecessary(method, args);
            retVal = AopUtils.invokeJoinpointUsingReflection(target, method, argsToUse);
        }
        else {
            //把所有信息都交给 ReflectiveMethodInvocation 构造方法，然后调用
ReflectiveMethodInvocation process 方法
            invocation = new ReflectiveMethodInvocation(proxy, target, method, args,
targetClass, chain);
            retVal = invocation.proceed();
        }
        //处理返回值，并且判断返回类型和方法定义等信息，来处理响应结果
            Class<?> returnType = method.getReturnType();
        if (retVal != null && retVal == target && returnType.isInstance(proxy) &&
                !RawTargetAccess.class.isAssignableFrom(method.getDeclaringClass())) {
            retVal = proxy;
        }
        else if (retVal == null && returnType != Void.TYPE && returnType.isPrimitive())
{
            throw new AopInvocationException(
                    "Null return value from advice does not match primitive return type for:
" + method);
        }
        return retVal;
    }
    finally {
        if (target != null && !targetSource.isStatic()) {
            targetSource.releaseTarget(target);
        }
        if (setProxyContext) {
            AopContext.setCurrentProxy(oldProxy);
        }
```

```
    }
}
```

从图 5-2 中可以看出，无论是 JDK 动态动态代理还是 CGLIB 动态代理，都依赖 ReflectiveMethodInvocation 类。下面看看在多个 AOP 拦截器组成拦截器链时是怎么执行的：

```
    @Override
public Object proceed() throws Throwable {
   //如果当前已经执行到最后一个拦截器
   if (this.currentInterceptorIndex ==
this.interceptorsAndDynamicMethodMatchers.size() - 1) {
     //反射调用方法，也就是说调用被代理类的那个方法
      return invokeJoinpoint();
   }

    //按照索引的顺序获取拦截器，因为拦截器已经在获取 Advisor 时排好序了，所以直接按顺序获取执行就可以
   Object interceptorOrInterceptionAdvice =

this.interceptorsAndDynamicMethodMatchers.get(++this.currentInterceptorIndex);
   if (interceptorOrInterceptionAdvice instanceof
InterceptorAndDynamicMethodMatcher) {
      //如果是动态匹配接口的拦截器，则判断当前方法需要执行的方法是否配置了拦截器
          InterceptorAndDynamicMethodMatcher dm =
           (InterceptorAndDynamicMethodMatcher) interceptorOrInterceptionAdvice;
      if (dm.methodMatcher.matches(this.method, this.targetClass, this.arguments))
{
     //在调用时必须把当前对象的引用以参数形式传递给目标拦截器，否则无法回到这个对象的这个方法中，无法记录调用链当前执行的位置
            return dm.interceptor.invoke(this);
      }
      else {
         //递归调用
         return proceed();
      }
   }
   else {
      //如果是一个普通的拦截器，则直接调用拦截器
      return ((MethodInterceptor) interceptorOrInterceptionAdvice).invoke(this);
   }
```

```
}
```

这样，我们能发现两个特点：

◎ 如果拦截器出现异常，则不再继续传递；
◎ 不支持多线程并发。

servlet FilterChain 的拦截器调用链和此处的处理思路其实是一致的。

至此，Spring 代理 AOP 部分的设计和源码就讲完了，在第 6 章中会有两个实战案例与这部分内容相关，如果完全掌握了这部分内容，则会非常容易理解实战案例，对于其他 Spring 问题也会有非常清晰的解决思路，包括扩展 Spring、掌握 Spring Boot 及二次开发 Spring 等。

## 5.4　Spring 事务管理设计及源码

事务管理对于企业应用保障数据库事务的原子性、一致性、持久性和隔离性非常重要，它保证了每一次事件都是可靠的，即便出现了很多不可预估的情况，也不至于破坏数据的完整性。

Spring 的事务解决了我们原来处理事务时，业务代码和事务代码耦合在一起的情况，也大大提高了开发效率，减少了出现 Bug 的可能性和事务调试困难的情况，并且提供了事务传播机制来控制事务的传播，让事务的传递更加灵活；同时提供了多种事务管理器，使不同的持久化框架都能实现对事务的管理，并且为不同的事务 API 都提供了一致的编程模型，大大降低了开发人员的学习、研发成本。

下面从 Spring 事务管理的设计来探究 Spring 事务的管理机制。我们之前已经学习和掌握了 Spring AOP 的原理，这非常有助于了解 Spring 事务的管理机制。

如图 5-8 所示为 Spring 的事务管理设计图，可以看出，Spring 事务管理是 AOP 的一种特殊实现，TransactionInterceptor 是 Advice 的实现，整个运行机制也是在 Spring 代理 AOP 的实现机制中运转的，是基于 TransactionAttributeSource 和 TransactionDefinition 这两个事务定义的属性模型实现的，控制事务的整个流程的模板方法是在 TransactionAspectSupport 中统一处理的。

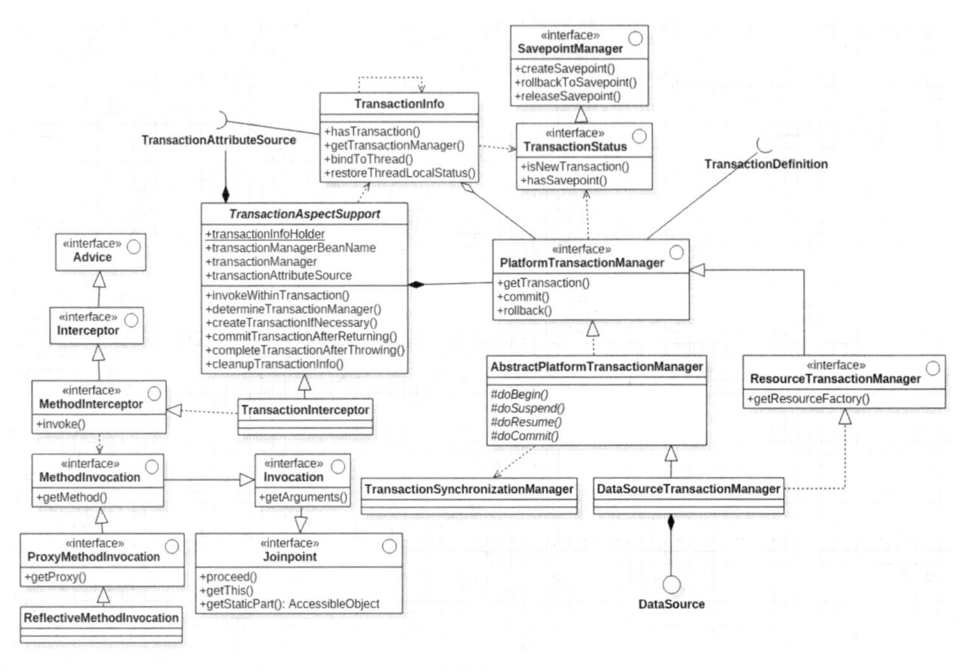


图 5-8

从图 5-8 中还能看出，具体事务在各个环节中的控制是在 PlatformTransactionManager 中实现的，AbstractPlatformTransactionManager 就是对它的公用模板的实现。TransactionInfo 是整个事务控制过程中的 context 对象，TransactionAspectSupport 利用它持有所有相关对象的引用。TransactionSynchronizationManager 是专门处理同步标志的，其中管理着许多线程级别的配置，是事务标志和线程上下文的核心管理类。

由于对事务的处理比较复杂，所以我们再结合如图 5-9 所示的事务处理的时序图，来看看在整个事务生命周期中 Spring 都做了哪些工作，以及是怎么管理和控制整个事务的。

如图 5-9 所示，第 10 步是在抛出异常时发生的，并不会与第 15 步同时发生。

Spring 在进行事务处理时会先找出当前方法和当前类的事务属性，并找出在当前事务拦截器中配置的事务管理器；然后获取事务，执行当前方法调用，如果事务内的代码运行异常，则调用 completeTransactionAfterThrowing 方法处理当前事务；反之清除事务标志，然后调用 commitTransactionAfterReturning 方法处理当前事务。这就是整个事务的处理流程。由于 completeTransactionAfterThrowing 方法和 commitTransactionAfterReturning 方法对当前事务的处理逻辑依赖于事务传播机制的配置，所以下面会结合不同的源码和事务传播机制来详细讲解。

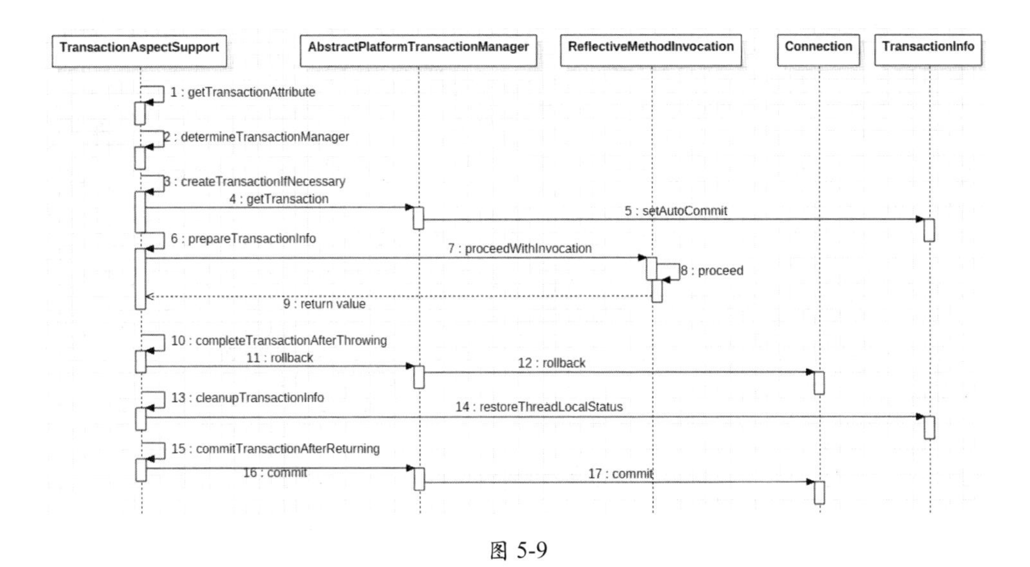


图 5-9

事务的传播特性会影响不同事务之间的处理方式，所以在看代码之前应该先做几种假设，带着这几种假设去看实现方式会更有效果。

假设一，当前业务在获取新事务时一定会开启一个新的数据库事务？不一定，因为当前业务可能共用上一个事务。如果上一个方法已经开启了数据库事务，并且当前事务支持传播，就不需要开启新事务了。

假设二，当前业务发生异常时，数据库事务一定回滚？不一定，如果当前没有发生异常且没有配置回滚，就不应该回滚，甚至可能提交，还可能回滚多个事务，等等。

假设三，当前业务逻辑执行完毕时，数据库事务一定会提交？不一定，因为可能存在嵌套事务的场景，只有嵌套的子任务提交，当前事务才会真正提交。我们带着这几个问题来看看具体的实现方式，先从 createTransactionIfNecessary 看看事务是如何获取的，再从 completeTransactionAfterThrowing 看看在发生异常时是怎么处理的，最后从 commitTransactionAfterReturning 看看在方法执行完毕后是怎么处理的。

我们先来看看 createTransactionIfNecessary：

```
    protected TransactionInfo createTransactionIfNecessary(
     PlatformTransactionManager tm, TransactionAttribute txAttr, final String
joinpointIdentification) {
  if (txAttr != null && txAttr.getName() == null) {
    txAttr = new DelegatingTransactionAttribute(txAttr) {
      @Override
```

```
        public String getName() {
            return joinpointIdentification;
        }
    };
  }
  TransactionStatus status = null;
  if (txAttr != null) {
     if (tm != null) {
    //通过属性获取当前事务的状态
        status = tm.getTransaction(txAttr);
     }
  }
    //构建 TransactionInfo 对象
  return prepareTransactionInfo(tm, txAttr, joinpointIdentification, status);
}
    protected TransactionInfo prepareTransactionInfo(PlatformTransactionManager tm,
     TransactionAttribute txAttr, String joinpointIdentification,
TransactionStatus status) {

  TransactionInfo txInfo = new TransactionInfo(tm, txAttr, joinpointIdentification);
  if (txAttr != null) {
     //设置获取的事务状态
     txInfo.newTransactionStatus(status);
  }
  //把当前 TransactionInfo 放在 ThreadLocal 中
  txInfo.bindToThread();
  return txInfo;
}
```

我们再来看看事务是怎么获取的，以及在不同的事务传播机制下有哪些不同：

```
    @Override
public final TransactionStatus getTransaction(TransactionDefinition definition)
throws TransactionException {
    //获取 DataSourceTransactionObject，其中包含 ConnectionHolder（包含 Connection）
  Object transaction = doGetTransaction();

  boolean debugEnabled = logger.isDebugEnabled();

  if (definition == null) {
     //如果没有获取事务描述信息 Bean，就创建一个新对象
     definition = new DefaultTransactionDefinition();
```

```
}

//如果存放在 ThreadLocal 中的有 ConnectionHolder，并且在这个 ConnectionHolder 中设置了事
务标志位，就说明已经有事务了
        if (isExistingTransaction(transaction)) {
    //这部分很重要而且篇幅较大，放在之后讲
    return handleExistingTransaction(definition, transaction, debugEnabled);
}
//如果当前事务是新创建的，则验证当前事务的超时配置，如果配置的超时时间 < -1，则抛出异常
        if (definition.getTimeout() < TransactionDefinition.TIMEOUT_DEFAULT) {
    throw new InvalidTimeoutException("Invalid transaction timeout",
definition.getTimeout());
}

//如果配置的事务传播级别是 PROPAGATION_MANDATORY，并且当前没有获取到事务，则抛出异常
if (definition.getPropagationBehavior() ==
TransactionDefinition.PROPAGATION_MANDATORY) {
    throw new IllegalTransactionStateException(
        "No existing transaction found for transaction marked with propagation
'mandatory'");
}
    //如果配置的传播级别为：需要当前已存在事务、需要创建一个新事务、需要一个嵌套事务，则不用挂起
当前事务
        else if (definition.getPropagationBehavior() ==
TransactionDefinition.PROPAGATION_REQUIRED ||
        definition.getPropagationBehavior() ==
TransactionDefinition.PROPAGATION_REQUIRES_NEW ||
        definition.getPropagationBehavior() ==
TransactionDefinition.PROPAGATION_NESTED) {
    SuspendedResourcesHolder suspendedResources = suspend(null);
    try {
    //如果事务同步级别被设置为从不同步，则默认为一直同步
        boolean newSynchronization = (getTransactionSynchronization() !=
SYNCHRONIZATION_NEVER);
    //因为当前没有事务，所以以上事务传播级别都需要事务，设置新事务的标志值为 true
            DefaultTransactionStatus status = newTransactionStatus(
            definition, transaction, true, newSynchronization, debugEnabled,
suspendedResources);
    //开始创建新事务
        doBegin(transaction, definition);
    //设置事务同步属性
```

```
        prepareSynchronization(status, definition);
        return status;
    }
    catch (RuntimeException ex) {
    //恢复事务在 SuspendedResourcesHolder suspendedResources = suspend(null);时的状
态值，也就是说当发生异常时，恢复到 doBegin 以前的状态，关闭事务的活跃属性等，防止影响其他事务的处
理
        resume(null, suspendedResources);
        throw ex;
    }
    catch (Error err) {
        resume(null, suspendedResources);
        throw err;
    }
  }
  else {
    boolean newSynchronization = (getTransactionSynchronization() ==
SYNCHRONIZATION_ALWAYS);
    //设置没有事务时的状态值
     return prepareTransactionStatus(definition, null, true, newSynchronization,
debugEnabled, null);
  }
}
    //我们再来看看在没有事务时是怎么开启事务的：
    @Override
protected void doBegin(Object transaction, TransactionDefinition definition) {
  DataSourceTransactionObject txObject = (DataSourceTransactionObject) transaction;
  Connection con = null;

  try {
    //如果在当前事务对象中 ConnectionHolder 为 null，也就是说还没有放置连接，或者事务是同步的
    if (txObject.getConnectionHolder() == null ||
          txObject.getConnectionHolder().isSynchronizedWithTransaction()) {
    //则从连接池中获取连接
        Connection newCon = this.dataSource.getConnection();
    //放置当前含有 Connection 的 ConnectionHolder 到事务对象中，并且设置链接标志位的新的数据
库连接
         txObject.setConnectionHolder(new ConnectionHolder(newCon), true);
    }

    //设置当前事务为同步事务
```

```
    Object.getConnectionHolder().setSynchronizedWithTransaction(true);
     con = txObject.getConnectionHolder().getConnection();

    //将事务的隔离级别设置到事务对象中
         Integer previousIsolationLevel =
DataSourceUtils.prepareConnectionForTransaction(con, definition);
     txObject.setPreviousIsolationLevel(previousIsolationLevel);

     //如果当前连接的自动提交属性为true，则设为false，只有修改了连接的自动提交属性，才能把事务的提交交由Spring管理，从而满足Spring事务传播特性的机制功能
         if (con.getAutoCommit()) {
        txObject.setMustRestoreAutoCommit(true);
        con.setAutoCommit(false);
     }

    //设置事务已经启动的标志
    txObject.getConnectionHolder().setTransactionActive(true);
    //获取事务属性中的超时时间设置，并且将其设置到事务对象的ConnectionHolder中
         int timeout = determineTimeout(definition);
     if (timeout != TransactionDefinition.TIMEOUT_DEFAULT) {
        txObject.getConnectionHolder().setTimeoutInSeconds(timeout);
     }

     //把当前数据库连接的相关属性设置到ThreadLocal中
    if (txObject.isNewConnectionHolder()) {
        TransactionSynchronizationManager.bindResource(getDataSource(),
txObject.getConnectionHolder());
     }
  }

  catch (Throwable ex) {
    //如果当前连接是刚从连接池中获取的，则释放当前连接，并且清空ConnectionHolder
         if (txObject.isNewConnectionHolder()) {
        DataSourceUtils.releaseConnection(con, this.dataSource);
        txObject.setConnectionHolder(null, false);
     }
     throw new CannotCreateTransactionException("Could not open JDBC Connection for
transaction", ex);
  }
}
```

下面说说在存在事务时是如何处理的：

```
    protected boolean isExistingTransaction(Object transaction) {
    //判断已存在事务的标志就是存在 ConnectionHolder 并且设置了事务活跃标志位 true，所以我们能
理解为什么在开启新事务发生异常时，要设置事务活跃标志位 false，这就是为了防止干扰
      DataSourceTransactionObject txObject = (DataSourceTransactionObject)
transaction;
   return (txObject.getConnectionHolder() != null &&
txObject.getConnectionHolder().isTransactionActive());
}
    //在存在事务时是怎么处理的
    private TransactionStatus handleExistingTransaction(
     TransactionDefinition definition, Object transaction, boolean debugEnabled)
     throws TransactionException {


    //如果当前方法的事务属性被设置为从不支持事务，并且已经有了事务，则抛出异常
    if (definition.getPropagationBehavior() ==
TransactionDefinition.PROPAGATION_NEVER) {
     throw new IllegalTransactionStateException(
          "Existing transaction found for transaction marked with propagation
'never'");
   }
    //如果设置了事务属性为不支持事务，则挂起当前事务
      if (definition.getPropagationBehavior() ==
TransactionDefinition.PROPAGATION_NOT_SUPPORTED) {
     Object suspendedResources = suspend(transaction);
     boolean newSynchronization = (getTransactionSynchronization() ==
SYNCHRONIZATION_ALWAYS);
     return prepareTransactionStatus(
          definition, null, false, newSynchronization, debugEnabled,
suspendedResources);
   }
//如果设置了需要新事务，则此处的方法和前面创建新事务的逻辑是一致的
      if (definition.getPropagationBehavior() ==
TransactionDefinition.PROPAGATION_REQUIRES_NEW) {
     SuspendedResourcesHolder suspendedResources = suspend(transaction);
     try {
        boolean newSynchronization = (getTransactionSynchronization() !=
SYNCHRONIZATION_NEVER);
        DefaultTransactionStatus status = newTransactionStatus(
             definition, transaction, true, newSynchronization, debugEnabled,
suspendedResources);
```

```
        doBegin(transaction, definition);
        prepareSynchronization(status, definition);
        return status;
      }
      catch (RuntimeException beginEx) {
        resumeAfterBeginException(transaction, suspendedResources, beginEx);
        throw beginEx;
      }
      catch (Error beginErr) {
        resumeAfterBeginException(transaction, suspendedResources, beginErr);
        throw beginErr;
      }
   }
//如果是嵌套事务
      if (definition.getPropagationBehavior() ==
TransactionDefinition.PROPAGATION_NESTED) {
    //如果嵌套事务不被当前事务管理器允许，则抛出异常。各个事务管理器都可以设置是否支持嵌套事务，
DataSourceTransactionManager、JtaTransactionManager 事务管理都是默认支持嵌套事务的
         if (!isNestedTransactionAllowed()) {
        throw new NestedTransactionNotSupportedException(
             "Transaction manager does not allow nested transactions by default - "
+ "specify 'nestedTransactionAllowed' property with value 'true'");
      }
    //当前事务管理器在嵌套事务时是否支持设置保存点
    （嵌套事务是否支持使用保存点由事务管理配置，JtaTransactionManager 不支持使用保存点）
         if (useSavepointForNestedTransaction()) {
      //在当前事务中创建保存点
           DefaultTransactionStatus status =
             prepareTransactionStatus(definition, transaction, false, false,
debugEnabled, null);
        status.createAndHoldSavepoint();
        return status;
      }
      else {
        //如果不需要设置保存点（JPA 事务管理器中的默认设置是不允许设置事务保存点），则和开启新事
务的逻辑一致
           boolean newSynchronization = (getTransactionSynchronization() !=
SYNCHRONIZATION_NEVER);
        DefaultTransactionStatus status = newTransactionStatus(
             definition, transaction, true, newSynchronization, debugEnabled, null);
        doBegin(transaction, definition);
```

```
        prepareSynchronization(status, definition);
        return status;
    }
}
```

如果事务的传播行为被设置的不是 PROPAGATION_NEVER、PROPAGATION_NOT_SUPPORTED、PROPAGATION_REQUIRES_NEW、PROPAGATION_NESTED，则在 PROPAGATION_SUPPORTS PROPAGATION_REQUIRED 的场景下会转入下面的代码：

```
    //如果设置事务存在场景的验证标志为 true（默认为 false），则验证事务的隔离级别。如果当前事务的隔离级别和配置的隔离级别不一致，则抛出异常
     if (isValidateExistingTransaction()) {
      if (definition.getIsolationLevel() != TransactionDefinition.ISOLATION_DEFAULT)
{
        Integer currentIsolationLevel =
TransactionSynchronizationManager.getCurrentTransactionIsolationLevel();
        if (currentIsolationLevel == null || currentIsolationLevel !=
definition.getIsolationLevel()) {
          Constants isoConstants = DefaultTransactionDefinition.constants;
          throw new IllegalTransactionStateException("Participating transaction
with definition [" + definition + "] specifies isolation level which is incompatible
with existing transaction: " + (currentIsolationLevel != null ?
                  isoConstants.toCode(currentIsolationLevel,
DefaultTransactionDefinition.PREFIX_ISOLATION) :
                  "(unknown)"));
        }
      }
    //如果当前事务定义的信息不是只读的，并且当前事务是只读的，则抛出异常
       if (!definition.isReadOnly()) {
        if (TransactionSynchronizationManager.isCurrentTransactionReadOnly()) {
          throw new IllegalTransactionStateException("Participating transaction
with definition [" + definition + "] is not marked as read-only but existing transaction
is");
        }
      }
   }
   boolean newSynchronization = (getTransactionSynchronization() !=
SYNCHRONIZATION_NEVER);
   return prepareTransactionStatus(definition, transaction, false,
newSynchronization, debugEnabled, null);
}
```

至此，获取事务的场景（包括当前已存在事务、不存在事务的场景）都已经讲完了，主要围绕事务的隔离级别及事务的描述信息及作用范围来处理。

下面看看第 2 个问题，即事务是怎么回滚的，到底在什么时候需要回滚，在什么时候需要提交。事务有保存点这个概念，我们在前面处理嵌套事务时也发现 Spring 设置了保存点，但在回滚时怎么巧妙地利用这些保存点？

先通过 completeTransactionAfterThrowing 方法看看具体的实现逻辑：

```
    protected void completeTransactionAfterThrowing(TransactionInfo txInfo,
Throwable ex) {
   if (txInfo != null && txInfo.hasTransaction()) {
    //如果在当前事务信息中配置了回滚异常和当前抛出的异常
          if (txInfo.transactionAttribute.rollbackOn(ex)) {
         try {
    //则调用事务管理器进行回滚，下面详细讲解处理回滚时的核心逻辑
    txInfo.getTransactionManager().rollback(txInfo.getTransactionStatus());
         }
      }
      else {
         //如果不关心当前抛出的异常，则直接调用 commit（但并不是真正的 commit 数据库事务，只是触
发事务管理器的 commit 方法），下面也会展开讲解
           try {
            txInfo.getTransactionManager().commit(txInfo.getTransactionStatus());
         }
   }
}
    //如果没有发生异常，则将事务提交
    protected void commitTransactionAfterReturning(TransactionInfo txInfo) {
   if (txInfo != null && txInfo.hasTransaction()) {
     txInfo.getTransactionManager().commit(txInfo.getTransactionStatus());
   }
}
    //先来看看回滚的逻辑
    private void processRollback(DefaultTransactionStatus status) {
   try {
     try {
    //设置事务完成前的操作
            triggerBeforeCompletion(status);
    //如果当前事务已经设置了保存点
            if (status.hasSavepoint()) {
```

```
    //则回滚到保存点，并且释放保存点，在当前事务状态中清空事务保存点
                status.rollbackToHeldSavepoint();
            }
            else if (status.isNewTransaction()) {
    //如果是新创建的事务，则获取当前数据库连接，直接回滚当前事务
                doRollback(status);
            }
            else if (status.hasTransaction()) {
    //如果事务配置的是本地回滚或者标记为全局回滚（默认为 true）
                if (status.isLocalRollbackOnly() ||
isGlobalRollbackOnParticipationFailure()) {
               doSetRollbackOnly(status);
            }
        }
    }
    //无论是否发生异常，都调用触发完成后的逻辑来获取注册时的 TransactionSynchronization 列
表，然后把事务当前状态的事件推送给它们
        catch (RuntimeException ex) {
        triggerAfterCompletion(status, TransactionSynchronization.STATUS_UNKNOWN);
        throw ex;
    }
    catch (Error err) {
        triggerAfterCompletion(status, TransactionSynchronization.STATUS_UNKNOWN);
        throw err;
    }
    triggerAfterCompletion(status,
TransactionSynchronization.STATUS_ROLLED_BACK);
  }
  finally {
    cleanupAfterCompletion(status);
  }
}
```

清除当前事务资源，释放当前数据库连接：

```
    private void cleanupAfterCompletion(DefaultTransactionStatus status) {

    //设置事务的当前状态为已完成
    status.setCompleted();
  if (status.isNewSynchronization()) {
    TransactionSynchronizationManager.clear();
  }
```

```
  if (status.isNewTransaction()) {
    //如果是新事务，则设置连接 con.setAutoCommit(false)，考虑到连接池、连接复用的场景，所以要恢复连接的原有属性，并且释放当前连接
        doCleanupAfterCompletion(status.getTransaction());
  }
  if (status.getSuspendedResources() != null) {
     resume(status.getTransaction(), (SuspendedResourcesHolder)
status.getSuspendedResources());
  }
}
```

如下所示是 Spring 事务管理器在事务提交时的操作：

```
    @Override
public final void commit(TransactionStatus status) throws TransactionException {
    //如果当前事务的状态为已经完成，则抛出异常
     if (status.isCompleted()) {
     throw new IllegalTransactionStateException(
         "Transaction is already completed - do not call commit or rollback more
than once per transaction");
  }

  DefaultTransactionStatus defStatus = (DefaultTransactionStatus) status;
    //如果事务设置了本地回滚
     if (defStatus.isLocalRollbackOnly()) {
     processRollback(defStatus);
     return;
  }
    //则判断全局回滚 JtaTransactionManager 是否为 true，其他事务管理器都为 false
     if (!shouldCommitOnGlobalRollbackOnly() && defStatus.isGlobalRollbackOnly())
{
     processRollback(defStatus);
         if (status.isNewTransaction() || isFailEarlyOnGlobalRollbackOnly()) {
       throw new UnexpectedRollbackException(
           "Transaction rolled back because it has been marked as rollback-only");
     }
     return;
  }
  processCommit(defStatus);
}
```

事务管理器提交时触发的核心逻辑如下：

```
   private void processCommit(DefaultTransactionStatus status) throws
TransactionException {
  try {
     boolean beforeCompletionInvoked = false;
     try {
          //扩展方法，支持子类重写
        prepareForCommit(status);
        triggerBeforeCommit(status);
        triggerBeforeCompletion(status);
        beforeCompletionInvoked = true;
        boolean globalRollbackOnly = false;
        if (status.isNewTransaction() || isFailEarlyOnGlobalRollbackOnly()) {
           globalRollbackOnly = status.isGlobalRollbackOnly();
        }
    //如果当前事务已经设置了保存点，则释放
            if (status.hasSavepoint()) {
           status.releaseHeldSavepoint();
        }
    //如果是新事务，则直接调用 connection.commit 提交当前事务
            else if (status.isNewTransaction()) {
           doCommit(status);
        }
         if (globalRollbackOnly) {
           throw new UnexpectedRollbackException(
                 "Transaction silently rolled back because it has been marked as
rollback-only");
        }
     }
     catch (UnexpectedRollbackException ex) {
        triggerAfterCompletion(status,
TransactionSynchronization.STATUS_ROLLED_BACK);
        throw ex;
     }
     catch (TransactionException ex) {
        //如果设置失败回滚参数为 true，则回滚。rollbackOnCommitFailure 默认为 false
             if (isRollbackOnCommitFailure()) {
        //如果是新事务则直接回滚，否则设置回滚标志
           doRollbackOnCommitException(status, ex);
        }
        else {
        //释放资源
```

```
            triggerAfterCompletion(status,
TransactionSynchronization.STATUS_UNKNOWN);
         }
         throw ex;
      }
      catch (RuntimeException ex) {
         if (!beforeCompletionInvoked) {
            triggerBeforeCompletion(status);
         }
         doRollbackOnCommitException(status, ex);
         throw ex;
      }
      catch (Error err) {
         if (!beforeCompletionInvoked) {
            triggerBeforeCompletion(status);
         }
         doRollbackOnCommitException(status, err);
         throw err;
      }
      try {
             triggerAfterCommit(status);
      }
      finally {
         triggerAfterCompletion(status,
TransactionSynchronization.STATUS_COMMITTED);
      }
   }
   finally {
     //清除当前事务的属性，若有挂起的资源，则唤醒
          cleanupAfterCompletion(status);
   }
}
```

## 5.5　Spring 事务传播机制

本节对事务传播级别进行总结，Spring 事务传播被定义在下面的枚举中：

```
   public enum Propagation {

  REQUIRED(TransactionDefinition.PROPAGATION_REQUIRED),
```

```
SUPPORTS(TransactionDefinition.PROPAGATION_SUPPORTS),

MANDATORY(TransactionDefinition.PROPAGATION_MANDATORY),
REQUIRES_NEW(TransactionDefinition.PROPAGATION_REQUIRES_NEW),
NOT_SUPPORTED(TransactionDefinition.PROPAGATION_NOT_SUPPORTED),

NEVER(TransactionDefinition.PROPAGATION_NEVER),

NESTED(TransactionDefinition.PROPAGATION_NESTED);
```

从以上代码可以看到 Spring 都有哪些事务传播特性。

我们再来看看这个传播机制的特性。Spring 事务默认是开启的，外层方法开启事务（Propagation.Required），事务会被传递到子方法中，哪怕子方法没有明确开启事务。如果子方法不想参与当前事务，则可以使用 Propagation.NOT_SUPPORTED，这个方法就会不使用事务，而且作用范围只在本方法内。

对事务传播性的描述可理解如下。

（1）REQUIRED：支持当前事务，如果当前没有事务，就开启一个事务。

（2）SUPPORTS：支持当前事务，如果没有事务，就不开启新事务，也有传播性，只在 JTA 场景下服务。

（3）MANDATORY：（强制地）支持当前事务，如果前面没有开启事务，则可能抛出异常。

（4）REQUIRES_NEW：开启新事务，如果已存在事务，则挂起，在本方法没有声明事务的子方法内不传播。

（5）NOT_SUPPORTED：事务在本方法和没有声明事务的子方法内不传播。

（6）NEVER：如果有事务则抛出异常。

（7）PROPAGATION_NESTED：如果当前存在事务，则在嵌套事务内执行。如果当前没有事务，则与 PROPAGATION_REQUIRED 的特性一致。

前 6 个策略类似于 EJB CMT，第 7 个策略是 Spring 提供的一种特殊变量。

现在支持 PROPAGATION_NESTED（嵌套事务传播特性）的事务管理器有 DataSourceTransactionManager 及少数的 JTA 事务管理器。

PROPAGATION_NESTED（嵌套事务传播特性）在一般的业务场景中较少用到，也较难理解，特别是嵌套事务的提交和回滚。

PROPAGATION_NESTED 的事务传播特性如下：

（1）在外部事务提交时，提交嵌套事务；

（2）在外部事务回滚时，嵌套事务也回滚；

（3）在嵌套事务回滚时，外部事务不回滚，因为嵌套事务是外部事务的子事务，有自己的隔离和锁，并且在开启嵌套事务时外部任务同时创建了保存点用于回滚。

PROPAGATION_REQUIRES_NEW 与 PROPAGATION_NESTED 事务传播机制的区别如下。

（1）PROPAGATION_REQUIRES_NEW 是自己开启一个事务，自己提交和回滚自己的事务，与其他事务完全隔离、互不影响。

（2）PROPAGATION_NESTED 也开启一个事务（也叫嵌套事务），但是这个事务依赖于开启它的外部事务，在外部事务提交后嵌套事务才能提交，在外部事务回滚后才能回滚，嵌套事务是外部事务的一部分，自己的失败不影响外部事务，事务之间的隔离级别较低。

# 第 6 章 Spring 实战

## 6.1 对 Spring 重复 AOP 问题的分析

现在应用 Spring 容器、Spring 加载和 Spring 代理生成等实现原理，来解决一个问题。

有一个 Web 项目，其配置如下：

```
    <context-param>
  <param-name>contextConfigLocation</param-name>
  <param-value>classpath:/spring-core/applicationContext.xml</param-value>
</context-param>
<listener>

<listener-class>org.springframework.web.util.IntrospectorCleanupListener</listen
er-class>
</listener>

<servlet>
  <servlet-name>springServlet</servlet-name>

<servlet-class>org.springframework.web.servlet.DispatcherServlet</servlet-class>
  <init-param>
```

```
    <param-name>contextConfigLocation</param-name>
    <param-value>classpath:/spring/servlet.xml</param-value>
  </init-param>
  <load-on-startup>1</load-on-startup>
</servlet>
<servlet-mapping>
  <servlet-name>springServlet</servlet-name>
  <url-pattern>/</url-pattern>
</servlet-mapping>
<servlet>
```

ApplicationContext.xml 配置文件中的配置如下：

```
    //这里只列出了主要内容
    <import resource="classpath:/spring-core/aop.xml"/>
    <import resource="classpath:/spring-core/dao.xml"/>
```

aop.xml 配置文件中的配置如下：

```
        <aop:config>
  <aop:aspect id="aspect" ref="aspectBean">
    <aop:pointcut id="facadePointCut" expression="execution(* a.b.c.*.*(..))" />
    <aop:around pointcut-ref="pointCut" method="doAround"/>
  </aop:aspect>
</aop:config>
```

dao.xml 文件中的配置如下：

```
    //这里只列出了主要内容
    <tx:annotation-driven transaction-manager="txManager" />
```

Servlet.xml 文件中的配置如下：

```
        //这里只列出了主要内容
    <context:component-scan base-package="a.b.c"/>

    <import resource="classpath:/spring-core/aop.xml"/>
    <import resource="classpath:/spring-core/dao.xml"/>
    (暂且叫当前配置为配置 1)
```

这个 Web 项目的主要目的是在 Web 环境下使用 core 包配置的 Bean，所以引用了/spring-core/applicationContext.xml，同时希望在 Web 项目中让/spring-core/applicationContext.xml 中的 Bean 事务配置和 AOP 配置都生效，配置如图 5-9 所示，但结果是一个 core 中的 Bean 被重复 AOP 两次。经排查后发现，原来在 applicationContext.xml 中已经引入了这两个配置文件，但问题是它在调整了 Servlet 中引用配置文件的顺序后，不会被重复 AOP。

```
//这里只列出了主要内容（其余内容与配置 1 相同）
<import resource="classpath:/spring-core/dao.xml"/>
<import resource="classpath:/spring-core/aop.xml"/>
```

这就非常奇怪了，我们一起来分析问题。

首先，我们知道在当前 Web 环境下 Spring 存在父容器、子容器及两个 Bean 工厂。但是为什么在使用配置 1 加载 Spring 环境时会调用父容器的切面和子容器的切面这两种切面，在使用配置 2 时却只调用一个切面？由于切面的内容是一致的，所以无法判断调用的是父容器的切面还是子容器的切面。

先来分析配置 1 的情况，看看 Spring 是怎么加载、运行的，以及代理是怎么生成的，在生成时都有哪些切面。从结果来看，应该是在生成代理时某容器的 Advisor 没有被生成到代理中，所以导致有一个切面没有生效；反之就是两个容器的 Advisor 都被生成到代理中，所以有两个切面。我们带着这个疑点来看看是否和 dao.xml、aop.xml 的配置先后顺序有关，以及为什么有先后关系。

通过了解前面 Spring 的加载机制，我们知道 Spring 是按照顺序加载的，那么按照配置 1 的配置，会先加载 AOP 的配置。

我们通过标签查找加载的 Spring AOP 注解的加载解析配置：

```
http\://www.springframework.org/schema/aop=org.springframework.aop.config.Ao
pNamespaceHandler
```

通过 AOP 的 spring.handlers 文件可以得知，AOP 的配置是由 AOPNamespaceHandler 解析的：

```
public class AopNamespaceHandler extends NamespaceHandlerSupport {
@Override
public void init() {
 registerBeanDefinitionParser("config", new ConfigBeanDefinitionParser());
```

<aop:config>使用 ConfigBeanDefinitionParser 进行解析，通过代码得知，它注册到 Spring 中的 AbstractAutoProxyCreator 是 AspectJAwareAdvisorAutoProxyCreator。通过对前面代理和 AOP 的执行机制的了解，我们知道 Bean 在创建时，会找到 InstantiationAwareBeanPostProcessor，然后调用它们的方法来生成代理，最后找到所有符合当前 Bean 的 Advisor 来生成代理。我们怀疑获取到哪些 Advisor 决定了执行的效果，这部分代码已在前面讲过，这里再针对这个问题来看看：

```
  public List<Advisor> findAdvisorBeans() {
  String[] advisorNames = null;
  synchronized (this) {
    advisorNames = this.cachedAdvisorBeanNames;
    if (advisorNames == null) {
      //获取父子工厂中的所有 Advisor
       dvisorNames = BeanFactoryUtils.beanNamesForTypeIncludingAncestors(
           this.beanFactory, Advisor.class, true, false);
      this.cachedAdvisorBeanNames = advisorNames;
    }
  }
  if (advisorNames.length == 0) {
    return new LinkedList<Advisor>();
  }

  List<Advisor> advisors = new LinkedList<Advisor>();
  for (String name : advisorNames) {
   //选择合适的 Advisor，然后添加到集合中，从这个方法可以看出，可能是个扩展方法，
   //为各个子类实现灵活定制
       if (isEligibleBean(name)) {
      if (this.beanFactory.isCurrentlyInCreation(name)) {   }    else {
        try {
          advisors.add(this.beanFactory.getBean(name, Advisor.class));
        }
        catch (BeanCreationException ex) {
          Throwable rootCause = ex.getMostSpecificCause();
          if (rootCause instanceof BeanCurrentlyInCreationException) {
            BeanCreationException bce = (BeanCreationException) rootCause;
            if (this.beanFactory.isCurrentlyInCreation(bce.getBeanName())) {
              continue;
            }
          }
          throw ex;
        }
      }
    }
  }
  return advisors;
}

   private class BeanFactoryAdvisorRetrievalHelperAdapter extends
```

```
BeanFactoryAdvisorRetrievalHelper {

   public
BeanFactoryAdvisorRetrievalHelperAdapter(ConfigurableListableBeanFactory
beanFactory) {
      super(beanFactory);
   }

   @Override
   protected boolean isEligibleBean(String beanName) {
     //这个类是一个内部类，它调用外部类的子类的 isEligibleAdvisorBean 方法，不要奇怪
         return
AbstractAdvisorAutoProxyCreator.this.isEligibleAdvisorBean(beanName);
   }
}
```

我们再来看看什么才是合适的，此时已经找到了父子容器中的所有 Advisor，然后过滤，这部分过滤很重要。

该方法是在各个 AbstractAdvisorAutoProxyCreator 中实现的，默认为 true，也就是说不过滤，把所有的 Advisor 都获取出来，然后按类匹配并添加到代理中，在执行时按照方法匹配再执行调用，如果过滤了一部分 Advisor，那么代理在执行时肯定执行不到。

我们再来看看在 AspectJAwareAdvisorAutoProxyCreator 中是否发生了过滤。经查看得知，它没有重写父类中的 isEligibleAdvisorBean 方法，而是使用在父类中提供的实现逻辑，就是说 AspectJAwareAdvisorAutoProxyCreator 在创建代理和查找 Advisor 时会把所有符合的 Advisor 先找出来，所以此时会重复调用两个切面。

我们再来看看事务注解是怎么加载的：

```
    http\://www.springframework.org/schema/tx=org.springframework.transaction.co
nfig.TxNamespaceHandler

    public class TxNamespaceHandler extends NamespaceHandlerSupport {

  static final String TRANSACTION_MANAGER_ATTRIBUTE = "transaction-manager";

  static final String DEFAULT_TRANSACTION_MANAGER_BEAN_NAME = "transactionManager";

  static String getTransactionManagerName(Element element) {
     return (element.hasAttribute(TRANSACTION_MANAGER_ATTRIBUTE) ?
```

```
            element.getAttribute(TRANSACTION_MANAGER_ATTRIBUTE) :
DEFAULT_TRANSACTION_MANAGER_BEAN_NAME);
   }

   @Override
   public void init() {
      registerBeanDefinitionParser("advice", new TxAdviceBeanDefinitionParser());
      registerBeanDefinitionParser("annotation-driven", new
AnnotationDrivenBeanDefinitionParser());
```

经查看得知，事务注解是使用 InfrastructureAdvisorAutoProxyCreator 加载的。有了上面的经验，我们直接看看这个 AbstractAutoProxyCreator 是不是过滤了一些 Advisor。直接找到 InfrastructureAdvisorAutoProxyCreator 的 isEligibleAdvisorBean 方法，看看这个核心方法的实现逻辑：

```
    protected boolean isEligibleAdvisorBean(String beanName) {
    //当前工厂包含了这个Advisor,并且这个Advisor的Bean角色必须是ROLE_INFRASTRUCTURE 的
Advisor才能生效
       return (this.beanFactory.containsBeanDefinition(beanName) &&
          this.beanFactory.getBeanDefinition(beanName).getRole() ==
BeanDefinition.ROLE_INFRASTRUCTURE);
}
```

InfrastructureAdvisorAutoProxyCreator 无法获取父容器的 Advisor 并将其加入本容器对象的代理中，即只要用它，就只能切面一次，因为当前 InfrastructureAdvisorAutoProxyCreator 只能使用 Advisor Bean 的配置角色值为 2 的情况（这种角色一般在事务 Advisor 和 Spring 自持有 Bean 时使用）。

还有两个问题：为什么 tx 标签写在 AOP 标签前面就执行一次？否则就执行两次呢？aop.xml、dao.xml 两个文件的配置顺序对 Spring 的加载运行有什么影响呢？

答案是，Spring 是按照顺序加载注册的，并且在加载解析标签的过程中创建了代理 Bean。

Spring 框架中负责创建代理 Bean 的主要类有：

◎ InfrastructureAdvisorAutoProxyCreator，负责处理 tx 标签代理 Bean 的生成和创建；
◎ AspectJAwareAdvisorAutoProxyCreator，负责 AOP 标签代理 Bean 的生成和创建。

注册的实现代码如下：

```
   public static final String AUTO_PROXY_CREATOR_BEAN_NAME =
```

```
        "org.springframework.aop.config.internalAutoProxyCreator";
    private static BeanDefinition registerOrEscalateApcAsRequired(Class<?> cls,
BeanDefinitionRegistry registry, Object source) {
   Assert.notNull(registry, "BeanDefinitionRegistry must not be null");
    //如果这个 Bean 的名称已经被注册了，就不再注册了
      if (registry.containsBeanDefinition(AUTO_PROXY_CREATOR_BEAN_NAME)) {
      BeanDefinition apcDefinition =
registry.getBeanDefinition(AUTO_PROXY_CREATOR_BEAN_NAME);
      if (!cls.getName().equals(apcDefinition.getBeanClassName())) {
         int currentPriority =
findPriorityForClass(apcDefinition.getBeanClassName());
         int requiredPriority = findPriorityForClass(cls);
         if (currentPriority < requiredPriority) {
            apcDefinition.setBeanClassName(cls.getName());
         }
      }
      return null;
   }
   RootBeanDefinition beanDefinition = new RootBeanDefinition(cls);
   beanDefinition.setSource(source);
   beanDefinition.getPropertyValues().add("order", Ordered.HIGHEST_PRECEDENCE);
   beanDefinition.setRole(BeanDefinition.ROLE_INFRASTRUCTURE);
   registry.registerBeanDefinition(AUTO_PROXY_CREATOR_BEAN_NAME, beanDefinition);
   return beanDefinition;
}
```

也就是说，org.springframework.aop.config.internalAutoProxyCreator 的名称只能被注册一次，谁先注册，谁就在当前的 Bean 工厂中，不会被重复注册。

总之，由于 aop.xml 在加载时会先创建名称为 org.springframework.aop.config.internalAutoProxyCreator 及类型为 AspectJAwareAdvisorAutoProxyCreator 的 Bean，而且在加载 TX 标签时已经存在这个 Bean，所以还会沿用这个 AspectJAwareAdvisorAutoProxyCreator 代理创建器。它会获取父类工厂 Advisor 并且将其设置到代理对象的拦截器中，所以出现了重复切面的场景。

如果 dao.xml 早于 aop.xml 加载，则 tx 标签先加载，在 BeanFactory 中会创建名称为 org.springframework.aop.config.internalAutoProxyCreator 及类型为 InfrastructureAdvisorAutoProxyCreator 的 Bean，在加载 AOP 标签时会发现在工厂中有这个 Bean，便不再注册 AspectJAwareAdvisorAutoProxyCreator 的 Bean 定义信息。所以，在生成代理时不会把父容器的 Advisor 加载到代理中，也就不会重复切面了，使用的是当前容器中的 Advisor。

## 6.2　Spring Bean 循环依赖的问题

我们知道，在 Bean 发生循环依赖时，整个应用是不能正常工作的。循环依赖一旦形成，这些 Bean 则将无法实例化。下面从几个角度来看看 Spring Bean 的循环依赖，看看 Spring 是怎么解决循环依赖问题的，以及是怎么在应用中避免循环依赖问题的。

单例 Bean 的循环依赖可分为构造方法的循环依赖和属性的循环依赖。

### 1. 构造函数注入循环依赖

配置如下：

```
        <bean id="aService" class="a.b.c.d.circularity.CirculaServiceA">
   <constructor-arg ref="bService"></constructor-arg>
</bean>
<bean id="bService" class="a.b.c.d.circularity.CirculaServiceB">
   <constructor-arg ref="aService"></constructor-arg>
</bean>（暂且叫配置 1）
```

Spring 使用配置 1 在加载启动时报错。

```
    <bean id="aService" class="a.b.c.d.circularity.CirculaServiceA"
lazy-init="true">
   <constructor-arg ref="bService"></constructor-arg>
</bean>
<bean id="bService" class="a.b.c.d.circularity.CirculaServiceB" lazy-init="true">
   <constructor-arg ref="aService"></constructor-arg>
</bean>（配置 2）
```

Spring 使用配置 2 在加载启动时不报错，但是在调用 getBean（"aService"）时报错，无法获取已配置的 Bean。

出现以上两种情况的原因是，Spring 在启动时会自动加载 lazyinit 属性为 false 的单例 Bean，所以 Bean 的 lazy-init 属性被设置为 true，就不会提前加载，而是在运行时加载；而配置 1 中 Bean 的配置没有指明 lazy-init 属性，所以使用默认配置 false。

我们再来看看为什么报错。Spring 加载 Bean 的时序图如图 6-1 所示，在这个循环依赖场景下，不管是提前加载还是运行时加载，都调用 getBean 方法进行处理。

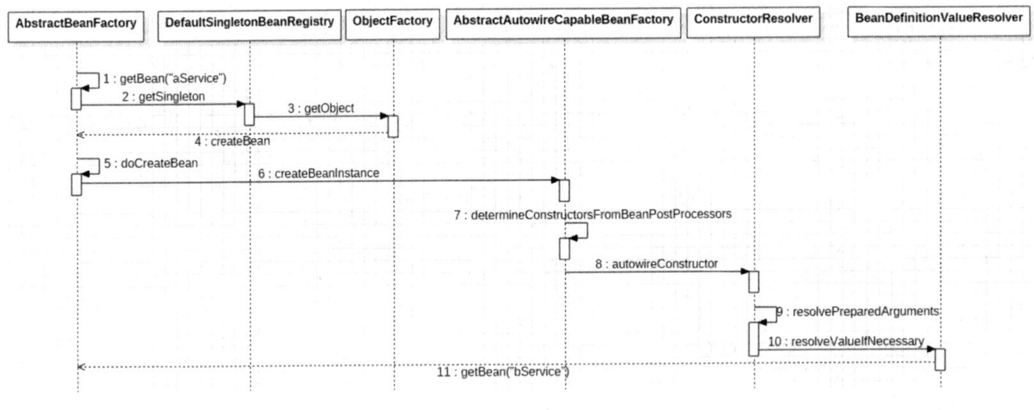


图 6-1

从图 6-1 中可以看出，在 getBean("aService")创建 Bean 实例时，会先找到需要实例化的构造方法，并且解析构造方法的参数，由于依赖的是另一个 Bean，所以调用 getBean("bService")方法获取 bService 实例对象（如果没有，则创建一个实例）。而在创建 bService 实例时要使用构造函数，此时构造函数又依赖 aService 实例，依赖无法解决，所以报错。我们再来看看为什么会报错：

```
    public Object getSingleton(String beanName, ObjectFactory<?> singletonFactory)
{
   Assert.notNull(beanName, "'beanName' must not be null");
   synchronized (this.singletonObjects) {
      Object singletonObject = this.singletonObjects.get(beanName);
      if (singletonObject == null) {
         if (this.singletonsCurrentlyInDestruction) {
            throw new BeanCreationNotAllowedException(beanName,
                  "Singleton bean creation not allowed while the singletons of this
factory are in destruction " + "(Do not request a bean from a BeanFactory in a destroy
method implementation!)");
         }
      //在创建单例前校验
         beforeSingletonCreation(beanName);
         boolean newSingleton = false;
         boolean recordSuppressedExceptions = (this.suppressedExceptions == null);
         if (recordSuppressedExceptions) {
            this.suppressedExceptions = new LinkedHashSet<Exception>();
         }
         try {
      //获取实例
```

```
            singletonObject = singletonFactory.getObject();
            newSingleton = true;
         }
         catch (IllegalStateException ex) {
            singletonObject = this.singletonObjects.get(beanName);
            if (singletonObject == null) {
               throw ex;
            }
         }
         catch (BeanCreationException ex) {
            if (recordSuppressedExceptions) {
               for (Exception suppressedException : this.suppressedExceptions) {
                  ex.addRelatedCause(suppressedException);
               }
            }
            throw ex;
         }
         finally {
            if (recordSuppressedExceptions) {
               this.suppressedExceptions = null;
            }
      //在创建后处理
            afterSingletonCreation(beanName);
         }
         if (newSingleton) {
      //添加单例
            addSingleton(beanName, singletonObject);
         }
      }
      return (singletonObject != NULL_OBJECT ? singletonObject : null);
   }
}
    protected void beforeSingletonCreation(String beanName) {
    //如果名称为beanName的Bean已经被创建，则抛出异常
  if (!this.inCreationCheckExclusions.contains(beanName)
&& !this.singletonsCurrentlyInCreation.add(beanName)) {
      throw new BeanCurrentlyInCreationException(beanName);
   }
}
    //在Bean创建完成后进行校验，并且删除正在创建Bean的标志
    protected void afterSingletonCreation(String beanName) {
```

```
  if (!this.inCreationCheckExclusions.contains(beanName)
&& !this.singletonsCurrentlyInCreation.remove(beanName)) {
     throw new IllegalStateException("Singleton '" + beanName + "' isn't currently
in creation");
  }
}
    public class BeanCurrentlyInCreationException extends BeanCreationException {

  public BeanCurrentlyInCreationException(String beanName) {
     super(beanName,
          "Requested bean is currently in creation: Is there an unresolvable circular
reference?");
  }
```

根据以上代码和时序，我们可以整理一下流程：aService 在 getBean 时，需要获取构造方法和装载构造方法的参数值来创建 aService 实例，注意，此时还没有创建真正的实例，但是已经设置了正在创建的标志；同时，因为没有创建完成，所以没有清除正在创建的标志。在装载构造方法时调用 getBean("bService")方法，在装载 bService 构造方法时发现需要获取 aService 实例（getBean），在调用 DefaultSingletonBcanRegistry 的 beforeSingleton Creation 方法时发现 aService 的 Bean 创建标志为已创建，抛出异常。

得出结论：Spring 不能处理 Bean 之间使用构造方法进行注入并形成循环依赖的情况。

如果在 Bean 之间用构造方法进行注入并形成循环依赖，则当 Bean 实例化时，被依赖的 Bean 的实例必须已经存在，从而在实例化的同时完成依赖属性（也就是另一个 Bean 的实例）的注入，所以两个 Bean 都需要在自己实例化前就依赖对方的实例，这是无法做到的，因为在一般场景下使用构造方法创建实例是不可以绕过的。那是不是可以去掉 beforeSingletonCreation 校验呢？试想一下，如果去掉这个校验，则很有可能会导致有一个 Bean 循环创建实例，直到内存或者栈溢出。

#### 2. 属性注入循环依赖

我们会在本节说明 Spring 是怎么解决属性注入循环依赖问题的，以及对相关源码的说明。

现有如下配置：

```
       <bean id="aService" class=" a.b.c.d.circularity.CirculaServicePropertyA">
  <property name="circulaServiceB" ref="bService"></property>
</bean>
```

```
<bean id="bService" class=" a.b.c.d..circularity.CirculaServicePropertyB">
   <property name="circulaServiceA" ref="aService"/>
</bean>
```

可以得知，Spring 环境启动及运行正常。这时问题来了：为什么 Spring 能自动解决属性的循环依赖问题，却不能解决构造方法的循环依赖问题？由于 xml 配置和注解配置的运行模式一致，所以这里只考虑一种情况就可以了。Spring getBean 的时序图如图 6-2 所示。

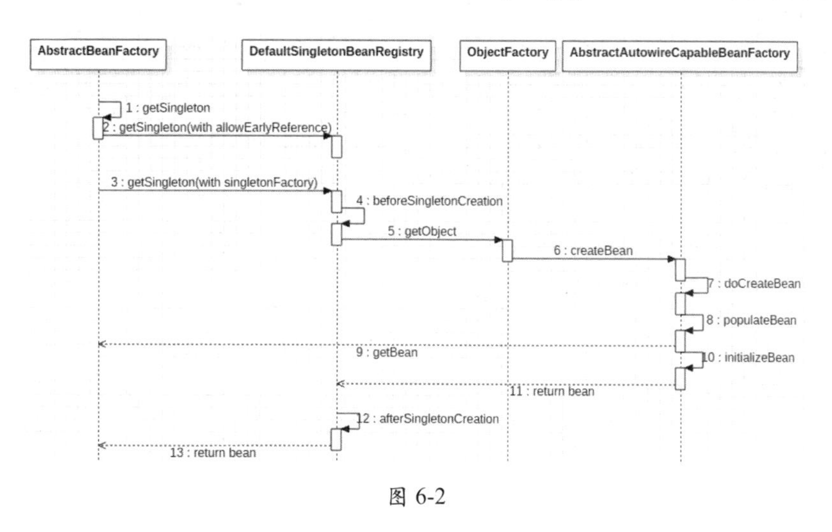


图 6-2

注意：在此图中只以分析循环依赖为主线，画得不够详细。流程较全的时序图在 4.3 节有所介绍。

在图 6-2 中，第 2 步为 DefaultSingletonBeanRegistry.getSingleton(String beanName, boolean allowEarlyReference)方法；第 3 步为 DefaultSingletonBeanRegistry. getSingleton (String beanName, ObjectFactory<?> singletonFactory)方法。

Spring 在 getBean("aService")时创建 aService Bean 实例，之后注入属性并开始 getBean ("bService")，然后重复操作。此时为什么没发生死循环或者抛出异常呢？

其源码如下：

```
    protected <T> T doGetBean(
     final String name, final Class<T> requiredType, final Object[] args, boolean
typeCheckOnly)
     throws BeansException {

   final String beanName = transformedBeanName(name);
```

```
  Object bean;

  //如果已经创建了，则从缓存中获取，默认的解决依赖为true
      Object sharedInstance = getSingleton(beanName);
    protected Object getSingleton(String beanName, boolean allowEarlyReference) {
  Object singletonObject = this.singletonObjects.get(beanName);
    //如果在单例池中没有这个 Bean，并且正在创建这个 Bean
  if (singletonObject == null && isSingletonCurrentlyInCreation(beanName)) {
     synchronized (this.singletonObjects) {
    //如果提前创建的 Bean 为空，并且允许提前解决依赖问题
        singletonObject = this.earlySingletonObjects.get(beanName);
        if (singletonObject == null && allowEarlyReference) {
    //如果含有单例工厂，则从单例工厂中获取 Bean
          ObjectFactory<?> singletonFactory =
this.singletonFactories.get(beanName);
          if (singletonFactory != null) {
             singletonObject = singletonFactory.getObject();
             this.earlySingletonObjects.put(beanName, singletonObject);
             this.singletonFactories.remove(beanName);
          }
        }
     }
  }
  return (singletonObject != NULL_OBJECT ? singletonObject : null);
}
    protected Object doCreateBean(final String beanName, final RootBeanDefinition
mbd, final Object[] args) {

  BeanWrapper instanceWrapper = null;
  if (mbd.isSingleton()) {
     instanceWrapper = this.factoryBeanInstanceCache.remove(beanName);
  }
  if (instanceWrapper == null) {
    //创建 Bean 的实例（构造方法的注入也肯定在此处进行）
     instanceWrapper = createBeanInstance(beanName, mbd, args);
  }
  final Object bean = (instanceWrapper != null ?
instanceWrapper.getWrappedInstance() : null);
  Class<?> beanType = (instanceWrapper != null ? instanceWrapper.getWrappedClass() :
null);
```

```
   synchronized (mbd.postProcessingLock) {
      if (!mbd.postProcessed) {
         applyMergedBeanDefinitionPostProcessors(mbd, beanType, beanName);
         mbd.postProcessed = true;
      }
   }

   //如果 Bean 为单例，则当前 BeanFactory 允许循环依赖的参数值为 true（默认为 true），并且当前对
象正在创建的标志值为 true。如果在实例化对象时（构造函数装配时）发生异常，则是不会走到这一步的
   boolean earlySingletonExposure = (mbd.isSingleton() &&
this.allowCircularReferences &&
         isSingletonCurrentlyInCreation(beanName));
   if (earlySingletonExposure) {
     //添加单例工厂
      addSingletonFactory(beanName, new ObjectFactory<Object>() {
         @Override
         public Object getObject() throws BeansException {
            return getEarlyBeanReference(beanName, mbd, bean);
         }
      });
   }
   //注入 Bean 的属性，并且初始化 Bean
   Object exposedObject = bean;
   try {
      populateBean(beanName, mbd, instanceWrapper);
      if (exposedObject != null) {
         exposedObject = initializeBean(beanName, exposedObject, mbd);
      }
   }
     //添加单例工厂
     protected void addSingletonFactory(String beanName, ObjectFactory<?>
singletonFactory) {
   synchronized (this.singletonObjects) {
      if (!this.singletonObjects.containsKey(beanName)) {
         this.singletonFactories.put(beanName, singletonFactory);
         this.earlySingletonObjects.remove(beanName);
         this.registeredSingletons.add(beanName);
      }
   }
}
```

我们按照这个循环依赖的例子来整理其中的逻辑，把上面的代码串起来。

（1）getBean("aService")。此时到 DefaultSingletonBeanRegistry.getSingleton(String beanName, boolean allowEarlyReference)中获取 Bean 实例，因为在单例对象池和正在创建的单例对象中都没有获取到，所以没有找到有当前 Bean 名称的单例对象。

（2）到 DefaultSingletonBeanRegistry. getSingleton(String beanName, ObjectFactory<?> singletonFactory)中获取 Bean 实例，同时把这个 Bean 的名称添加到正在创建的 Bean 的集合中，然后创建 Bean 实例。

（3）在 Bean 实例创建完成后创建一个 Bean 对象工厂，放置当前 Bean 到单例的工厂池中（如果没有特殊定制，则这个工厂返回的就是这个 Bean 刚才创建的实例）。

（4）在实例化 aService Bean 后，Sping 开始准备调用 getBean("bService")（参见前 3 步）获取 bService Bean 的实例，将这个实例注入名称为 bService 的属性中；Spring 在获取（如不存在则会创建）bService Bean 的实例后，开始通过 getBean("aService")注入其属性 aService；Sping 在 getBean("aService")时发现在普通单例对象池和提前加载的单例对象池中都不存在 aService 实例，但当前允许“提前解决”属性引用的标志值为 true，同时 aService Bean 正在被创建，所以此时使用 aService 的单例工厂创建 aService 实例对象来完成 bService Bean 的属性装配。

（5）但是此时 aService 对象并没有持有 bServcie 属性的引用地址。在 getBean("bService") 执行完毕后，aService Bean 开始装配它的 bServcie 属性，在装配 aService Bean 和 bService Bean 时均完成了属性注入，完成了循环依赖的自动解决过程。

下面再来说说构造函数为什么不能自动解决循环依赖问题。Spring 默认是允许循环依赖的，那么为什么不能自动解决构造函数注入的循环依赖问题呢？因为构造函数是在 Bean 实例化时完成构造方法注入的，如果对象没有实例化，则是不会将单例工厂对象添加到单例池中的，所以在调用 getBean 时从提前加载的 Bean 集合（Spring 启动时加载的 Bean 实例集合）中还是获取不到，还要调用 DefaultSingletonBeanRegistry.getSingleton(String beanName, ObjectFactory<?> singletonFactory)方法获取单例，这触发了 beforeSingletonCreation 方法的校验（前面讲到过源码），所以发生了异常。

解决循环依赖问题的 Bean 的属性设置代码如下：

```
    public abstract class AbstractAutowireCapableBeanFactory extends
AbstractBeanFactory
    implements AutowireCapableBeanFactory {
```

```
  //也就是 Spring 默认解决循环依赖问题
    private boolean allowCircularReferences = true;
```

Spring 在解决这个问题时用了两个思路，一个是提前准备（单例 Bean 在 Spring 启动时提前创建实例而不是在发生调用或者注入时创建）；一个是使用可扩展的参数 allowCircularReferences，实现更灵活地解决 Bean 循环依赖场景的目的。

至此，Spring 单例的循环依赖问题就剖析完了，这些问题可以在进行代码设计或配置时规避，或者使用属性注入的方式来解决。这样就算出现了循环依赖问题，Spring 默认的设置也能帮助解决。

### 3. 多例 Bean 的循环依赖

这里讲解能否解决 Spring 多例 Bean 的循环依赖问题，以及相应的解决方法。

通过上一节的分析，我们得知 Spring 的循环依赖是通过 Bean 可以提前创建（虽然不完整，缺少属性）的思路实现的，所以这里认为 Spring 是无法解决多例 Bean 的循环依赖问题的。

但我们再来试一试，看看能不能解决：

```
    <bean id="aPropertyService"
class="com.b.c.d.circularity.CirculaServicePropertyA" scope="prototype">
  <property name="circulaServiceB" ref="bPropertyService"></property>
</bean>
<bean id="bPropertyService" class=" com.b.c.d.circularity.CirculaServicePropertyB"
scope="prototype">
  <property name="circulaServiceA" ref="aPropertyService"/>
</bean>
```

配置如上，由于 Spring 多例 Bean 是在运行时加载的，所以在启动后手动 getBean 获取一个 Bean，结果运行报错。

我们再来看看代码，由于逻辑调用层次都比较简单，所以就不画时序图了：

```
    protected <T> T doGetBean(
      final String name, final Class<T> requiredType, final Object[] args, boolean
typeCheckOnly)
      throws BeansException {

  final String beanName = transformedBeanName(name);
```

```
  Object bean;

  Object sharedInstance = getSingleton(beanName);
  if (sharedInstance != null && args == null) {
    bean = getObjectForBeanInstance(sharedInstance, name, beanName, null);
  }
  else {
//如果是多例 Bean，并且已经创建，则抛出异常
         if (isPrototypeCurrentlyInCreation(beanName)) {
       throw new BeanCurrentlyInCreationException(beanName);
    }

    BeanFactory parentBeanFactory = getParentBeanFactory();
    if (parentBeanFactory != null && !containsBeanDefinition(beanName)) {
      String nameToLookup = originalBeanName(name);
      if (args != null) {
        return (T) parentBeanFactory.getBean(nameToLookup, args);
      }
      else {
        return parentBeanFactory.getBean(nameToLookup, requiredType);
      }
    }

    if (!typeCheckOnly) {
      markBeanAsCreated(beanName);
    }

    try {
      final RootBeanDefinition mbd = getMergedLocalBeanDefinition(beanName);
      checkMergedBeanDefinition(mbd, beanName, args);

      String[] dependsOn = mbd.getDependsOn();
      if (dependsOn != null) {
        for (String dependsOnBean : dependsOn) {
          if (isDependent(beanName, dependsOnBean)) {
            throw new BeanCreationException(mbd.getResourceDescription(),
beanName, "Circular depends-on relationship between '" + beanName + "' and '" +
dependsOnBean + "'");
          }
          registerDependentBean(dependsOnBean, beanName);
          getBean(dependsOnBean);
```

```
      }
   }

   if (mbd.isSingleton()) {
      sharedInstance = getSingleton(beanName, new ObjectFactory<Object>() {
         @Override
         public Object getObject() throws BeansException {
            try {
               return createBean(beanName, mbd, args);
            }
            catch (BeansException ex) {

               destroySingleton(beanName);
               throw ex;
            }
         }
      });
      bean = getObjectForBeanInstance(sharedInstance, name, beanName, mbd);
   }
   else if (mbd.isPrototype()) {
      //创建多例
         Object prototypeInstance = null;
      try {
           beforePrototypeCreation(beanName);
         prototypeInstance = createBean(beanName, mbd, args);
      }
      finally {
         afterPrototypeCreation(beanName);
      }
      bean = getObjectForBeanInstance(prototypeInstance, name, beanName, mbd);
   }
 protected void beforePrototypeCreation(String beanName) {
Object curVal = this.prototypesCurrentlyInCreation.get();
 //在 thread local 中为空，则在 threadlocal 中设置这个 Bean 的名称
  if (curVal == null) {
  this.prototypesCurrentlyInCreation.set(beanName);
}
 //处理多个场景
  else if (curVal instanceof String) {
  Set<String> beanNameSet = new HashSet<String>(2);
  beanNameSet.add((String) curVal);
```

```
        beanNameSet.add(beanName);
        this.prototypesCurrentlyInCreation.set(beanNameSet);
    }
    else {
        Set<String> beanNameSet = (Set<String>) curVal;
        beanNameSet.add(beanName);
    }
}
    protected boolean isPrototypeCurrentlyInCreation(String beanName) {
    //判断在 threadlocal 中是否存在这个 Bean
      Object curVal = this.prototypesCurrentlyInCreation.get();
    return (curVal != null &&
          (curVal.equals(beanName) || (curVal instanceof Set && ((Set<?>)
curVal).contains(beanName))));
}
```

从源码可以看出，Spring 使用 threadLocal 控制多例 Bean 的循环依赖问题。第 1 步，aService 在获取 Bean 时，发现在单例池和父容器中都没有这个 Bean，所以对 Bean 名称的设置在 threadlocal 中进行，如果 threadlocal 不为空，则把它们都放在 set 中再放回 threadlocal，然后注入属性，开始获取 bService Bean 实例；第 2 步，bService 重复第 1 步操作，在注入它的属性时调用 getBean("aService")，通过 Bean 的配置得知 aService Bean 是多例 Bean 并且这个 beanName 已经存在于当前线程的上下文中（getBean("aService")和 getBean("bService")在同一线程中执行），所以报错。由此可知，多例构造函数注入同样会发生循环依赖问题。

所以 Spring 是无法解决多例场景下的循环依赖问题的，在处理多例场景时，不是在线程内重复创建，而是把创建好的实例放置在线程上下文中。在线程内复用 Bean，才有可能解决多例场景下的循环依赖问题。不过这种处理方式同时会带来新的问题：发生在线程内的不是多例（在同一线程内多次调用），而是单例。大家也可以自己想一想：如果支持在线程内复用多例 Bean，则会引发哪些问题。

# 第 2 篇

# 深入剖析 Spring MVC 源码

# 第 7 章 MVC 简介

从本章开始，直到第 14 章，会对 Spring Web MVC 的架构原理和设计思想进行全面剖析，由于源码剖析会深入代码实现的诸多细节，过程复杂，所以选择了代码功能相对简单、主线较清晰的 Spring 3.0 版本进行讲解。选择该版本的另一个好处是，Spring 的主要设计思想在该版本中已经确立，之后的版本并没有对 Spring 的架构进行大的改动，通过对该版本进行分析，可帮助我们建立架构思维，还可帮助我们理解可重用框架设计的思路。

下面先介绍经典的 MVC 体系结构，并通过对比 MVC 和 Web MVC 的区别，来深入理解 Web MVC 的由来和特点。

## 7.1 MVC 的体系结构和工作原理

MVC 是软件工程中的一种软件架构模式，主要应用于传统的 C/S 体系架构中。如图 7-1 所示，MVC 把软件系统分为三个基本部分：模型（Model）、视图（View）和控制器（Controller），其基本部分是协同工作而又相互独立的，在最大程度上实现了组件的重用性和高可扩展性。

MVC 体系结构实现了一种动态的程序设计，使对程序的修改、扩展、简化及某一部分的重用成为可能，对复杂度的简化也使程序结构更加直观，在分离自身基本部分的同时赋予了各个基本部分应有的功能。

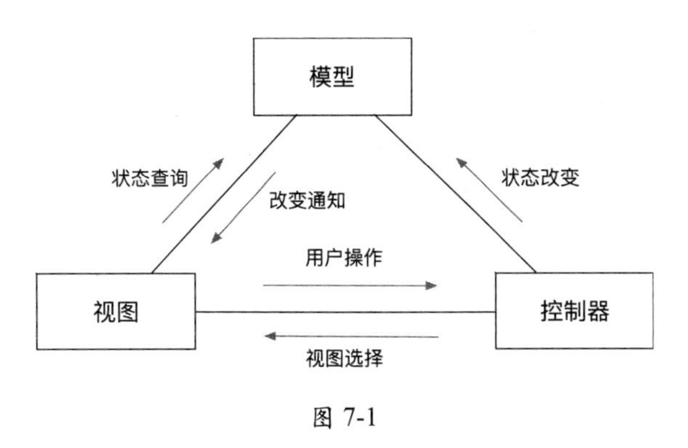


图 7-1

## 7.1.1　控制器

控制器在不同的层面之间起着组织和管理作用，用于控制应用程序的流程，处理事件并做出响应。控制器做出的响应包括更新数据模型和选择视图解释数据模型。

控制器的具体作用如下：

◎ 定义应用程序的行为和流程；
◎ 响应用户动作，驱动模型改变；
◎ 选择用于响应的视图。

## 7.1.2　视图

视图用于有目的地显示数据（在理论上，这不是必需的）。视图一般没有程序层面的逻辑，为了实现刷新功能，需要访问它所监视的数据模型，因此应该事先在它所监视的模型中注册监听事件。

视图的具体作用如下：

◎ 解释模型；
◎ 请求模型更新；
◎ 发送用户动作到控制器。

### 7.1.3 模型

模型用于封装与应用程序的业务逻辑相关的数据及对数据的处理方法。它具有直接访问数据的权限，例如对数据库的访问。模型不依赖视图和控制器，即不关心被如何显示或者如何操作，但模型中的数据变化一般会通过某种刷新机制公布。为了实现这种刷新机制，用于监视相应模型的视图必须事先在相应模型上注册。

模型的具体作用如下：

◎ 封装应用程序的状态；
◎ 提供应用程序的功能；
◎ 查询响应状态；
◎ 通知视图改变。

## 7.2 Web MVC 的体系结构和工作原理

随着 B/S 体系结构的应用程序的流行和快速发展，MVC 体系结构的思想被应用到 Web 应用程序的设计中，Web 应用程序中应用的 MVC 体系结构通常被称为 Web MVC。Web 应用程序是基于 HTTP 的，而 HTTP 的最大特点是使用短连接并且无状态，所以一个 Web 客户端程序与服务器的每次通信都通过一次完整的 HTTP 请求和响应来完成。在采用了 C/S 体系结构的 MVC 中，在视图中注册的监听器可以监听模型数据的改变。但是，在采用了 B/S 体系结构的 MVC 中（通常采用 HTTP），模型数据的改变事件无法被通知到视图层，因此，视图需要通过主动查询模型来获得最新数据，如图 7-2 所示。

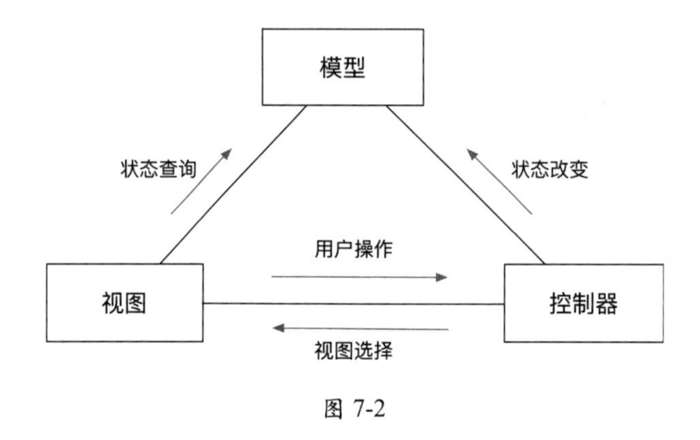


图 7-2

可以看出，Web MVC 与 MVC 在体系结构上不同的是，模型不再通知视图是否发生改变，而是要求视图主动通过控制器查询模型的改变。如果模型发生改变，控制器就选择一个新的视图解释模型的改变。在应用 MVC 体系结构后，Web 应用程序同样有职责划分，有较好的体系结构，易于维护且容易扩展。

# 第 8 章 Spring Web MVC 工作流

Spring 是一个轻量级 J2EE 框架，可以运行在任意 Web 容器上。事实上，在 Spring 的核心组件 DispatcherServlet 的体系架构中，已经实现了 Web 容器规范中的 Servlet、监听器（Listener）和过滤器（Filter）。

本章讲解 Web MVC 在 Spring 中的实现原理，通过分析 Spring Web MVC 的各个组件、组件接口，以及各个组件之间的协调通信原理和流程，来讲解 Spring Web MVC 的基本工作原理。

现在人们把 Web MVC 也简写为 MVC，所以本书后续对 Spring MVC 和 Spring Web MVC 不再做区别。

## 8.1 组件及其接口

Spring Web MVC 是由若干组件组成的，这些组件既相互独立又相互协调，共同完成 Spring Web MVC 工作流。其中的各个组件都有清晰的接口定义，在接口后面都有一个设计良好的类实现体系结构，清晰地抽象出公用的逻辑并且在通用的抽象类里实现，同时提供常用的具体实现类，从而实现了一个清晰的、有高可扩展性的、可插拔的 Web MVC 体系结构。

下面介绍一些典型组件的功能，以及组件所定义的接口。

### 8.1.1 DispatcherServlet

DispatcherServlet，也被称为“分发器 Servlet”，是 Spring Web MVC 中的核心组件，它不是一个接口，而是一个实现类。

从类的继承角度来看，DispatcherServlet 最终继承自 HttpServlet，通过对若干个抽象类的划分，使自身的类体系接口清晰明了、任务分明、容易扩展，在后续的章节中会详细分析这些类体系接口。

在初始化时，DispatcherServlet 会通过内部的 Spring Web 应用程序环境，找到相应的 Spring Web MVC 的各个组件。如果这些组件没有被显式配置，Spring Web MVC 就会根据默认的加载策略初始化各个模块的默认实现。

在服务时，DispatcherServlet 会通过一组已注册的处理器映射找到一个处理器（Handler），然后从一组已注册的处理器适配器中找到一个支持该处理器的处理器适配器，通过它把控制流转发给这个处理器。这个处理器在结束业务逻辑的调用后，会把模型数据和逻辑视图回传给 DispatcherServlet。

最后，DispatcherServlet 会通过视图解析器（ViewResolver）得到真正的视图，把控制权交给视图，同时传入模型数据。视图会按照一定的视图层定义，将这些数据展现到用户的响应里。

在 8.2 节将对这个流程进行完整讲解，并在第 9 章详细分析 DispatcherServlet 的类体系结构。

### 8.1.2 处理器映射

处理器映射（HandlerMapping）用于将一个请求（Request）映射到一个处理器。在一个 Spring Web MVC 实例中可能包含多个处理器映射，按照处理器映射所在的顺序，第一个返回非空处理器执行链（HandlerExecutionChain）的处理器映射，会被当作有效的处理器映射。处理器执行链包含一个处理器和一组能够应用在处理器上的拦截器（Interceptor），如图 8-1 所示。

<<Interface>>
HandlerMapping

*+getHandler ( request : HttpServletRequest ) : HandlerExecutionChain*

图 8-1

在处理器映射接口中输入一个 HTTP 请求（HttpServletRequest）给方法（getHandler），这个方法就会输出一个处理器执行链，我们在处理器执行链中就能获得一个处理器。

### 8.1.3 处理器适配器

处理器适配器（HandlerAdaptor）用于转接一个控制流到一个指定类型的处理器。某种类型的处理器通常会对应某处理器适配器的一个实现。处理器适配器能够判断自己是否支持某个处理器，如果支持，就可以使用这个处理器处理当前的 HTTP 请求。

处理器适配器使用通用的 Java Object 类型作为参数，允许 Spring Web MVC 集成其他框架的处理器，只需为需要支持的处理器提供一个定制化的处理器适配器，就可以在不改变上层派遣器（Servlet）代码及下层控制器代码的前提下实现任意集成。

事实证明，基于注释的控制器及 Spring Web Flow 都通过这样的适配器与 Spring Web MVC 工作流集成，如图 8-2 所示，后面会详细讨论。

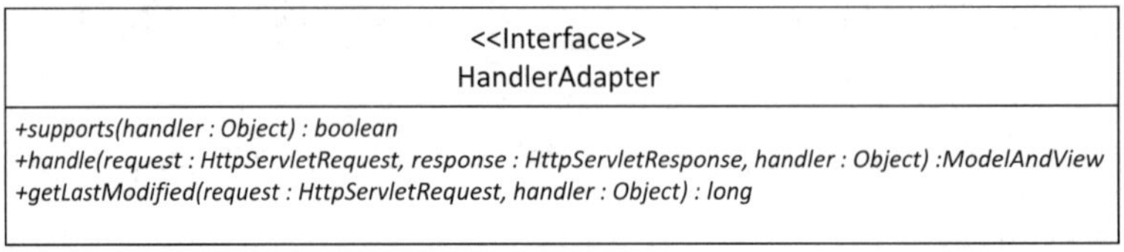

<<Interface>>
HandlerAdapter

*+supports(handler : Object) : boolean*
*+handle(request : HttpServletRequest, response : HttpServletResponse, handler : Object) :ModelAndView*
*+getLastModified(request : HttpServletRequest, handler : Object) : long*

图 8-2

在如图 8-2 所示的接口中输入一个处理器给 supports()方法，supports()方法就会返回是否支持这个处理器的结果；传入一个 HttpServletRequese、一个 HttpServletResponse 和一个 Hanlder 给 handle()方法，handle()方法就会传递控制权给处理器。

处理器在处理 HTTP 请求后会返回数据模型和逻辑视图名称的组合，处理器适配器会把这个组合返回给 DispatcherServlet。getLastModified()方法用于处理一个带有 LastModified 头信息的 HTTP 请求（并不是所有的处理器适配器都需要支持这个方法），第 9 章会详细讨论它的实现。

### 8.1.4　处理器与控制器

处理器是处理业务逻辑的一个基本单元，通过传入的 HTTP 请求来决定如何处理业务逻辑和执行哪些服务，在执行服务后返回相应的模型数据和逻辑视图名。控制流是由处理器适配器传递给处理器的，所以某种类型的处理器一定对应某个处理器适配器，这样就可以实现处理器适配器和处理器的任意插拔。

控制器是 Spring Web MVC 中最简单的处理器，有清晰的接口定义。这种类型的处理器通常通过一个简单控制处理适配器（SimpleControllerHandlerAdapter）传递控制，如图 8-3 所示。

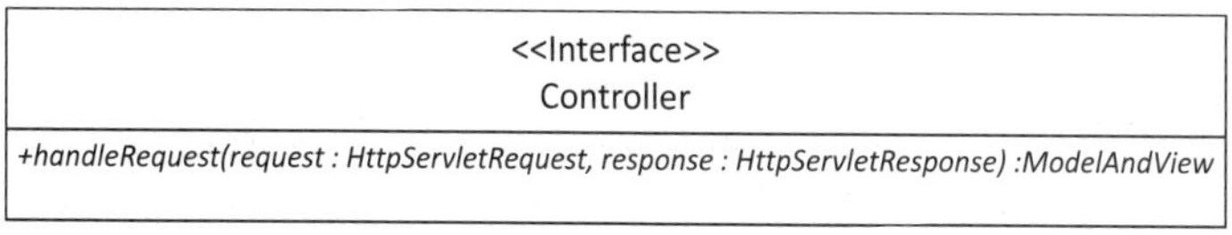

| <<Interface>><br>Controller |
| --- |
| *+handleRequest(request : HttpServletRequest, response : HttpServletResponse) :ModelAndView* |

图 8-3

在控制器接口中输入一个 HTTP 请求和 HTTP 响应（HttpServletResponse）给 handleRequest()方法，handleRequest()方法就会将一个经过处理的模型数据和逻辑视图名组合，通过处理器适配器返回给 DispatcherServlet。

Spring Web MVC 具备高可扩展性的秘密在于处理器适配器和处理器的设计：可以在 Spring Web MVC 的体系结构中插入任意处理器，因而它具有无限的扩展性。例如，Spring Web Flow 和 Spring 2.5 版本中的注释方法处理器适配器（AnnotationMethodHandlerAdapter）就是关于 Spring Web MVC 扩展的典型示例。

### 8.1.5　视图解析器

视图解析器用于映射一个逻辑视图名称到一个真正的视图。控制器在处理业务逻辑之后，通常会返回需要显示的数据模型和视图的逻辑名称，这样就需要一个支持目标视图的视图解析器解析出一个真正的视图，然后传递控制流给这个视图，如图 8-4 所示。

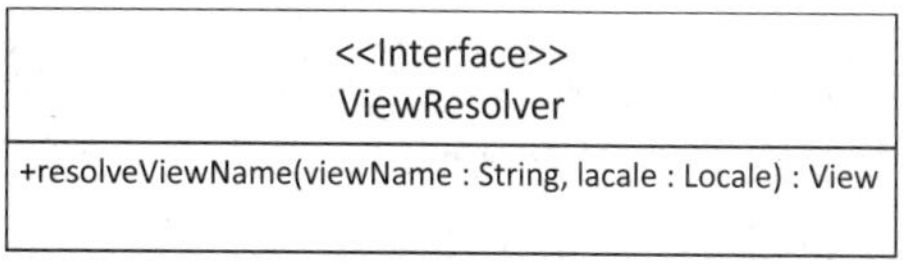

| <<Interface>><br>ViewResolver |
| --- |
| +resolveViewName(viewName : String, lacale : Locale) : View |

图 8-4

在这个接口中输入一个逻辑视图名称和本地化对象（Locale）给 resolveViewName()方法，resolveViewName()方法会返回一个事实上的物理视图。本地化对象可以用于查找本地化的资源或者资源包。

### 8.1.6 视图

视图用于把模型数据通过某种显示方式反馈给用户，通常通过执行 JSP 页面来完成，也可以通过其他更复杂的显示技术来完成，例如 JstlView、TilesView、报表视图和二进制文件视图等，如图 8-5 所示。

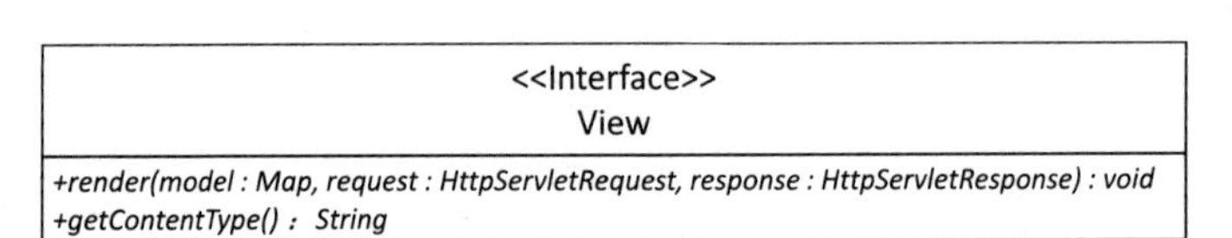


图 8-5

在这个接口中输入 HTTP 请求、HTTP 响应和一个模型 Map，视图组件就会把模型 Map 通过一定的显示方式加入用户的 HTTP 响应中，这就是提供给用户请求的最终响应。getContentType()能够返回这个视图所支持类型的内容，例如 XML、JSON 和 Text/HTML 等。

## 8.2 组件间的协调通信

众所周知，在一个 HTTP 请求被发送到 Web 容器后，Web 容器就会封装这个 HTTP 请求，其中包含所有的 HTTP 请求信息，例如 HTTP 参数及参数值、HTTP 请求头的各种元数据等。同时，Web 容器会创建一个 HTTP 响应，用于将 HTTP 响应发送给客户端用户。然后，Web 容器传递 HTTP 请求和 HTTP 响应给 Servlet 的 service()方法。

实际上，Spring Web MVC 的入口就是一个用户化的 Servlet，即 DispatcherServlet。在 DispatcherServlet 收到 HTTP 请求和响应后，一个典型的 Spring Web MVC 工作流就开始了。

DispatcherServlet 首先查找所有注册的处理器映射，然后遍历所有的处理器映射，直到一个处理器映射返回一个非空的处理器执行链。所以，处理器执行链包含一个需要处理当前 HTTP 请求的处理器，如图 8-6 中第 1 步所示。

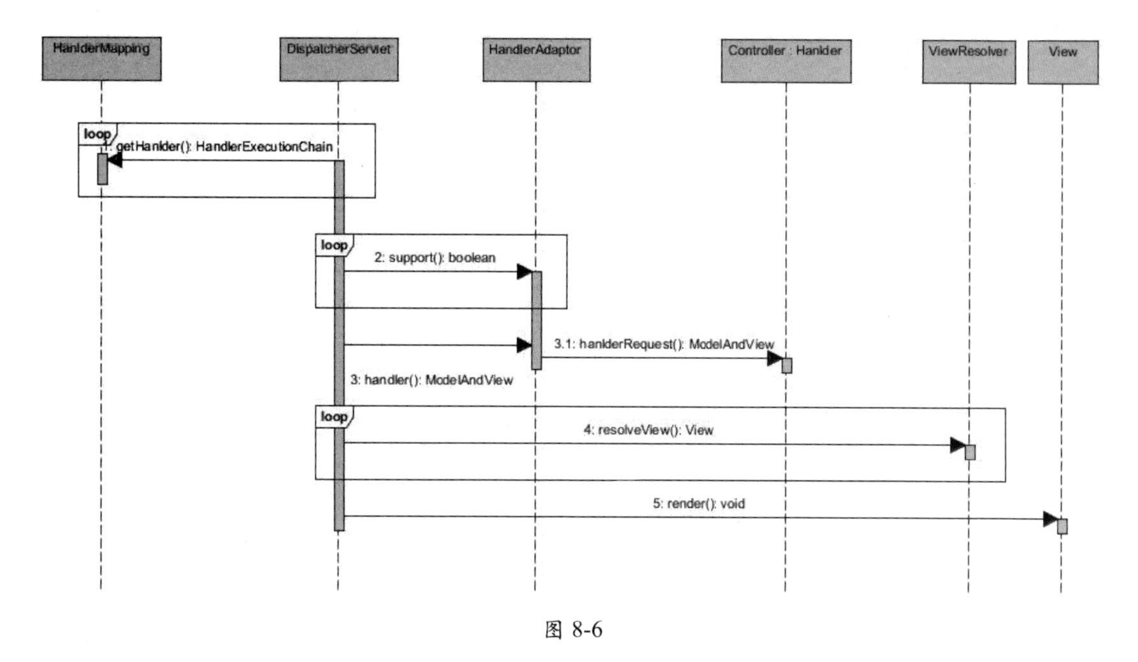


图 8-6

这里，处理器被设计为一种通用的类型，所以需要一个处理器适配器派遣这个控制流到处理器，因为只有支持这种处理器的处理器适配器，才知道如何传递控制流给这种处理器。

在拿到处理器以后，DispatcherServlet 会查找所有注册的处理器适配器，然后遍历所有的处理器适配器，查询是否有一个处理器适配器支持这个处理器，如图 8-6 中第 2 步所示。

如果这样的处理器适配器存在，DispatcherServlet 就会将控制权转交给该处理器适配器，如图 8-6 中第 3 步所示。处理器适配器和真正的处理器是成对出现的，所以该处理器适配器知道如何使用处理器处理这个请求。

最简单的处理器是控制器。处理器适配器会先传递 HTTP 请求和 HTTP 响应给控制器，并期待控制器返回模型和视图（ModelAndView），如图 8-6 中第 3 步所示。这个模型和视图包含一组模型数据和视图逻辑名称，并且最终被返回给 DispatcherServlet。

然后，DispatcherServlet 查找所有注册的视图解析器，并且遍历所有的视图解析器，直到一个视图解析器返回一个确定的视图。如图 8-6 中第 4 步所示。

最后，DispatcherServlet 把得到的一组模型数据传递给物理视图，如图 8-6 中第 5 步所示。视图则会使用某种表现层技术，把模型数据展现成 UI 界面，并且通过 HTTP 响应（HttpServletResponse）发送给 HTTP 用户。

# 第 9 章 DispatcherServlet 的实现

DispatcherServlet 是经过多个层次最终继承自 Servlet 规范的 HttpServlet，它实现了在 Servlet 规范中定义的 Servlet 接口。这些继承和实现组成了一个复杂的树形结构，树形结构中的每个层次的类都完成了特定的初始化、服务或者清理资源功能，每个层次的类之间分工合理、易于扩展，如图 9-1 所示。

Servlet 是在 Servlet 规范中规定的一个服务器组件接口，可处理用户请求的任意服务器组件都需要实现这个接口，Web 容器根据从 URL 到 Servlet 的映射派遣一个 HTTP 请求到这个 Servlet 组件的实现，进而对这个 HTTP 请求进行处理并产生 HTTP 响应。

GenericServlet 是 Servlet 的一个抽象实现，和协议无关。它提供了 Servlet 应有的基础功能，例如保存 Servlet 配置、为后续的操作提供初始化参数和信息等。

HttpServlet 集成了 GenericServlet 的实现，同时增加了 HTTP 的一些基本操作的实现，例如，根据 HTTP 请求的方法分发不同类型的 HTTP 请求到不同的方法进行处理。它对简单的 HTTP 方法（HEAD、OPTIONS 和 TRACE）也提供了通用的实现，这些实现在子类中通常是不需要重写的。它对其他业务服务类型的方法（GET、POST、PUT 和 DELETE）也提供了模板方法，子类应该有选择地根据业务逻辑重写处理 HTTP 方法的这些逻辑。

HttpServletBean 是 Spring Web MVC 的一个抽象实现，提供了一种特殊功能，可以将 Servlet 配置的初始化参数作为 Bean 的属性，自动赋值给 Servlet 的属性。子类 Servlet 的很多属性都是通过这个功能进行配置的。

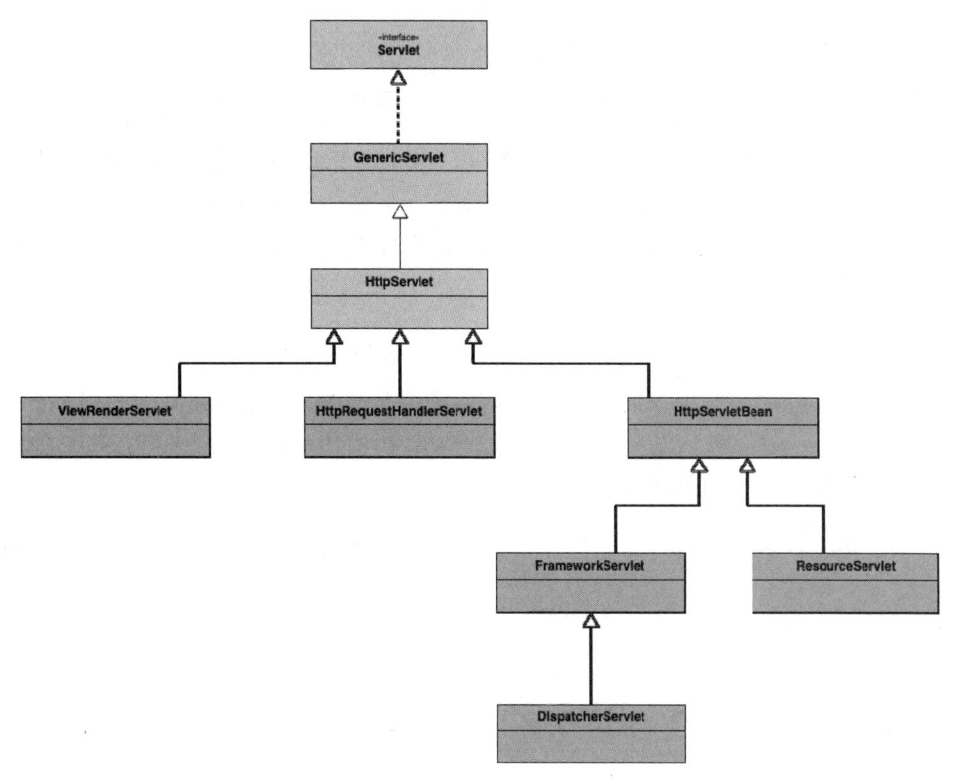


图 9-1

FrameworkServlet 也是一个抽象实现，在这个实现层次上提供了加载某个对应的 Web 应用程序环境的功能。这个 Web 应用程序环境拥有一个根环境，这个根环境可以是共享的，也可以是一个或者多个 Servlet 专用的。Framework Servlet 也可以将 HTTP GET、POST、PUT 和 DELETE 方法统一分发到 Spring Web MVC 的控制器方法进行处理，再导出请求环境等信息到线程的局部存储，为在分发后使用这些信息做准备。

DispatcherServlet 是这个继承链中的最后一个类，它是 Spring Web MVC 的核心实现类，在 Servlet 框架加载的 Web 应用程序环境中查找 Spring Web MVC 所需并注册的组件，如果需要的组件没有被注册，则通过配置好的默认策略来创建并初始化这些组件。某个 HTTP 请求在被派遣时，使用相应的 Spring Web MVC 组件进行处理和响应。

ResourceServlet 是用于存取 Web 应用中静态资源的一个 Servlet 实现，例如：HTML、图片等。

HttpRequestHandlerServlet 是用于直接派遣一个请求到 HttpRequestHandler 的特殊

Serlvet，可实现基于 HTTP 的远程调用。

ViewRenderServlet 是用于与 Portlet 集成的一个实现类。

从图 9-1 可以看出，Servlet、GenericServlet 和 HttpServlet 都是在 Servlet 规范中规定的接口或者实现，并不是 Spring 的实现，后面的所有类都是 Spring Web MVC 的实现类。9.1 节将分析 Servlet 规范对 HTTP 的实现，9.2 节将深入剖析 Spring Web MVC 控制器（DispatcherServlet）的实现。

其实，除了 DispatcherServlet，还有一些重要的 Servlet，如下所述。

（1）ResourceServlet 用于存取 Web 应用程序的内部资源，它也继承自 HttpServletBean，所以能够自动将 Servlet 的初始化参数作为属性值来初始化 Servlet。它通过改写 HttpServlet 的 GET 方法来处理 HTTP 对资源的请求。

（2）HttpRequestHandlerServlet 用于将一个 HTTP 请求直接转发给 HttpRequestHandler。

（3）ViewRenderServlet 用于与 Portlet 集成。

## 9.1 深入剖析 GenericServlet 和 HttpServlet

### 9.1.1 HTTP 和 Servlet 规范简介

HTTP 用于传送超文本数据，采用了请求/响应模型。在该请求/响应模型中，客户端向服务器发送某个请求，请求头包含请求的方法、URI、协议版本，以及请求修饰符、用户信息和内容类似于 MIME 的消息结构；服务器以一个状态行作为响应，响应的内容包括消息协议的版本、成功或者错误编码、服务器信息、实体元信息及可能的实体内容。如图 9-2 所示。

HTTP 支持各种类型的方法，包括 GET、POST、PUT、DELETE、HEAD、OPTIONS 和 TRACE。

◎ GET 方法将请求参数放在请求头中，请求服务器进行某些服务操作并返回响应。
◎ POST 方法从客户端向服务器传送数据，并可能要求服务器做出某些服务操作进行响应。

◎ PUT 方法请求将某个资源放在服务器的某个路径下。

◎ DELETE 方法请求删除服务器某路径下的某个资源。

◎ HEAD 请求服务器查找某个对象的头信息，包括应该包含的请求体的长度，而不是本身。

◎ OPTION 方法用于查询服务器的实现信息。

◎ TRACE 在大多数情况下用于调试操作。

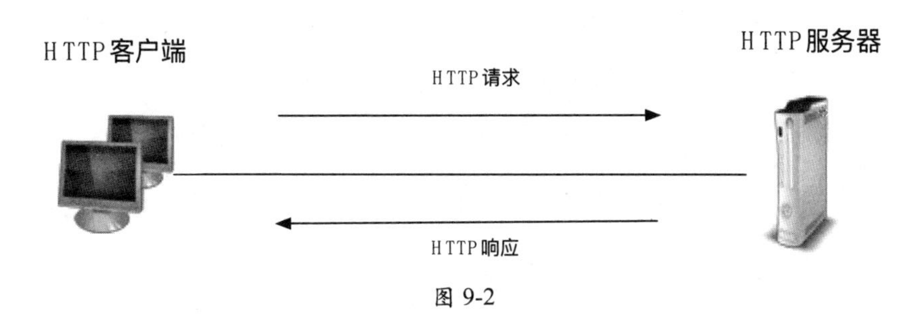


图 9-2

Servlet 规范的接口和实现类的继承结构如图 9-3 所示，每个类的方法都包含实体方法、抽象方法或者模板方法，抽象方法和模板方法由子类实现。

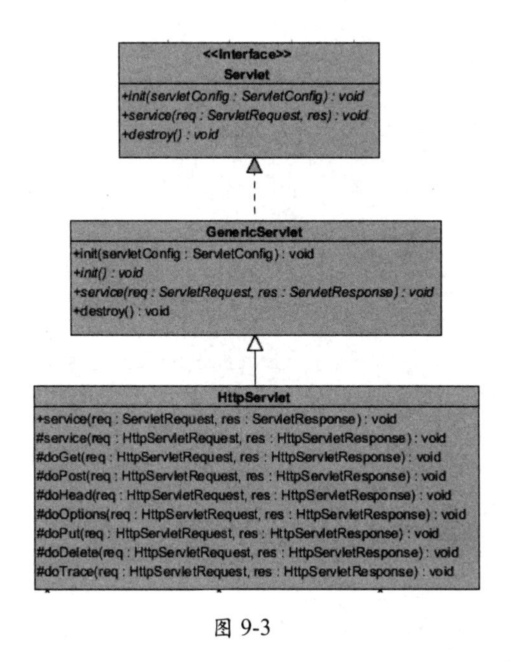


图 9-3

### 9.1.2 Servlet 和 GenericServlet 详解

从图 9-3 可以看出，Servlet 接口定义了以下 3 个重要的接口方法：

◎ init()方法是在 Servlet 初始化时调用的，可以初始化 Servlet 组件；

◎ sevice()方法用于处理每个 Web 容器传递的请求与响应；

◎ destroy()方法是在 Servlet 析构时调用的，可以让 Servlet 组件释放已使用的资源。

GenericServlet 实现了 Servlet 的接口方法 init()，在该接口方法中保存了 Servlet 容器传递过来的 ServletConfig，代码及注释如下。

```
public void init(ServletConfig config) throws ServletException {
//用于保存 Servlet 配置
//Servlet 在初始化时需要初始化配置信息，例如 Servlet 名称、Servlet 配置的参数，等等，在处理 HTTP 请求时经常会用到这些配置信息
    this.config = config;

//代理到另一个无参数的 init()方法，该方法是一个抽象方法，是一个占位符，可以让子类重写并初始化
    this.init();
}
```

GenericServlet 的 service()方法是一个显式定义的抽象方法，要求实现类必须重写这个方法的实现。因为不同的 Servlet 实现会依赖不同的协议，所以实现各不相同。

destroy()是一个方法占位符，子类可以有选择地实现进而清理资源。

### 9.1.3 HttpServlet 详解

HttpServlet 正如我们所愿，实现了 GenericServlet 的 service()方法，并根据在 HTTP 请求中所标识的方法，把 HTTP 请求派遣到不同的处理方法中，如图 9-4 所示。

不同的方法有不同的实现，在这些处理方法中大部分是占位符，但是为 doOptions() 和 doTrace()提供了具体实现，因为对于不同的 HttpServlet 组件，两个方法的作用基本不变，都用于返回服务器的信息，通常用于满足调试目的。

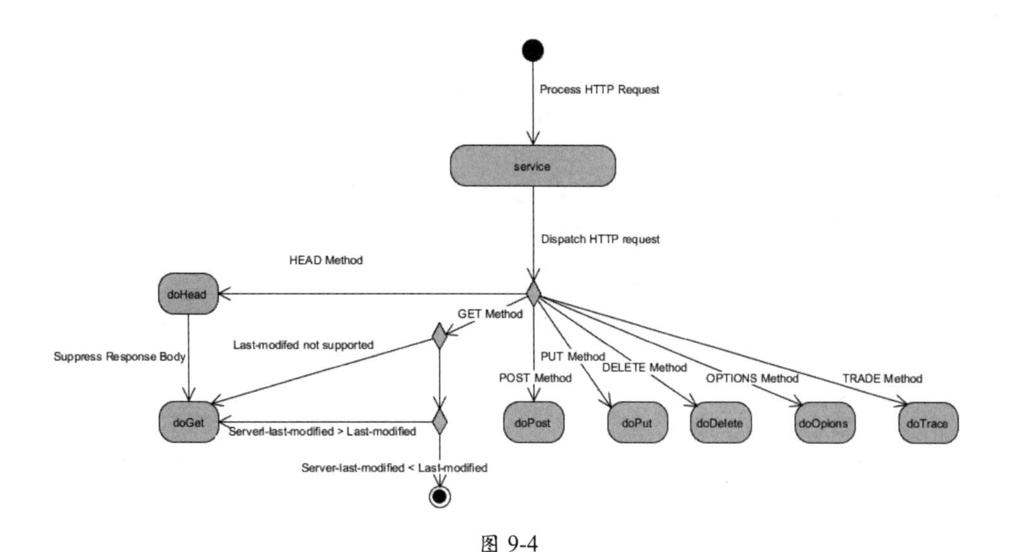


图 9-4

通用协议的 service 代码及注释如下。

```
public void service(ServletRequest req, ServletResponse res)
    throws ServletException, IOException
{
    HttpServletRequest  request;
    HttpServletResponse response;

    try {
        //既然是 HTTP 绑定的 Serlvet，所以强制转换到 HTTP 的领域模型
        request = (HttpServletRequest) req;
        response = (HttpServletResponse) res;
} catch (ClassCastException e) {
//如果传入的 HTTP 请求和 HTTP 响应不是 HTTP 的领域模型，则抛出 Servlet 异常，
//这个异常会被 Servlet 容器处理
        throw new ServletException("non-HTTP request or response");
    }

    //如果传入的请求和响应是预期的 HTTP 请求和 HTTP 响应，则调用 service()方法
    service(request, response);
}
```

HTTP 的 service 代码及注释如下。

```
protected void service(HttpServletRequest req, HttpServletResponse resp)
    throws ServletException, IOException
```

```
{
    //从 HTTP 请求中获取这次请求所使用的 HTTP 方法
    String method = req.getMethod();

    if (method.equals(METHOD_GET)) {
        //如果这次请求使用 GET 方法，则获取这个 Servlet 的最后修改时间
        long lastModified = getLastModified(req);
        if (lastModified == -1) {
            //-1 代表这个 Servlet 不支持最后的修改操作，直接调用 doGet()处理 HTTP GET 请求
            doGet(req, resp);
        } else {
            //如果这个 Servlet 支持最后的修改操作，则获取请求头中包含的请求的最后修改时间
            long ifModifiedSince = req.getDateHeader(HEADER_IFMODSINCE);

            if (ifModifiedSince < (lastModified / 1000 * 1000)) {
//如果在请求头中包含的修改时间早于这个 Servlet 的最后修改时间，则说明这个 Servlet 在用户进
//行上一次 HTTP 请求时已被修改，这时设置最新修改时间到响应头中
              maybeSetLastModified(resp, lastModified);

              //调用 doGet 处理 HTTP  GET 请求
              doGet(req, resp);
             } else {
//如果在请求头中包含的修改时间晚于这个 Servlet 的最后修改时间，则说明这个 Servlet 从请求的
//最后修改时间开始就没被修改，在这种情况下，仅仅返回一个 HTTP 响应状态 SC_NOT_MODIFIED
                resp.setStatus(HttpServletResponse.SC_NOT_MODIFIED);
             }
        }

    } else if (method.equals(METHOD_HEAD)) {
        //如果这次请求使用 POST 方法

        //如果这个 Servlet 支持最后的修改操作，则设置这个 Servlet 的最后修改时间到响应头中
        long lastModified = getLastModified(req);
        maybeSetLastModified(resp, lastModified);

//与处理 HTTP GET 方法不同的是，无论请求头中的修改时间是不是早于这个 Servlet 的最后修改时间，
//都会发送 HEAD 响应给用户，因为 HTTP  HEAD 是专门用于查询 Servlet 头信息的操作
        doHead(req, resp);

    } else if (method.equals(METHOD_POST)) {
        //如果这次请求使用 POST 方法
```

```
        doPost(req, resp);

    } else if (method.equals(METHOD_PUT)) {
        //如果这次请求使用 PUT 方法
        doPut(req, resp);

    } else if (method.equals(METHOD_DELETE)) {
        //如果这次请求使用 DELETE 方法
        doDelete(req, resp);

    } else if (method.equals(METHOD_OPTIONS)) {
        //如果这次请求使用 OPTIONS 方法
        doOptions(req,resp);

    } else if (method.equals(METHOD_TRACE)) {
        //如果这次请求使用 TRACE 方法
        doTrace(req,resp);

    } else {
//如果这次请求使用其他未知方法，则返回错误代码 SC_NOT_IMPLEMENTED 响应，并且显示一个错误
//消息，说明这个操作没被实现
        String errMsg = lStrings.getString("http.method_not_implemented");
        Object[] errArgs = new Object[1];
        errArgs[0] = method;
        errMsg = MessageFormat.format(errMsg, errArgs);

        resp.sendError(HttpServletResponse.SC_NOT_IMPLEMENTED, errMsg);
    }
}
```

从以上两个方法的实现中可以看到，HttpServlet 根据不同的 HTTP 方法进行了 HTTP 请求的分发。这样，不同方法的请求会使用不同的处理方法。事实上，doGet()、doPost()、doPut()、doDelete()都是占位符实现，子类应该有选择地重写这些方法来实现真正的服务逻辑。Spring Web MVC 就是通过重写这些方法来控制流的实现的。

doGet()方法的代码及注释如下。

```
protected void doGet(HttpServletRequest req, HttpServletResponse resp)
    throws ServletException, IOException
{
    //获取请求头包含的 HTTP 版本
```

```
    String protocol = req.getProtocol();

//直接发送错误消息,可见,一个子类需要重写模板方法 doGet()、doPost()、doPut()和 doDelete()
//中的一个或者多个
    String msg = lStrings.getString("http.method_get_not_supported");
    if (protocol.endsWith("1.1")) {
        //如果是 HTTP 1.1，则发送 SC_METHOD_NOT_ALLOWED
        resp.sendError(HttpServletResponse.SC_METHOD_NOT_ALLOWED, msg);
    } else {
        //如果是 HTTP 的更早版本，则发送 SC_BAD_REQUEST
        resp.sendError(HttpServletResponse.SC_BAD_REQUEST, msg);
    }
}
```

doHead()方法通过对 HTTP 响应类进行包装,实现了 NoBodyReponse 类。NoBodyReponse 类忽略了对 HTTP 响应体的输出，重用了 doGet()方法的实现，并且保留了 HTTP 头信息的输出。所以，如果一个子类 Servlet 重写了 doGet()方法，则 doHead()方法是不需要被重写的。

```
protected void doHead(HttpServletRequest req, HttpServletResponse resp)
    throws ServletException, IOException
{
    //构造一个特殊的响应类，这个类在内部忽略了所有响应体的输出
    NoBodyResponse response = new NoBodyResponse(resp);

    //重用 doGet()处理器逻辑
    doGet(req, response);

    //设置响应体的字节大小，尽管响应体并没有输出，但是客户端可能关心这个信息
    response.setContentLength();
}
```

doPost()、doPut()、doDelete()方法的实现和 doGet()方法的实现类似，都是一个占位符式实现，子类 Servlet 需要有选择地重写，进而实现真正需要的 HTTP 服务。

然而，doOptions()和 doTrace()方法对任何 Servlet 的实现基本不变，都用于查询服务器的信息和调试，它们的实现如下。

doOptions()方法在响应头中设置支持的 HTTP 方法名称，代码及注释如下。

```
protected void doOptions(HttpServletRequest req, HttpServletResponse resp)
throws ServletException, IOException
{
```

```
//获取当前 Servlet 及父类 Servlet 声明的所有方法，这些方法不包括本类 HttpServlet 声明
//的方法
Method[] methods = getAllDeclaredMethods(this.getClass());

//在初始化时，假设它不支持任何 HTTP 方法
boolean ALLOW_GET = false;
boolean ALLOW_HEAD = false;
boolean ALLOW_POST = false;
boolean ALLOW_PUT = false;
boolean ALLOW_DELETE = false;
boolean ALLOW_TRACE = true;
boolean ALLOW_OPTIONS = true;

//根据子类 Servlet 是否重写了 HttpServlet 的模板方法，判断这个 Servlet 实现是否支持这
//个 HTTP 方法，例如，子类 Servlet 实现了 doGet()，并且 HTTP GET 方法是被支持的
for (int i=0; i<methods.length; i++) {
    //遍历得到的所有声明的方法
    Method m = methods[i];

    //如果名称是 doGet()、doPost()、doPut()或者 doDelete()，则它支持相应的方法
    if (m.getName().equals("doGet")) {
        ALLOW_GET = true;
        ALLOW_HEAD = true;
    }
    if (m.getName().equals("doPost"))
        ALLOW_POST = true;
    if (m.getName().equals("doPut"))
        ALLOW_PUT = true;
    if (m.getName().equals("doDelete"))
        ALLOW_DELETE = true;

}

//把支持的 HTTP 方法名称拼接成以逗号分隔的字符串，例如，"GET,POST"和
//"GET,POST,PUT,DELETE"
String allow = null;
if (ALLOW_GET)
    if (allow==null) allow=METHOD_GET;
if (ALLOW_HEAD)
    if (allow==null) allow=METHOD_HEAD;
    else allow += ", " + METHOD_HEAD;
```

```
    if (ALLOW_POST)
        if (allow==null) allow=METHOD_POST;
        else allow += ", " + METHOD_POST;
    if (ALLOW_PUT)
        if (allow==null) allow=METHOD_PUT;
        else allow += ", " + METHOD_PUT;
    if (ALLOW_DELETE)
        if (allow==null) allow=METHOD_DELETE;
        else allow += ", " + METHOD_DELETE;
    if (ALLOW_TRACE)
        if (allow==null) allow=METHOD_TRACE;
        else allow += ", " + METHOD_TRACE;
    if (ALLOW_OPTIONS)
        if (allow==null) allow=METHOD_OPTIONS;
        else allow += ", " + METHOD_OPTIONS;

    //把支持的方法拼接成的字符串设置到 HTTP 的响应头中，这个值的 key 是“Allow”
    resp.setHeader("Allow", allow);
}
```

doTrace()方法返回一个字符串到 HTTP 响应体里，这个字符串包含请求 URL、版本信息及请求的头信息，主要用于调试，代码及注释如下。

```
protected void doTrace(HttpServletRequest req, HttpServletResponse resp)
    throws ServletException, IOException
{

    int responseLength;


    //连接 URI 字符串和协议版本信息字符串
    String CRLF = "\r\n";
    String responseString = "TRACE "+ req.getRequestURI()+
        " " + req.getProtocol();

    Enumeration reqHeaderEnum = req.getHeaderNames();
    //遍历所有的请求头信息
    while( reqHeaderEnum.hasMoreElements() ) {
        String headerName = (String)reqHeaderEnum.nextElement();

        //拼接所有的请求头到字符串中，并且使用“:”分隔名值对，在每对请求头信息之间使用回车
        //换行进行分隔
```

```
            responseString += CRLF + headerName + ": " + req.getHeader(headerName);
        }

        //将回车换行符添加到字符串末尾
        responseString += CRLF;

        //获取字符串的字节长度
        responseLength = responseString.length();

        //设置响应类型为message/http
        resp.setContentType("message/http");

        //设置响应体的长度
        resp.setContentLength(responseLength);

        //输出字符串消息到响应中
        ServletOutputStream out = resp.getOutputStream();
        out.print(responseString);

        //关闭响应，结束操作
        out.close();
        return;
    }
```

可以看出，在 Servlet 规范中，HttpServlet 只是一个占位符实现，并不包含完全的服务实现，一些服务实现是由子类 Servlet 完成的。Spring Web MVC 就是通过实现这些模板方法来派遣 HTTP 请求到 Spring Web MVC 的控制器组件方法的。

## 9.2　深入剖析 DispatcherServlet

在 9.1 节介绍了 Servlet 规范中的 HttpServlet 实现，它对各种 HTTP 方法都使用了占位符实现，这些模板方法需要子类进一步重写，本节将讨论 DispatcherServlet 是如何实现这些模板方法来完成 Spring Web MVC 工作流的。

如图 9-5 所示是 DispatcherServlet 的完整实现体系。

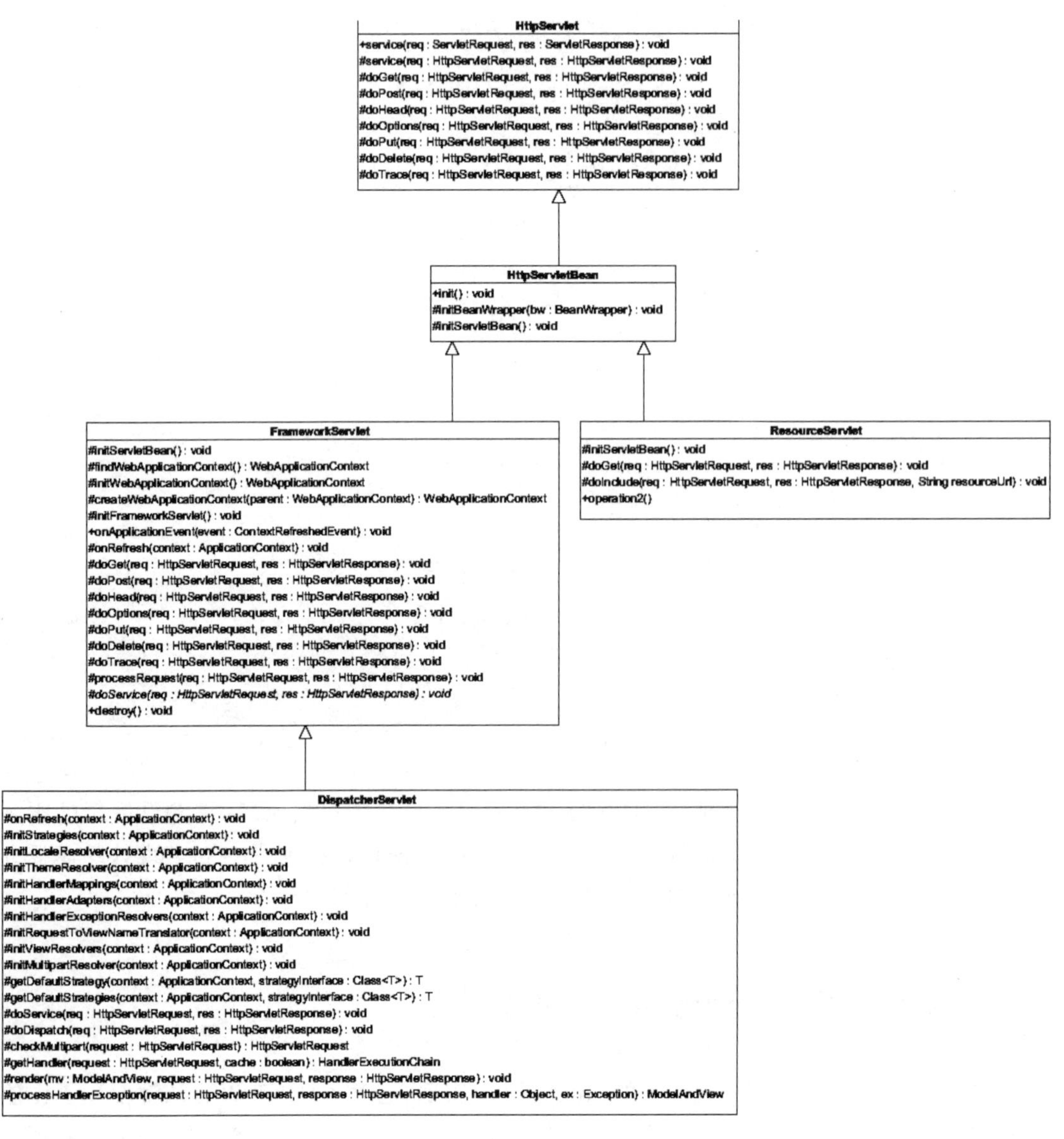
HttpServlet
+service(req : ServletRequest, res : ServletResponse) : void
#service(req : HttpServletRequest, res : HttpServletResponse) : void
#doGet(req : HttpServletRequest, res : HttpServletResponse) : void
#doPost(req : HttpServletRequest, res : HttpServletResponse) : void
#doHead(req : HttpServletRequest, res : HttpServletResponse) : void
#doOptions(req : HttpServletRequest, res : HttpServletResponse) : void
#doPut(req : HttpServletRequest, res : HttpServletResponse) : void
#doDelete(req : HttpServletRequest, res : HttpServletResponse) : void
#doTrace(req : HttpServletRequest, res : HttpServletResponse) : void
HttpServletBean
+init() : void
#initBeanWrapper(bw : BeanWrapper) : void
#initServletBean() : void
FrameworkServlet
#initServletBean() : void
#findWebApplicationContext() : WebApplicationContext
#initWebApplicationContext() : WebApplicationContext
#createWebApplicationContext(parent : WebApplicationContext) : WebApplicationContext
#initFrameworkServlet() : void
+onApplicationEvent(event : ContextRefreshedEvent) : void
#onRefresh(context : ApplicationContext) : void
#doGet(req : HttpServletRequest, res : HttpServletResponse) : void
#doPost(req : HttpServletRequest, res : HttpServletResponse) : void
#doHead(req : HttpServletRequest, res : HttpServletResponse) : void
#doOptions(req : HttpServletRequest, res : HttpServletResponse) : void
#doPut(req : HttpServletRequest, res : HttpServletResponse) : void
#doDelete(req : HttpServletRequest, res : HttpServletResponse) : void
#doTrace(req : HttpServletRequest, res : HttpServletResponse) : void
#processRequest(req : HttpServletRequest, res : HttpServletResponse) : void
#doService(req : HttpServletRequest, res : HttpServletResponse) : void
+destroy() : void
ResourceServlet
#initServletBean() : void
#doGet(req : HttpServletRequest, res : HttpServletResponse) : void
#doInclude(req : HttpServletRequest, res : HttpServletResponse, String resourceUrl) : void
+operation2()
DispatcherServlet
#onRefresh(context : ApplicationContext) : void
#initStrategies(context : ApplicationContext) : void
#initLocaleResolver(context : ApplicationContext) : void
#initThemeResolver(context : ApplicationContext) : void
#initHandlerMappings(context : ApplicationContext) : void
#initHandlerAdapters(context : ApplicationContext) : void
#initHandlerExceptionResolvers(context : ApplicationContext) : void
#initRequestToViewNameTranslator(context : ApplicationContext) : void
#initViewResolvers(context : ApplicationContext) : void
#initMultipartResolver(context : ApplicationContext) : void
#getDefaultStrategy(context : ApplicationContext, strategyInterface : Class<T>) : T
#getDefaultStrategies(context : ApplicationContext, strategyInterface : Class<T>) : T
#doService(req : HttpServletRequest, res : HttpServletResponse) : void
#doDispatch(req : HttpServletRequest, res : HttpServletResponse) : void
#checkMultipart(request : HttpServletRequest) : HttpServletRequest
#getHandler(request : HttpServletRequest, cache : boolean) : HandlerExecutionChain
#render(mv : ModelAndView, request : HttpServletRequest, response : HttpServletResponse) : void
#processHandlerException(request : HttpServletRequest, response : HttpServletResponse, handler : Object, ex : Exception) : ModelAndView

图 9-5

### 9.2.1　HttpServletBean 详解

从图 9-5 可以看到，继承自 HttpServlet 的直接子类就是 HttpServlet Bean。这个类的唯一功能就是把 Servlet 配置的参数作为一个 Bean 的属性对 Servlet 的属性字段自动初始化（Spring 的 DispatcherServlet 会默认加载一个子环境，这个子环境的位置可以用 Spring 的初始化参数指定，就是这个功能实现的）。这些属性需要有 getter()和 setter()方法。

上面这个特点是通过重写 GenericServlet 的 init()方法实现的，代码及注释如下。

```
    //重写 GenericServlet 的 init()方法占位符来初始化 Servlet Bean，这些初
    //始化信息来自 Serlvet 配置的参数，我们通常通过 Servlet 初始化参数为一个
    //Serlvet 指定非默认名称的 Spring Context 的文件路径，就是这里实现的
    @Override
    public final void init() throws ServletException {
        if (logger.isDebugEnabled()) {
    //这个 Servlet 的名称就是从 Servlet 配置中获取的，
    //而 Serlvet 配置是在 GenericServlet 的初始化阶段保存的
            logger.debug("Initializing servlet '" + getServletName() + "'");
        }

        //设置 Servlet 初始化参数作为 Servlet Bean 的属性
        try {

    //使用 Servlet 配置的初始化参数创建一个 PropertyValues，PropertyValues 是名值对的集合，
    //子类也可以指定哪些属性是必需的
            PropertyValues pvs = new ServletConfigPropertyValues(getServletConfig(),
this.requiredProperties);

            //把当前的 Servlet 当作一个 Bean，把 Bean 的属性及属性的存取方法信息放入
            //BeanWrapper 中
            BeanWrapper bw = PropertyAccessorFactory.forBeanPropertyAccess(this);

    //注册一个可以在资源和路径之间进行转化的用户化编辑器，这些资源是这个 Web 应用的内部资源，
    //例如一个文件、一个图片，等等
            ResourceLoader resourceLoader = new
ServletContextResourceLoader(getServletContext());
            bw.registerCustomEditor(Resource.class, new
ResourceEditor(resourceLoader));
```

```
            //可以让子类增加更多的用户化的编辑器，或者对 BeanWrapper 进行更多的初始化
            initBeanWrapper(bw);

            //把初始化指定的参数值赋到 Servlet 的属性中，第 2 个参数 true 表明忽略位置属性
            bw.setPropertyValues(pvs, true);
        }
        catch (BeansException ex) {
            logger.error("Failed to set bean properties on servlet '" + getServletName()
+ "'", ex);
           throw ex;
        }

        //给子类一个机会去初始化其需要的资源，同样是一个模板方法
        initServletBean();

        if (logger.isDebugEnabled()) {
            logger.debug("Servlet '" + getServletName() + "' configured
successfully");
        }
    }
```

从图 9-5 还可以看出，HttpServlet Bean 在初始化自己特殊的资源以后，留下了另一个模板方法 initServletBean()，这个方法可以让子类初始化。

### 9.2.2 FrameworkServlet 详解

这个类体系结构中的下一个实现类是 Servlet，Servlet 提供的主要功能就是加载一个 Web 应用程序环境，这是通过实现父类的模板方法 initServletBean()来完成的。并且重写 HttpServlet 中的模板方法，派遣 HTTP 请求到统一的 Spring Web MVC 的控制器方法，DispatcherServlet 派遣这个 HTTP 请求到不同的处理器进行处理和响应。

Servlet 加载 Web 应用程序环境的流程如图 9-6 所示。

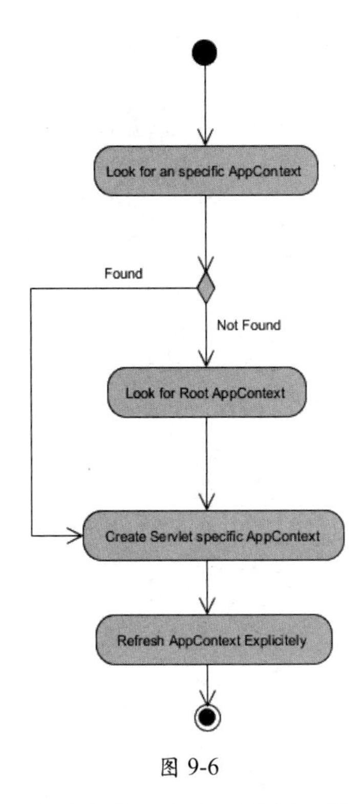


图 9-6

从图 9-6 可以看出，Servlet 试图查找一个专用的根环境，如果这个根环境不存在，这个 Servlet 就会查找共享的根环境，使用共享的根环境是常见的一种配置，代码及注释如下。

```
    //重写了 HttpServlet Bean 的初始化模板方法 initServletBean()，进而初始化 Serlvet 框架
    //所需的资源，在这里就是 Web 应用程序环境
    @Override
    protected final void initServletBean() throws ServletException {
            //打印初始化信息到 Servlet 容器的日志中
            getServletContext().log("Initializing Spring FrameworkServlet '" +
getServletName() + "'");

            if (this.logger.isInfoEnabled()) {
    this.logger.info("FrameworkServlet '" + getServletName() + "': initialization
started");
            }

            //获取初始化环境的开始时间
            long startTime = System.currentTimeMillis();
```

```
        try {
    //初始化 Servlet 的环境，流程见图 9-6
    this.webApplicationContext = initWebApplicationContext();

    //同样调用一个模板方法，这个模板方法可以让子类初始化其指定的资源，这时这个方法在
    //DispatcherServlet 中并没有被覆盖
    initFrameworkServlet();
        }
        catch (ServletException ex) {
    this.logger.error("Context initialization failed", ex);
    throw ex;
        }
        catch (RuntimeException ex) {
    this.logger.error("Context initialization failed", ex);
    throw ex;
        }

        if (this.logger.isInfoEnabled()) {
    //获取初始化环境的结束时间
    long elapsedTime = System.currentTimeMillis() - startTime;

    //初始化 Web 应用程序环境所需的总体时间
    this.logger.info("FrameworkServlet '" + getServletName() + "': initialization
completed in " +
    elapsedTime +" ms");
        }
    }

    protected WebApplicationContext initWebApplicationContext() {
    //首先查找这个 DispatcherServlet 是否有一个专用的根环境，这个根环境是通过一个属性
    //（contextAttribute）作为关键字存储在 Servlet 环境里的，这个属性可以在 Servlet 的初始化
    //参数中指定，因为在 HttpServlet Bean 的初始化过程中，初始化参数将被当作 Bean 属性进行赋值
    WebApplicationContext wac = findWebApplicationContext();

    //如果这个 Servlet 不存在专用的根环境
    //通常我们不需要这个环境，因为我们通常使用一个 Web 监听器加载一个默认共享的根环境
    if (wac == null) {
        //获取默认共享的根环境，这个根环境通过关键字
ROOT_WEB_APPLICATION_CONTEXT_ATTRIBUTE 保存在 Servlet 环境里
        WebApplicationContext parent =
              WebApplicationContextUtils.getWebApplicationContext(getServlet
```

```
Context()) ;

            //创建 DispatcherServlet 的子环境，这个子环境引用已得到的主环境，这个主环境是可选的
            wac = createWebApplicationContext(parent);
    }

        //Web 应用程序环境在创建之后，指定了这个类作为 Web 应用程序进行环境事件处理的
        //监听器，如果这个 Web 应用程序环境支持刷新，则这个 onRefresh 方法应该已经被
        //调用，否则需要手动激发初始化事件这个刷新方法将被 DispatcherServlet 重写，
        //它将提取并初始化 Spring Web MVC 的各个组件

    //Servlet 框架在初始化过程中为子类预留了初始化模板方法 initFrameworkServlet()，
        //同时预留了 onRefresh()方法，因为一个 ConfigurableApplicationContext
        //是支持动态刷新的，依赖于 Web 应用程序环境的子类组件应该监听这个方法重新初始
        //化子类，DispatcherServlet 就是这样实现的
    if (!this.refreshEventReceived) {
            onRefresh(wac);
    }

    //如果设置了发布环境属性，则把这个 Web 应用程序环境以 ServletContextAttributeName
    //的值作为关键字保存到 Servlet 环境里，这个关键字是
org.springframework.web.servlet.FrameworkServlet.CONTEXT. + Servlet 名称
    //这样就可以在其他 Servlet 中共享这个 Web 应用程序环境
    if (this.publishContext) {
         //将这个环境发布并存储到 Servlet Context 中
            String attrName = getServletContextAttributeName();
            getServletContext().setAttribute(attrName, wac);
            if (this.logger.isDebugEnabled()) {
    this.logger.debug("Published WebApplicationContext of servlet '" +
getServletName() + "' as ServletContext attribute with name [" + attrName + "]");
            }
    }

    return wac;
    }
```

可以看出，Servlet 框架在初始化后，定义了初始化模板方法 initFrameworkServlet()，子类可以通过实现这个模板方法进行自身的初始化。然而，Servlet 框架还定义了另一个初始化模板方法 onRefresh()，这个方法是在 Web 应用程序环境创建时或者刷新时被调用的。DispatcherServlet 通过重写这个模板方法来查找或者初始化 Spring Web MVC 所需的各种

组件。使用 onRefresh()初始化的好处是，可以使 Spring Web MVC 的组件动态地重新加载。

如图 9-7 所示是 Servlet 框架的初始化过程。

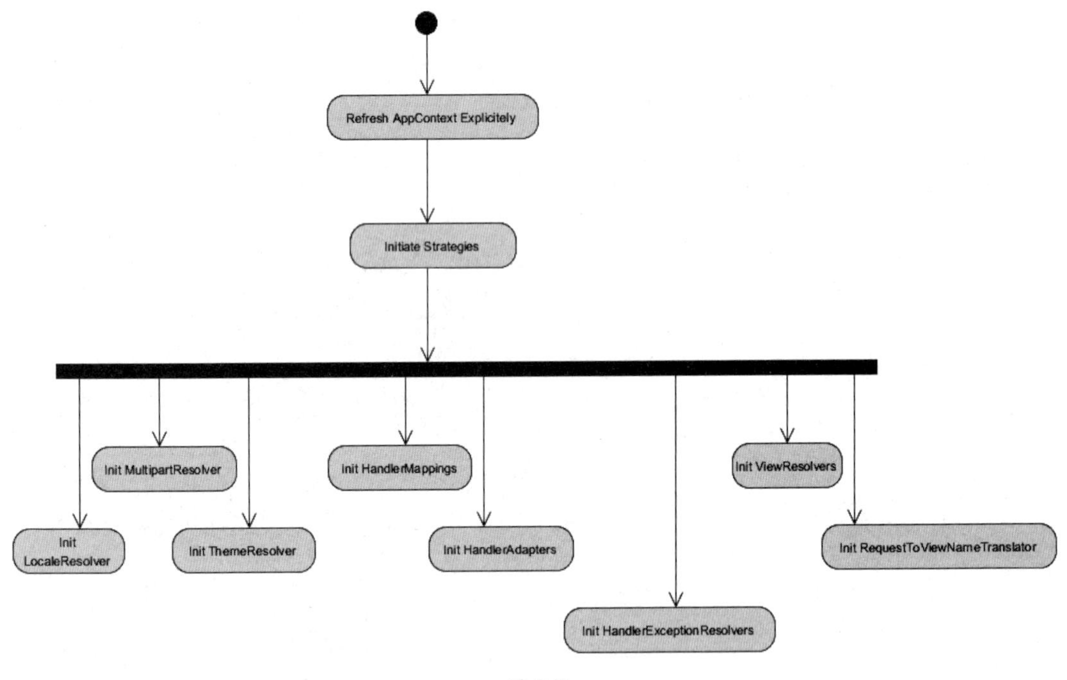


图 9-7

## 9.2.3 DispatchServlet 详解

DispatcherServlet 在通过监听事件得知 Servlet 的 Web 应用程序环境初始化或者刷新后，首先在加载的 Web 应用程序环境（包括主环境和子环境）中查找是不是已经注册了相应的组件，如果查找到了注册的组件，就会使用这些组件；如果没有查找到，就会加载默认的配置策略。

这些默认的配置策略被保存在一个属性文件里，这个属性文件和 DispatcherServlet 在同一个目录里，文件名是 DispatcherServlet.properties。DispatcherServlet 通过读取不同组件配置的实现类名，实例化并且初始化这些组件的实现。

Spring Web MVC 的组件按照数量来划分，可分为可选组件、单值组件和多值组件。

◎ 可选组件指在整个流程中可能需要也可能不需要的组件，例如 MultipartResolver。
◎ 单值组件指在整个流程中只需要一个这样的组件，例如 ThemeResolver、LocaleResolver 和 RequestToViewNameTranslator。
◎ 多值组件指在整个流程中可以配置多个实现的组件，在运行时轮询查找哪个组件支持当前的 HTTP 请求，若存在这样的组件，则使用其进行处理。

initStrategies()方法是在 Web 应用程序环境初始化或者刷新时被调用的，加载了 Spring Web MVC 所需的所有组件，代码及注释如下。

```
protected void initStrategies(ApplicationContext context) {
    //初始化多部(multipart)请求解析器，没有默认的实现
    initMultipartResolver(context);

    //初始化地域解析器，默认的实现是 AcceptHeaderLocaleResolver
    initLocaleResolver(context);

    //初始化主题解析器，默认的实现是 FixedThemeResolver
    initThemeResolver(context);

    //初始化处理器映射，这是个集合，默认的实现是 BeanNameUrlHandlerMapping 和
    //DefaultAnnotationHandlerMapping
    initHandlerMappings(context);

    //初始化处理器适配器，这是个集合，默认的实现是 HttpRequestHandlerAdapter、
    //SimpleControllerHandlerAdapter 和 AnnotationMethodHandlerAdapter
    initHandlerAdapters(context);

    //初始化处理器异常解析器，这是个集合，默认的实现是
    //AnnotationMethodHandlerExceptionResolver、
    //ResponseStatusExceptionResolver 和 DefaultHandlerExceptionResolver
    initHandlerExceptionResolvers(context);

    //初始化请求到视图名解析器，默认的实现是 DefaultRequestToViewNameTranslator
    initRequestToViewNameTranslator(context);

    //初始化视图解析器，这是个集合，默认的实现是 InternalResourceViewResolver
    initViewResolvers(context);
}
```

对可选组件的代码及注释如下。

```
    private void initMultipartResolver(ApplicationContext context) {
        try {
            //从配置的 Web 应用程序环境中查找多部请求解析器
            this.multipartResolver = context.getBean(MULTIPART_RESOLVER_BEAN_NAME,
MultipartResolver.class);
            if (logger.isDebugEnabled()) {
                logger.debug("Using MultipartResolver [" + this.multipartResolver +
"]");
            }
        }
        catch (NoSuchBeanDefinitionException ex) {
            this.multipartResolver = null;
            //如果没有多部请求解析器在 Web 应用程序环境中被注册，则忽略这种情况，毕竟不是所有的
            //应用程序都需要使用它，多部请求通常会被应用到文件上传的情况中
            if (logger.isDebugEnabled()) {
                logger.debug("Unable to locate MultipartResolver with name '" +
MULTIPART_RESOLVER_BEAN_NAME + "': no multipart request handling provided");
            }
        }
    }
```

对单值组件的代码及注释如下。

```
    private void initLocaleResolver(ApplicationContext context) {
        try {
            //从配置的 Web 应用程序环境中查找地域请求解析器
            this.localeResolver = context.getBean(LOCALE_RESOLVER_BEAN_NAME,
LocaleResolver.class);
            if (logger.isDebugEnabled()) {
                logger.debug("Using LocaleResolver [" + this.localeResolver + "]");
            }
        }
        catch (NoSuchBeanDefinitionException ex) {
            //如果在 Web 应用程序环境中没有地域请求解析器被注册，则查找默认的配置策略，并且
            //根据配置初始化默认的地域请求解析器
            this.localeResolver = getDefaultStrategy(context,
LocaleResolver.class);
            if (logger.isDebugEnabled()) {
                logger.debug("Unable to locate LocaleResolver with name '" +
LOCALE_RESOLVER_BEAN_NAME + "': using default [" + this.localeResolver + "]");
```

```
            }
        }
    }
```

initThemeResolver()和 initRequestToViewNameTranslator()同样初始化单值组件，与 initLocaleResolver()具有相同的实现。

初始化多值组件的代码及注释如下。

```
    private void initHandlerMappings(ApplicationContext context) {
        this.handlerMappings = null;

        if (this.detectAllHandlerMappings) {
            //如果配置为自动检测所有的处理器映射，则在加载的 Web 应用程序环境中查找
            //所有实现处理器映射接口的 Bean
            Map<String, HandlerMapping> matchingBeans =
                    BeanFactoryUtils.beansOfTypeIncludingAncestors(context,
HandlerMapping.class, true, false);
            if (!matchingBeans.isEmpty()) {
                this.handlerMappings = new
ArrayList<HandlerMapping>(matchingBeans.values());

                //根据这些 Bean 所实现的 Order 接口进行排序
                OrderComparator.sort(this.handlerMappings);
            }
        }
        else {
            //如果没有配置为自动检测所有的处理器映射，则在 Web 应用程序环境中查找
            //名称为“handlerMapping”的 Bean 作为处理器映射
            try {
                HandlerMapping hm = context.getBean(HANDLER_MAPPING_BEAN_NAME,
HandlerMapping.class);

                //构造单个 Bean 的集合
                this.handlerMappings = Collections.singletonList(hm);
            }
            catch (NoSuchBeanDefinitionException ex) {
                //忽略异常，后面将根据引用是否为空判断是否查找成功
            }
        }

        if (this.handlerMappings == null) {
```

```
            //如果仍然没有查找到注册的处理器映射的实现，则使用默认的配置策略加载处理器映射
            this.handlerMappings = getDefaultStrategies(context,
HandlerMapping.class);
            if (logger.isDebugEnabled()) {
                logger.debug("No HandlerMappings found in servlet '" + getServletName()
+ "': using default");
            }
        }
    }
```

initHandlerAdapters()、initHandlerExceptionResolvers()和 initViewResolvers ()同样是初始化多值组件，与 initHandlerMappings()具有相同的实现。

下面通过对两个 getDefaultStrategy()方法进行注释，来讲解默认的配置策略是如何进行加载的。

```
    protected <T> T getDefaultStrategy(ApplicationContext context, Class<T>
strategyInterface) {
        //对于单值的组件加载，首先重用了多值的组件加载方法，然后判断是否只有一个组件配置返回，
        //期待的结果是有且只有一个组件被配置，否则将抛出异常
        List<T> strategies = getDefaultStrategies(context, strategyInterface);
        if (strategies.size() != 1) {
            throw new BeanInitializationException(
                    "DispatcherServlet needs exactly 1 strategy for interface [" +
strategyInterface.getName() + "]");
        }
        return strategies.get(0);
    }
    protected <T> List<T> getDefaultStrategies(ApplicationContext context, Class<T>
strategyInterface) {
        //获取组件接口的完整类名，默认策略是通过组件接口的类名作为关键字存储在属性文件里
        String key = strategyInterface.getName();

        //获取以这个接口名为关键字配置的所有实现类的名称，名称之间以逗号分隔
        String value = defaultStrategies.getProperty(key);
        if (value != null) {
            //把以逗号分隔的类名称符串转化成字符串数组
            String[] classNames =
StringUtils.commaDelimitedListToStringArray(value);

            //加载并初始化每一个类
            List<T> strategies = new ArrayList<T>(classNames.length);
```

```
            for (String className : classNames) {
                try {
                    //通过类的名称加载这个类
                    Class clazz = ClassUtils.forName(className,
DispatcherServlet.class.getClassLoader());

                    //在 Web 应用程序环境中创建这个组件的类
                    Object strategy = createDefaultStrategy(context, clazz);

                    //将初始化的组件 Bean 加入返回的集合结果中
                    strategies.add((T) strategy);
                }
                catch (ClassNotFoundException ex) {
                    //如果找不到这个类的定义
                    throw new BeanInitializationException(
                            "Could not find DispatcherServlet's default strategy class
[" + className + "] for interface [" + key + "]", ex);
                }
                catch (LinkageError err) {
                    //如果找不到加载的类的依赖类
                    throw new BeanInitializationException(
                            "Error loading DispatcherServlet's default strategy class
[" + className + "] for interface [" + key + "]: problem with class file or dependent
class", err);
                }
            }
            return strategies;
        }
        else {
            //如果没有默认的策略配置，则返回一个空列表
            return new LinkedList<T>();
        }
    }
```

上面讨论了 DispatcherServlet 及其父类是如何初始化的。从 HttpServletBean 框架到 DispatcherServlet 逐层初始化，每个层次的初始化都完成一个特定的功能。在 DispatcherServlet 初始化完毕后，所有的 Spring Web MVC 组件都初始化完毕并且准备对 HTTP 请求进行服务。

接下来，在一个 HTTP 请求被派遣到 DispatcherServlet 时，DispatcherServlet 就开始了真正的 Spring Web MVC 的工作流，这是一个复杂而又清晰的流程。

在上一节中，我们通过研究 Servlet 规范中的 HttpServlet 的实现得知，HttpServlet 已经根据 HTTP 请求所指定的 HTTP 方法将不同的 HTTP 请求分发到不同的模板方法进行处理，这些模板方法是 doGet()、doPost()、doPut()、doDelete()、doHead()等，子类通常不需要改写这些方法。doOptions()和 doTrace()方法的实现基本不变，子类在通常条件下也不需要改写。

控制器层是 Spring Web MVC 中不可缺少的一部分，所以在 Spring Web MVC 的实现中改写了这些模板方法，把 HTTP 请求重新统一分发到 DispatcherServlet 的控制器方法，由 Servlet 框架中的 handleRequest()方法统一处理，如图 9-8 所示。

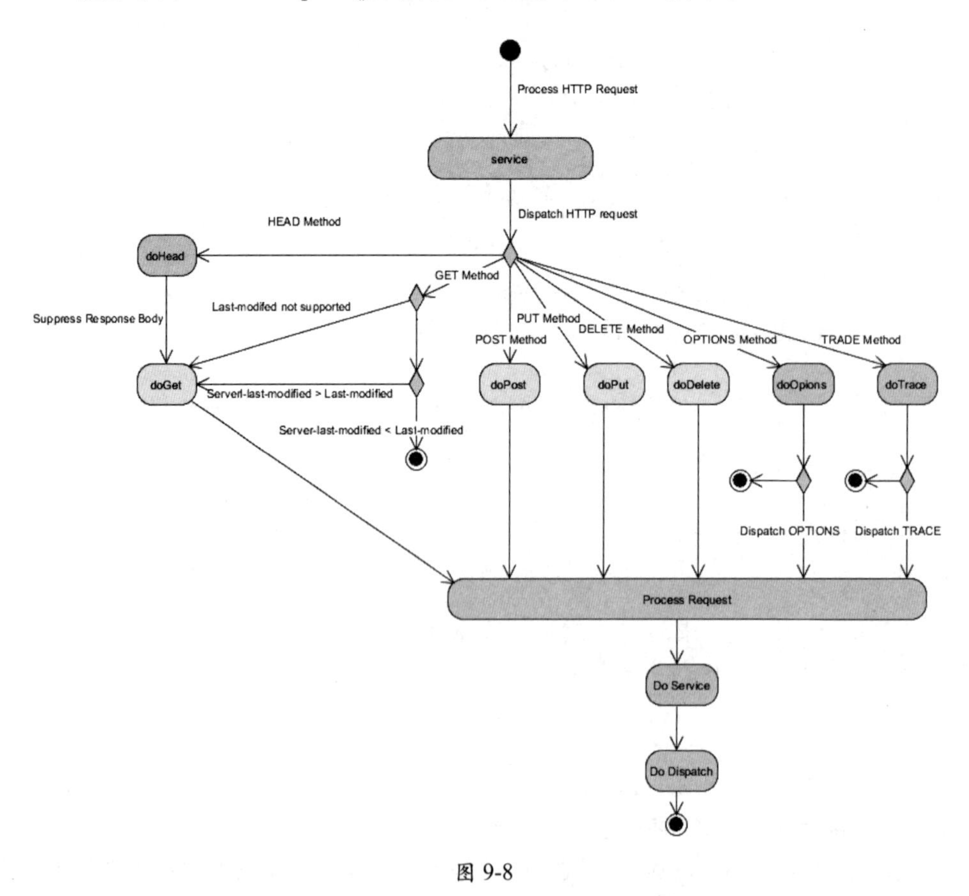


图 9-8

在 Servlet 框架中可以配置是否将 OPTIONS 和 TRACE 方法派遣到 Spring Web MVC 的控制流中，Spring Web MVC 通常是不需要派遣和重新实现这两个操作的。doGet()的代码及注释如下。

```
    //这个方法被定义为final，HTTP GET请求应该被派遣到Spring Web MVC流程去处理，
    //子类不应该改写这个方法
    protected final void doGet(HttpServletRequest request, HttpServletResponse
response)
            throws ServletException, IOException {
        //简单地分发HTTP GET请求到Spring Web MVC的控制流
        processRequest(request, response);
    }
```

doPost()、doPut()、doDelete()具有相同的实现。也就是说，doGet()、doPost、doPut、doDelete()把 HTTP 的 GET、POST、PUT 和 DELETE 请求统一分发到 Spring Web MVC 的控制器方法进行处理。

doOptions()的代码及注释如下。

```
    //Spring Web MVC并不需要对OPTIONS请求进行任何特殊处理，所以这个方法可以被子类改写，
    //也就是说，在改写后不会对Spring Web MVC流程有任何影响
    protected void doOptions(HttpServletRequest request, HttpServletResponse
response)
            throws ServletException, IOException {
        //调用HttpServlet对OPTIONS方法的默认实现
        super.doOptions(request, response);

        //通过配置可以决定是否将OPTIONS和TRACE方法分发到Spring Web MVC的控制流中
        if (this.dispatchOptionsRequest) {
            processRequest(request, response);
        }
    }
```

doTrace()的实现和 doOptions()的实现相似，这里不再做代码注释。

流程走到这里，我们看到所有的 HTTP GET、POST、PUT、DELETE 甚至 OPTIONS 和 TRACE 请求都被统一传递到 processRequest()方法进行处理，如下所示。

```
    //在进行服务前保存线程局部存储的信息，在进行服务后恢复这些信息
    protected final void processRequest(HttpServletRequest request,
HttpServletResponse response)
            throws ServletException, IOException {
        //记录处理请求的开始时间
        long startTime = System.currentTimeMillis();

        //将记录产生的异常在finally语句里打印出来
```

```
        Throwable failureCause = null;

        //一个线程可能处理不同的请求，这经常发生在 forward、include 操作中，所以在处理之前需要
        //保存一些容易被覆盖的信息，在请求结束后恢复

        //保存当前的线程局部存储的地域信息，以备在处理完这个请求后恢复
        LocaleContext previousLocaleContext =
LocaleContextHolder.getLocaleContext();

        //导出当前的请求的地域信息到线程的局部存储中，所以尽管不能获取 HTTP Request，
        //在 Spring Web MVC 流程的任意位置都可以获取这个地域信息的值
        LocaleContextHolder.setLocaleContext(buildLocaleContext (Request) ,
this.threadContextInheritable);

        //保存当前的线程局部存储的请求属性，以备在处理完这个请求后恢复
        RequestAttributes previousRequestAttributes =
RequestContextHolder.getRequestAttributes();
        ServletRequestAttributes requestAttributes = null;

        //如果当前的线程局部存储不包含请求属性,或者包含同样的 ServletRequestAttributes 实例,
        //则导出新的请求属性，这个请求环境能够连接 request 及 session

        //如果这个 Servlet 是第 1 个处理该请求的组件，则 previousRequestAttributes 一定为空
        //对于包含请求的情况，previousRequestAttributes 并不为空，而且是类
        //ServletRequestAttributes 的一个实例，因为在前一个 Servlet 组件的
        //处理中建立了一个 ServletRequestAttributes 实例， 所以需要创建一个
        //新的请求属性并且保存在环境中，这个新的请求属性是供这个 Servlet 使用的，
        //并且需要保存前一个请求属性
        if (previousRequestAttributes == null ||
previousRequestAttributes.getClass().equals(ServletRequestAttributes.class)) {
            //基于当前的请求创建一个请求属性
            requestAttributes = new ServletRequestAttributes (Request) ;

            //把新创建的请求属性放入线程的局部存储中
            RequestContextHolder.setRequestAttributes(requestAttributes,
this.threadContextInheritable);
        }

        if (logger.isTraceEnabled()) {
            logger.trace("Bound request context to thread: " + request);
        }
```

```
        try {
            //开始 Spring Web MVC 真正的派遣工作流，这个方法在 Servlet 框架中被定义为抽象方法，
            //在 DispatcherServlet 中实现
            doService(request, response);
        }
        catch (ServletException ex) {
            //保存异常对象，后续会在 finally 语句里打印日志
            failureCause = ex;
            throw ex;
        }
        catch (IOException ex) {
            //保存异常对象，后续会在 finally 语句里打印日志
            failureCause = ex;
            throw ex;
        }
        catch (Throwable ex) {
            //保存异常对象，后续会在 finally 语句里打印日志
            failureCause = ex;
            throw new NestedServletException("Request processing failed", ex);
        }

        finally {
            //在请求处理完后，恢复先前线程局部存储中的地域信息
            LocaleContextHolder.setLocaleContext(previousLocaleContext,
this.threadContextInheritable);

            //如果在处理 HTTP 请求前导出了新的请求属性，则恢复原来的线程局部存储的请求属性
            if (requestAttributes != null) {

RequestContextHolder.setRequestAttributes(previousRequestAttributes,
this.threadContextInheritable);
                requestAttributes.requestCompleted();
            }
            if (logger.isTraceEnabled()) {
                logger.trace("Cleared thread-bound request context: " + request);
            }

            if (failureCause != null) {
                //保存异常对象，后续会在 finally 语句里打印日志
                this.logger.debug("Could not complete request", failureCause);
```

```
            }
            else {
                this.logger.debug("Successfully completed request");
            }

            if (this.publishEvents) {
                //计算这个请求的总处理时间，将时间传递给应用程序环境，注册事件监听器的 Bean 就会
                //接收到这个事件，可以用于统计分析
                long processingTime = System.currentTimeMillis() - startTime;
                this.webApplicationContext.publishEvent(
                        new ServletRequestHandledEvent(this, request.getRequestURI(),
request.getRemoteAddr(), request.getMethod(), getServletConfig().getServletName(),
WebUtils.getSessionId (Request) , getUsernameForRequest (Request) , processingTime,
failureCause));
            }
        }
    }
```

Servlet 框架在准备好请求环境，并且把请求及请求属性保存在线程局部后，会把控制流传递给 DispatcherServlet，这样 Spring Web MVC 的任意角落就都能访问请求及请求属性了。

下面分析 DispatcherServlet 如何派遣 HTTP 请求。请注意，DispatcherServlet 在派遣之前保存了请求的属性信息，在完成服务后恢复了这些信息。

```
    protected void doService(HttpServletRequest request, HttpServletResponse
response) throws Exception {
        if (logger.isDebugEnabled()) {
            String requestUri = new UrlPathHelper().getRequestUri (Request) ;
            logger.debug("DispatcherServlet with name '" + getServletName() + "'
processing " + request.getMethod() + " request for [" + requestUri + "]");
        }

        //对于一个 include 请求，除了需要保存和恢复请求环境信息，还需要保存请求属性，在请求处理
完毕后，如果其中的某个属性发生改变，则需要恢复该属性
        Map<String, Object> attributesSnapshot = null;
        if (WebUtils.isIncludeRequest (Request) ) {

            //如果是一个包含请求，则遍历所有的请求属性
            logger.debug("Taking snapshot of request attributes before include");
            attributesSnapshot = new HashMap<String, Object>();
```

```
            Enumeration attrNames = request.getAttributeNames();
            while (attrNames.hasMoreElements()) {
                String attrName = (String) attrNames.nextElement();
                //如果请求清除属性（cleanupAfterInclude）开关打开（默认是打开的），则保存
                //Spring 指定的所有属性，其关键字以 org.springframework.web.servlet 开头
                if (this.cleanupAfterInclude ||
attrName.startsWith("org.springframework.web.servlet")) {
                    attributesSnapshot.put(attrName, request.getAttribute(attrName));
                }
            }
        }

        //在包含请求的情况下，例如，一个 URI/action/process1 包含另一个
        //URI/action/process2，如果上面这些属性和主请求重复，则其值在包含请求结束后被恢复

        //在 request 属性里存储 Web 应用程序环境
        request.setAttribute(WEB_APPLICATION_CONTEXT_ATTRIBUTE,
getWebApplicationContext());

        //在 request 属性里存储地域解析器
        request.setAttribute(LOCALE_RESOLVER_ATTRIBUTE, this.localeResolver);

        //在 request 属性里存储主题解析器
        request.setAttribute(THEME_RESOLVER_ATTRIBUTE, this.themeResolver);

        //在 request 属性里存储主题源
        request.setAttribute(THEME_SOURCE_ATTRIBUTE, getThemeSource());


        try {
            //开始 Spring Web MVC 的核心工作流
            doDispatch(request, response);
        }
        finally {
            if (attributesSnapshot != null) {
                //恢复已保存的 Spring 指定的请求属性
                restoreAttributesAfterInclude(request, attributesSnapshot);
            }
        }
    }
```

程序执行到这里，Spring Web MVC 的工作流就正式开始了，这个工作流首先加载 Spring Web MVC 的各个组件，然后分发 HTTP 请求、处理 HTTP 请求、返回 HTTP 响应等，具体步骤如图 9-9 所示。

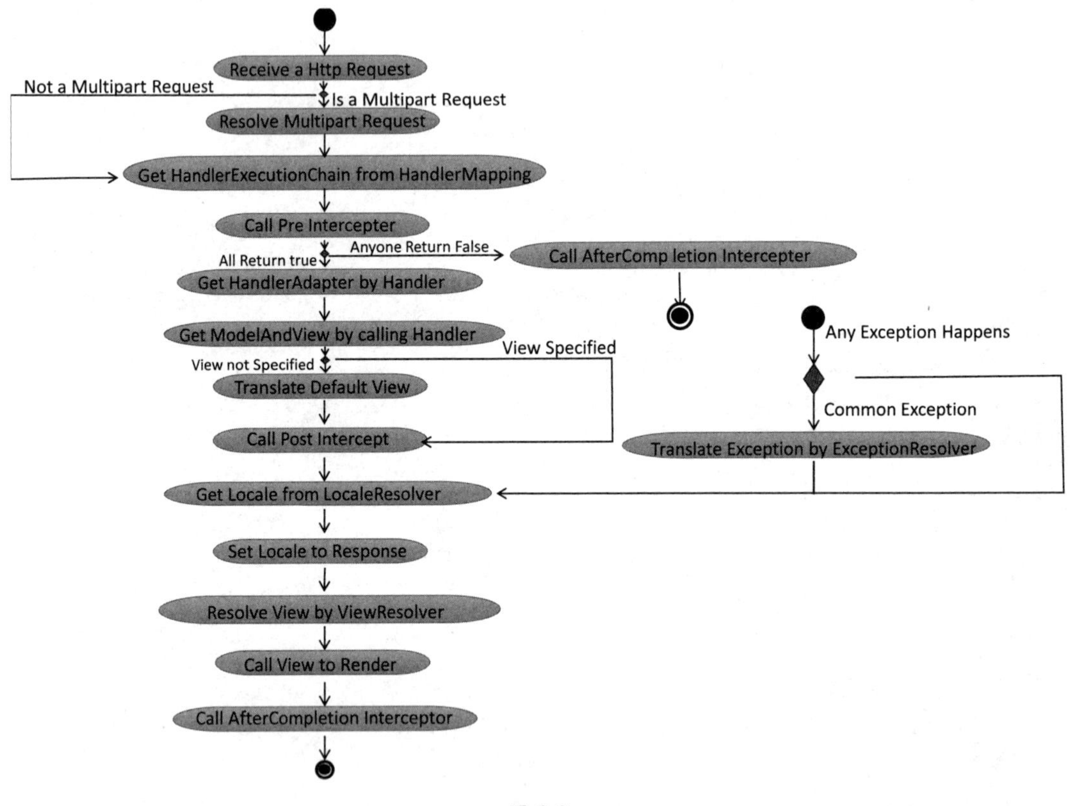


图 9-9

图 9-9 详尽展示了 DispatcherServlet 通过 Spring Web MVC 的各个组件处理一个 HTTP 请求的全过程。DispatcherServlet 的核心处理流程如下。

（1）通过处理器映射查找到支持这个操作的处理器，再通过这个处理器调用具体的操作方法，在调用处理器之前和之后都对应用在这个处理器中的拦截器进行了调用，可让定制化的处理器初始化或者析构资源。

（2）解析视图并且显示视图，发送 HTTP 响应。

以上流程针对不同的技术都有不同的实现。例如，在处理器处理的实现上，有基于简单控制器的实现、基于注解控制器的实现和基于远程 RPC 调用的实现。对于视图解析和显示，也有不同的实现，例如，基于 JSP 页面的实现、基于 Tiles 的实现和基于报表的实现等。我们将在后面的章节中详细讨论这些实现的架构和流程，代码及注释如下。

```
    protected void doDispatch(HttpServletRequest request, HttpServletResponse
response) throws Exception {
        HttpServletRequest processedRequest = request;
        HandlerExecutionChain mappedHandler = null;
        int interceptorIndex = -1;

        try {
            ModelAndView mv;
            boolean errorView = false;

            try {
                //如果是 HTTP 多部请求，则将其转换并且封装成一个简单的 HTTP 请求
                processedRequest = checkMultipart (Request) ;

                //根据处理器映射的配置，获取处理器执行链
                mappedHandler = getHandler(processedRequest, false);
                if (mappedHandler == null || mappedHandler.getHandler() == null) {

                    //如果没有发现任何处理器，则发送错误信息
                    noHandlerFound(processedRequest, response);
                    return;
                }

                //开始调用前置拦截器
                HandlerInterceptor[] interceptors = mappedHandler.getInterceptors();
                if (interceptors != null) {
                    for (int i = 0; i < interceptors.length; i++) {
                        HandlerInterceptor interceptor = interceptors[i];

                        //依次调用前置拦截器，如果有任意拦截器返回 false，则结束整个流程，反序
                        //调用前面执行过的前置拦截器的所有后置拦截器，然后返回并停止处理流程
                        if (!interceptor.preHandle(processedRequest, response,
mappedHandler.getHandler())) {
                            triggerAfterCompletion(mappedHandler, interceptorIndex,
processedRequest, response, null);
                            return;
                        }
                        interceptorIndex = i;
```

```
                    }
                }

                //查找支持的处理器适配器
                HandlerAdapter ha = getHandlerAdapter(mappedHandler.getHandler());

                //通过获取的处理器适配器代理调用处理器，处理器适配器和处理器类型是成对出现的，
                //因为处理器适配器知道如何调用它所支持的处理器
                mv = ha.handle(processedRequest, response,
mappedHandler.getHandler());

                if (mv != null && !mv.hasView()) {
                    //如果控制器没有返回任何逻辑视图名，则会通过默认的视图逻辑返回
                    mv.setViewName(getDefaultViewName（Request）);
                }

                //应用后置拦截器
                if (interceptors != null) {
                    for (int i = interceptors.length - 1; i >= 0; i--) {
                        HandlerInterceptor interceptor = interceptors[i];
                //反序调用所有后置拦截器，因为后置拦截器用于释放资源，所以如果在初始化资源时
                //采用了正序初始化，那么在清除资源时最好进行反序调用，以解决资源依赖的顺序问题
                        interceptor.postHandle(processedRequest, response,
mappedHandler.getHandler(), mv);
                    }
                }
            }
            catch (ModelAndViewDefiningException ex) {
                //这个异常用于跳过后续的处理过程，直接进入视图解析和显示阶段
                logger.debug("ModelAndViewDefiningException encountered", ex);
                mv = ex.getModelAndView();
            }
            catch (Exception ex) {
                //如果产生没被处理的任意异常，则调用处理器异常解析器，获取异常情况下的模型和视图，
                //然后进入视图解析和显示阶段
                Object handler = (mappedHandler != null ? mappedHandler.getHandler() :
null);
                mv = processHandlerException(processedRequest, response, handler,
ex);
                errorView = (mv != null);
            }
```

```
            if (mv != null && !mv.wasCleared()) {
                //如果返回了一个视图，则进行视图解析和显示
                render(mv, processedRequest, response);
                if (errorView) {
                    WebUtils.clearErrorRequestAttributes (Request) ;
                }
            }
            else {
                //如果没有返回一个视图，则不进行视图解析和显示
                if (logger.isDebugEnabled()) {
                    logger.debug("Null ModelAndView returned to DispatcherServlet with
name '" + getServletName() + "': assuming HandlerAdapter completed request handling");
                }
            }

            //如果处理成功，则调用后置栏截器 (Post Interceptor)
            triggerAfterCompletion(mappedHandler, interceptorIndex, processedRequest,
response, null);
        }

        catch (Exception ex) {
            //如果处理失败并且产生异常，则调用后置拦截器 (Post Interceptor)，并且传入产生的
            //异常，进行异常处理
            triggerAfterCompletion(mappedHandler, interceptorIndex, processedRequest,
response, ex);
            throw ex;
        }
        catch (Error err) {
            ServletException ex = new NestedServletException("Handler processing
failed", err);
            //如果处理失败并且产生错误，则调用完成拦截器，并且传入产生的错误，进行错误处理
            triggerAfterCompletion(mappedHandler, interceptorIndex,
processedRequest, response, ex);
            throw ex;
        }

        finally {
            //清除多部资源
            if (processedRequest != request) {
                cleanupMultipart(processedRequest);
```

```
            }
        }
    }
```

## 9.3 根共享环境的加载

### 9.3.1 基于 Servlet 环境监听器的实现结构

在 9.2 节讲解 Servlet 初始化 Web 应用程序环境时提到，一个 Servlet 拥有一个专用的子环境，这个子环境通常引用一个根共享环境，这个根共享环境是通过 Servlet 环境监听器加载的。也就是说，当一个 Servlet 环境（也就是一个 Web 应用程序）被容器加载时，监听器会通过监听这个初始化事件初始化根共享 Web 应用程序；在进行某个 Servlet 环境析构时，监听器会通过监听这个析构事件来析构共享 Web 应用程序的环境。如图 9-10 所示是整个根共享环境加载的类图。

在 Servlet 规范中定义的 Servlet 环境监听器用于处理初始化事件和析构事件，环境加载监听器（ContextLoaderListener）实现了 Servlet 环境监听器（Servlet ContextListener）。而真正的根共享环境创建是在环境加载类（ContextLoader）中实现的。在环境加载类中，通过 Servlet 初始化参数配置的根共享环境位置加载 Web 应用程序环境，并且将这个环境以 ROOT_WEB_APPLICATION_CONTEXT_ATTRIBUTE 为关键字保存在 Servlet 环境中，这个根共享环境在 Servlet 加载专用子环境中被引用为父环境。

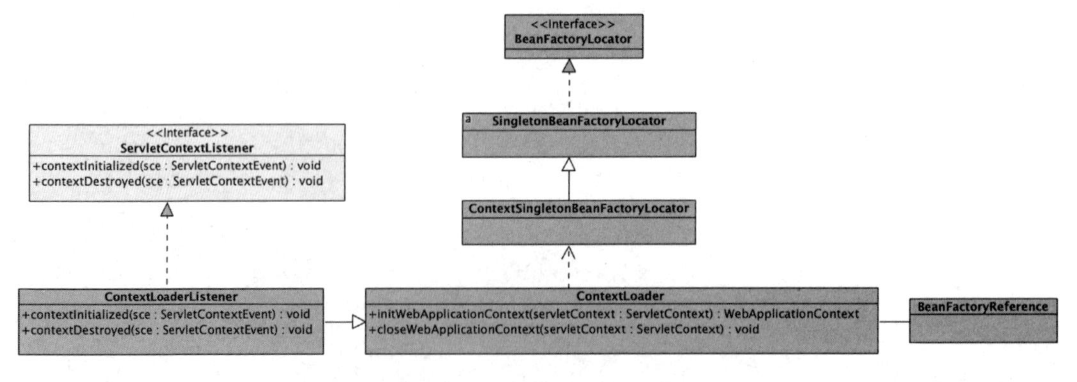


图 9-10

contextInitialized()方法的实现和注解如下。

```
public void contextInitialized(ServletContextEvent event) {
    //这个方法本用于提供一个模板方法 createContextLoader()，该模板方法可让子类创建
    //用户化的环境加载，但是被证明不太有用。其实子类可以通过重写本方法实现同样的效果
    this.contextLoader = createContextLoader();

    //若没有子类实现 createContextLoader()占位符方法，则使用超类的默认实现，超类
    //就是环境加载类
    if (this.contextLoader == null) {
        //实际上是为了使用超类的默认实现
        this.contextLoader = this;
    }

    //调用超类来加载根共享 Web 应用程序环境的默认实现
    this.contextLoader.initWebApplicationContext(event.getServletContext());
}
```

contextDestroyed()方法的实现和注解如下。

```
public void contextDestroyed(ServletContextEvent event) {
    //如果环境加载存在，则关闭环境加载的 Web 应用程序环境
    if (this.contextLoader != null) {

this.contextLoader.closeWebApplicationContext(event.getServletContext());
    }

    //清除保存在 Servlet 环境中的可释放的任意 Bean
    ContextCleanupListener.cleanupAttributes(event.getServletContext());
}
```

initWebApplicationContext()方法的实现和注解如下。

```
    public WebApplicationContext initWebApplicationContext(ServletContext
servletContext) {
        //如果已经存在根共享 Web 应用程序环境，则抛出异常并提示用户
        if
(servletContext.getAttribute(WebApplicationContext.ROOT_WEB_APPLICATION_CONTEXT_
ATTRIBUTE) != null) {
            throw new IllegalStateException(
                    "Cannot initialize context because there is already a root
application context present - " + "check whether you have multiple ContextLoader*
definitions in your web.xml!");
```

```
        }

        Log logger = LogFactory.getLog(ContextLoader.class);
        servletContext.log("Initializing Spring root WebApplicationContext");
        if (logger.isInfoEnabled()) {
            logger.info("Root WebApplicationContext: initialization started");
        }

        //记录创建根 Web 应用程序环境的开始时间
        long startTime = System.currentTimeMillis();

        try {
            //决定是否在根 Web 应用程序环境中存在父应用程序环境
            ApplicationContext parent = loadParentContext(servletContext);

            //创建根 Web 应用程序环境，如果父环境存在，则引用父环境，
            //在通常情况下父环境是不存在的
            this.context = createWebApplicationContext(servletContext, parent);

            //把创建的根 Web 应用程序环境保存到 Servlet 环境中，每个 DispatcherServlet
            //加载的子环境都会应用这个环境作为父环境

    servletContext.setAttribute(WebApplicationContext.ROOT_WEB_APPLICATION_CONTE
XT_ATTRIBUTE, this.context);

            //获取线程的类加载器
            ClassLoader ccl = Thread.currentThread().getContextClassLoader();
            if (ccl == ContextLoader.class.getClassLoader()) {
                //如果线程和本类拥有相同的类加载器，则使用静态变量保存即可，因为同一类加载器
加载同一份静态变量
                currentContext = this.context;
            }
            else if (ccl != null) {
                //如果线程和本类拥有不同的类加载器，则使用线程的类加载器作为关键字保存在一个
映射里，保证在析构时拿到 Web 应用程序环境进行关闭操作
                currentContextPerThread.put(ccl, this.context);
            }

            if (logger.isDebugEnabled()) {
                logger.debug("Published root WebApplicationContext as
ServletContext attribute with name [" + WebApplicationContext.ROOT_WEB_APPLICATION_
```

```
CONTEXT_ATTRIBUTE + "]");
            }
            if (logger.isInfoEnabled()) {
                long elapsedTime = System.currentTimeMillis() - startTime;
                logger.info("Root WebApplicationContext: initialization completed
in " + elapsedTime + " ms");
            }

            return this.context;
        }
        catch (RuntimeException ex) {
            logger.error("Context initialization failed", ex);
            //如果产生任何异常，则将异常保存到 Servlet 环境里

    servletContext.setAttribute(WebApplicationContext.ROOT_WEB_APPLICATION_CONTE
XT_ATTRIBUTE, ex);
            throw ex;
        }
        catch (Error err) {
            logger.error("Context initialization failed", err);
            //如果产生任何错误，则将错误保存到 Servlet 环境里

    servletContext.setAttribute(WebApplicationContext.ROOT_WEB_APPLICATION_CONTE
XT_ATTRIBUTE, err);
            throw err;
        }
    }
```

createWebApplicationContext()方法的实现和注解如下。

```
    protected WebApplicationContext createWebApplicationContext(ServletContext sc,
ApplicationContext parent) {
        //获取配置的 Web 应用程序环境类，如果没有配置，则使用默认的类
XmlWebApplicationContext
        Class<?> contextClass = determineContextClass(sc);

        //如果配置的 Web 应用程序环境类不是可配置的 Web 应用程序环境的子类，则抛出异常，停止初始
化
        if
(!ConfigurableWebApplicationContext.class.isAssignableFrom(contextClass)) {
            throw new ApplicationContextException("Custom context class [" +
contextClass.getName() + "] is not of type [" + ConfigurableWebApplicationContext.
```

```
class.getName() + "]");
        }

        //否则实例化 Web 应用程序环境类
        ConfigurableWebApplicationContext wac = (ConfigurableWebApplicationContext)
BeanUtils.instantiateClass(contextClass);

        //设置 Web 应用程序环境的 ID
        if (sc.getMajorVersion() == 2 && sc.getMinorVersion() < 5) {
            //如果 Servlet 规范 <= 2.4，则使用在 web.xml 里定义的应用程序名定义 Web 应用程序名
            String servletContextName = sc.getServletContextName();

            //设置 ID

    wac.setId(ConfigurableWebApplicationContext.APPLICATION_CONTEXT_ID_PREFIX +
                    ObjectUtils.getDisplayString(servletContextName));
        }
        else {
            //如果 Servlet 规范是 2.5，则使用配置的 ContextPath 定义 Web 应用程序名
            try {
                String contextPath = (String)
ServletContext.class.getMethod("getContextPath").invoke(sc);

                //设置 ID

    wac.setId(ConfigurableWebApplicationContext.APPLICATION_CONTEXT_ID_PREFIX +
                        ObjectUtils.getDisplayString(contextPath));
            }
            catch (Exception ex) {
                //如果 Servlet 规范是 2.5，但是不能获取 ContextPath，则抛出异常
                throw new IllegalStateException("Failed to invoke Servlet 2.5
getContextPath method", ex);
            }
        }

        //如果父环境存在，则引用使用父环境
        wac.setParent(parent);

        //保存 Servlet 环境
        wac.setServletContext(sc);
```

```
        //设置环境的位置
        wac.setConfigLocation(sc.getInitParameter(CONFIG_LOCATION_PARAM));

        //提供子类互换 Web 应用程序环境的机会
        customizeContext(sc, wac);

        //刷新 Web 应用程序环境以加载 Bean 定义
        wac.refresh();
        return wac;
    }
```

determineContextClass()方法的实现和注解如下。

```
    protected Class<?> determineContextClass(ServletContext servletContext) {
        //首先检查在初始化参数中是否定义了 Web 应用程序环境的类名
        String contextClassName =
servletContext.getInitParameter(CONTEXT_CLASS_PARAM);
        if (contextClassName != null) {
            try {
                //如果在初始化参数中定义了 Web 应用程序环境的类名，则加载定义的类名
                return ClassUtils.forName(contextClassName,
ClassUtils.getDefaultClassLoader());
            }
            catch (ClassNotFoundException ex) {
                throw new ApplicationContextException(
                        "Failed to load custom context class [" + contextClassName
+ "]", ex);
            }
        }
        else {
            //如果在初始化参数中定义了 Web 应用程序环境的类名，则加载在默认策略中定义的类名，
            //默认策略被保存在 ContextLoader.properties 文件里
            contextClassName =
defaultStrategies.getProperty(WebApplicationContext.class.getName());
            try {
                //加载在默认策略中定义的类名
                return ClassUtils.forName(contextClassName,
ContextLoader.class.getClassLoader());
            }
            catch (ClassNotFoundException ex) {
                throw new ApplicationContextException(
                        "Failed to load default context class [" + contextClassName
```

```
+ "]", ex);
            }
        }
    }
```

closeWebApplicationContext()方法的实现和注解如下。

```
    public void closeWebApplicationContext(ServletContext servletContext) {
        servletContext.log("Closing Spring root WebApplicationContext");
        try {
            //如果是可配置的 Web 应用程序环境
            if (this.context instanceof ConfigurableWebApplicationContext) {
                //则关闭可配置的 Web 应用程序环境
                ((ConfigurableWebApplicationContext) this.context).close();
            }
        }
        finally {
            //获取当前的线程的类加载器
            ClassLoader ccl = Thread.currentThread().getContextClassLoader();
            if (ccl == ContextLoader.class.getClassLoader()) {
                //如果当前的线程和本类共用一个类加载器，则清空静态变量引用
                currentContext = null;
            }
            else if (ccl != null) {
                //否则根据线程的类加载器移除已保存的 Web 应用程序环境
                currentContextPerThread.remove(ccl);
            }

            //移除 Servlet 环境中对 Web 应用程序环境的引用

    servletContext.removeAttribute(WebApplicationContext.ROOT_WEB_APPLICATION_CO
NTEXT_ATTRIBUTE);

            //如果父环境存在，则释放父环境
            if (this.parentContextRef != null) {
                this.parentContextRef.release();
            }
        }
    }
```

### 9.3.2　多级 Spring 环境的加载方式

事实上，根共享环境在加载时同样可以加载一个父环境，尽管这种情况不常见，但是 Spring Web MVC 提供了这样的扩展性。在 Servlet 初始化参数中可以配置一个 Bean 工厂路径（locatorFactorySelector），这个 Bean 工厂路径会被 Bean 工厂定位器加载，Bean 工厂定位器会在这个 Bean 工厂中查找 Bean 工厂，Bean 工厂的名称为 Servlet 参数（parentContextKey）的值，最后得到的 Bean 工厂则是根共享环境的父环境。如果在初始化参数中没有配置 Bean 工厂路径，则采用默认的 Bean 工厂路径 classpath*:beanRefFactory.xml。

```
    protected ApplicationContext loadParentContext(ServletContext servletContext)
{
        ApplicationContext parentContext = null;

        //获取 Web.xml 初始化参数配置中 LOCATOR_FACTORY_SELECTOR_PARAM 的配置串，
        //这是 Bean 工厂定位器使用的 Bean 工厂路径，如果没有配置这个值，则使用默认的
        //classpath*:beanRefFactory.xml
        String locatorFactorySelector =
servletContext.getInitParameter(LOCATOR_FACTORY_SELECTOR_PARAM);

        //获取 Web.xml 初始化参数配置中对 LOCATOR_FACTORY_KEY_PARAM 的配置串，
        //这是用于获取 Bean 工厂的关键字
        String parentContextKey =
servletContext.getInitParameter(LOCATOR_FACTORY_KEY_PARAM);

        if (parentContextKey != null) {
            //locatorFactorySelector 如果为空，则使用默认值
classpath*:beanRefFactory.xml 初始化 Bean 工厂定位器
            BeanFactoryLocator locator =
ContextSingletonBeanFactoryLocator.getInstance(locatorFactorySelector);
            Log logger = LogFactory.getLog(ContextLoader.class);
            if (logger.isDebugEnabled()) {
                logger.debug("Getting parent context definition: using parent
context key of '" + parentContextKey + "' with BeanFactoryLocator");
            }


            //Bean 工厂定位器从配置的 Bean 工厂中找到有指定的关键字（参数
LOCATOR_FACTORY_KEY_PARAM 的值）的工厂
            this.parentContextRef = locator.useBeanFactory(parentContextKey);
```

```
            //进而获取一个应用程序环境，这个应用程序环境作为根共享应用程序环境的父环境
            parentContext = (ApplicationContext)
this.parentContextRef.getFactory();
        }

        return parentContext;
    }
```

在 Bean 工厂定位器的实现中加载了一个指定的 Bean 引用工厂，然后在加载的 Bean 引用工厂中查找有指定名称的 Bean 工厂，这个 Bean 工厂会被返回，并作为根共享环境的父环境。这些实现属于 Spring 环境项目，序列图如图 9-11 所示。

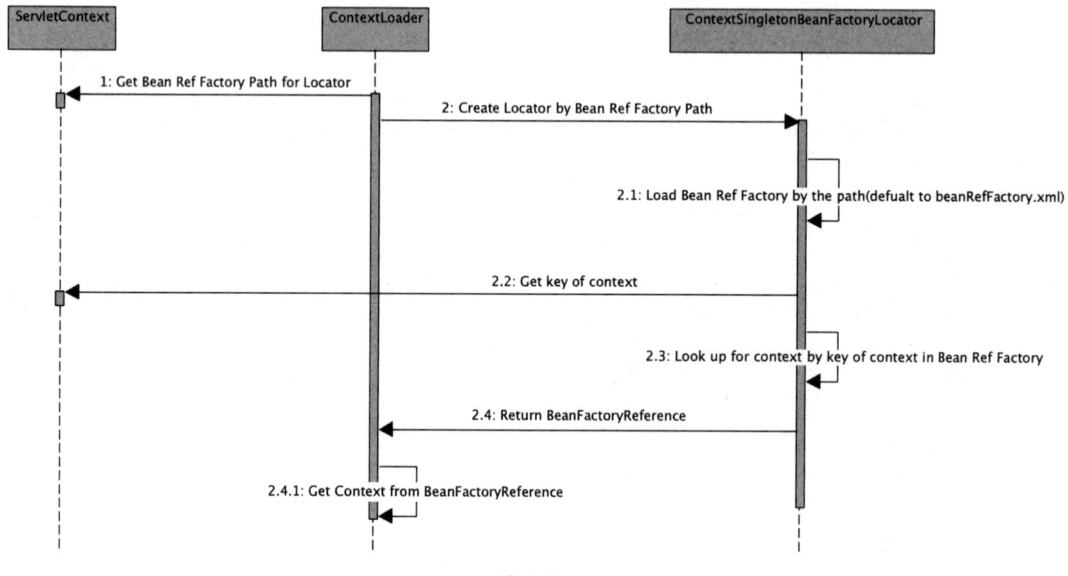


图 9-11

根据上面的分析，我们发现 Spring Web MVC 是依赖于 Spring 环境定义的，而每个 Spring 环境最多有一个父环境的引用，这些同样被应用到了 Spring Web MVC 的体系结构里。下面总结一下 Spring Web MVC 环境的三个层次，其中 Servlet 专用根环境和根共享主环境属于同一层次。

（1）Servlet 专用子环境

◎ 加载组件：DispatcherServlet（Servlet 框架）。
◎ 配置路径：Servlet 初始化参数 contextConfigLocation 指定的路径。
◎ 默认路径：WEB-INF/[servlet_name] -servlet.xml。
◎ 保存位置：在 Servlet 框架内部也以关键字“FrameworkServlet 全类名.CONTEXT.Servlet 名称”保存在 Servlet 环境里。

（2）Servlet 专用根环境

这是一个需要定制实现的组件，组件的实现需要把加载的环境以某个关键字保存在 Servlet 环境里。这样，如果在某个 DispatcherServlet 初始化参数 contextAttribute 中指定了这个关键字，Servlet 专用子环境就会引用这个加载的专用根环境作为父环境。

（3）根共享主环境

◎ 加载组件：环境加载监听器。
◎ 配置路径：Servlet 环境初始化参数 contextConfigLocation 指定的路径。
◎ 默认路径：没有默认路径。
◎ 保存位置：WebApplicationContext 全类名.ROOT。

（4）根共享主环境的父环境

◎ 加载组件：环境加载监听器和 Bean 工厂定位器。
◎ 配置路径：Servlet 环境初始化参数 locatorFactorySelector 指定 Bean 工厂定位器使用的 BeanFactory，Servlet 环境初始化参数 parentContext Key 指定 Bean 工厂定位器用于查找 BeanFactory 的关键字。
◎ 默认路径：parentContextKey 的默认路径是 classpath*:beanRefFactory.xml，如果 parentContextKey 没有被指定，则查找所有 Application Context 的子类实现。
◎ 保存位置：WebApplicationContext 全类名.ROOT。

除了 Servlet 专用子环境，其他父环境都是可选的。根据上面层次的组合，一共有 4 种环境配置，如下所述。

（1）单个 Servlet 专用子环境，如图 9-12 所示。

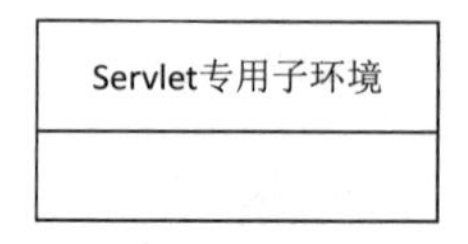


图 9-12

（2）Servlet 专用子环境引用 Servlet 专用根环境，如图 9-13 所示。

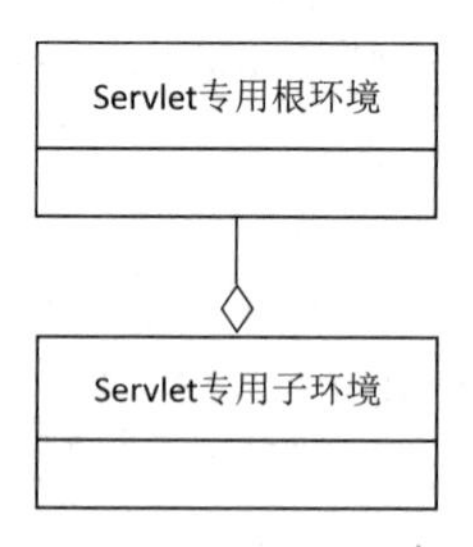


图 9-13

（3）Servlet 专用子环境引用共享主环境，如图 9-14 所示。

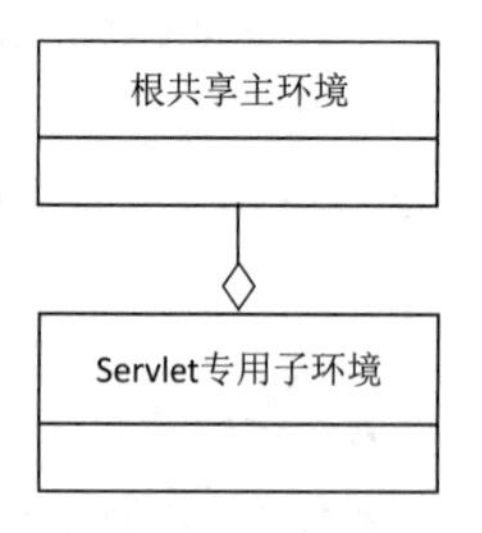


图 9-14

（4）Servlet 专用子环境引用共享主环境及其父环境，如图 9-15 所示。

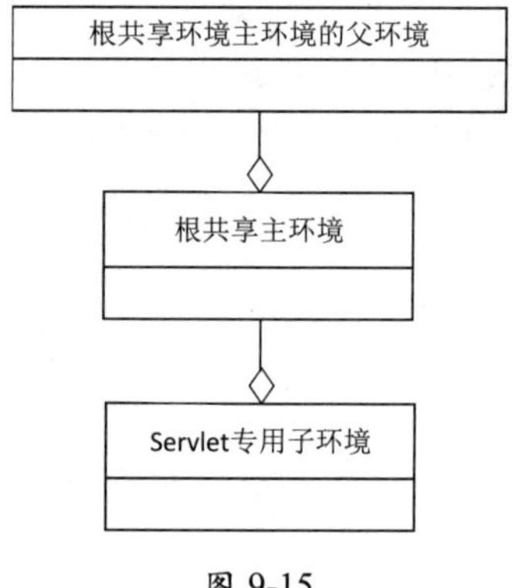


图 9-15

其中，环境配置 1 和环境配置 3 在开发中经常被用到。但是在业务逻辑更复杂的情况下，可以选择环境配置 2 和环境配置 4。环境配置 2 能够使多个 Servlet 共享一个根环境。环境配置 4 能够使共享的根环境通过一个 Serlvet 配置参数转换它的父环境。

# 第 10 章 基于简单控制器的流程实现

简单控制器是由 SimpleFormController 实现类和多个抽象父类共同组成的一系列控制器组件，它定义了简单的控制器接口（Controller），在流程开始时通常通过 Bean 名称 URL 处理器映射（BeanNameUrlHandlerMapping）来获得支持此 HTTP 请求的一个控制器实例和支持这个控制器的处理器拦截器（HandlerInterceptor），通过简单控制处理适配器（SimpleControllerHandlerAdapter）传递 HTTP 请求到简单表单控制器（SimpleFormController）来实现 Spring Web MVC 的控制流程，如图 10-1 所示。

## 10.1 通过 Bean 名称 URL 处理器映射获取处理器执行链

这里首先分析 DispatcherServlet 是如何通过 Bean 名称 URL 处理器映射获取处理器执行链的，如图 10-1 中第 1 步所示。

Bean 名称 URL 处理器映射是通过一系列父类继承最终实现处理器映射接口的，其中，不同的父类抽象出一个独立的类级别，一个类级别完成一个最小化但很完善的功能。如图 10-2 所示是它的类继承实现的树结构。

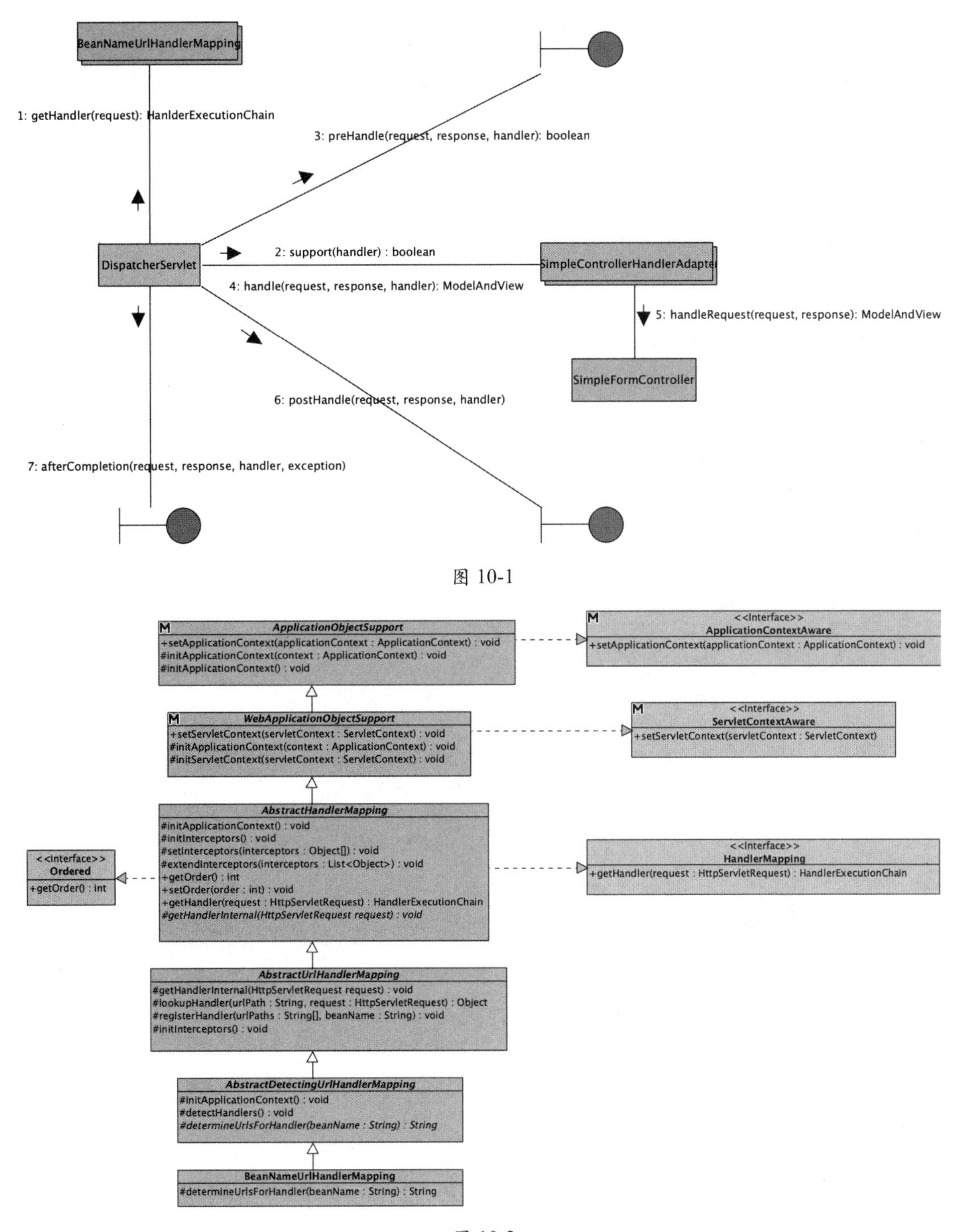
BeanNameUrlHandlerMapping
1: getHandler(request): HanlderExecutionChain
3: preHandle(request, response, handler): boolean
DispatcherServlet
2: support(handler) : boolean
SimpleControllerHandlerAdapter
4: handle(request, response, handler): ModelAndView
5: handleRequest(request, response): ModelAndView
SimpleFormController
6: postHandle(request, response, handler)
7: afterCompletion(request, response, handler, exception)

图 10-1

ApplicationObjectSupport
+setApplicationContext(applicationContext : ApplicationContext) : void
#initApplicationContext(context : ApplicationContext) : void
#initApplicationContext() : void
<<Interface>>
ApplicationContextAware
+setApplicationContext(applicationContext : ApplicationContext) : void
WebApplicationObjectSupport
+setServletContext(servletContext : ServletContext) : void
#initApplicationContext(context : ApplicationContext) : void
#initServletContext(servletContext : ServletContext) : void
<<Interface>>
ServletContextAware
+setServletContext(servletContext : ServletContext)
AbstractHandlerMapping
#initApplicationContext() : void
#initInterceptors() : void
#setInterceptors(interceptors : Object[]) : void
#extendInterceptors(interceptors : List<Object>) : void
+getOrder() : int
+setOrder(order : int) : void
+getHandler(request : HttpServletRequest) : HandlerExecutionChain
#getHandlerInternal(HttpServletRequest request) : void
<<Interface>>
Ordered
+getOrder() : int
<<Interface>>
HandlerMapping
+getHandler(request : HttpServletRequest) : HandlerExecutionChain
AbstractUrlHandlerMapping
#getHandlerInternal(HttpServletRequest request) : void
#lookupHandler(urlPath : String, request : HttpServletRequest) : Object
#registerHandler(urlPaths : String[], beanName : String) : void
#initInterceptors() : void
AbstractDetectingUrlHandlerMapping
#initApplicationContext() : void
#detectHandlers() : void
#determineUrlsForHandler(beanName : String) : String
BeanNameUrlHandlerMapping
#determineUrlsForHandler(beanName : String) : String

图 10-2

在图 10-2 中，Web 应用程序支持类（WebApplicationObjectSupport）和应用程序支持类（ApplicationObjectSupport）是 Spring 环境项目的实现，Web 应用程序支持类用于在初始化时获得 Web 应用程序环境，应用程序支持类用于在初始化时获得 Servlet 环境，这里不再剖析它们的实现。

### 10.1.1 抽象处理器映射

抽象处理器映射（AbtractHandlerMapping）是这个体系结构中直接实现处理器映射接口的抽象类，继承了 Web 应用程序支持类，目的是监听 Web 应用程序环境的初始化事件。在初始化事件中初始化拦截器时，这些拦截器是应用在所有处理器上的，代码及注释如下。

```
    public void setInterceptors(Object[] interceptors) {
        //通过注入的方式设置通用拦截器，这些拦截器是通用的对象类型，其真正支持的类型包括
HandlerInterceptor 和 WebRequestInterceptor，这些通用拦截器是应用在所有处理器上的
        this.interceptors.addAll(Arrays.asList(interceptors));
    }

    @Override
    protected void initApplicationContext() throws BeansException {
        //提供模板方法让子类添加新的拦截器
        extendInterceptors(this.interceptors);
            //初始化拦截器，因为拦截器有不同的实现，所以需要将不同的拦截器适配到最终的
HandlerInterceptor 实现，这里是通过 HandlerInterceptorAdapter 实现的
        initInterceptors();
    }

    protected void initInterceptors() {
        //如果配置的通用拦截器不为空
        if (!this.interceptors.isEmpty()) {
            //则对配置的通用拦截器进行适配
            this.adaptedInterceptors = new
HandlerInterceptor[this.interceptors.size()];
            for (int i = 0; i < this.interceptors.size(); i++) {
                Object interceptor = this.interceptors.get(i);
                //对空的拦截器进行校验
                if (interceptor == null) {
                    throw new IllegalArgumentException("Entry number " + i + " in
interceptors array is null");
                }
```

```
                //对每个拦截器进行适配
                this.adaptedInterceptors[i] = adaptInterceptor (Interceptor) ;
            }
        }
    }
    protected HandlerInterceptor adaptInterceptor(Object interceptor) {
        if (interceptor instanceof HandlerInterceptor) {
            //如果拦截器是 HandlerInterceptor 本身的实现，则不需要适配
            return (HandlerInterceptor) interceptor;
        }
        else if (interceptor instanceof WebRequestInterceptor) {
            //如果拦截器是 WebRequestHandlerInterceptorAdapter，则适配到通用的
HandlerInterceptor 实现
          return new WebRequestHandlerInterceptorAdapter((WebRequestInterceptor)
interceptor);
        }
        else {
            //不支持其他类型的拦截器
            throw new IllegalArgumentException("Interceptor type not supported: "
+ interceptor.getClass().getName());
        }
    }
```

当 DispatcherServlet 要求处理器映射翻译一个请求到处理器执行链时，抽象处理器映射一个内部的处理器，连同初始化的拦截器一起构成处理器执行链返回。抽象处理器定义映射内部的处理器逻辑作为一个抽象的方法，子类需要实现这个方法来解析处理器，代码及注释如下。

```
    //实现处理器映射的方法，这个方法是 DispatcherServlet 要求翻译 HTTP 请求到处理器执行链的入口
    public final HandlerExecutionChain getHandler(HttpServletRequest request)
throws Exception {
        //使用某种映射逻辑，将请求映射到一个真正的处理器，这是一个抽象方法，子类必须实现它，例
如，实现基于 URL 到 Bean 名称的映射逻辑
        Object handler = getHandlerInternal (Request) ;

        //如果没有映射的处理器，则使用默认的处理器
        if (handler == null) {
            //子类可以设置默认的处理器，也可以通过注入方式设置默认的处理器
            handler = getDefaultHandler();
        }
```

```
        //如果没有发现任何处理器，则返回空处理器，DispatcherServlet 将发送 HTTP 错误响应
SC_NOT_FOUND(404)
        if (handler == null) {
            return null;
        }

        //如果内部映射逻辑实现返回一个字符串，则认为这个字符串是 Bean 的名称
        if (handler instanceof String) {
            String handlerName = (String) handler;

            //在应用程序环境中通过 Bean 的名称查找这个 Bean
            handler = getApplicationContext().getBean(handlerName);
        }

        //连同处理器拦截器构造处理器执行链
        return getHandlerExecutionChain(handler, request);
    }

    //抽象的处理器映射逻辑，这个逻辑的目的是映射一个 HTTP 请求到一个处理器，子类应该根据某些规则
进行实现，通常是根据 URL 匹配 Bean 的名称来实现的，当然也可以匹配 Bean 的类或者其他特征
    protected abstract Object getHandlerInternal(HttpServletRequest request) throws
Exception;

    protected HandlerExecutionChain getHandlerExecutionChain(Object handler,
HttpServletRequest request) {
        //判断处理器的类型
        if (handler instanceof HandlerExecutionChain) {
            //如果处理器对象本身就是 Handler，则做强制类型转换
            HandlerExecutionChain chain = (HandlerExecutionChain) handler;

            //添加初始化的拦截器
            chain.addInterceptors(getAdaptedInterceptors());

            //返回处理器执行链
            return chain;
        }
        else {
            //否则使用处理器对象和初始化的拦截器构造处理器执行链
            return new HandlerExecutionChain(handler, getAdaptedInterceptors());
        }
    }
```

抽象处理器映射也实现了 Ordered 接口，这个接口被用于在有多个处理器映射可供 DispatcherServlet 使用时定义使用优先级。

## 10.1.2　抽象 URL 处理器映射

类体系结构中的下一个类是抽象 URL 处理器映射（AbtractUrlHandlerMapping），抽象 URL 处理器映射实现了 getHandlerInternal()方法，在该方法的实现里通过请求的 URL 匹配相应的处理器映射和映射拦截器（MappedInterceptor）来返回处理器执行链。

那么，这些映射拦截器和处理器映射是如何初始化的呢？

映射拦截器是在初始化时通过在 Web 应用程序环境中查找得到的。这些映射拦截器必须是 MappedInterceptor 的子类，而且被注册在 Web 应用程序环境中。它也提供了 registerHandler()方法供子类调用，进而注册相应的处理器，代码及注释如下。

```
    //改写抽象处理器拦截器初始化的方法，初始化配置 Web 应用程序环境中的映射拦截器，映射拦截器是一个从 URL 到处理器拦截器映射的实现
    @Override
    protected void initInterceptors() {
        //初始化父类的通用拦截器，这些拦截器被应用到所有处理器上
        super.initInterceptors();

        //查找在 Web 应用程序环境中注册的所有 MappedInterceptor 的实现
        Map<String, MappedInterceptor> mappedInterceptors =
BeanFactoryUtils.beansOfTypeIncludingAncestors(
                getApplicationContext(), MappedInterceptor.class, true, false);

        //如果找到任意 MappedInterceptor 的实现
        if (!mappedInterceptors.isEmpty()) {
            //则构造 MappedInterceptor 的集合类并且进行存储，这个集合类提供了通过 URL 过滤拦截器的功能
            this.mappedInterceptors = new
MappedInterceptors(mappedInterceptors.values().toArray(
                    new MappedInterceptor[mappedInterceptors.size()]));
        }

    }

    protected void registerHandler(String[] urlPaths, String beanName) throws
```

```
BeansException, IllegalStateException {
        //注册的处理器必须被映射到一个 URL 路径上
        Assert.notNull(urlPaths, "URL path array must not be null");

        //对于拥有多个 URL 的处理器，分别注册 URL 到处理器的映射
        for (String urlPath : urlPaths) {
            registerHandler(urlPath, beanName);
        }
    }

    //注册一个 URL 到一个处理器的映射
    protected void registerHandler(String urlPath, Object handler) throws
BeansException, IllegalStateException {
        //URL 和处理器都不能为空
        Assert.notNull(urlPath, "URL path must not be null");
        Assert.notNull(handler, "Handler object must not be null");

        //开始解析处理器
        Object resolvedHandler = handler;

        //如果没有配置懒惰初始化处理器选项,则把使用的处理器名称转换为Web应用程序环境中的Bean
        //如果配置懒惰初始化处理器选项，则这个转换是在返回处理器执行链的过程中实现的
        if (!this.lazyInitHandlers && handler instanceof String) {
            String handlerName = (String) handler;

            //如果这个 Bean 使用单例模式,则在初始化时进行转换,在后续的服务方法中不再进行转换,
可提高效率
            //但如果不是单例模式，则不能在初始化时进行转换，例如，如果 Bean 的范围是 Session,
则对于不同的 Session，服务方法 getHanlderInternal()会返回不同的处理器实例。在这种情况下，如果
在初始化时进行转换，则每次都返回同一个 Bean，就变成了单例模式了
            if (getApplicationContext().isSingleton(handlerName)) {
                resolvedHandler = getApplicationContext().getBean(handlerName);
            }
        }

        //查看这个 URL 是否已经注册了处理器
        Object mappedHandler = this.handlerMap.get(urlPath);
        if (mappedHandler != null) {
            //如果这个 URL 确实已经注册了处理器
            if (mappedHandler != resolvedHandler) {
                //则抛出异常，提示用户配置错误
```

```
                    throw new IllegalStateException(
                            "Cannot map handler [" + handler + "] to URL path [" + urlPath
+ "]: There is already handler [" + resolvedHandler + "] mapped.");
                }
            }
            else {
                //如果这个 URL 没有注册处理器
                if (urlPath.equals("/")) {
                    //如果是根处理器
                    if (logger.isInfoEnabled()) {
                        logger.info("Root mapping to handler [" + resolvedHandler +
"]");
                    }
                    //则设置根处理器
                    setRootHandler(resolvedHandler);
                }
                else if (urlPath.equals("/*")) {
                    //如果是默认的处理器
                    if (logger.isInfoEnabled()) {
                        logger.info("Default mapping to handler [" + resolvedHandler +
"]");
                    }
                    //则设置默认的处理器
                    setDefaultHandler(resolvedHandler);
                }
                else {
                    //设置正常的处理器
                    this.handlerMap.put(urlPath, resolvedHandler);
                    if (logger.isInfoEnabled()) {
                        logger.info("Mapped URL path [" + urlPath + "] onto handler ["
+ resolvedHandler + "]");
                    }
                }
            }
        }
```

可以看到，这些映射拦截器是在 Web 应用程序环境中被查找得到的，它们必须实现 MappedInterceptor 接口。这些 MappedInterceptor 接口被保存在 MappedInterceptors 集合类中，这个类同时提供了基于 URL 路径过滤的功能，代码及注释如下。

```
    public Set<HandlerInterceptor> getInterceptors(String lookupPath, PathMatcher
pathMatcher) {
        //构造过滤结果集合
        Set<HandlerInterceptor> interceptors = new
LinkedHashSet<HandlerInterceptor>();

        //遍历所有配置的映射拦截器
        for (MappedInterceptor interceptor : this.mappedInterceptors) {
            //如果配置的拦截器匹配此路径
            if (matches(interceptor, lookupPath, pathMatcher)) {
                //则添加当前的拦截器到过滤结果集合中
                interceptors.add(interceptor.getInterceptor());
            }
        }

        //返回过滤结果
        return interceptors;
    }

    private boolean matches(MappedInterceptor interceptor, String lookupPath,
PathMatcher pathMatcher) {
        //映射拦截器保存了从 URL 到处理器拦截器的映射关系，这个方法获取这个处理器映射支持的所有
URL Pattern
        String[] pathPatterns = interceptor.getPathPatterns();

        //判断是否配置了 URL Pattern
        if (pathPatterns != null) {
            //如果配置了 URL Pattern
            for (String pattern : pathPatterns)
                //则查看是否存在一个 URL Pattern 匹配此路径
                if (pathMatcher.match(pattern, lookupPath)) {
                    //如果匹配此路径，则使用当前的映射拦截器
                    return true;
                }
            }
           //如果没有匹配此路径的 URL Pattern，则不使用当前的映射拦截器
            return false;
        } else {
            //在没有配置任何 URL Pattern 的情况下，这个映射拦截器为默认的通用拦截器，会被应用
到所有处理器上
            return true;
```

```
        }
    }
```

抽象 URL 处理器映射在初始化拦截器和处理器后，会如何实现映射请求到处理器执行链的逻辑呢？正如我们所想，它通过 URL 精确匹配或者最佳匹配查找注册的拦截器和处理器，然后构造处理器执行链，代码及注释如下。

```
    //实现抽象处理器映射的抽象方法，提供了基于 URL 匹配的实现
    @Override
    protected Object getHandlerInternal(HttpServletRequest request) throws
Exception {
        //通过实用方法获得查找路径，这个查找路径的 URI 格式为 http://" - hostname:port -
application context - servlet mapping prefix
        //例如 http://www.robert.com/jpetstore/petstore/insert/ - "http://" -
"www.robert.com" - "jpetstore" - "petstore" - "/insert"
        String lookupPath = this.urlPathHelper.getLookupPathForRequest (Request) ;

        //最佳匹配处理器
        Object handler = lookupHandler(lookupPath, request);
        if (handler == null) {
            //如果没有最佳匹配处理器
            Object rawHandler = null;
            if ("/".equals(lookupPath)) {
                //如果查找路径是根路径，则使用根处理器
                rawHandler = getRootHandler();
            }
            if (rawHandler == null) {
                //否则使用默认处理器
                rawHandler = getDefaultHandler();
            }

            if (rawHandler != null) {
                //如果是根路径或者配置了默认处理器



                if (rawHandler instanceof String) {
                    //翻译 HandlerBean 名称到 Bean 本身，如果配置了懒惰加载为 false，而且处
理器是单例模式，则这个转换在初始化时已经完成
                    String handlerName = (String) rawHandler;
                    rawHandler = getApplicationContext().getBean(handlerName);
                }
```

```
                //定义模板方法校验处理器
                validateHandler(rawHandler, request);

                //增加新的处理器拦截器来导出最佳匹配路径和查找路径，因为我们使用了根处理器或
者默认的处理器，所以这两个值都是查找路径
                handler = buildPathExposingHandler(rawHandler, lookupPath,
lookupPath, null);
            }
        }
        if (handler != null && this.mappedInterceptors != null) {
            //如果存在最佳匹配处理器，则过滤映射拦截器，得到所有匹配的处理器拦截器，匹配过程在
前面已经分析过
            Set<HandlerInterceptor> mappedInterceptors =
                    this.mappedInterceptors.getInterceptors(lookupPath,
this.pathMatcher);
            if (!mappedInterceptors.isEmpty()) {
                HandlerExecutionChain chain;
                if (handler instanceof HandlerExecutionChain) {
                    //如果处理器拦截器是处理器执行链类型，则直接使用即可
                    chain = (HandlerExecutionChain) handler;
                } else {
                    //否则创建新的处理器执行链
                    chain = new HandlerExecutionChain(Handler);
                }
                //添加过滤得到的处理器拦截器到处理器执行链中
                chain.addInterceptors(mappedInterceptors.toArray(new
HandlerInterceptor[mappedInterceptors.size()]));
            }
        }
        if (handler != null && logger.isDebugEnabled()) {
            //为成功的处理器映射记录日志
            logger.debug("Mapping [" + lookupPath + "] to handler '" + handler + "'");
        }
        else if (handler == null && logger.isTraceEnabled()) {
            //记录日志处理器映射失败
            logger.trace("No handler mapping found for [" + lookupPath + "]");
        }

        //返回处理器，可能为空
        return handler;
```

```
    }
```

lookupHandler()方法的实现和注解如下。

```
    protected Object lookupHandler(String urlPath, HttpServletRequest request)
throws Exception {
        //首先执行精确匹配，查找路径和处理器配置的 URL 完全相同
        Object handler = this.handlerMap.get(urlPath);
        if (handler != null) {
            //精确匹配成功
            if (handler instanceof String) {
                //翻译 Bean 名称到 Bean 本身
                String handlerName = (String) handler;
                handler = getApplicationContext().getBean(handlerName);
            }
            //调用模板方法校验处理器
            validateHandler(handler, request);

            //增加新的处理器拦截器，导出最佳匹配路径和查找路径，既然精确匹配成功，则两个值都是
查找路径
            return buildPathExposingHandler(handler, urlPath, urlPath, null);
        }
        //执行最佳匹配方案
        List<String> matchingPatterns = new ArrayList<String>();
        for (String registeredPattern : this.handlerMap.keySet()) {
            //获取所有匹配的处理器注册的 URL Pattern
            if (getPathMatcher().match(registeredPattern, urlPath)) {
                matchingPatterns.add(registeredPattern);
            }
        }

        //决定最佳匹配
        String bestPatternMatch = null;
        if (!matchingPatterns.isEmpty()) {
            //对匹配的 URL Pattern 进行排序
            Collections.sort(matchingPatterns,
getPathMatcher().getPatternComparator(urlPath));
            if (logger.isDebugEnabled()) {
                logger.debug("Matching patterns for request [" + urlPath + "] are
" + matchingPatterns);
            }

            //排序后数组的第 1 个匹配为最佳匹配
```

```
            bestPatternMatch = matchingPatterns.get(0);
        }
        if (bestPatternMatch != null) {
            //如果存在最佳匹配，则找到最佳匹配 URL Pattern 的处理器
            handler = this.handlerMap.get(bestPatternMatch);

            //翻译 Bean 名称到 Bean 本身
            if (handler instanceof String) {
                String handlerName = (String) handler;
                handler = getApplicationContext().getBean(handlerName);
            }

            //调用模板方法校验处理器
            validateHandler(handler, request);

            //从 URL 中提取去除 URL Pattern 前缀的剩余部分，例如，URL Pattern 是/petstore/*，
而查找路径是/petstore/insert，则结构是/insert
            String pathWithinMapping =
getPathMatcher().extractPathWithinPattern(bestPatternMatch, urlPath);

            //得到模板变量，并且添加新的处理器拦截器，将其保存到 HTTP 请求中，这些模板变量在控
制器的实现中会被用到
            //例如，URL Pattern 是/petstore/insert/{id}，查找路径是 insert/1，则解析出
一个模板变量 id=1，并且导出到 HTTP 请求中
            Map<String, String> uriTemplateVariables =

    getPathMatcher().extractUriTemplateVariables(bestPatternMatch, urlPath);

            //创建处理器执行链
            return buildPathExposingHandler(handler, bestPatternMatch,
pathWithinMapping, uriTemplateVariables);
        }
        //没有找到处理器
        return null;
    }
```

buildPathExposingHandler()方法的实现和注解如下。

```
    protected Object buildPathExposingHandler(Object rawHandler,
            String bestMatchingPattern,
            String pathWithinMapping,
            Map<String, String> uriTemplateVariables) {
```

```
        //创建处理器执行器链
        HandlerExecutionChain chain = new HandlerExecutionChain(rawHandler);

        //添加路径到处理器拦截器，类定义如下
        chain.addInterceptor(new
PathExposingHandlerInterceptor(bestMatchingPattern, pathWithinMapping));

        //添加模板变量处理器拦截器，类定义如下
        if (!CollectionUtils.isEmpty(uriTemplateVariables)) {
            chain.addInterceptor(new
UriTemplateVariablesHandlerInterceptor(uriTemplateVariables));
        }
        return chain;
    }
```

PathExposingHandlerInterceptor 类的实现和注解如下。

```
    //导出最佳匹配的 URL Pattern 并查找路径中去除 URL Pattern 匹配的部分
    private class PathExposingHandlerInterceptor extends HandlerInterceptorAdapter
{

        private final String bestMatchingPattern;

        private final String pathWithinMapping;

        private PathExposingHandlerInterceptor(String bestMatchingPattern, String
pathWithinMapping) {
            this.bestMatchingPattern = bestMatchingPattern;
            this.pathWithinMapping = pathWithinMapping;
        }

    buildPathExposingHandler
        @Override
        public boolean preHandle(HttpServletRequest request, HttpServletResponse
response, Object handler) {
            //导出是在处理器拦截器的前置拦截器中实现的
            exposePathWithinMapping(this.bestMatchingPattern,
this.pathWithinMapping, request);
            return true;
        }

    }
```

exposePathWithinMapping()方法的实现和注解如下。

```
    protected void exposePathWithinMapping(String bestMatchingPattern, String
pathWithinMapping, HttpServletRequest request) {
        //导出到请求属性中，在控制器中这些路径可以用于解析默认的视图名
        request.setAttribute(HandlerMapping.BEST_MATCHING_PATTERN_ATTRIBUTE,
bestMatchingPattern);
        request.setAttribute(HandlerMapping.PATH_WITHIN_HANDLER_MAPPING_ATTRIBUT
E, pathWithinMapping);
    }
```

UriTemplateVariablesHandlerInterceptor 类的实现和注解如下。

```
    //导出模板变量名值对
    private class UriTemplateVariablesHandlerInterceptor extends
HandlerInterceptorAdapter {

        private final Map<String, String> uriTemplateVariables;

        private UriTemplateVariablesHandlerInterceptor(Map<String, String>
uriTemplateVariables) {
            this.uriTemplateVariables = uriTemplateVariables;
        }


        @Override
        public boolean preHandle(HttpServletRequest request, HttpServletResponse
response, Object handler) {
            //导出是在处理器拦截器的前置拦截器中实现的
            exposeUriTemplateVariables(this.uriTemplateVariables, request);
            return true;
        }
    }
```

exposeUriTemplateVariables()方法的实现和注解如下。

```
    protected void exposeUriTemplateVariables(Map<String, String>
uriTemplateVariables, HttpServletRequest request) {
        //导出到请求属性中，在控制器中这些参数可能成为业务逻辑的输入
        request.setAttribute(HandlerMapping.URI_TEMPLATE_VARIABLES_ATTRIBUTE,
uriTemplateVariables);
    }
```

我们看到，抽象 URL 处理器映射在 Web 应用程序环境初始化时初始化了拦截器，并且提供了通过 URL 对拦截器过滤的功能，还提供了方法来注册处理器。下面分析一个子类如何注册处理器。

### 10.1.3　抽象探测 URL 处理器映射

类的体系结构中的下一个类是抽象探测 URL 处理器映射（AbtractDetectingUrlHandlerMapping），它探测 Web 应用程序环境中的所有 Bean，通过某种规则对 Bean 名称进行过滤来决定是否注册这个 Bean 作为一个处理器，代码及注释如下。

```
    //改写应用程序初始化方法，获得注册处理器的机会
    @Override
    public void initApplicationContext() throws ApplicationContextException {
        //保持原来的初始化实现
        super.initApplicationContext();

        //从 Web 应用程序环境中探测处理器
        detectHandlers();
    }

    protected void detectHandlers() throws BeansException {
        if (logger.isDebugEnabled()) {
            logger.debug("Looking for URL mappings in application context: " +
getApplicationContext());
        }

        //找到所有类的实现，其实是找到 Web 应用程序环境中的所有 Bean，并且返回 Bean 的名称
        String[] beanNames = (this.detectHandlersInAncestorContexts ?

    BeanFactoryUtils.beanNamesForTypeIncludingAncestors(getApplicationContext(),
Object.class) :
                getApplicationContext().getBeanNamesForType(Object.class));

        //对于每个 Bean 的名称
        for (String beanName : beanNames) {
            //映射 Bean 的名称到一个或者多个 URL
            String[] urls = determineUrlsForHandler(beanName);
            if (!ObjectUtils.isEmpty(urls)) {
                //如果这个 Bean 的名称能映射到一个或者多个 URL，则注册 Bean 作为一个处理器
```

```
                registerHandler(urls, beanName);
            }
            else {
                //否则打印日志
                if (logger.isDebugEnabled()) {
                    logger.debug("Rejected bean name '" + beanName + "': no URL paths
identified");
                }
            }
        }
    }

    //可让子类选择不同的策略映射名称到 URL Pattern
    protected abstract String[] determineUrlsForHandler(String beanName);
```

在上面的实现中，处理器是在应用程序环境中探测得到的，所以我们将这个类作为抽象探测 URL 处理器映射。但是，在抽象 URL 处理器映射中，初始化的实现也自动在应用程序环境中探测到处理器拦截器的实现，所以笔者认为把探测处理器拦截器的实现加入当前的这个类中更合理。

### 10.1.4 Bean 名称 URL 处理器映射

事实上，映射 Bean 的名称到 URL Pattern 的实现是非常简单的，Bean 名称 URL 处理器映射会查看一个 Bean 的名称或者别名是否以字符“/”为开头，如果以字符“/”为开头，则认为这个 Bean 是一个处理器，代码及注释如下。

```
    protected String[] determineUrlsForHandler(String beanName) {
        List<String> urls = new ArrayList<String>();

        //如果 Bean 的名称以“/”为开头
        if (beanName.startsWith("/")) {
            //则认为这个 Bean 是一个处理器，Bean 的名称是这个 Bean 匹配的一个 URL Pattern
            urls.add(beanName);
        }

        //获取 Bean 的所有别名
        String[] aliases = getApplicationContext().getAliases(beanName);
        for (int i = 0; i < aliases.length; i++) {
            //如果 Bean 的别名以“/”为开头
```

```
        if (aliases[i].startsWith("/")) {
            //则认为这个 Bean 是一个处理器,Bean 的别名是这个 Bean 匹配的一个 URL Pattern
            urls.add(aliases[i]);
        }
    }

    //返回此 Bean 定义的所有 URL Pattern
    return StringUtils.toStringArray(urls);
}
```

流程分析到这里，DispatcherServlet 已经通过处理器映射得到了处理器执行链。处理器执行链包含一个 Object 类型的处理器和一套应用在处理器上的处理器拦截器。

## 10.2　通过处理器适配器把请求转接给处理器

接下来 DispatcherServlet 会轮询所有注册的处理器适配器（如图 10-1 中第 2 步所示），查找是否有一个处理器适配器支持此处理器。Bean 名称 URL 处理器映射通常用于映射简单控制器，所以，在返回的处理器执行链里通常包含控制器接口的实现类。这个轮询结果将返回简单控制处理适配器（SimpleControllerHandlerAdapter），并且通过它将 HTTP 请求传递给控制器进行处理（如图 10-1 中第 4 步和第 5 步所示）。

### 10.2.1　简单控制处理适配器的设计

简单控制处理适配器的实现非常简单，正如它的名称所示，它仅仅是个适配器，如图 10-3 所示。

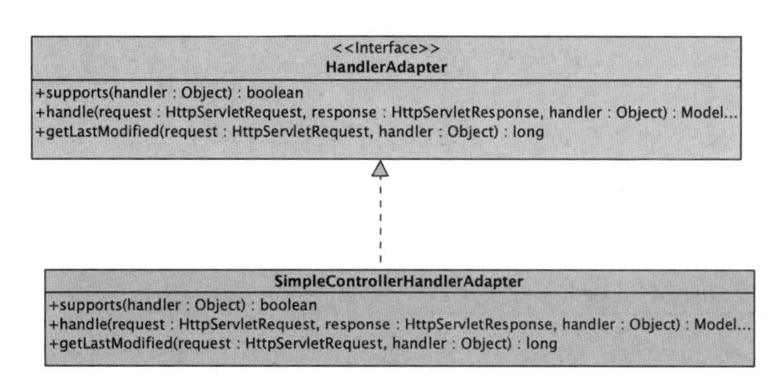


图 10-3

简单控制处理适配器的代码及注释如下。

```
public class SimpleControllerHandlerAdapter implements HandlerAdapter {

    public boolean supports(Object handler) {
        //支持任何控制器接口的实现类
        return (handler instanceof Controller);
    }

    public ModelAndView handle(HttpServletRequest request, HttpServletResponse
response, Object handler)
            throws Exception {

        //适配 HTTP 请求和 HTTP 响应到处理器，这个处理器一定是控制器接口的实现，并且返回模
型和视图，DispatcherServlet 将用模型和视图构造 HTTP 响应
        return ((Controller) handler).handleRequest(request, response);
    }

    public long getLastModified(HttpServletRequest request, Object handler) {
        if (handler instanceof LastModified) {
            //如果一个控制器实现了最后的修改接口，则把最后的修改请求适配到控制器
            return ((LastModified) handler).getLastModified(Request);
        }

        //如果没有实现最后修改（LastModified）接口，则将不支持最后修改操作的结果返回，每
次都返回一个全新的 HTTP GET 请求，尽管这个资源自上次请求以来没有发生改变
        return -1L;
    }

}
```

处理器适配器将一个 HTTP 请求传递到简单控制器，简单控制器实现必要的业务逻辑，最后返回模型数据和逻辑视图给作为总控制器的 DispatcherServlet。简单控制器有许多抽象和具体的实现，每个抽象和具体的实现都能完成一个特定的功能，结构清晰合理、易于扩展，使用户程序能够根据业务逻辑的需要选择不同的类继承处理不同的 HTTP 请求。

### 10.2.2 表单控制器处理 HTTP 请求的流程

下面以简单表单控制器（SimpleFormController）为例说明它是如何完成对 HTTP 请求

的处理并且返回模型数据和逻辑视图给 DispatcherServlet 的。如图 10-4 所示是简单表单控制器的实现流程。

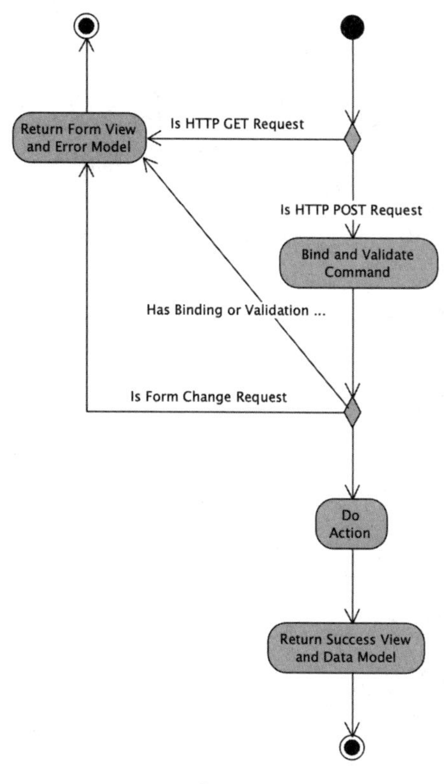


图 10-4

从图 10-4 可以看到，简单表单控制器通过 HTTP 请求方法来判断是执行初始化操作还是执行业务逻辑操作。如果 HTTP 请求方法是 HTTP GET，则说明这次请求是这个模块的第 1 次加载，应该显示一个表单给用户，用户就可以填写业务逻辑的输入数据了。如果用户已填写了业务逻辑数据并提交表单给此模块，那么用户提交的表单一定是 HTTP POST 请求，这个请求包含此模块业务逻辑的输入数据。简单表单控制器会绑定这些输入数据到业务逻辑模型中，这里将其称为一个命令。在以下分析中命令表单的 Backing Bean 和业务逻辑模型指同一个事物，不做区分。

接下来，简单表单对命令进行校验。如果在绑定或者校验过程中出现任何错误，则导出错误到 HTTP 请求的属性里，在显示表单视图时会显示错误信息，用户就可以知道哪些输入不合法。

在用户提交了完整而且有效的输入数据后，简单表单控制器会对数据进行绑定和校验，最终获得此模块需要的输入数据，使用服务层的服务处理业务逻辑，之后返回处理结果，也就是模型数据，这些模型数据连同成功视图一起被返回给 DispatcherServlet。

## 10.3 对控制器类体系结构的深入剖析

为了让程序具有可重用性和可扩展性，上面的流程并不是通过一个类来实现的，而是通过多个类的继承最终由简单表单控制器实现的，如图 10-5 所示是这些类的实现类图。

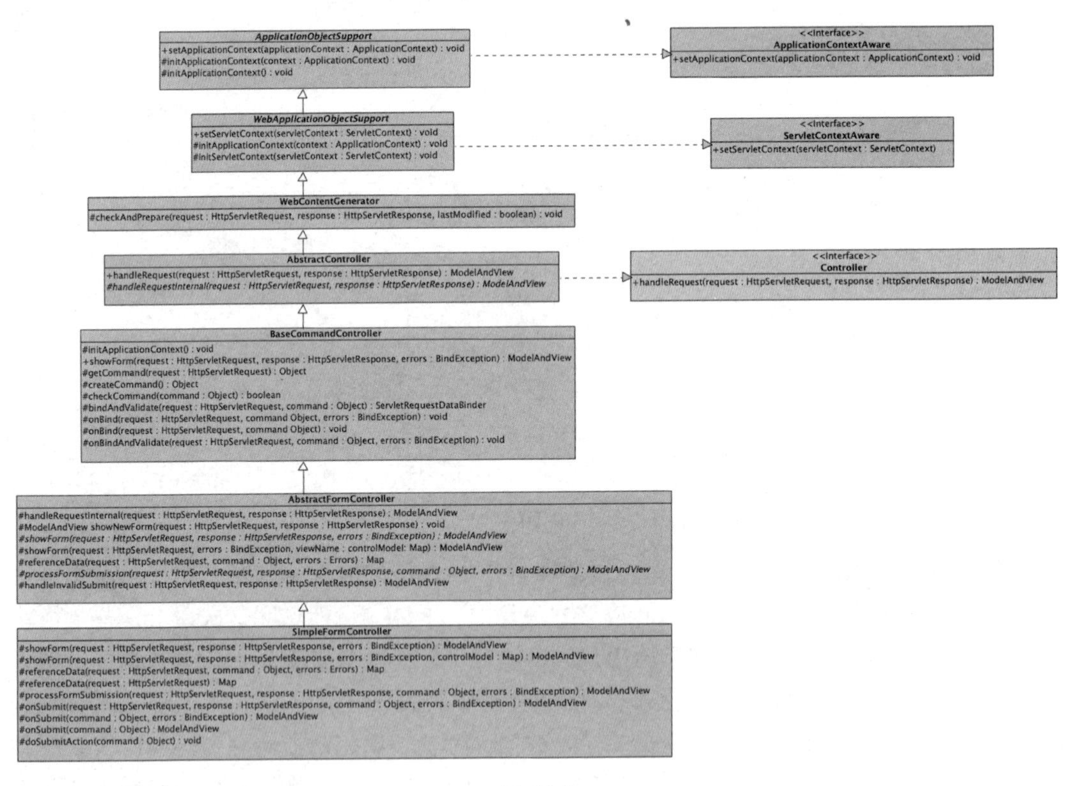


图 10-5

我们在分析处理器映射的实现时得知，在图 10-5 中上面 4 个接口和类被用于注入 Web 应用程序环境和 Servlet 环境，这里不再详述其实现，我们对其子类进行详细剖析。

## 10.3.1　Web 内容产生器

继承自 Web 应用程序支持类的第 1 个类就是 Web 内容产生器( WebContentGenerator ),这个类用于校验支持的 HTTP 方法，也会产生 HTTP 缓存头等信息，代码及注释如下。

```
    //这个方法检查 HTTP 请求方法的合法性及产生的缓存头信息
    //这个类是抽象类，这个方法是实体方法预留给子类使用的
    //lastModified 通常由控制器是否实现了 LastModified 接口来决定
    protected final void checkAndPrepare(
            HttpServletRequest request, HttpServletResponse response, boolean
lastModified)
        throws ServletException {

        //代理另一个方法并且传入更多的参数（配置的缓存时间）
        checkAndPrepare(request, response, this.cacheSeconds, lastModified);
    }


    protected final void checkAndPrepare(
            HttpServletRequest request, HttpServletResponse response, int
cacheSeconds, boolean lastModified)
        throws ServletException {

        //检查是否支持当前的 HTTP 请求方法
        String method = request.getMethod();
        if (this.supportedMethods != null
&& !this.supportedMethods.contains(method)) {
            //如果不支持，则抛出异常，终止处理
            throw new HttpRequestMethodNotSupportedException(
                    method, StringUtils.toStringArray(this.supportedMethods));
        }

        //如果 Session 不存在，则抛出特定的异常 HttpSessionRequiredException，这个异常通
常被捕获，在被捕获后创建 Session，然后重试
        if (this.requireSession) {
            if (request.getSession(false) == null) {
                throw new HttpSessionRequiredException("Pre-existing session
required but none found");
            }
        }
```

```
        //添加缓存信息到响应头中
        //如果控制器支持最后的修改操作，则设置必须重新校验信息到响应头中
        applyCacheSeconds(response, cacheSeconds, lastModified);
    }

    protected final void applyCacheSeconds(HttpServletResponse response, int
seconds, boolean mustRevalidate) {
        //如果缓存时间大于 0
        if (seconds > 0) {
            //则设置缓存时间到响应头中
            cacheForSeconds(response, seconds, mustRevalidate);
        }
        else if (seconds == 0) {
            //设置永远不缓存信息到响应头中
            preventCaching(response);
        }

        //如果缓存时间小于 0，则服务器不决定是否缓存，由用户自己决定
    }

    protected final void cacheForSeconds(HttpServletResponse response, int seconds,
boolean mustRevalidate) {
        //这里需要兼容 HTTP 1.0 和 HTTP 1.1
        if (this.useExpiresHeader) {
            //如果是 HTTP 1.0 的头信息，则设置缓存时间
            response.setDateHeader(HEADER_EXPIRES, System.currentTimeMillis() +
seconds * 1000L);
        }
        if (this.useCacheControlHeader) {
            //如果是 HTTP 1.1 的头信息，则设置缓存时间
            String headerValue = "max-age=" + seconds;

            //如果支持最后的修改操作，则设置标识重新校验
            if (mustRevalidate) {
                headerValue += ", must-revalidate";
            }

            response.setHeader(HEADER_CACHE_CONTROL, headerValue);
        }
    }
```

```
    protected final void preventCaching(HttpServletResponse response) {
        //在 HTTP 响应头中设置不使用缓存
        response.setHeader(HEADER_PRAGMA, "no-cache");
        if (this.useExpiresHeader) {
            //如果是 HTTP 1.0 的头信息，则使用 1，代表不使用缓存
            response.setDateHeader(HEADER_EXPIRES, 1L);
        }
        if (this.useCacheControlHeader) {
            //如果是 HTTP 1.1 的头信息,则用 no-cache 来禁用缓存的标准值,no-store 在 Firefox
浏览器里被用来告诉浏览器不需要缓存网页
            response.setHeader(HEADER_CACHE_CONTROL, "no-cache");
            if (this.useCacheControlNoStore) {
                response.addHeader(HEADER_CACHE_CONTROL, "no-store");
            }
        }
    }
```

## 10.3.2　抽象控制器类

类层次的下一个类抽象控制器类（AbstractController）实现了控制器接口，但是这个类除了对 handleRequest()方法进行了同步，并没有做任何实现，并且适配到一个抽象方法 handleRequestInternal()，这个方法是由子类实现的，代码及注释如下。

```
    public ModelAndView handleRequest(HttpServletRequest request,
HttpServletResponse response)
            throws Exception {

        //调用 Web 内容产生器检查 HTTP 方法和产生缓存信息的响应头
        checkAndPrepare(request, response, this instanceof LastModified);

        //如果在 Session 内打开同步标识，则对 handleRequestInternal()进行同步调用
        if (this.synchronizeOnSession) {
            HttpSession session = request.getSession(false);
            if (session != null) {
                //如果 Session 存在，则获取同步对象，默认是 Session 对象本身
                Object mutex = WebUtils.getSessionMutex(session);
                synchronized (mutex) {
                    //在 Session 内同步处理请求
                    return handleRequestInternal(request, response);
```

```
                }
            }
        }

        //如果不需要在 Session 内同步，则直接调用抽象方法 handleRequestInternal()
        return handleRequestInternal(request, response);
    }

    //这个方法需要由子类实现，并处理不同的业务流程
    protected abstract ModelAndView handleRequestInternal(HttpServletRequest
request, HttpServletResponse response)
        throws Exception;
```

## 10.3.3 基本命令控制器

在类实现体系结构中，基本命令控制器（BaseCommandController）引入了命令（Command）的概念，它是一个通用的类型，用于存储输入的参数信息，并且引入了对这个领域模型进行初始化和校验的逻辑，代码及注释如下。

```
    //继承自应用程序支持类的初始化方法，实现了更多的初始化逻辑
    protected void initApplicationContext() {
        //如果注册了校验器
        if (this.validators != null) {
            for (int i = 0; i < this.validators.length; i++) {
                //如果存在不支持配置的命令类的校验器，则抛出异常且停止处理
                if (this.commandClass != null
&& !this.validators[i].supports(this.commandClass))
                    throw new IllegalArgumentException("Validator [" + this.
validators[i] + "] does not support command class [" + this.commandClass.getName()
+ "]");
            }
        }
    }

    //提供了获取命令的方法给子类使用
    protected Object getCommand(HttpServletRequest request) throws Exception {
        //默认实现是通过配置的类实例化一个新的命令
        return createCommand();
    }
```

```
    protected final Object createCommand() throws Exception {
        //如果没有配置命令类，则抛出异常且退出
        if (this.commandClass == null) {
            throw new IllegalStateException("Cannot create command without
commandClass being set - " + "either set commandClass or (in a form controller) override
formBackingObject");
        }
        if (logger.isDebugEnabled()) {
            logger.debug("Creating new command of class [" + this.commandClass.
getName() + "]");
        }

        //通过配置的类实例化一个命令
        return BeanUtils.instantiateClass(this.commandClass);
    }

    protected final boolean checkCommand(Object command) {
        //查看命令是否和配置的命令类匹配
        return (this.commandClass == null ||
this.commandClass.isInstance(command));
    }

    bindAndValidate 的代码及注释如下。
    //预留绑定命令和校验命令的方法给子类使用
    protected final ServletRequestDataBinder bindAndValidate(HttpServletRequest
request, Object command)
    throws Exception {
        //通过当前的 HTTP 请求和命令创建绑定
        ServletRequestDataBinder binder = createBinder(request, command);

        //把绑定结构放入绑定异常中，erros 和 binder 都指向同一个绑定结果，先前在校验过程中会把
错误存储在这个绑定结果上
        BindException errors = new BindException(binder.getBindingResult());

        //查看是否配置了跳过绑定
        if (!suppressBinding (Request) ) {
            //如果没有跳过绑定，则绑定请求数据到命令数据里
            binder.bind (Request) ;

            //在绑定后唤醒绑定后的事件
            onBind(request, command, errors);
```

```
            //查看校验设置
            if (this.validators != null && isValidateOnBinding()
&& !suppressValidation(request, command, errors)) {
                //如果在绑定时校验开启和跳过校验被关闭，则使用校验器进行校验命令
                for (int i = 0; i < this.validators.length; i++) {
                    //在校验器里如果有错误，就会将错误存入errors里，而errors是从绑定的结果中构造出来的，由于传递的是引用，所以共享一个结果，这个最后会被逐层返回
                    ValidationUtils.invokeValidator(this.validators[i], command,
errors);
                }
            }

            //在绑定和校验后，唤起绑定和校验后的时间
            onBindAndValidate(request, command, errors);
        }

        //如果设置了跳过绑定，则直接将绑定结果返回
        return binder;
    }

    protected boolean suppressBinding(HttpServletRequest request) {
        //在默认情况下进行绑定操作
        return false;
    }

    protected void onBind(HttpServletRequest request, Object command, BindException
errors) throws Exception {
        //响应绑定操作执行后的事件方法，子类可以通过改写来实现特殊的绑定操作
        onBind(request, command);
    }

    protected void onBind(HttpServletRequest request, Object command) throws
Exception {
        //模板方法，方法同上
    }

    protected void onBindAndValidate(HttpServletRequest request, Object command,
BindException errors)
    throws Exception {
        //响应绑定和校验操作执行后的事件方法，子类可以通过改写来实现特殊的校验操作
```

```
    }

    protected ServletRequestDataBinder createBinder(HttpServletRequest request,
Object command)
    throws Exception {
        //实例化一个 Servlet 请求数据绑定
        ServletRequestDataBinder binder = new ServletRequestDataBinder(command,
getCommandName());

        //对绑定进行简单初始化，例如，绑定使用的消息代码解析器、错误 Handler、用户化编辑器等
        prepareBinder(binder);

        //可以通过 Web 绑定初始化器对绑定进行初始化
        initBinder(request, binder);

        //返回绑定
        return binder;
    }

    protected final void prepareBinder(ServletRequestDataBinder binder) {
        //设置是否使用直接字段存取
        if (useDirectFieldAccess()) {
            binder.initDirectFieldAccess();
        }

        //设置消息代码解析器
        if (this.messageCodesResolver != null) {
            binder.setMessageCodesResolver(this.messageCodesResolver);
        }

        //设置绑定错误处理器
        if (this.bindingErrorProcessor != null) {
            binder.setBindingErrorProcessor(this.bindingErrorProcessor);
        }

        //支持定制化
        if (this.propertyEditorRegistrars != null) {
            for (int i = 0; i < this.propertyEditorRegistrars.length; i++) {
                this.propertyEditorRegistrars[i].registerCustomEditors(binder);
            }
        }
```

```
    }
    protected void initBinder(HttpServletRequest request, ServletRequestDataBinder
binder) throws Exception {
        if (this.webBindingInitializer != null) {
            //使用 Web 绑定初始化器对绑定进行初始化
            this.webBindingInitializer.initBinder(binder, new ServletWebRequest
(Request) );
        }
    }
```

由此可见，在基本命令控制器的实现中提供了实用方法创建命令、绑定命令和校验命令。

## 10.3.4 抽象表单控制器

在下一个类层次中，抽象表单控制器（AbstractFormController）使用这些方法创建命令、校验命令，进入显示表单、处理表单和显示成功视图的流程，代码及注释如下。

```
    protected ModelAndView handleRequestInternal(HttpServletRequest request,
HttpServletResponse response)
            throws Exception {

        //判断是提交表单还是显示表单
        if (isFormSubmission(Request)) {
            //如果是提交表单（HTTP POST）
            try {
                //则获取命令，根据配置新创建命令或者从 Session 中提取命令
                Object command = getCommand (Request) ;
                //使用父类提供的使用方法进行绑定和校验
                ServletRequestDataBinder binder = bindAndValidate(request,
command);

                //构造绑定错误，这是建立在绑定结构之上的
                BindException errors = new
BindException(binder.getBindingResult());

                //处理提交表单的逻辑
                return processFormSubmission(request, response, command, errors);
            }
            catch (HttpSessionRequiredException ex) {
```

```
                //如果没有 form-bean（命令）存在于 Session 里
                if (logger.isDebugEnabled()) {
                    logger.debug("Invalid submit detected: " + ex.getMessage());
                }

                //如果需要 Session 存在或者使用了 Session From 但是没有 Session Form 存在，
则初始化 Session Form，然后重试
                return handleInvalidSubmit(request, response);
            }
        }

        else {
            //如果是显示表单（HTTP GET），则显示表单输入视图
            return showNewForm(request, response);
        }
    }
```

判断表单是否提交的代码及注释如下。

```
    protected boolean isFormSubmission(HttpServletRequest request) {
        //只有 HTTP POST 才会使用提交表单的处理逻辑
        return "POST".equals(request.getMethod());
    }
```

获取命令的代码及注释如下。

```
    protected final Object getCommand(HttpServletRequest request) throws Exception
{
        //如果不是 session-form 模式，则创建一个全新的 form-backing 命令
        if (!isSessionForm()) {
            return formBackingObject (Request) ;
        }

        //如果是 Session-form 模式
        HttpSession session = request.getSession(false);
        if (session == null) {
            //如果 Session 不存在，则抛出特殊的异常 HttpSessionRequiredException
            throw new HttpSessionRequiredException("Must have session when trying
to bind (in session-form mode)");
        }
        String formAttrName = getFormSessionAttributeName (Request) ;
        //获取保存在 Session 里的 Session Form 关键字
        Object sessionFormObject = session.getAttribute(formAttrName);
```

```
        if (sessionFormObject == null) {
            //如果关键字不存在，则抛出特殊的异常 HttpSessionRequiredException
            throw new HttpSessionRequiredException("Form object not found in session
(in session-form mode)");
        }

        //抛出特殊的异常后，HttpSessionRequiredException 会被抓住，然后创建 Session 和命
令本身，最后进行重试


        if (logger.isDebugEnabled()) {
            logger.debug("Removing form session attribute [" + formAttrName + "]");
        }

        //在流程处理完毕后，将命令从 Session 中移除，如果再次需要命令，则需要重建命令，然后绑定、
校验，等等
        session.removeAttribute(formAttrName);

        //调用模板方法获取当前的命令
        return currentFormObject(request, sessionFormObject);
    }
```

创建数据对象的代码及注释如下。

```
    protected Object formBackingObject(HttpServletRequest request) throws Exception
{
        //使用父类的方法创建一个全新的 form-backing 命令
        return createCommand();
    }
```

获得当前的数据对象的代码及注释如下。

```
    protected Object currentFormObject(HttpServletRequest request, Object
sessionFormObject) throws Exception {
        //返回传入的命令本身，也可能对命令做用户化的改变
        return sessionFormObject;
    }
```

processFormSubmission 是一个抽象方法，子类用于实现对 HTTP 请求的处理逻辑，代码及注释如下。

```
    protected abstract ModelAndView processFormSubmission(
            HttpServletRequest request, HttpServletResponse response, Object
```

```
command, BindException errors)
            throws Exception;
```

如果使用 Session Form 模式，但是没有 Session 或者在 Session 里不存在命令，则进行特殊化处理，代码及注释如下。

```
    protected ModelAndView handleInvalidSubmit(HttpServletRequest request,
HttpServletResponse response)
    throws Exception {
        //创建一个命令
        Object command = formBackingObject (Request) ;

        //校验和绑定
        ServletRequestDataBinder binder = bindAndValidate(request, command);
        BindException errors = new BindException(binder.getBindingResult());

        //进行对 HTTP 提交请求的处理，这个方法是抽象方法，子类需要实现相应的处理逻辑
        return processFormSubmission(request, response, command, errors);
    }
```

Form 操作的代码及注释如下。

```
    protected final ModelAndView showNewForm(HttpServletRequest request,
HttpServletResponse response)
    throws Exception {
        logger.debug("Displaying new form");

        //显示一个表单视图
        return showForm(request, response, getErrorsForNewForm (Request) );
    }
```

错误处理的代码及注释如下。

```
    protected final BindException getErrorsForNewForm(HttpServletRequest request)
throws Exception {
        //创建命令 (form-back)
        Object command = formBackingObject (Request) ;

        //这个命令不能为空
        if (command == null) {
            throw new ServletException("Form object returned by formBackingObject()
must not be null");
        }
```

```
        //简单命令和配置的命令类是否兼容
        if (!checkCommand(command)) {
            throw new ServletException("Form object returned by formBackingObject()
must match commandClass");
        }

        //创建绑定，但是不需要真正绑定和校验
        ServletRequestDataBinder binder = createBinder(request, command);
        BindException errors = new BindException(binder.getBindingResult());

        //在默认情况下对于显示表单视图，不绑定命令
        if (isBindOnNewForm()) {
            //手工配置为在显示表单视图时进行绑定
            logger.debug("Binding to new form");
            binder.bind (Request) ;

            //传递绑定时间
            onBindOnNewForm(request, command, errors);
        }

        //返回绑定结果错误，里面可能不包含错误
        return errors;
    }
```

子类可以实现显示表单视图的逻辑，代码及注释如下。

```
    protected abstract ModelAndView showForm(
            HttpServletRequest request, HttpServletResponse response,
BindException errors)
            throws Exception;
```

如此可见，抽象表单控制器实现了处理一个 Web 表单的主要流程。也就是说，在表单初始化时显示表单视图，而在表单提交时处理表单提交，最后显示成功视图。因此，表单控制器定义了两个抽象方法：showForm()和 processFormSubmission()。也正如我们所想，子类通过实现这两个方法来处理不同的流程。在简单表单控制器的实现中，showForm()简单地显示了配置的表单视图。processFormSubmission()的实现则判断是否有绑定和校验错误，如果有错误，则转发请求到表单视图，在表单视图中显示错误并且提示用户重新输入。如果用户输入了正确有效的数据并且提交了表单，简单表单控制器则使用服务层的服务处理逻辑，并且连同包含处理结果的模型数据和成功视图返回给作为主控制器的 Dispatcher

Servlet，代码及注释如下。

```
    //实现父类的抽象方法，来处理一个 HTTP 请求
    @Override
    protected ModelAndView showForm(
            HttpServletRequest request, HttpServletResponse response,
BindException errors)
            throws Exception {

        return showForm(request, response, errors, null);
    }

    protected ModelAndView showForm(
            HttpServletRequest request, HttpServletResponse response,
BindException errors, Map controlModel)
            throws Exception {

        //显示配置的表单视图
        return showForm(request, errors, getFormView(), controlModel);
    }

    @Override
    protected ModelAndView processFormSubmission(
            HttpServletRequest request, HttpServletResponse response, Object
command, BindException errors)
            throws Exception {

        if (errors.hasErrors()) {
            if (logger.isDebugEnabled()) {
                logger.debug("Data binding errors: " + errors.getErrorCount());
            }
            //如果绑定和校验返回错误，则转发到表单视图，并且显示错误，提示用户重新输入
            return showForm(request, response, errors);
        }
        else if (isFormChangeRequest(request, command)) {
            logger.debug("Detected form change request -> routing request to
onFormChange");
            //如果表单改变请求，例如一个相关对话框数据改变等
            onFormChange(request, response, command, errors);

            //则转发到表单视图，让用户继续输入
```

```
            return showForm(request, response, errors);
        }
        else {
            logger.debug("No errors -> processing submit");

            //处理提交表单的逻辑并且返回模型和视图
            return onSubmit(request, response, command, errors);
        }
    }

    protected ModelAndView onSubmit(Object command, BindException errors) throws
Exception {
        //执行业务逻辑处理，返回模型和视图
        ModelAndView mv = onSubmit(command);
        if (mv != null) {
            //如果返回模型和视图，则直接返回它给 DispatcherServlet，在默认情况下并不返回模
型和视图
            return mv;
        }
        else {
            //在默认情况下返回配置的成功视图
            if (getSuccessView() == null) {
                throw new ServletException("successView isn't set");
            }
            return new ModelAndView(getSuccessView(), errors.getModel());
        }
    }

    protected ModelAndView onSubmit(Object command) throws Exception {
        //业务逻辑处理的默认实现，调用一个模板方法
        //子类可以改写此方法的实现，调用服务层处理逻辑，返回模型和视图
        doSubmitAction(command);
        return null;
    }

    protected void doSubmitAction(Object command) throws Exception {
        //如果子类不需要返回特殊的视图，那么仅仅需要改写此方法
    }
```

### 10.3.5　简单表单控制器

简单表单控制器是这个实现体系结构中的最后一个类，在使用它之前，需要为它配置表单视图和成功视图，这样它就可以开始工作了。但是，一个具体的控制器类应该改写它的 doActionSubmit()方法，从而实现需要的业务逻辑调用。

可见，简单表单控制器并不是单一的类实现，在实现上有很多层次，每个层次都完成一个相对独立的功能，下一层紧紧依赖于上一层。在选择实现一个控制器时，可以根据需要选择实现某个层次的抽象类控制器，甚至控制器接口本身。

# 第 11 章 基于注解控制器的流程实现

第 10 章深入剖析了基于简单控制器的流程实现，事实上，许多简单控制器的流程实现都不再被推荐使用。Spring 自 2.5 版本发布后就开始鼓励使用基于注解控制器的流程实现。基于注解控制器的流程有实现方法简单、程序代码清晰易读等特点。

基于注解控制器和基于简单控制器的流程实现非常相似，DispatcherServlet 在处理一个 HTTP 请求时，会先通过默认注解处理器映射（DefaultAnnotationHandlerMapping）把 HTTP 请求映射到响应的注解控制器（@Contoller），然后把控制流传给注解方法处理器适配器（AnnotationMethodHandlerAdapter）。注解方法处理器适配器并不是简单地传递控制流给注解控制器，而是以一定的规则查找注解控制器里面的 Handler 方法，并且通过反射映射 HTTP 请求信息到方法的参数，然后通过反射调用方法，在得到方法的返回结果后根据一定的规则把返回结果映射到模型和视图，进而返回给 DispatcherServlet。

## 11.1 默认注解处理器映射的实现

事实上，默认注解处理器映射的实现重用了简单控制器流程的处理器映射的实现体系结构。在第 10 章中讲到，Bean 名称 URL 处理器映射继承自抽象探测 URL 处理器映射，实现了其抽象方法 determineUrlsForHandler()，在这个方法实现中把所有以斜杠（/）为开头的 Bean 名称注册为一个简单控制器。默认注解处理器映射的实现同样实现了抽象方法

determineUrlsForHandler()，如果在某个 Bean 中使用了请求映射注解（@RequestMapping），则将这个 Bean 注册为一个注解控制器，如图 11-1 所示。

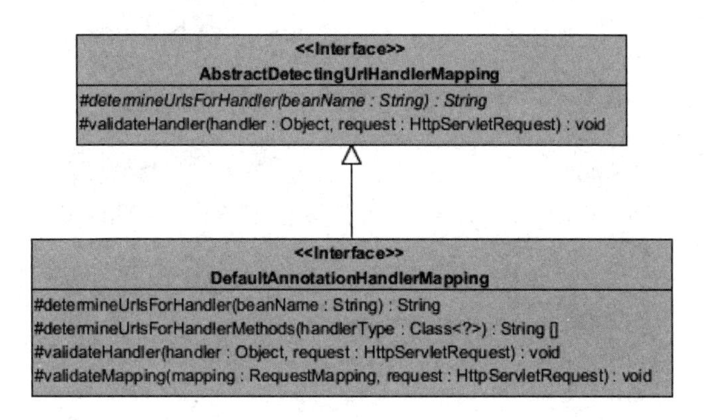


图 11-1

如图 11-1 所示，默认注解处理器映射实现了 determineUrlsForHandler()方法，查找 Bean 类型级别的请求映射注解和方法级别的请求映射注解，如果两个级别的请求映射注解都存在，则结合两个级别的请求映射注解；否则使用方法级别的请求映射注解，构造出一个 URL Pattern 集合，并且返回这个 URL Pattern 集合，抽象探测 URL 处理器映射就会使用这个集合中的每个元素作为关键字将 Bean 注册为一个注解控制器，代码及注释如下。

```
    @Override
    protected String[] determineUrlsForHandler(String beanName) {
        //获取 Web 应用程序环境
        ApplicationContext context = getApplicationContext();

        //获取当前 Bean 的类型
        Class<?> handlerType = context.getType(beanName);

        //找到类型级别的请求映射注解
        RequestMapping mapping = context.findAnnotationOnBean(beanName,
RequestMapping.class);

        if (mapping != null) {
            //如果类型级别声明了请求映射注解

            //则缓存处理器类型和类型级别请求映射注解
            this.cachedMappings.put(handlerType, mapping);
```

```
            //开始查找所有应用在当前 Bean 中的 URL Pattern，这些 URL Pattern 是根据类型级别
和方法级别的请求映射注解计算得到的
            Set<String> urls = new LinkedHashSet<String>();

            //获取类型级别的 URL Pattern
            String[] typeLevelPatterns = mapping.value();
            if (typeLevelPatterns.length > 0) {
                //如果类型级别的请求映射注解指定了 URL Pattern，则结合类型级别的 URL Pattern
和方法级别的 URL Pattern
                String[] methodLevelPatterns =
determineUrlsForHandlerMethods(handlerType);

                //每种类型级别的 URL Pattern 都结合每种方法级别的 URL Pattern
                for (String typeLevelPattern : typeLevelPatterns) {
                    //如果没有以斜线（/）为开头，则添加一个斜线作为开头，因为匹配时的 URI 是
以斜线为开头的
                    if (!typeLevelPattern.startsWith("/")) {
                        typeLevelPattern = "/" + typeLevelPattern;
                    }

                    for (String methodLevelPattern : methodLevelPatterns) {
                        //结合任意类型级别的 URL Pattern 和任意方法级别的 URL Pattern
                        String combinedPattern =
getPathMatcher().combine(typeLevelPattern, methodLevelPattern);

                        //添加结合的 URL Pattern 到结果集合
                        addUrlsForPath(urls, combinedPattern);
                    }

                    //添加类型级别的 URL Pattern 到结果集合
                    addUrlsForPath(urls, typeLevelPattern);
                }

                //返回 URL Pattern 结果集合
                return StringUtils.toStringArray(urls);
            }
            else {
                //如果类型级别的请求映射注解没有配置 URL Pattern，则直接返回所有方法级别的
请求映射注解中的 URL Pattern
```

```
                return determineUrlsForHandlerMethods(handlerType);
            }
        }
        else if (AnnotationUtils.findAnnotation(handlerType, Controller.class) !=
null) {
            //如果没有声明类型级别的请求映射注解，但是声明了类型级别的控制器注解，则直接返回所
有方法级别的请求映射注解中的 URL Pattern
            return determineUrlsForHandlerMethods(handlerType);
        }
        else {
            //如果既没有方法级别的请求映射注解，也没有类型级别的控制器注解，则这个 Bean 不是注
解控制器，返回 null
            return null;
        }
    }
```

从方法中解析 URL 的代码及注释如下。

```
    protected String[] determineUrlsForHandlerMethods(Class<?> handlerType) {
        //声明成 final 是为了内部类的访问
        final Set<String> urls = new LinkedHashSet<String>();

        //如果是代理类，则使用代理类实现的接口，否则用类本身来探测处理器方法
        Class<?>[] handlerTypes =
                Proxy.isProxyClass(handlerType) ? handlerType.getInterfaces() :
new Class<?>[]{handlerType};

        //对于每种类型，遍历类型中的每个处理器方法
        for (Class<?> currentHandlerType : handlerTypes) {
            ReflectionUtils.doWithMethods(currentHandlerType, new
ReflectionUtils.MethodCallback() {
                public void doWith(Method method) {
                    //获取在当前方法级别声明的请求映射注解
                    RequestMapping mapping =
AnnotationUtils.findAnnotation(method, RequestMapping.class);
                    if (mapping != null) {
                        //如果方法级别的请求映射注解存在

                        //则遍历在每个请求映射注解中注册的 URL Pattern
                        String[] mappedPaths = mapping.value();
```

```
                        for (String mappedPath : mappedPaths) {
                            //添加到要返回的URL Pattern集合中
                            addUrlsForPath(urls, mappedPath);
                        }
                    }
                }
            });
        }

        //返回结果集合
        return StringUtils.toStringArray(urls);
    }
```

把 URL 存储到一个集合中，代码及注释如下。

```
    protected void addUrlsForPath(Set<String> urls, String path) {
        //直接添加到结果集合中
        urls.add(path);

        //如果使用默认后缀，则添加另外两个URL到URL Pattern集合中，用于匹配扩展名后缀和斜线
后缀
        if (this.useDefaultSuffixPattern && path.indexOf('.') == -1
&& !path.endsWith("/")) {
            urls.add(path + ".*");
            urls.add(path + "/");
        }
    }
```

在默认注解处理器映射中不但实现了在注解处理器中配置的 URL Pattern 提取，还改写了一个校验处理器的方法 validateHandler()，这个方法的实现根据类型级别的请求映射的配置，校验当前的请求能否被应用到这个处理器上。这个校验方法是在 DispatcherServlet 将一个请求映射到响应的处理器时调用的，具体逻辑如下。

◎ 如果处理器优先级的请求映射定义了 HTTP 方法，则当前的 HTTP 请求方法必须是请求映射定义的这些 HTTP 方法之一。
◎ 如果处理器优先级的请求映射定义了 HTTP 参数，则当前的 HTTP 请求参数必须包含请求映射定义的所有 HTTP 参数。
◎ 如果处理器优先级的请求映射定义了 HTTP 头，则 HTTP 请求头必须包含请求映射定义的所有 HTTP 头。

否则，这个处理器不能处理当前的 HTTP 请求，会抛出异常、终止处理。可见，类型级别的请求映射是优先校验的，方法级别的请求映射是后来校验的，所以得出以下结论。

（1）方法级别请求映射定义的 HTTP 方法，必须是类型级别请求映射定义的 HTTP 方法的子集，否则没有意义。

（2）方法级别请求映射定义的 HTTP 参数个数，可以是多于类型级别请求映射定义的 HTTP 参数个数。

（3）方法级别请求映射定义的 HTTP 头个数，可以是多于类型级别请求映射定义的 HTTP 头个数。

代码及注释如下。

```
    //这个方法是在 DispatcherServlet 找到一个处理器时调用的
    @Override
    protected void validateHandler(Object handler, HttpServletRequest request)
throws Exception {
        //从缓存中得到声明在处理器优先级的请求映射注解
        RequestMapping mapping = this.cachedMappings.get(handler.getClass());
        if (mapping == null) {
            //否则直接获取，在通常情况下是在初始化时加入的
            mapping = AnnotationUtils.findAnnotation(handler.getClass(),
RequestMapping.class);
        }
        if (mapping != null) {
            //校验方法级别的映射信息
            validateMapping(mapping, request);
        }
    }

    protected void validateMapping(RequestMapping mapping, HttpServletRequest
request) throws Exception {
        //获取在类型级别声明的 HTTP 方法
        RequestMethod[] mappedMethods = mapping.method();
        if (!ServletAnnotationMappingUtils.checkRequestMethod(mappedMethods,
request)) {
            //如果当前请求的 HTTP 方法不是在类型级别声明的 HTTP 方法，而且在类型级别声明了一个
或者一个以上的 HTTP 方法
            String[] supportedMethods = new String[mappedMethods.length];
```

```
            //则获取类型级别声明的 HTTP 方法，这些方法是支持的 HTTP 方法
            for (int i = 0; i < mappedMethods.length; i++) {
                supportedMethods[i] = mappedMethods[i].name();
            }

            //抛出异常，提示哪些 HTTP 方法是支持的
            throw new HttpRequestMethodNotSupportedException(request.getMethod(),
supportedMethods);


        //获取在类型级别声明的 HTTP 参数
        String[] mappedParams = mapping.params();

       if (!ServletAnnotationMappingUtils.checkParameters(mappedParams, request))
{
            //如果当前请求的 HTTP 参数不包含在类型级别声明的 HTTP 参数，而且在类型级别声明了一
个或者一个以上的 HTTP 参数
            //则抛出异常，提示哪些参数应该被包含在 HTTP 请求中
            throw new UnsatisfiedServletRequestParameterException(mappedParams,
request.getParameterMap());
        }
        //获取在类型级别声明的 HTTP 头
        String[] mappedHeaders = mapping.headers();
        if (!ServletAnnotationMappingUtils.checkHeaders(mappedHeaders, request)) {
            //如果当前请求的 HTTP 头不包含在类型级别声明的 HTTP 头，而且在类型级别声明了一个及
以上的 HTTP 头
            //则抛出异常，提示哪些头信息应该被包含在 HTTP 请求中

            throw new ServletRequestBindingException("Header conditions \"" +
                    StringUtils.arrayToDelimitedString(mappedHeaders, ", ") +
                    "\" not met for actual request");
        }

        //可见，如果在类型级别声明了支持的 HTTP 方法，则在方法中声明的 HTTP 方法应该是在类型级
别声明的 HTTP 方法的子集，参数和头信息的声明则可以是递增的
    }
```

可见，在基于注解控制器流程的实现中，注解处理器映射默认通过在处理器中声明的请求映射注解来注册注解控制器并且查找注解控制器。

## 11.2　注解处理器适配器的架构设计

DispatcherServlet 通过 HTTP 请求得到一个注解控制器，将注解控制器等传递给注解方法处理器适配器进行处理器方法的调用，对处理器方法的调用是通过反射实现的，在调用之前需要通过反射从请求参数和请求头等探测所有需要的参数，在调用返回后再通过一定的规则映射结果到模型和视图。这个流程是通过注解方法处理器适配器类和相关的支持类实现的，如图 11-2 所示。

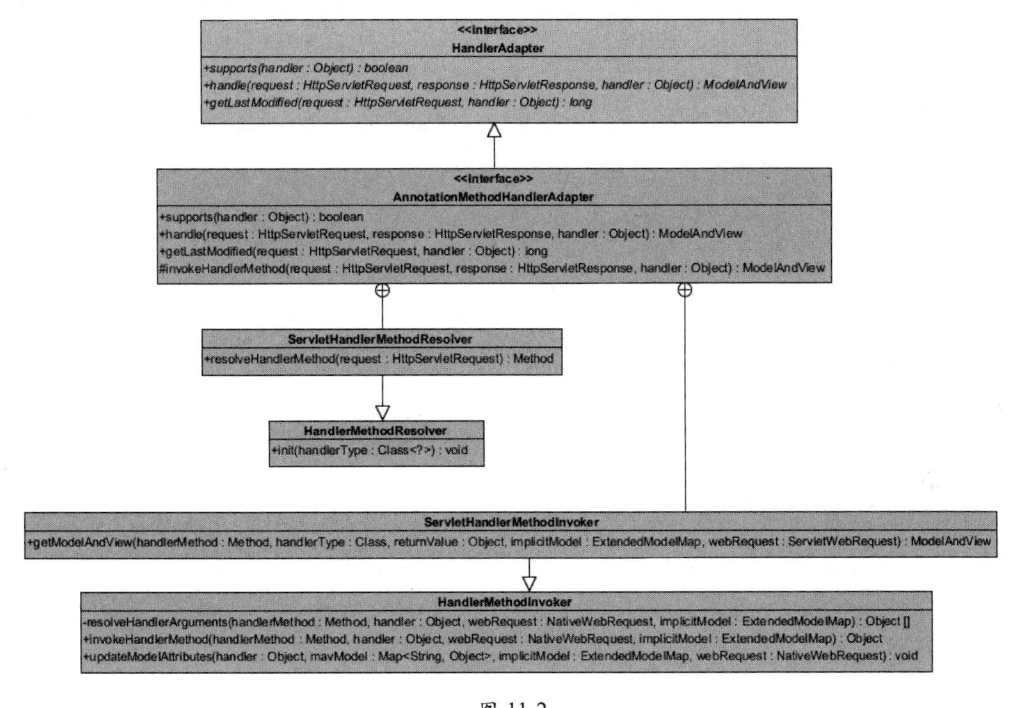


图 11-2

如图 11-2 所示，注解方法处理器适配器类实现了处理器适配器接口。在 handle()方法的实现中使用两个辅助类 Servlet 处理器方法解析器（ServletHandlerMethodResolver）和 Servlet 处理器方法调用器（ServletHandlerMethodInvoker），利用反射的原理调用注解处理器方法。在处理器方法调用之前，通过参数注解从 HTTP 请求中提取参数值，在处理器方法调用之后通过注解映射方法的返回值传递给模型和视图，最后返回给 DispatcherServlet 进行视图解析和视图显示，如图 11-3 所示。

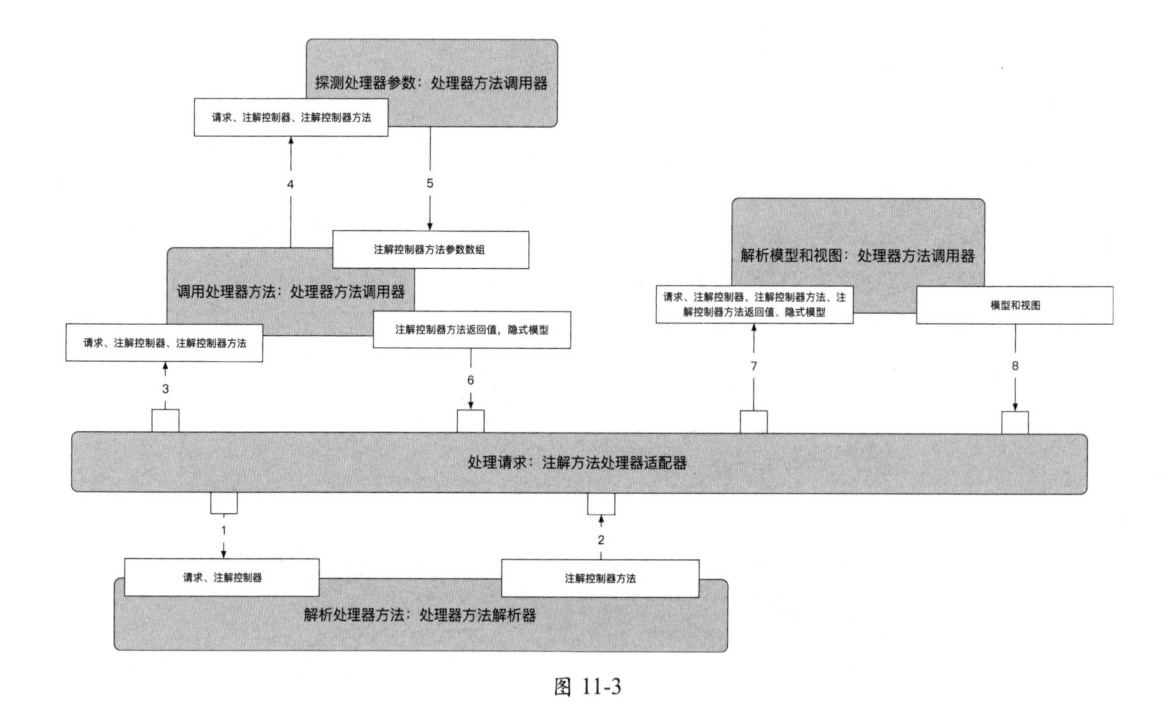


图 11-3

## 11.3 深入剖析注解控制器的处理流程

这里根据如图 11-3 所示的流程深入分析源码。DispatcherServlet 在从默认注解处理器映射中得到注解控制器后，会将控制器传递给注解方法处理器适配器的 handle()方法，handle()方法通过 HTTP 请求方法检查和设置 HTTP 响应缓存信息后，会根据需要对处理器方法进行同步或者非同步调用，代码及注释如下。

```
    public ModelAndView handle(HttpServletRequest request, HttpServletResponse
response, Object handler)
            throws Exception {

        //如果在处理器优先级声明了 Session 属性（@SessionAttributes），则为这个处理器使用特
殊的缓存时间，这个特殊的缓存时间通过属性 cacheSecondsForSessionAttributeHandlers 配置
        if (AnnotationUtils.findAnnotation(handler.getClass(),
SessionAttributes.class) != null) {
            //如果使用 Session 属性管理，则在默认情况下不使用缓存
            checkAndPrepare(request, response,
this.cacheSecondsForSessionAttributeHandlers, true);
```

```
        }
        //如果在处理器优先级没有声明 Session 属性，则使用默认的缓存配置
        else {
            //默认的缓存配置是通过 cacheSeconds 属性配置的
            checkAndPrepare(request, response, true);
        }

        //如果配置了在 Session 内同步
        if (this.synchronizeOnSession) {
            //则获取 Session，否则不创建新的 Session
            HttpSession session = request.getSession(false);

            //如果 Session 存在
            if (session != null) {
                //则获取 Session 互斥锁，默认是 Session 自己
                Object mutex = WebUtils.getSessionMutex(session);

                //同步调用处理器方法
                synchronized (mutex) {
                    return invokeHandlerMethod(request, response, handler);
                }
            }
        }

        //如果没有配置在 Session 内同步，或者还没有创建 Session，则直接调用处理器方法，不需要
在 Session 内同步
        return invokeHandlerMethod(request, response, handler);
    }

    protected ModelAndView invokeHandlerMethod(HttpServletRequest request,
HttpServletResponse response, Object handler)
            throws Exception {

        //通过传入的注解控制器构造一个方法解析器，每种类型的处理器都对应一个 Servlet 处理器方法
解析器
        ServletHandlerMethodResolver methodResolver = getMethodResolver（Handler）;

        //根据 URL Pattern 匹配，解析得到在注解控制器中能够处理当前请求的处理器方法
        Method handlerMethod = methodResolver.resolveHandlerMethod（Request）;
```

```
        //构造方法调用器，每种类型的处理器都对应一个 Servlet 处理器方法调用器，处理器方法的调用逻辑就是在这个类中实现的
        ServletHandlerMethodInvoker methodInvoker = new ServletHandlerMethodInvoker(methodResolver);

        //构造 Web 请求，它是一个代理，包含请求、响应引用和信息
        ServletWebRequest webRequest = new ServletWebRequest(request, response);

        //构造空模型，用于在方法调用过程中存储必要的数据、状态、结果，等等
        ExtendedModelMap implicitModel = new BindingAwareModelMap();

        //通过反射调用处理器方法，在这个方法实现中通过反射和声明在参数上的注解探测得到参数值，通过反射调用处理器方法得到返回值，更多的模型数据通过隐式模型返回
        Object result = methodInvoker.invokeHandlerMethod(handlerMethod, handler, webRequest, implicitModel);

        //通过方法结果的类型和在其上声明的注解，把结果和模型数据映射为模型和视图
        ModelAndView mav = methodInvoker.getModelAndView(handlerMethod, handler.getClass(), result, implicitModel, webRequest);

        //把模型的数据导出到 Session 的属性中，如果是绑定的，则同时导出绑定结果
       methodInvoker.updateModelAttributes(handler, (mav != null ? mav.getModel() : null), implicitModel, webRequest);


        return mav;
    }
```

可见，解析处理器方法、解析参数、调用处理器方法及映射返回值等都是封装在处理器方法解析器和处理器方法调用器中实现的，稍后会深入剖析这些逻辑的实现。

注解方法处理器适配器也对处理器适配器接口的其他两个方法进行了实现，代码及注释如下。

```
    public boolean supports(Object handler) {
        //对于一个 Bean，只要其中有一个方法声明了请求映射注解，则这个 Bean 是注解控制器
        return getMethodResolver (Handler) .hasHandlerMethods();
    }

    public long getLastModified(HttpServletRequest request, Object handler) {
        //注解方法控制器适配器不支持最后的修改操作，这可能是因为注解控制器基本被应用了到表单处
```

```
理过程中，不需要支持最后的修改操作，最后的修改操作更多地被应用到请求资源上

        //【问题】下面的两个实现可能会更好
        //（1）可以通过反射判断注解控制器是不是已经实现了 LastModified 接口
        //（2）也可以扩展一个方法注解来支持 LastModified 接口

        return -1;
    }
```

可见，supports()和 getLastModified()的实现非常简单，这里不再详细分析。通过上面的流程图和代码注释，我们也已经大体了解了通过反射调用处理器方法的步骤，现在开始深入剖析注解方法处理器适配器是如何实现方法解析、方法调用及模型结果数据映射的。

## 11.3.1　解析处理器方法

正如注解控制器的名称所示，它是基于注解信息的控制器，这个控制器是一个普通的 Bean，不需要实现任何接口或者继承抽象类。一个注解控制器可能包含一个或者更多的处理器方法，这些处理器方法是用请求映射注解标识的，请求映射注解包含用于匹配 HTTP 请求的 URI Pattern、请求方法、请求参数和请求头的信息。这些在请求映射中声明的信息会用于匹配 HTTP 请求，如果匹配成功，则会使用匹配的处理器方法处理请求。

这里首先分析请求映射注解都包含哪些属性信息。

```
    public @interface RequestMapping {

        //用于匹配查找路径的 URI Pattern，HTTP 请求的查找路径必须匹配 URI Pattern 中的一个
        String[] value() default {};

        //处理器方法所支持的 HTTP 方法，这些方法包括 GET、POST、HEAD、OPTIONS、PUT、DELETE、
TRACE、HTTP，请求方法必须是其中的一个
        RequestMethod[] method() default {};

        //HTTP 请求必须包含所有这些参数
        String[] params() default {};

        //HTTP 请求必须包含所有这些头
        String[] headers() default {};
```

```
    }
```

如上面的代码所示，声明在一个处理器方法或者处理器优先级的请求映射注解可以包含 URI Pattern、请求方法、请求参数、请求头等信息。在匹配时，URI Pattern 是最重要的匹配信息，如果没有指定 URI Pattern，则使用其他信息匹配。下面分析注解方法处理器适配器是如何使用这些信息匹配一个 HTTP 请求到一个处理器方法的。

首先，注解方法处理器适配器为每个处理器类型都创建一个处理器方法解析器，处理器方法解析器通过反射分析处理器类型，并且获取所有声明了请求映射注解的处理器方法，初始化绑定方法和模型属性方法，相关代码及注释如下。

```
    private ServletHandlerMethodResolver(Class<?> handlerType) {
        //使用父类的初始化方法进行初始化，一个处理器类型对应一个 Servlet 处理器方法解析器
        init(handlerType);
    }

    public void init(Class<?> handlerType) {
        //如果处理器类型是代理类，则获得创建代理类指定的接口，否则使用处理器类型本身，这样可以
忽略代理类本身的方法 invoke()
        Class<?>[] handlerTypes =
                Proxy.isProxyClass(handlerType) ? handlerType.getInterfaces() :
new Class<?>[] {handlerType};

        //遍历获得的每种类型
        for (final Class<?> currentHandlerType : handlerTypes) {
            //遍历每种类型的每个方法
            ReflectionUtils.doWithMethods(currentHandlerType, new
ReflectionUtils.MethodCallback() {
                public void doWith(Method method) {
                    //如果这是接口的方法，则获取实现接口的代理类中的方法，这样做主要是忽略代
理类本身的 invoke 方法
                    Method specificMethod =
ClassUtils.getMostSpecificMethod(method, currentHandlerType);

                    //如果是处理器方法，则存储处理器方法
                    if (isHandlerMethod(method)) {
                        handlerMethods.add(specificMethod);
                    }
                    //如果是初始化绑定方法，则存储初始化绑定方法
                    else if (method.isAnnotationPresent(InitBinder.class)) {
```

```
                        initBinderMethods.add(specificMethod);
                    }
                    //如果是模型属性方法，则存储模型属性方法
                    else if (method.isAnnotationPresent(ModelAttribute.class)) {
                        modelAttributeMethods.add(specificMethod);
                    }
                }
                //跳过桥梁方法，桥梁方法是编译器产生的，用于解决模板方法的重载问题
            }, ReflectionUtils.NON_BRIDGED_METHODS);
        }

        //获取类型级别的请求映射注解
        this.typeLevelMapping = AnnotationUtils.findAnnotation(handlerType,
RequestMapping.class);

        //获取类型级别的 Session 属性注解
        SessionAttributes sessionAttributes =
handlerType.getAnnotation(SessionAttributes.class);

        this.sessionAttributesFound = (sessionAttributes != null);

        //如果存在类型级别的 Session 属性注解
        if (this.sessionAttributesFound) {
            //则保存类型级别的 Session 属性注解声明的属性名称或者类型

    this.sessionAttributeNames.addAll(Arrays.asList(sessionAttributes.value()));

    this.sessionAttributeTypes.addAll(Arrays.asList(sessionAttributes.types()));
        }
    }

    protected boolean isHandlerMethod(Method method) {
        //如果在方法上存在请求映射注解，则这个方法是处理器方法
        return AnnotationUtils.findAnnotation(method, RequestMapping.class) !=
null;
    }
```

可见，在一个处理器类型初始化一个处理器方法解析器后，处理器方法解析器在解析处理器方法时使用了一个复杂的逻辑，来决定这些处理器方法中的哪些方法可以处理当前的 HTTP 请求。如果有多个处理器方法可以处理当前的 HTTP 请求，则选择最佳匹配的处理器方法，下面详细分析其工作流程。

在初始化阶段已经存储了所有声明了请求映射注解的处理器方法。现在遍历所有的处理器方法，判断此方法是否支持当前的 HTTP 请求。

如果请求映射注解的处理器方法包含 URI Pattern 的信息，那么对于每一个 URI Pattern，都查看是否存在类型级别的 URI Pattern，如果存在，则结合类型级别的 URI Pattern；如果最佳匹配的 URI Pattern 存在，则结合最佳匹配的 URI Pattern，否则单独使用处理器方法级别的 URI Pattern 匹配当前的查找路径。如果 URI Pattern 匹配成功，则查看 HTTP 请求是否匹配声明的请求方法、请求参数和请求头，如果这些信息都匹配成功，则添加当前的 URI Pattern 到匹配路径集合中，并通过路径匹配对比器对匹配的路径集合进行排序，同时标识当前的处理器方法为匹配。

如果请求映射注解的处理器方法不包含 URI Pattern 的信息，则只需查看是否匹配声明的请求方法、请求参数和请求头，如果这些信息匹配，则认为当前的处理器方法匹配。一种特殊情况是，如果在请求映射注解中没有声明 HTTP 方法和参数，则先使用处理器方法名解析器来解析处理器的方法名，如果解析的方法名和当前的处理器方法相同，则认为当前的处理器方法为匹配。默认的方法名解析器是通过去掉 URI 最后一部分的文件名扩展名得到的。

如果某个处理器方法匹配，则存储这个处理器方法到匹配的处理器方法集合中。如果在处理器集合中已经存在一个处理器方法，而且已存储的处理器方法和当前的处理器方法不是同一个处理器方法，则需要解析冲突。在这种情况下如果没有路径信息，则需要使用方法名解析器来解析合适的处理器方法进行处理。

使用方法名解析器解析处理器方法的规则为：如果已存储的处理器方法和当前的处理器方法的名称相同，则使用后解析的方法；如果解析的方法名和已存储的处理器方法同名，则继续使用已存储的处理器方法；如果解析的方法名和当前的处理器方法同名，则使用当前的处理器方法；如果不是以上情况，则抛出异常、终止处理。

根据上面的逻辑分析，如果最终有一个或者多个处理器方法匹配当前的 HTTP 请求，则通过请求映射信息对比器找到最佳匹配的处理器方法，相关代码及注释如下。

```
    public Method resolveHandlerMethod(HttpServletRequest request) throws
ServletException {
        //获取查找路径，查找路径是 URI 去掉应用程序环境部分和 Servlet 环境部分的剩余部分
        String lookupPath = urlPathHelper.getLookupPathForRequest (Request) ;

        //获取 URL 对比器，如果有多个 URI Pattern 匹配，则对比找到最佳匹配
        Comparator<String> pathComparator =
pathMatcher.getPatternComparator(lookupPath);

        //用于存储请求映射信息到处理器方法的映射
        Map<RequestMappingInfo, Method> targetHandlerMethods = new
LinkedHashMap<RequestMappingInfo, Method>();
        Set<String> allowedMethods = new LinkedHashSet<String>(7);
        String resolvedMethodName = null;

        //遍历每个处理器方法
        for (Method handlerMethod : getHandlerMethods()) {
            RequestMappingInfo mappingInfo = new RequestMappingInfo();

            //获取处理器方法的请求映射注解
           RequestMapping mapping = AnnotationUtils.findAnnotation(handlerMethod,
RequestMapping.class);

            //获取声明请求映射注解中的路径信息，也就是 URI Pattern
            mappingInfo.paths = mapping.value();

            //如果在处理器优先级没有声明处理器映射，或者方法级别处理器映射包含的 HTTP 方法信息
不同于类型级别处理器映射包含的 HTTP 方法信息，则使用在方法级别声明的信息
            if (!hasTypeLevelMapping() || !Arrays.equals(mapping.method(),
getTypeLevelMapping().method())) {
                mappingInfo.methods = mapping.method();
            }

            //如果在处理器优先级没有声明处理器映射，或者方法级别的处理器映射包含的 HTTP 参数信
息不同于在类型级别的处理器映射中包含的 HTTP 参数信息，则使用在方法级别声明的信息
            if (!hasTypeLevelMapping() || !Arrays.equals(mapping.params(),
getTypeLevelMapping().params())) {
                mappingInfo.params = mapping.params();
            }
```

```
        //如果在处理器优先级没有声明处理器映射，或者在方法级别的处理器映射中包含的 HTTP 头
信息不同于类型级别的处理器映射包含的 HTTP 头信息，则使用在方法级别声明的信息
        if (!hasTypeLevelMapping() || !Arrays.equals(mapping.headers(),
getTypeLevelMapping().headers())) {
            mappingInfo.headers = mapping.headers();
        }
        boolean match = false;

        //如果 URI Pattern 存在，则先匹配 URI
        if (mappingInfo.paths.length > 0) {
            List<String> matchedPaths = new
ArrayList<String>(mappingInfo.paths.length);
            for (String methodLevelPattern : mappingInfo.paths) {
                //获取匹配的 URI Pattern
                String matchedPattern = getMatchedPattern(methodLevelPattern,
lookupPath, request);

                //如果获取的 URI pattern 不为空，则说明这个 URI Pattern 匹配成功
                if (matchedPattern != null) {
                    //匹配 HTTP 方法、参数和头等信息
                    if (mappingInfo.matches (Request) ) {
                        match = true;
                        //记录匹配的 URI Pattern
                        matchedPaths.add(matchedPattern);
                    }
                    else {
                        //若匹配失败，则记录支持的 HTTP 方法，用于构造提示用户信息
                       for (RequestMethod requestMethod : mappingInfo.methods)
{
                            allowedMethods.add(requestMethod.toString());
                        }
                        break;
                    }
                }
            }
            //排序匹配的 URI Pattern 集合
            Collections.sort(matchedPaths, pathComparator);

            //设置匹配的 URI Pattern 信息到请求映射信息中
            mappingInfo.matchedPaths = matchedPaths;
```

```
            }
            //如果 URI  Pattern 不存在，则只需匹配 HTTP 方法、参数和请求头
            else {
                //否则只需匹配 HTTP 方法、参数和请求头
                match = mappingInfo.matches (Request) ;

                //如果没有声明请求方法和请求参数（可能仅仅请求头匹配），则使用方法名解析器解析
处理器方法，如果方法名解析器解析的方法和当前方法不同名，则匹配失败
                if (match && mappingInfo.methods.length == 0 &&
mappingInfo.params.length == 0 &&
                        resolvedMethodName != null
&& !resolvedMethodName.equals(handlerMethod.getName())) {
                    match = false;
                }
                else {
                    //如果匹配失败，则记录支持的 HTTP 方法，用于构造提示用户信息
                    for (RequestMethod requestMethod : mappingInfo.methods) {
                        allowedMethods.add(requestMethod.toString());
                    }
                }
            }

            //如果这个处理器方法和当前的 HTTP 请求匹配成功
            if (match) {
                //则存储请求映射信息到当前的处理器方法的映射，如果已存储处理器方法，则获取已
存储的处理器方法，这意味着对同一个请求映射信息配置了两个处理器方法
                Method oldMappedMethod = targetHandlerMethods.put(mappingInfo,
handlerMethod);

                //如果已存储的处理器方法不同于当前的处理器方法
                if (oldMappedMethod != null && oldMappedMethod != handlerMethod) {
                    //如果在请求映射注解中没有 URI Pattern 声明的信息，则使用方法名解析器解
析冲突
                    if (methodNameResolver != null && mappingInfo.paths.length ==
0) {
                        //如果已存储的处理器方法和当前的处理器方法名不同
                        if
(!oldMappedMethod.getName().equals(handlerMethod.getName())) {
                            if (resolvedMethodName == null) {
                                //使用方法名解析器解析方法名
```

```
                                    resolvedMethodName =
methodNameResolver.getHandlerMethodName(Request);
                               }

                               //如果解析方法名不等于已存储的方法名，则抛弃已存储的方法
                               if
(!resolvedMethodName.equals(oldMappedMethod.getName())) {
                                    oldMappedMethod = null;
                               }
                               //如果解析方法名不等于当前的方法名
                               if
(!resolvedMethodName.equals(handlerMethod.getName())) {
                                    //如果已存储的方法名没有被抛弃，也就是解析方法名等于已存
储的方法名
                                    if (oldMappedMethod != null) {
                                         //恢复并仍然使用已存储的方法名
                                         targetHandlerMethods.put(mappingInfo,
oldMappedMethod);
                                         oldMappedMethod = null;
                                    }
                                    else {
                                         //解析方法名既不等于已存储的方法名,也不等于当前方法名
                                         targetHandlerMethods.remove(mappingInfo);
                                    }
                               }
                          }
                     }

                     //解析方法名既不等于已存储的方法名，也不等于当前方法名
                     if (oldMappedMethod != null) {
                          throw new IllegalStateException(
                                    "Ambiguous handler methods mapped for HTTP path '"
+ lookupPath + "': {" + oldMappedMethod + ", " + handlerMethod + "}. If you intend
to handle the same path in multiple methods, then factor " + "them out into a dedicated
handler class with that path mapped at the type level!");
                     }
                }
           }
      }
```

```
        //如果有一个或者多个处理器方法匹配
        if (!targetHandlerMethods.isEmpty()) {
            //获取所有匹配的请求映射信息
            List<RequestMappingInfo> matches = new
ArrayList<RequestMappingInfo>(targetHandlerMethods.keySet());

            //获得可以排列请求映射信息的对比器
            RequestMappingInfoComparator requestMappingInfoComparator =
                    new RequestMappingInfoComparator(pathComparator);

            //排序
            Collections.sort(matches, requestMappingInfoComparator);

            //第 1 个为最佳匹配处理器方法
            RequestMappingInfo bestMappingMatch = matches.get(0);

            //获取处理器方法的最佳匹配路径
            String bestMatchedPath = bestMappingMatch.bestMatchedPath();

            if (bestMatchedPath != null) {
                //如果存在最佳匹配路径，则提取模板变量
                extractHandlerMethodUriTemplates(bestMatchedPath, lookupPath,
request);
            }

            //返回处理器方法
            return targetHandlerMethods.get(bestMappingMatch);
        }
        //如果没有处理器方法匹配
        else {
            //当 URI Pattern 匹配或者没有声明 URI Pattern 时，如果 HTTP 方法、请求参数或者头
信息不匹配，则提示 HTTP 方法不支持，并且提示哪些 HTTP 方法支持
            if (!allowedMethods.isEmpty()) {
                throw new
HttpRequestMethodNotSupportedException(request.getMethod(),
                        StringUtils.toStringArray(allowedMethods));
            }
            //否则提示用户没有请求处理器方法
            else {
                throw new NoSuchRequestHandlingMethodException(lookupPath,
```

```
request.getMethod(), request.getParameterMap());
            }
        }
    }
```

获取匹配模式的代码及注释如下。

```
    private String getMatchedPattern(String methodLevelPattern, String lookupPath,
HttpServletRequest request) {
        //如果在类型级别声明了请求映射注解的 URI Pattern
        if (hasTypeLevelMapping() && (!ObjectUtils.isEmpty(getTypeLevelMapping().
value()))) {
            //获取在类型级别声明的请求映射注解的 URI Pattern
            String[] typeLevelPatterns = getTypeLevelMapping().value();
            //遍历每个 URI Pattern
            for (String typeLevelPattern : typeLevelPatterns) {
                //补充 URI 前缀
                if (!typeLevelPattern.startsWith("/")) {
                    typeLevelPattern = "/" + typeLevelPattern;
                }

                //结合方法级别的 URL Pattern
                String combinedPattern = pathMatcher.combine(typeLevelPattern,
methodLevelPattern);

                //如果找到与路径匹配结合的 URL Pattern
                if (isPathMatchInternal(combinedPattern, lookupPath)) {
                    //则返回该 URL Pattern
                    return combinedPattern;
                }
            }
            //如果无法匹配，则返回空
            return null;
        }

        //获取最佳匹配的 URI Pattern
        String bestMatchingPattern = (String)
request.getAttribute(HandlerMapping.BEST_MATCHING_PATTERN_ATTRIBUTE);
        //如果存在最佳匹配的 URL Pattern
        if (StringUtils.hasText(bestMatchingPattern)) {
            //结合最佳匹配的 URL Pattern 和方法级别的 URI Pattern
```

```
            String combinedPattern = pathMatcher.combine(bestMatchingPattern,
methodLevelPattern);
            //如果 URI Pattern 匹配，则使用这个 Pattern
            if (!combinedPattern.equals(bestMatchingPattern) &&
                    (isPathMatchInternal(combinedPattern, lookupPath))) {
                return combinedPattern;
            }
        }
        //【问题】我们为什么需要使用最佳匹配的 Pattern 进行结合
            //如果在类型级别没有声明请求映射注解的 URI Pattern，则使用方法级别的 URI Pattern
进行匹配
        if (isPathMatchInternal(methodLevelPattern, lookupPath)) {
            return methodLevelPattern;
        }
        return null;
    }

    private boolean isPathMatchInternal(String pattern, String lookupPath) {
        //如果查找路径和 URI Pattern 相等或者匹配
        if (pattern.equals(lookupPath) || pathMatcher.match(pattern, lookupPath))
{
            return true;
        }

        //增加后缀进行匹配
        boolean hasSuffix = pattern.indexOf('.') != -1;
        if (!hasSuffix && pathMatcher.match(pattern + ".*", lookupPath)) {
            return true;
        }

        //增加前缀进行匹配
        boolean endsWithSlash = pattern.endsWith("/");
        if (!endsWithSlash && pathMatcher.match(pattern + "/", lookupPath)) {
            return true;
        }
        return false;
    }
```

提取处理器方法 URI 模板的代码及注释如下。

```
    private void extractHandlerMethodUriTemplates(String mappedPath,
            String lookupPath,
            HttpServletRequest request) {
        Map<String, String> variables = null;
        boolean hasSuffix = (mappedPath.indexOf('.') != -1);

        //如果路径不存在“.”字符（例如“.do”），则使用模糊后缀匹配，增加“.*”进行匹配，这意味
着可以以任意字符串结尾
        if (!hasSuffix && pathMatcher.match(mappedPath + ".*", lookupPath)) {
            String realPath = mappedPath + ".*";
            if (pathMatcher.match(realPath, lookupPath)) {
                variables = pathMatcher.extractUriTemplateVariables(realPath,
lookupPath);
            }
        }

        //使用模糊前缀进行匹配，如果 URI Pattern 没有以“/”为开始，则表示可以以任意路径开始
        if (variables == null && !mappedPath.startsWith("/")) {
            String realPath = "/**/" + mappedPath;
            if (pathMatcher.match(realPath, lookupPath)) {
                variables = pathMatcher.extractUriTemplateVariables(realPath,
lookupPath);
            }
            else {
                //如果路径没有匹配成功，则增加模糊后缀继续匹配
                realPath = realPath + ".*";
                if (pathMatcher.match(realPath, lookupPath)) {
                    variables = pathMatcher.extractUriTemplateVariables(realPath,
lookupPath);
                }
            }
        }

        //导出得到的模板变量到请求属性中
        if (!CollectionUtils.isEmpty(variables)) {
            Map<String, String> typeVariables =
                    (Map<String, String>)
```

```
request.getAttribute(HandlerMapping.URI_TEMPLATE_VARIABLES_ATTRIBUTE);
            if (typeVariables != null) {
                variables.putAll(typeVariables);
            }
            request.setAttribute(HandlerMapping.URI_TEMPLATE_VARIABLES_ATTRIBUTE,
variables);
        }
    }
```

## 11.3.2　解析处理器方法的参数

注解方法处理器适配器是通过请求映射注解解析处理器方法的。在解析得到处理器方法之后，在调用处理器方法之前，必须先解析所有处理器方法的参数。处理器方法的参数也是通过各种注解标记的，不同的注解包含的信息可以用于指引注解方法处理器适配器从不同的数据源获取数据。下面详细分析处理器方法的参数所支持的所有注解。

最常用的应用于处理器方法的参数注解是请求参数注解（@RequestParam）。请求参数注解指导注解方法处理器适配器通过参数的名称找到请求参数值，并且赋值给当前方法的参数，代码及注释如下。

```
@Target(ElementType.PARAMETER)
@Retention(RetentionPolicy.RUNTIME)
@Documented
public @interface RequestParam {

    //请求参数的名称
    String value() default "";

    //请求参数是不是必需的
    boolean required() default true;

    //如果提供了默认值，则请求参数自动变成非必需的
    String defaultValue() default ValueConstants.DEFAULT_NONE;

}
```

请求头注解（@RequestHeader）指导注解方法处理器适配器通过请求头的名称找到请求头的值，并且赋值给当前方法的参数，代码及注释如下。

```
@Target(ElementType.PARAMETER)
```

```
@Retention(RetentionPolicy.RUNTIME)
@Documented
public @interface RequestHeader {

    //请求头的名称
    String value() default "";

    //请求头是不是必需的
    boolean required() default true;

    //如果提供了默认值，则请求头自动变成非必需的
    String defaultValue() default ValueConstants.DEFAULT_NONE;

}
```

请求体注解（@RequestBody）指导注解方法处理器适配器通过消息转换器将请求体转换成 Java，来作为当前方法的参数值。但是请求注解并没有声明任何属性信息，它只是个标志，指导注解方法处理器适配器为当前的参数解析请求体，代码及注释如下。

```
@Target(ElementType.PARAMETER)
@Retention(RetentionPolicy.RUNTIME)
@Documented
public @interface RequestBody {

}
```

Cookie 值注解（@CookieValue）指导注解方法处理器适配器通过 Cookie 的名称找到 Cookie 的值，并且赋值给当前方法的参数，代码及注释如下。

```
@Target(ElementType.PARAMETER)
@Retention(RetentionPolicy.RUNTIME)
@Documented
public @interface CookieValue {
    //Cookie 的名称
    String value() default "";

    //Cookie 值是不是必需的
    boolean required() default true;

    //如果提供了默认值，则 Cookie 值自动变成非必需的
    String defaultValue() default ValueConstants.DEFAULT_NONE;
```

```
}
```

路径变量注解（@PathVariable）指导注解方法处理器适配器通过路径变量名称找到路径变量的值（路径变量通常被称为模板变量），并且赋值给当前方法的参数，代码及注释如下。

```
@Target(ElementType.PARAMETER)
@Retention(RetentionPolicy.RUNTIME)
@Documented
public @interface PathVariable {

    //路径变量的名称
    String value() default "";

}
```

模型属性注解（@ModelAttribute）指导注解方法处理器适配器通过模型属性名称找到模型属性的值，并且赋值给当前方法的参数。也可以将模型属性注解声明在方法上，在这种情况下把方法的返回值作为模型数据值放入隐式模型中，代码及注释如下。

```
//可以声明在参数上，作为参数的输入值，也可以声明在方法上，方法的返回值会被加入隐式模型中
@Target({ElementType.PARAMETER, ElementType.METHOD})
@Retention(RetentionPolicy.RUNTIME)
@Documented
public @interface ModelAttribute {

    //模型属性的名称
    String value() default "";

}
```

对于一个处理器方法的参数，只能声明上面的一个注解或者不声明注解。如果声明了上面的一个注解，则根据注解解析处理器方法的参数值。如果一个处理器方法的参数没有声明任何注解，则查看是否配置了用户化 Web 参数解析器，如果配置了定制化 Web 参数解析器，则使用定制化 Web 参数解析器进行解析。如果没有配置用户化 Web 参数解析器或者用户化 Web 参数解析器，则不能解析当前参数，要判断是不是标准的 WebRequest 类型，如果是，则返回标准的 WebRequest 类型。如果经过以上流程仍然不能解析参数值，则使用默认值。

如果经过以上流程仍然没有解析参数值，则进行如下判断。

◎ 如果参数是模型类型或者 Map 类型，则使用当前的隐式模型。
◎ 如果参数是 Session 状态类型，则使用当前的 Session 状态，它表明当前的 Session 是否完成。
◎ 如果参数是 HTTP 实体，则解析 HTTP 请求体作为 HTTP 实体。
◎ 如果参数是错误对象，则前一个参数必须是绑定对象，否则抛出异常、终止处理。
◎ 如果是简单数据类型，则初始化参数名为空。

最后，如果参数值仍然没有被解析，那么这个参数是一个需要绑定的 Bean。如果这个方法的参数声明了模型属性或者这个模型属性是 Session 属性，则从模型或者 Session 中获取当前值，否则根据类型创建一个，再使用 HTTP 请求参数进行绑定操作。

此外，值注解（@Value）和校验注解（@Valid）是两个辅助注解，并不直接绑定方法的参数到任何 HTTP 请求信息，用于声明方法的参数默认值或者用于校验。

值注解（@Value）用于为参数指定默认值，如果没有指定任何注解或者指定的注解所表达的数据为空，而且在注解中没有指定默认值，则使用为参数指定的这个默认值，代码及注释如下。

```
@Retention(RetentionPolicy.RUNTIME)
//可以应用到参数、字段和方法上
@Target({ElementType.FIELD, ElementType.METHOD, ElementType.PARAMETER})
public @interface Value {
    //指定默认值
    String value();

}
```

校验注解（@Valid）指导注解方法处理器适配器对当前属性进行校验。这个注解没有任何属性，仅仅是一个标志。

```
@Target({ METHOD, FIELD, CONSTRUCTOR, PARAMETER })
@Retention(RUNTIME)
public @interface Valid {
}
```

整个流程实现在处理器方法解析器类中，代码及注释如下。

```
private Object[] resolveHandlerArguments(Method handlerMethod, Object handler,
        NativeWebRequest webRequest, ExtendedModelMap implicitModel) throws
Exception {

```

```
        //根据参数类型的个数创建参数值数组
        Class[] paramTypes = handlerMethod.getParameterTypes();
        Object[] args = new Object[paramTypes.length];

        //遍历所有参数并解析参数值
        for (int i = 0; i < args.length; i++) {
            //构造一个方法的参数，方法的参数包含方法的参数信息
            MethodParameter methodParam = new MethodParameter(handlerMethod, i);

            //使用参数名解析器解析参数名，这个实现需要先读取字节码文件，才能解析到方法的参数名

    methodParam.initParameterNameDiscovery(this.parameterNameDiscoverer);

            //解析参数类型，如果是模板参数，则解析原始类型
            GenericTypeResolver.resolveParameterType(methodParam,
handler.getClass());

            String paramName = null;
            String headerName = null;
            boolean requestBodyFound = false;
            String cookieName = null;
            String pathVarName = null;
            String attrName = null;
            boolean required = false;
            String defaultValue = null;
            boolean validate = false;
            int annotationsFound = 0;
            Annotation[] paramAnns = methodParam.getParameterAnnotations();

            //遍历当前参数的所有注解
            for (Annotation paramAnn : paramAnns) {
                //请求参数注解
                if (RequestParam.class.isInstance(paramAnn)) {
                    RequestParam requestParam = (RequestParam) paramAnn;
                    paramName = requestParam.value();
                    required = requestParam.required();
                    defaultValue =
parseDefaultValueAttribute(requestParam.defaultValue());
                    annotationsFound++;
                }
                //请求头注解
```

```
                else if (RequestHeader.class.isInstance(paramAnn)) {
                    RequestHeader requestHeader = (RequestHeader) paramAnn;
                    headerName = requestHeader.value();
                    required = requestHeader.required();
                    defaultValue =
parseDefaultValueAttribute(requestHeader.defaultValue());
                    annotationsFound++;
                }
                //请求体注解
                else if (RequestBody.class.isInstance(paramAnn)) {
                    requestBodyFound = true;
                    annotationsFound++;
                }
                //Cookie 值注解
                else if (CookieValue.class.isInstance(paramAnn)) {
                    CookieValue cookieValue = (CookieValue) paramAnn;
                    cookieName = cookieValue.value();
                    required = cookieValue.required();
                    defaultValue =
parseDefaultValueAttribute(cookieValue.defaultValue());
                    annotationsFound++;
                }
                //路径变量注解
                else if (PathVariable.class.isInstance(paramAnn)) {
                    PathVariable pathVar = (PathVariable) paramAnn;
                    pathVarName = pathVar.value();
                    annotationsFound++;
                }
                //模型属性注解
                else if (ModelAttribute.class.isInstance(paramAnn)) {
                    ModelAttribute attr = (ModelAttribute) paramAnn;
                    attrName = attr.value();
                    annotationsFound++;
                }
                //默认值注解
                else if (Value.class.isInstance(paramAnn)) {
                    defaultValue = ((Value) paramAnn).value();
                }
                //校验注解
                else if
("Valid".equals(paramAnn.annotationType().getSimpleName())) {
```

```
                validate = true;
            }
        }

        //不允许在一个参数上有多个注解，@Value 和@Valid 除外
        if (annotationsFound > 1) {
            throw new IllegalStateException("Handler parameter annotations are
exclusive choices - " + "do not specify more than one such annotation on the same
parameter: " + handlerMethod);
        }

        //如果在参数上没有注解
        if (annotationsFound == 0) {
            //则解析通用参数
            Object argValue = resolveCommonArgument(methodParam, webRequest);

            //如果解析通用参数成功，则使用解析值
            if (argValue != WebArgumentResolver.UNRESOLVED) {
                args[i] = argValue;
            }
            //如果解析通用参数不成功，则使用默认值
            else if (defaultValue != null) {
                args[i] = resolveDefaultValue(defaultValue);
            }
            //如果解析通用参数不成功，而且没有默认值，则解析特殊类型的参数
            else {
                //【问题】如果参数声明类型过于细节化，则会出现类型转换异常，例如声明了一
个用户化的模型类实现。在这种情况下尽量声明更通用的类型，例如 Model、Map、SessionStatus，等等

                Class paramType = methodParam.getParameterType();
                //如果参数是 Model 或者 Map 的子类或者实现类，则使用隐式模型
                if (Model.class.isAssignableFrom(paramType) ||
Map.class.isAssignableFrom(paramType)) {
                    args[i] = implicitModel;
                }
                //如果参数是 Session 状态的子类或者实现类，则使用当前的 Session 状态
                else if (SessionStatus.class.isAssignableFrom(paramType)) {
                    args[i] = this.sessionStatus;
                }
                //如果参数是 HTTP 实体的子类或者实现类，则使用消息转换器将请求体转换为
HTTP 实体，类似于对请求体注解（@RequestBody）进行解析
```

```
                    else if (HttpEntity.class.isAssignableFrom(paramType)) {
                        args[i] = resolveHttpEntityRequest(methodParam,
webRequest);
                    }
                    //如果参数是错误的子类或者实现类，那么前一个参数一定是绑定对象，当绑定对象被处理时，这个会被跳过，所以如果单独出现了错误对象，则是异常情况，必须抛出
                    else if (Errors.class.isAssignableFrom(paramType)) {
                        throw new IllegalStateException("Errors/BindingResult
argument declared " + "without preceding model attribute. Check your handler method
signature!");
                    }
                    //对于没有解析的简单属性，默认为参数名为空的参数，解析的值也为空
                    else if (BeanUtils.isSimpleProperty(paramType)) {
                        paramName = "";
                    }
                    //否则，是一个没有模型属性注解的绑定，在把属性名设置为空字符串后进行绑定和解析
                    else {
                        attrName = "";
                    }
                }
            }

            //解析请求参数的值
            if (paramName != null) {
                args[i] = resolveRequestParam(paramName, required, defaultValue,
methodParam, webRequest, handler);
            }
            //解析请求头的值
            else if (headerName != null) {
                args[i] = resolveRequestHeader(headerName, required, defaultValue,
methodParam, webRequest, handler);
            }
            //解析请求体的值，是通过 HTTP 消息转换器完成的
            else if (requestBodyFound) {
                args[i] = resolveRequestBody(methodParam, webRequest, handler);
            }
            //解析 Cookie 值
            else if (cookieName != null) {
                args[i] = resolveCookieValue(cookieName, required, defaultValue,
methodParam, webRequest, handler);
```

```
            }
            //解析路径变量值（模板变量值）
            else if (pathVarName != null) {
                args[i] = resolvePathVariable(pathVarName, methodParam, webRequest,
handler);
            }
            //如果属性值不为空，则是一个绑定，可能声明了模型属性注解，也可能没有声明
            else if (attrName != null) {
                //如果声明了模型属性注解，或者此属性是 Session 属性，则可以从模型或者 Session
中获取，否则创建一个新的属性，然后进行绑定
                WebDataBinder binder = resolveModelAttribute(attrName, methodParam,
implicitModel, webRequest, handler);
                boolean assignBindingResult = (args.length > i + 1 &&
Errors.class.isAssignableFrom(paramTypes[i + 1]));
                if (binder.getTarget() != null) {
                    doBind(binder, webRequest, validate, !assignBindingResult);
                }

                //获取绑定的参数值
                args[i] = binder.getTarget();

                //将绑定结果赋值给下一个参数值，对于一个绑定参数，下一个参数一定是绑定结果或
者错误
                if (assignBindingResult) {
                    args[i + 1] = binder.getBindingResult();
                    i++;
                }

                //将绑定结果放入隐式模型中
                implicitModel.putAll(binder.getBindingResult().getModel());
            }
        }

        return args;
    }
```

解析通用参数的代码及注释如下。

```
    protected Object resolveCommonArgument(MethodParameter methodParameter,
NativeWebRequest webRequest)
    throws Exception {
```

```
        //首先使用用户化的 Web 参数解析器进行解析
        if (this.customArgumentResolvers != null) {
        for (WebArgumentResolver argumentResolver : this.customArgumentResolvers)
{
            Object value = argumentResolver.resolveArgument(methodParameter,
webRequest);
            if (value != WebArgumentResolver.UNRESOLVED) {
                //如果存在一个定制化的 Web 参数解析器来解析参数值，则返回此解析的参数值
                return value;
            }
        }
        }

        //获取参数类型
        Class paramType = methodParameter.getParameterType();

        //解析标准类型
        Object value = resolveStandardArgument(paramType, webRequest);

        //如果解析得到标准类型值，但是标准类型值不是参数类型或者其子类，则抛出异常，表明参数应
该被声明为更通用的类型
        if (value != WebArgumentResolver.UNRESOLVED
&& !ClassUtils.isAssignableValue(paramType, value)) {
            throw new IllegalStateException("Standard argument type [" +
paramType.getName() + "] resolved to incompatible value of type [" + (value != null ?
value.getClass() : null) + "]. Consider declaring the argument type in a less specific
fashion.");
        }
        return value;
    }

    protected Object resolveStandardArgument(Class parameterType, NativeWebRequest
webRequest) throws Exception {
        //如果期待 Web 请求类的子类，则返回 NativeWebRequest 参数
        if (WebRequest.class.isAssignableFrom(parameterType)) {
        return webRequest;
        }
        return WebArgumentResolver.UNRESOLVED;
    }
```

可理解为，对于不同的参数注解，注解方法处理器适配器从不同的数据源提取数据，例如请求参数、请求头或者请求体等。下面具体分析对于不同的参数注解，注解方法处理器适配器是如何解析方法的参数值的。

下面通过 HTTP 方法的参数解析处理器方法的参数值（@RequestParam），代码及注释如下。

```
    private Object resolveRequestParam(String paramName, boolean required, String
defaultValue, MethodParameter methodParam, NativeWebRequest webRequest, Object
handlerForInitBinderCall)
            throws Exception {

        Class<?> paramType = methodParam.getParameterType();

        //如果参数是映射类型，则在这种情况下请求参数注解没有必要指定任何参数名称，返回所有参数
名值对映射
        if (Map.class.isAssignableFrom(paramType)) {
            //解析参数映射，这个参数映射包含所有参数名值对
            return resolveRequestParamMap((Class<? extends Map>) paramType,
webRequest);
        }

        //如果参数名为空，且请求参数注解没有指定任何参数名，则使用参数名解析器解析的参数名，这
是通过解析方法的参数名实现的
        if (paramName.length() == 0) {
            paramName = getRequiredParameterName(methodParam);
        }

        Object paramValue = null;
        //如果是多部请求体，则解析文件参数
        if (webRequest.getNativeRequest() instanceof MultipartRequest) {
            paramValue = ((MultipartRequest)
webRequest.getNativeRequest()).getFile(paramName);
        }

        if (paramValue == null) {
            //如果是普通请求，则获取参数值
            String[] paramValues = webRequest.getParameterValues(paramName);
            //如果参数类型不是数组，但是返回了参数数组值，则只使用数组中的第一个元素
            if (paramValues != null && !paramType.isArray()) {
```

```
                paramValue = (paramValues.length == 1 ? paramValues[0] :
paramValues);
            }
            //否则使用数组赋值
            else {
                paramValue = paramValues;
            }
        }

        if (paramValue == null) {
            //如果在请求参数注解中指定了默认值，或者通过值注解（@Value）指定了默认值
            if (StringUtils.hasText(defaultValue)) {
                //则使用指定的默认值
                paramValue = resolveDefaultValue(defaultValue);
            }
            else if (required) {
                //如果在请求参数注解中指定了必需的参数，则抛出异常、终止处理
                raiseMissingParameterException(paramName, paramType);
            }

            //检查参数值的合法性
            paramValue = checkValue(paramName, paramValue, paramType);
        }

        //通过绑定器转换参数值为需要的类型
        WebDataBinder binder = createBinder(webRequest, null, paramName);
        initBinder(handlerForInitBinderCall, paramName, binder, webRequest);
        return binder.convertIfNecessary(paramValue, paramType, methodParam);
    }
```

解析请求参数映射的代码及注释如下。

```
    private Map resolveRequestParamMap(Class<? extends Map> mapType,
NativeWebRequest webRequest) {
        Map<String, String[]> parameterMap = webRequest.getParameterMap();

        //如果是多值映射
        if (MultiValueMap.class.isAssignableFrom(mapType)) {
            MultiValueMap<String, String> result = new LinkedMultiValueMap<String,
String>(parameterMap.size());
            //遍历所有的 HTTP 请求参数
            for (Map.Entry<String, String[]> entry : parameterMap.entrySet()) {
```

```
                //遍历每一个 HTTP 请求参数值
                for (String value : entry.getValue()) {
                    //把多个值添加到同一个参数名中，形成多值映射
                    result.add(entry.getKey(), value);
                }
            }
            return result;
        }
        //如果是单值映射，则对于 HTTP 数组参数仅仅使用第 1 个元素
        else {
            Map<String, String> result = new LinkedHashMap<String,
String>(parameterMap.size());
            for (Map.Entry<String, String[]> entry : parameterMap.entrySet()) {
                if (entry.getValue().length > 0) {
                    result.put(entry.getKey(), entry.getValue()[0]);
                }
            }
            return result;
        }
    }
```

获取必要参数名称的代码及注释如下。

```
    private String getRequiredParameterName(MethodParameter methodParam) {
        String name = methodParam.getParameterName();
        //如果不能解析处理器方法的参数名，则抛出异常
        if (name == null) {
            throw new IllegalStateException(
                    "No parameter name specified for argument of type [" +
methodParam.getParameterType().getName() + "], and no parameter name information
found in class file either.");
        }
        return name;
    }
```

校验参数值的代码及注释如下。

```
    private Object checkValue(String name, Object value, Class paramType) {
        //把应用空值指定为布尔值 false，如果对于私有类型解析了空值，则抛出异常、终止处理
        if (value == null) {
            if (boolean.class.equals(paramType)) {
                return Boolean.FALSE;
            }
```

```
            else if (paramType.isPrimitive()) {
                throw new IllegalStateException("Optional " + paramType + "
parameter '" + name + "' is not present but cannot be translated into a null value
due to being declared as a " + "primitive type. Consider declaring it as object wrapper
for the corresponding primitive type.");
            }
        }
        return value;
    }
```

解析 HTTP 请求头作为处理器方法的参数值的实现和解析 HTTP 请求参数作为处理器方法的参数值的实现相似（@RequestHeader），这里不再讲解代码及注释。

下面通过 HTTP 请求体解析处理器方法的参数值（@RequestBody），代码及注释如下。

```
    protected Object resolveRequestBody(MethodParameter methodParam,
NativeWebRequest webRequest, Object handler)
            throws Exception {

        //创建 HTTP 请求的代理，可以从这个获取请求体的流中获取方法的参数类型，然后使用消息转换
器进行解析
        return readWithMessageConverters(methodParam,
createHttpInputMessage(webRequest), methodParam.getParameterType());
    }
```

使用消息转换器读取的代码及注释如下。

```
    private Object readWithMessageConverters(MethodParameter methodParam,
HttpInputMessage inputMessage, Class paramType)
            throws Exception {

        //确定 HTTP 请求的内容类型
        MediaType contentType = inputMessage.getHeaders().getContentType();

        //如果没有指定 HTTP 请求的内容类型，则抛出不支持的 HTTP 媒体类型异常
        if (contentType == null) {
            StringBuilder builder = new
StringBuilder(ClassUtils.getShortName(methodParam.getParameterType()));
            String paramName = methodParam.getParameterName();
            if (paramName != null) {
                builder.append(' ');
                builder.append(paramName);
            }
```

```
            throw new HttpMediaTypeNotSupportedException(
                    "Cannot extract parameter (" + builder.toString() + "): no
Content-Type found");
        }

        List<MediaType> allSupportedMediaTypes = new ArrayList<MediaType>();
        if (this.messageConverters != null) {
            //遍历所有的消息转换器
            for (HttpMessageConverter<?> messageConverter : this.messageConverters) {
                //保存支持的媒体类型，如果解析请求体失败，则提示用户有哪些媒体类型是支持的

    allSupportedMediaTypes.addAll(messageConverter.getSupportedMediaTypes());

                //判断是否有消息转换器可以解析 HTTP 请求体
                if (messageConverter.canRead(paramType, contentType)) {
                    if (logger.isDebugEnabled()) {
                        logger.debug("Reading [" + paramType.getName() + "] as \""
+ contentType +"\" using [" + messageConverter + "]");
                    }
                    //如果存在，则返回转换的引用
                    return messageConverter.read(paramType, inputMessage);
                }
            }
        }

        //如果解析失败，则抛出异常
        throw new HttpMediaTypeNotSupportedException(contentType,
allSupportedMediaTypes);
    }
```

事实上，有另外一个方法可以解析请求体作为处理器方法的参数，那就是通过声明请求参数作为 HttpEntity 类型，HttpEntity 类型可以指定模板类型进行泛化。与请求体注解相比，HttpEntity 参数不需要注解，注解方法处理器适配器是通过类型来判断是否需要解析方法体的，代码及注释如下。

```
    private HttpEntity resolveHttpEntityRequest(MethodParameter methodParam,
NativeWebRequest webRequest)
    throws Exception {

        //创建 HTTP 请求的代理
        HttpInputMessage inputMessage = createHttpInputMessage(webRequest);
```

```
        //返回声明的参数类型。例如，如果参数是 HttpEntity<Resource>，则返回 Reource.class;
如果参数是 HttpEntity<Resource[].class>，则返回 Resource[].class
        Class<?> paramType = getHttpEntityType(methodParam);

        //使用方法转换器进行解析
        Object body = readWithMessageConverters(methodParam, inputMessage,
paramType);

        //在解析请求体后，构造 HTTP 实体，因为真正需要返回的是 HTTP 实体，而不是参数类型
        return new HttpEntity<Object>(body, inputMessage.getHeaders());
    }

    private Class<?> getHttpEntityType(MethodParameter methodParam) {
        //校验参数类型是 HTTP 实体类型或者子类
        Assert.isAssignable(HttpEntity.class, methodParam.getParameterType());

        //获取模板参数化类型
        ParameterizedType type = (ParameterizedType)
methodParam.getGenericParameterType();

        //校验模板参数化类型只有一个参数类型
        if (type.getActualTypeArguments().length == 1) {
            Type typeArgument = type.getActualTypeArguments()[0];
            //如果参数类型是单值，则直接返回
            if (typeArgument instanceof Class) {
                return (Class<?>) typeArgument;
            }
            //如果参数类型是数组，则通过构造一个空数组，返回数组类型
            else if (typeArgument instanceof GenericArrayType) {
                Type componentType = ((GenericArrayType)
typeArgument).getGenericComponentType();
                if (componentType instanceof Class) {
                    Object array = Array.newInstance((Class<?>) componentType, 0);
                    return array.getClass();
                }
            }
        }

        //如果模板参数化类型没有参数或者有多个参数，则抛出异常、终止处理
        throw new IllegalArgumentException(
```

```
                "HttpEntity parameter (" + methodParam.getParameterName() + ") is
not parameterized");

    }
```

我们知道，请求体注解（@RequestBody）和 HTTP 实体（HttpEntity）的实现都是通过消息转换器解析 HTTP 请求体并作为处理器方法的参数的，消息转换器的设计和处理器适配器十分相似，消息转换器有一个方法来判断一个消息转换器是否可以转换某种类型的参数。当然，还有另外一个方法用于转换请求体到一个指定的类型。后面将讨论 HTTP 消息转换器的实现体系结构。

下面通过 Cookie 值解析处理器方法的参数值（@CookieValue），代码及注释如下。

```
    private Object resolveCookieValue(String cookieName, boolean required, String
defaultValue,
            MethodParameter methodParam, NativeWebRequest webRequest, Object
handlerForInitBinderCall)
            throws Exception {

        //获取参数类型
        Class<?> paramType = methodParam.getParameterType();

        //如果没有指定 Cookie 名，则默认使用处理器方法的参数名
        if (cookieName.length() == 0) {
            cookieName = getRequiredParameterName(methodParam);
        }

        //通过 Cookie 名解析 Cookie 值
        Object cookieValue = resolveCookieValue(cookieName, paramType, webRequest);

        //如果解析失败
        if (cookieValue == null) {
            //如果在 Cookie 值注解中指定了默认的值，或者使用值注解（@Value）指定了默认的值，
则使用默认的值
            if (StringUtils.hasText(defaultValue)) {
                cookieValue = resolveDefaultValue(defaultValue);
            }
            //如果是必需的处理器方法值，则抛出异常、终止处理
            else if (required) {
                raiseMissingCookieException(cookieName, paramType);
            }
```

```
            //校验解析的 Cookie 值
            cookieValue = checkValue(cookieName, cookieValue, paramType);
        }

        //使用数据绑定进行数据类型转换
        WebDataBinder binder = createBinder(webRequest, null, cookieName);
        initBinder(handlerForInitBinderCall, cookieName, binder, webRequest);
        return binder.convertIfNecessary(cookieValue, paramType, methodParam);
    }

    //这是声明在处理器调用器中的模板方法，子类必须改写其实现
    protected Object resolveCookieValue(String cookieName, Class paramType,
NativeWebRequest webRequest)
            throws Exception {

        throw new UnsupportedOperationException("@CookieValue not supported");
    }

    //子类改写父类的占位符，从请求中解析 Cookie 值
    protected Object resolveCookieValue(String cookieName, Class paramType,
NativeWebRequest webRequest)
    throws Exception {

        //获取 HTTP 请求
        HttpServletRequest servletRequest = (HttpServletRequest)
webRequest.getNativeRequest();

        //获取 Cookie 值
        Cookie cookieValue = WebUtils.getCookie(servletRequest, cookieName);

        //如果处理器方法的参数是 Cookie 类型，则直接返回
        if (Cookie.class.isAssignableFrom(paramType)) {
            return cookieValue;
        }
        //否则返回字符串值
        else if (cookieValue != null) {
            return cookieValue.getValue();
        }
        else {
            return null;
```

```
        }
    }
```

下面通过模板变量解析处理器方法的参数值（@PathVariant），代码及注释如下。

```
    private Object resolvePathVariable(String pathVarName, MethodParameter
methodParam, NativeWebRequest webRequest, Object handlerForInitBinderCall) throws
Exception {

        //获取参数类型
        Class<?> paramType = methodParam.getParameterType();

        //如果没有指定路径变量名，则使用参数名本身
        if (pathVarName.length() == 0) {
            pathVarName = getRequiredParameterName(methodParam);
        }

        //解析路径变量值，这些值是在请求映射实现中保存的
        String pathVarValue = resolvePathVariable(pathVarName, paramType,
webRequest);

        //使用数据绑定转换到期望的类型
        WebDataBinder binder = createBinder(webRequest, null, pathVarName);
        initBinder(handlerForInitBinderCall, pathVarName, binder, webRequest);
        return binder.convertIfNecessary(pathVarValue, paramType, methodParam);
    }

    //模板方法
    protected String resolvePathVariable(String pathVarName, Class paramType,
NativeWebRequest webRequest)
            throws Exception {

        throw new UnsupportedOperationException("@PathVariable not supported");
    }

    //以上模板方法的实现
    protected String resolvePathVariable(String pathVarName, Class paramType,
NativeWebRequest webRequest)
    throws Exception {
        //获取 HTTP 请求
        HttpServletRequest servletRequest = (HttpServletRequest)
webRequest.getNativeRequest();
```

```
        //获取路径变量（模板变量），这些变量是在请求映射的实现中保存的
        Map<String, String> uriTemplateVariables =
                (Map<String, String>)
servletRequest.getAttribute(HandlerMapping.URI_TEMPLATE_VARIABLES_ATTRIBUTE);

        //如果没有找到模板变量，但是模板变量是必需的，则需要抛出异常
        if (uriTemplateVariables == null
|| !uriTemplateVariables.containsKey(pathVarName)) {
            throw new IllegalStateException(
                    "Could not find @PathVariable [" + pathVarName + "] in
@RequestMapping");
        }

        //返回模板变量的值
        return uriTemplateVariables.get(pathVarName);
    }
```

## 11.3.3　绑定、初始化领域模型和管理领域模型

最后分析注解方法处理器适配器是如何绑定领域模型、初始化领域模型和管理领域模型的。

如果在一个参数上没有声明任何注解，而且参数没有默认值并且不是一个简单的属性，即为一个领域模型（也就是一个 Bean），则需要把请求参数的数据绑定到 Bean 的属性上。解析参数主流程的代码及注释如下。

```
    //如果领域模型 Bean 存在于隐式模型中，则获取领域模型 Bean，否则根据领域模型类型实例化一个新的领域模型 Bean
    WebDataBinder binder =
            resolveModelAttribute(attrName, methodParam, implicitModel, webRequest,
handler);

    //如果有下一个参数，而且下一个参数是错误类型的子类，则同时复制绑定结果
    boolean assignBindingResult = (args.length > i + 1 &&
Errors.class.isAssignableFrom(paramTypes[i + 1]));

    //如果将要绑定的领域模型 Bean 不为空，则绑定 Web 参数到模型中
    if (binder.getTarget() != null) {
        doBind(binder, webRequest, validate, !assignBindingResult);
```

```
    }

    //获取绑定后的结果并作为参数
    args[i] = binder.getTarget();

    //如果下一个参数是绑定结果，则把绑定结果赋值给下一个参数
    if (assignBindingResult) {
        args[i + 1] = binder.getBindingResult();
        i++;
    }

    //把绑定结果放入隐式模型中
    implicitModel.putAll(binder.getBindingResult().getModel());
```

首先，它在隐式模型中查找领域模型 Bean，因为这个领域模型可能是被标志为模型属性注解（@ModelAttribute）的方法返回的。如果在隐式模型中不包含领域模型 Bean，而且当前的领域模型 Bean 是一个 Session 属性，则在 Session 中获取领域模型 Bean。如果仍然不能解析领域模型 Bean，则通过反射实例化一个全新的类型进行绑定。代码及注释如下。

```
    private WebDataBinder resolveModelAttribute(String attrName, MethodParameter
methodParam,
            ExtendedModelMap implicitModel, NativeWebRequest webRequest, Object
handler) throws Exception {

        //如果此参数没有声明模型属性注解，则此参数没有属性名，使用类型自动生成的名称
        String name = attrName;
        if ("".equals(name)) {
            name = Conventions.getVariableNameForParameter(methodParam);
        }

        //获取参数类型
        Class<?> paramType = methodParam.getParameterType();
        Object bindObject;

        //如果在隐式模型中存在此领域模型 Bean，则使用它
        if (implicitModel.containsKey(name)) {
            bindObject = implicitModel.get(name);
        }
        //如果是 Session 属性，则使用 Session 中的 Bean
        else if (this.methodResolver.isSessionAttribute(name, paramType)) {
```

```
            bindObject = this.sessionAttributeStore.retrieveAttribute(webRequest,
name);
            if (bindObject == null) {
                raiseSessionRequiredException("Session attribute '" + name + "'
required - not found in session");
            }
        }
        //如果在隐式模型和 Session 中都没有该领域模型 Bean，则实例化一个新的领域模型 Bean
        else {
            bindObject = BeanUtils.instantiateClass(paramType);
        }

        //创建绑定
        WebDataBinder binder = createBinder(webRequest, bindObject, name);

        //初始化绑定，首先使用用户化的绑定初始化器进行初始化，这个初始化器是所有处理器共享的，
然后使用处理器声明初始化绑定方法(@InitBinder)进行初始化，这些初始化是处理器指定的
        initBinder(handler, name, binder, webRequest);
        return binder;
    }
```

创建绑定对象的代码及注释如下。

```
    protected WebDataBinder createBinder(NativeWebRequest webRequest, Object target,
String objectName)
    throws Exception {
        //创建一个 Web 请求数据绑定，这个类库扩展了数据绑定类，实现了绑定 HTTP 请求参数到 Bean
        return new WebRequestDataBinder(target, objectName);
    }
```

初始化绑定对象的代码及注释如下。

```
    protected void initBinder(Object handler, String attrName, WebDataBinder binder,
NativeWebRequest webRequest)
    throws Exception {

        //首先使用配置的初始化绑定器进行初始化，在绑定初始化器时有一个默认的实现
ConfigurableWebBindingInitializer，这个实现支持许多配置选项
        if (this.bindingInitializer != null) {
            this.bindingInitializer.initBinder(binder, webRequest);
        }

        //获取声明在处理器中的初始化绑定方法，即标记有初始化绑定器注解（@InitBinder）的方法
```

```
        if (handler != null) {
            Set<Method> initBinderMethods =
this.methodResolver.getInitBinderMethods();

        //如果存在初始化绑定方法
        if (!initBinderMethods.isEmpty()) {
            boolean debug = logger.isDebugEnabled();
            //遍历调用每一个方法
            for (Method initBinderMethod : initBinderMethods) {
                //找到桥梁方法
                Method methodToInvoke =
BridgeMethodResolver.findBridgedMethod(initBinderMethod);

                //初始化绑定器注解可以声明应用在哪些属性上
                String[] targetNames =
AnnotationUtils.findAnnotation(methodToInvoke, InitBinder.class).value();

                //如果在初始化绑定注解声明中包含此属性名或者没有声明任何属性名
                if (targetNames.length == 0 ||
Arrays.asList(targetNames).contains(attrName)) {
                    //解析初始化绑定器所需要的方法
                    Object[] initBinderArgs =
                            resolveInitBinderArguments(handler, methodToInvoke,
binder, webRequest);
                    if (debug) {
                        logger.debug("Invoking init-binder method: " +
methodToInvoke);
                    }

                    //设置方法具有存取属性的权限
                    ReflectionUtils.makeAccessible(methodToInvoke);

                    //调用方法，并且禁止放回任何返回值
                    Object returnValue = methodToInvoke.invoke(handler,
initBinderArgs);
                    if (returnValue != null) {
                        throw new IllegalStateException(
                                "InitBinder methods must not have a return value:
" + methodToInvoke);
                    }
                }
```

```
            }
        }
    }
```

可以看到，以上初始化包括应用在所有处理器上的绑定对象初始化器的初始化和声明在处理器内部的绑定对象的初始化方法，在一个绑定对象初始化完成后，开始真正的绑定操作。这个操作就是把 HTTP 请求参数设置到绑定的目标中，相关代码及注释如下。

```
    private void doBind(WebDataBinder binder, NativeWebRequest webRequest, boolean
validate, boolean failOnErrors)
            throws Exception {
        //代理到事实的绑定方法中
        doBind(binder, webRequest);

        //如果设置了校验，则校验绑定，绑定结果会被赋值给下一个 Errors，并且放入隐式模型中进行
视图展示
        if (validate) {
            binder.validate();
        }
        if (failOnErrors && binder.getBindingResult().hasErrors()) {
            throw new BindException(binder.getBindingResult());
        }
    }

    protected void doBind(WebDataBinder binder, NativeWebRequest webRequest) throws
Exception {
        //既然创建的是 Web 请求数据绑定，则调用 Web 请求数据绑定的绑定方法
        ((WebRequestDataBinder) binder).bind(webRequest);
    }
```

Web 请求数据绑定是数据绑定的子类，主要分析 HTTP 请求参数包含的数据，包括多部文件 HTTP 请求，然后将收集的参数信息赋值给绑定的目标，代码及注释如下。

```
    public class WebRequestDataBinder extends WebDataBinder {
        //提供 API 方法绑定目标到 HTTP 请求
        public void bind(WebRequest request) {
            //从 HTTP 请求中提取请求参数，包括写在 URL 中的参数和普通 POST 体的参数
            MutablePropertyValues mpvs = new
MutablePropertyValues(request.getParameterMap());

            //如果是多部文件 HTTP 请求，则也需要绑定多部文件 HTTP 请求体的文件参数，不包含 URL
中的参数
```

```
            if (request instanceof NativeWebRequest) {
                MultipartRequest multipartRequest = ((NativeWebRequest)
request).getNativeRequest(MultipartRequest.class);
                if (multipartRequest != null) {
                    bindMultipartFiles(multipartRequest.getFileMap(), mpvs);
                }
            }

            doBind(mpvs);
        }
    }

    public class WebDataBinder extends DataBinder {
        protected void doBind(MutablePropertyValues mpvs) {
            //检查是否存在默认字段，默认字段以“!”为开头
            checkFieldDefaults(mpvs);
            //检查是否存在标记字段
            checkFieldMarkers(mpvs);
            super.doBind(mpvs);
        }

        protected void bindMultipartFiles(Map<String, MultipartFile>
multipartFiles, MutablePropertyValues mpvs) {
           for (Map.Entry<String, MultipartFile> entry : multipartFiles.entrySet())
{
                String key = entry.getKey();
                MultipartFile value = entry.getValue();
                //可以配置是否绑定空的文件参数
                if (isBindEmptyMultipartFiles() || !value.isEmpty()) {
                    mpvs.add(key, value);
                }
            }
        }
    }

    public class DataBinder implements PropertyEditorRegistry, TypeConverter {

        protected void doBind(MutablePropertyValues mpvs) {
            //可以配置哪些字段是允许的，哪些字段是必需的
            checkAllowedFields(mpvs);
            checkRequiredFields(mpvs);
```

```
            //事实上赋值属性
            applyPropertyValues(mpvs);
        }

        protected void applyPropertyValues(MutablePropertyValues mpvs) {
            try {
                //getPropertyAccessor()返回的是 BeanWrapper 实现，BeanWrapper 用于存取
Bean 属性的封装类
                getPropertyAccessor().setPropertyValues(mpvs,
isIgnoreUnknownFields(), isIgnoreInvalidFields());
            }
            catch (PropertyBatchUpdateException ex) {
                //使用绑定错误处理器处理绑定错误结果
                for (PropertyAccessException pae :
ex.getPropertyAccessExceptions()) {

    getBindingErrorProcessor().processPropertyAccessException(pae,
getInternalBindingResult());
                }
            }
        }
    }
```

数据绑定、属性校验、属性编辑器的实现是一个复杂的话题，属于 Spring 的核心实现，这里不再进行分析和代码注释。

### 11.3.4 调用处理器方法

在得到方法的参数以前，注解方法处理器适配器首先处理模型属性方法且初始化隐式模型，如果存在 Session 属性，则导入 Session 属性，然后使用解析得到的方法的参数调用处理器方法，代码及注释如下。

```
    public final Object invokeHandlerMethod(Method handlerMethod, Object handler,
            NativeWebRequest webRequest, ExtendedModelMap implicitModel) throws
Exception {

        //获取真正的处理器方法，而不是桥梁方法，桥梁方法是编译器产生的方法
        Method handlerMethodToInvoke = BridgeMethodResolver.findBridgedMethod
(handlerMethod);
```

```
        try {
            boolean debug = logger.isDebugEnabled();

            //如果有 Session 属性，则提取 Session 属性到隐式模型属性中
            for (String attrName :
this.methodResolver.getActualSessionAttributeNames()) {
                Object attrValue =
this.sessionAttributeStore.retrieveAttribute(webRequest, attrName);
                if (attrValue != null) {
                    implicitModel.addAttribute(attrName, attrValue);
                }
            }

            //遍历所有模型属性方法，将其返回的模型属性放入隐式模型中
            for (Method attributeMethod :
this.methodResolver.getModelAttributeMethods()) {
                //获取模型属性方法的真正处理器方法
                Method attributeMethodToInvoke =
BridgeMethodResolver.findBridgedMethod(attributeMethod);

                //解析参数，这个实现过程和处理器方法的参数解析过程相似，不再进行代码注释
                Object[] args = resolveHandlerArguments(attributeMethodToInvoke,
handler, webRequest, implicitModel);
                if (debug) {
                    logger.debug("Invoking model attribute method: " +
attributeMethodToInvoke);
                }

                //如果模型属性方法指定的属性已经存在于隐式模型中，则忽略此模型属性
                String attrName = AnnotationUtils.findAnnotation(attributeMethod
ToInvoke, ModelAttribute.class).value();
                if (!"".equals(attrName) &&
implicitModel.containsAttribute(attrName)) {
                    continue;
                }

                //调用模型属性方法，得到属性值
               Object attrValue = doInvokeMethod(attributeMethodToInvoke, handler,
args);

                //如果没有指定模型属性名，则使用模型类型创建唯一的名称
```

```
                if ("".equals(attrName)) {
                    Class resolvedType = GenericTypeResolver.resolveReturnType
(attributeMethodToInvoke, handler.getClass());
                    attrName =
                            Conventions.getVariableNameForReturnType(attribute
MethodToInvoke, resolvedType, attrValue);
                }

                //添加属性名值对到隐式模型中
                if (!implicitModel.containsAttribute(attrName)) {
                    implicitModel.addAttribute(attrName, attrValue);
                }
            }

            //通过注解、默认值等注解解析处理器参数
           Object[] args = resolveHandlerArguments(handlerMethodToInvoke, handler,
webRequest, implicitModel);
            if (debug) {
                logger.debug("Invoking request handler method: " +
handlerMethodToInvoke);
            }

            return doInvokeMethod(handlerMethodToInvoke, handler, args);
        }
        catch (IllegalStateException ex) {
            //抛出异常，并且带上处理器方法的环境信息
            throw new HandlerMethodInvocationException(handlerMethodToInvoke,
ex);
        }
    }
```

执行方法的代码及注释如下。

```
    private Object doInvokeMethod(Method method, Object target, Object[] args) throws
Exception {
        //使方法可见
        ReflectionUtils.makeAccessible(method);
        try {
            //调用方法
            return method.invoke(target, args);
        }
        catch (InvocationTargetException ex) {
```

```
            ReflectionUtils.rethrowException(ex.getTargetException());
        }
        throw new IllegalStateException("Should never get here");
    }
```

## 11.3.5　处理方法返回值和隐式模型到模型或视图的映射

注解方法处理器适配器在调用一个处理器方法之后，得到了处理器方法的返回值，它根据返回值的类型解析模型和视图，如果声明了消息响应体，则将使用消息转换器转换返回值到 HTTP 响应体。我们已经分析了消息转换器的实现体系结构，这里不再进行分析，相关代码及注释如下。

```
    public ModelAndView getModelAndView(Method handlerMethod, Class handlerType,
Object returnValue, ExtendedModelMap implicitModel, ServletWebRequest webRequest)
throws Exception {

        //如果声明了响应状态注解
        ResponseStatus responseStatusAnn = AnnotationUtils.findAnnotation
(handlerMethod, ResponseStatus.class);
        if (responseStatusAnn != null) {
            //从响应状态注解中解析设置的 HTTP 响应状态代码
            HttpStatus responseStatus = responseStatusAnn.value();

            //使用 RedirectView 来处理
            webRequest.getRequest().setAttribute(View.RESPONSE_STATUS_ATTRIBUTE,
responseStatus);

            //设置响应状态代码
            webRequest.getResponse().setStatus(responseStatus.value());
            responseArgumentUsed = true;
        }

        //Invoke custom resolvers if present...
        //如果定制化解析器存在，则用定制化解析器来处理
        if (customModelAndViewResolvers != null) {
            for (ModelAndViewResolver mavResolver : customModelAndViewResolvers) {
                ModelAndView mav = mavResolver.resolveModelAndView(handlerMethod,
handlerType, returnValue, implicitModel, webRequest);
                if (mav != ModelAndViewResolver.UNRESOLVED) {
                    return mav;
```

```
                }
            }
        }

        //如果参数类型是 HTTP 实体类型
        if (returnValue instanceof HttpEntity) {
            handleHttpEntityResponse((HttpEntity<?>) returnValue, webRequest);
            return null;
        }
        //如果声明了请求体注解，则使用消息转换器解析返回值到响应体
        else if (AnnotationUtils.findAnnotation(handlerMethod,
ResponseBody.class) != null) {
            handleResponseBody(returnValue, webRequest);
            return null;
        }
        //如果返回值已经是模型和视图类型，则合并隐式模型的值
        else if (returnValue instanceof ModelAndView) {
            ModelAndView mav = (ModelAndView) returnValue;
            mav.getModelMap().mergeAttributes(implicitModel);
            return mav;
        }
    //如果返回值是模型，则合并它和隐式模型，并且构造一个模型和视图
        else if (returnValue instanceof Model) {
            return new
ModelAndView().addAllObjects(implicitModel).addAllObjects(((Model)
returnValue).asMap());
        }
        //如果返回值是视图，则合并它和隐式模型，并且构造一个模型和视图
        else if (returnValue instanceof View) {
            return new ModelAndView( (View)
returnValue).addAllObjects(implicitModel);
        }
        //如果是模型属性方法，则添加返回值到模型中，并且合并隐式模型
        else if (AnnotationUtils.findAnnotation(handlerMethod,
ModelAttribute.class) != null) {
            addReturnValueAsModelAttribute(handlerMethod, handlerType,
returnValue, implicitModel);
            return new ModelAndView().addAllObjects(implicitModel);
        }
        //如果返回值是映射，则合并它和隐式模型，构造模型和视图
        else if (returnValue instanceof Map) {
```

```
            return new
ModelAndView().addAllObjects(implicitModel).addAllObjects((Map) returnValue);
        }
        //如果返回值是字符串，则它是视图的逻辑名，构造一个模型和视图
        else if (returnValue instanceof String) {
            return new ModelAndView((String)
returnValue).addAllObjects(implicitModel);
        }
        //如果返回值为空
        else if (returnValue == null) {
            //如果设置了响应状态，或者没有修改状态，则返回空值
            if (this.responseArgumentUsed || webRequest.isNotModified()) {
                return null;
            }
            else {
                //把模型数据加入模型视图中
                return new ModelAndView().addAllObjects(implicitModel);
            }
        }
        //如果是一个 Bean 值，则加入模型中，并且合并隐式模型，返回模型和视图
        else if (!BeanUtils.isSimpleProperty(returnValue.getClass())) {
            //这里处理单个模型属性
            addReturnValueAsModelAttribute(handlerMethod, handlerType,
returnValue, implicitModel);
            return new ModelAndView().addAllObjects(implicitModel);
        }
        else {
            throw new IllegalArgumentException("Invalid handler method return value:
" + returnValue);
        }
    }
```

处理响应体的代码及注释如下。

```
    private void handleResponseBody(Object returnValue, ServletWebRequest
webRequest)
            throws Exception {
        if (returnValue == null) {
            return;
        }
        HttpInputMessage inputMessage = createHttpInputMessage(webRequest);
        HttpOutputMessage outputMessage = createHttpOutputMessage(webRequest);
```

```
        //使用消息转换器写返回值
        writeWithMessageConverters(returnValue, inputMessage, outputMessage);
    }
```

处理 HTTP 响应的代码及注释如下。

```
    private void handleHttpEntityResponse(HttpEntity<?> responseEntity,
ServletWebRequest webRequest)
            throws Exception {
        if (responseEntity == null) {
            return;
        }
        HttpInputMessage inputMessage = createHttpInputMessage(webRequest);
        HttpOutputMessage outputMessage = createHttpOutputMessage(webRequest);

        //如果返回值为响应体，则包含响应状态，也需要写入 HTTP 响应里
        if (responseEntity instanceof ResponseEntity && outputMessage instanceof
ServerHttpResponse) {
            ((ServerHttpResponse)outputMessage).setStatusCode(((ResponseEntity)
responseEntity).getStatusCode());
        }

        //把返回的 HTTP 实体的头信息写入 HTTP 响应里
        HttpHeaders entityHeaders = responseEntity.getHeaders();
        if (!entityHeaders.isEmpty()) {
            outputMessage.getHeaders().putAll(entityHeaders);
        }
        Object body = responseEntity.getBody();
        if (body != null) {
            //转换返回值并且写入 HTTP 响应体里
            writeWithMessageConverters(body, inputMessage, outputMessage);
        }
    }
```

用消息转换器写数据的代码及注释如下。

```
    @SuppressWarnings("unchecked")
    private void writeWithMessageConverters(Object returnValue,
            HttpInputMessage inputMessage, HttpOutputMessage outputMessage)
            throws IOException, HttpMediaTypeNotAcceptableException {
        List<MediaType> acceptedMediaTypes =
inputMessage.getHeaders().getAccept();
```

```
        //如果 HTTP 请求没有指定接收的媒体类型，则默认接收所有媒体类型
        if (acceptedMediaTypes.isEmpty()) {
            acceptedMediaTypes = Collections.singletonList(MediaType.ALL);
        }
        MediaType.sortByQualityValue(acceptedMediaTypes);
        Class<?> returnValueType = returnValue.getClass();
        List<MediaType> allSupportedMediaTypes = new ArrayList<MediaType>();
        if (getMessageConverters() != null) {
            //使用 HTTP 消息转换器转换返回值作为 HTTP 响应体
            for (MediaType acceptedMediaType : acceptedMediaTypes) {
                for (HttpMessageConverter messageConverter :
getMessageConverters()) {
                    if (messageConverter.canWrite(returnValueType,
acceptedMediaType)) {
                        messageConverter.write(returnValue, acceptedMediaType,
outputMessage);
                        if (logger.isDebugEnabled()) {
                            MediaType contentType =
outputMessage.getHeaders().getContentType();
                            if (contentType == null) {
                                contentType = acceptedMediaType;
                            }
                            logger.debug("Written [" + returnValue + "] as \"" +
contentType + "\" using [" + messageConverter + "]");
                        }
                        this.responseArgumentUsed = true;
                        return;
                    }
                }
            }
            for (HttpMessageConverter messageConverter : messageConverters) {

    allSupportedMediaTypes.addAll(messageConverter.getSupportedMediaTypes());
            }
        }
        throw new HttpMediaTypeNotAcceptableException(allSupportedMediaTypes);
    }
```

### 11.3.6 如何更新模型数据

如果存在 Session 属性，则把 Session 属性从模型存储到 Session 中，代码及注释如下。

```
    Public final void updateModelAttributes(Object handler, Map<String, Object>
mavModel, ExtendedModelMap implicitModel, NativeWebRequest webRequest) throws
Exception {

        //如果 Session 状态被标识成结束，则清除 Session 属性，在默认情况下 Session 始终是未完
成的
        if (this.methodResolver.hasSessionAttributes() &&
this.sessionStatus.isComplete()) {
            for (String attrName :
this.methodResolver.getActualSessionAttributeNames()) {
                this.sessionAttributeStore.cleanupAttribute(webRequest, attrName);
            }
        }

        // 如果需要，则把模型属性值导出为 Session 属性值
        // 把所有的属性导出为 BindingResults，准备好定制化编辑器
        Map<String, Object> model = (mavModel != null ? mavModel : implicitModel);
        for (String attrName : new HashSet<String>(model.keySet())) {
            Object attrValue = model.get(attrName);
            boolean isSessionAttr = this.methodResolver.isSessionAttribute
(attrName, (attrValue != null ? attrValue.getClass() : null));
            //如果 Session 属性存在，而且 Session 是未完成状态，则从模型中导出 Session 属性到
Session 中
            if (isSessionAttr && !this.sessionStatus.isComplete()) {
                this.sessionAttributeStore.storeAttribute(webRequest, attrName,
attrValue);
            }

            //同时导出绑定结构到 Session 中
            if (!attrName.startsWith(BindingResult.MODEL_KEY_PREFIX) &&
                    (isSessionAttr || isBindingCandidate(attrValue))) {
                String bindingResultKey = BindingResult.MODEL_KEY_PREFIX +
attrName;
                if (mavModel != null && !model.containsKey(bindingResultKey)) {
                    WebDataBinder binder = createBinder(webRequest, attrValue,
attrName);
                    initBinder(handler, attrName, binder, webRequest);
```

```
                    mavModel.put(bindingResultKey, binder.getBindingResult());
                }
            }
        }
    }
```

基于简单控制器流程的实现和基于注解控制器流程的实现是用于处理 HTTP 请求的 Spring Web MVC 流程的两个实现，使用了不同的方式实现了相同的功能和流程。简单控制器流程是经典的实现，而基于注解控制器流程的实现是从 Spring 的 2.5 版本引入的，简单易用、功能强大，成为被推荐使用的流程。

# 第 12 章 基于 HTTP 请求处理器实现 RPC

本章分析 Spring Web MVC 中的另一个流程，该流程用于支持基于 HTTP 的远程调用。它并非用来处理一个简单的 HTTP 请求，而是使用 Servlet 通过 HTTP 导出一个服务，服务的客户端可以通过 HTTP 使用和调用此服务。Spring Web MVC 支持基于 HTTP 的三种类型的远程调用：基于 Burlap 的远程调用、基于 Hessian 的远程调用和基于序列化的远程调用。这里只分析基于序列化的远程调用，后面将分析所有远程调用流程的架构实现。

既然这是一个远程调用流程的实现，那么必然存在客户端和服务器端的实现。客户端通过一个工厂 Bean 的实现导出服务器接口的代理，代理的实现把对方法的调用封装成远程调用并且序列化，通过配置的 HTTP URL 把序列化的远程调用通过 HTTP 请求体传入服务器，服务器解析序列化的远程调用，然后通过反射远程调用包含的方法，最后向客户端返回结果，如图 12-1 所示。

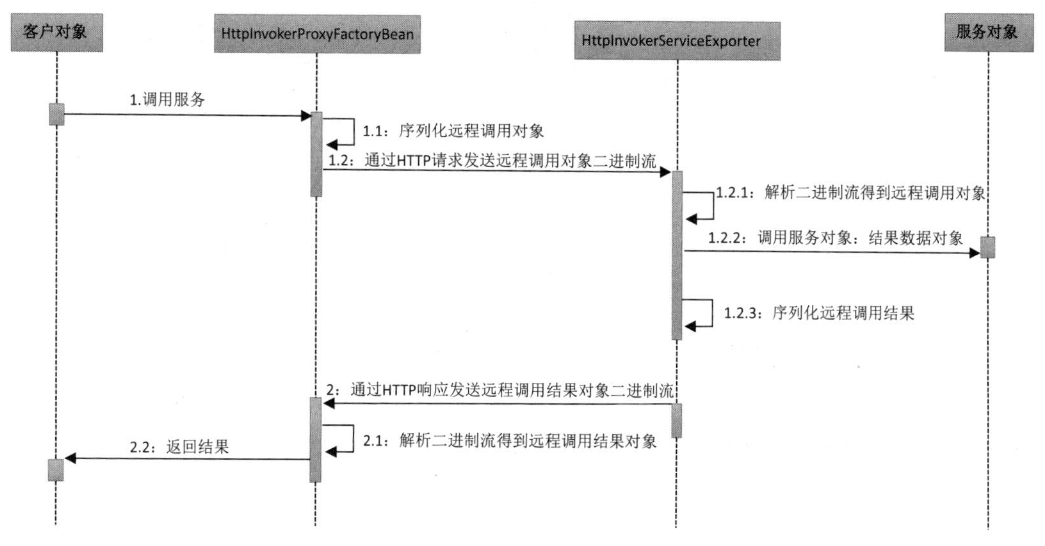


图 12-1

## 12.1　深入剖析 RPC 客户端的实现

本节首先深入分析基于 HTTP 请求处理器流程的远程调用的客户端的实现体系结构，如图 12-2 所示。

客户端的实现通过 AOP 代理拦截方法调用，然后将传入的方法的参数和正在调用的方法封装到远程调用对象中并且序列化为字节流，最后通过 HTTP 调用器请求执行器写入远程主机的 HTTP 服务中。下面根据流程的先后顺序对实现代码进行分析。

在客户端的 Spring 环境中配置一个 HTTP 服务时，首先需要声明一个 HttpInvokerProxy FactoryBean（HTTP 调用器代理工厂 Bean），然后指定需要代理的接口类和服务器端服务的 URL，如下面的 Spring 配置文件所示。

```
    <bean id="httpInvokerProxy"
class="org.springframework.remoting.httpinvoker.HttpInvokerProxyFactoryBean">
        <property name="serviceUrl"
value="http://remotehost:8080/remoting/AccountService"/>
        <property name="serviceInterface" value="example.AccountService"/>
    </bean>
```

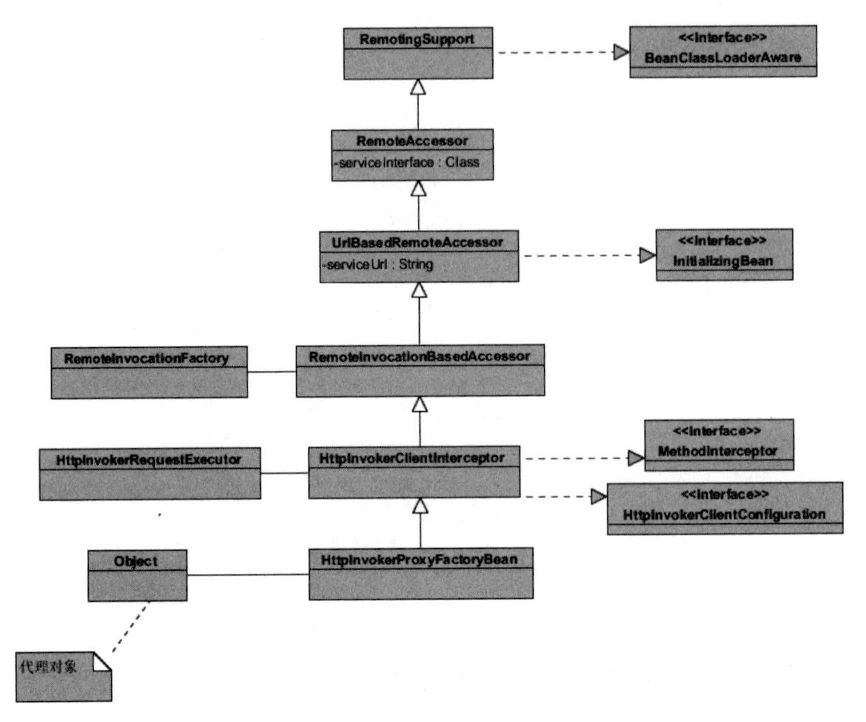


图 12-2

HttpInvokerProxyFactoryBean 实现了工厂 Bean 接口，在初始化后进行 Bean 连接时会提供一个代理，代码及注释如下。

```
//这是一个工厂 Bean，返回一个代理，用于拦截对提供的接口方法的调用，然后实现远程调用
public class HttpInvokerProxyFactoryBean extends HttpInvokerClientInterceptor
        implements FactoryBean<Object> {

    //返回的代理
    private Object serviceProxy;


    //Spring 环境中的 Bean 的模板方法，在初始化属性后构造代理
    @Override
    public void afterPropertiesSet() {
        super.afterPropertiesSet();

        //如果将被代理的接口为空，则抛出异常、停止处理
        if (getServiceInterface() == null) {
            throw new IllegalArgumentException("Property 'serviceInterface' is
```

```
required");
            }
            //使用 AOP 代理工厂创建代理，这个代理的所有方法调用最后都会被拦截，在拦截后会被调
用到超类中实现了 MethodInterceptor 的 invoke()方法中
            //如果将被代理的是接口，则使用 JDK 的动态代理；如果将被代理的是类，则使用 CGLIB 产
生子类创建代理
            this.serviceProxy = new ProxyFactory(getServiceInterface(),
this).getProxy(getBeanClassLoader());
        }
        //返回代理
        public Object getObject() {
            return this.serviceProxy;
        }
        //返回代理类型
        public Class<?> getObjectType() {
            return getServiceInterface();
        }

        //既然是服务，则是单例模式
        public boolean isSingleton() {
            return true;
        }
    }
```

在产生代理后，客户端会根据业务需要调用代理的服务方法。在调用任何方法时，代理机制都会统一拦截并调用 HttpInvokerClientInterceptor（超类 HTTP 唤起器用户拦截器）实现的 MethodInterceptor（方法拦截器）接口。invoke()方法的实现代码及注释如下。

```
    //在调用一个代理的方法时，AOP 代理机制会将调用信息，包括调用的方法、参数等封装成
MethodInvocation 传递给 MethodInterceptor 的实现
    public Object invoke(MethodInvocation methodInvocation) throws Throwable {
        //如果正在调用 toString()方法，则返回服务的 URL 信息
        if (AopUtils.isToStringMethod(methodInvocation.getMethod())) {
            return "HTTP invoker proxy for service URL [" + getServiceUrl() + "]";
        }

        //创建远程调用，远程调用是方法调用的一个简单封装
        RemoteInvocation invocation = createRemoteInvocation(methodInvocation);
        RemoteInvocationResult result = null;
        try {
            //使用 HTTP 调用器请求执行器调用远程的 HTTP 服务，并且获得返回结果
```

```
            result = executeRequest(invocation, methodInvocation);
        }
        //这些异常是在调用过程中产生的，例如网络连接错误、返回值解析错误等
        catch (Throwable ex) {
            throw convertHttpInvokerAccessException(ex);
        }

        try {
            //远程调用结果可能包含异常信息，如果有异常发生在服务器中，则需要在客户端重现
            return recreateRemoteInvocationResult(result);
        }
        //这些异常是发生在服务器中的，异常被传回给客户端，这里需要重现异常
        catch (Throwable ex) {
            //如果结果是唤起目标异常，则直接抛出异常
            if (result.hasInvocationTargetException()) {
                throw ex;
            }
            //【问题】为什么唤起目标异常不需要封装?

            //否则抛出封装的异常
            else {
                throw new RemoteInvocationFailureException("Invocation of method ["
+ methodInvocation.getMethod() + "] failed in HTTP invoker remote service at [" +
getServiceUrl() + "]", ex);
            }
        }
    }
    //这些异常发生在客户端和服务器端
    protected RemoteAccessException convertHttpInvokerAccessException(Throwable ex)
{
        //HTTP 连接错误
        if (ex instanceof ConnectException) {
            throw new RemoteConnectFailureException(
                    "Could not connect to HTTP invoker remote service at [" +
getServiceUrl() + "]", ex);
        }
        //是否有返回值是不可解析的类型
        else if (ex instanceof ClassNotFoundException || ex instanceof
NoClassDefFoundError ||
                ex instanceof InvalidClassException) {
            throw new RemoteAccessException(
```

```
                "Could not deserialize result from HTTP invoker remote service
[" + getServiceUrl() + "]", ex);
        }
        //其他未知调用过程中的异常
        else {
            throw new RemoteAccessException(
                "Could not access HTTP invoker remote service at [" + getServiceUrl()
+ "]", ex);
        }
    }

    public class RemoteInvocationResult implements Serializable {
        //如果存在异常则重现异常，否则返回远程结果
        public Object recreate() throws Throwable {
            //如果异常存在
            if (this.exception != null) {
                Throwable exToThrow = this.exception;

                //如果是唤起目标异常，则获取发生在方法调用时的真正异常
                if (this.exception instanceof InvocationTargetException) {
                    exToThrow = ((InvocationTargetException)
this.exception).getTargetException();
                }

                //添加客户端异常堆栈

    RemoteInvocationUtils.fillInClientStackTraceIfPossible(exToThrow);

                //抛出异常
                throw exToThrow;
            }
            //否则返回服务器端的结果
            else {
                return this.value;
            }
        }

    }
```

我们看到拦截器方法除了对远程 HTTP 服务实现了调用，还对返回结果进行了处理。如果在调用过程中产生任意连接异常、结果解析异常等，则直接翻译这些异常并且抛出。

在某些情况下，一个调用在服务器端产生异常时，异常信息会通过返回的调用结果返回给客户端，这样客户端需要解析这些异常，并且重现它们。

也可以理解为，对远程 HTTP 服务的调用是通过 HTTP 调用器请求执行器实现的。它在将远程调用序列化成流后，通过 HTTP 连接类的支持写入远程服务。远程服务在处理这个请求后，返回了远程调用结果，并且通过反序列化解析远程调用结果，相关代码及注释如下。

```
    //代理方法
    protected RemoteInvocationResult executeRequest(
            RemoteInvocation invocation, MethodInvocation originalInvocation)
throws Exception {

        return executeRequest(invocation);
    }

    protected RemoteInvocationResult executeRequest(RemoteInvocation invocation)
throws Exception {
        //调用 HttpInvokerRequestExecutor 实现远程调用
        return getHttpInvokerRequestExecutor().executeRequest(this, invocation);
    }
```

分析到这里，我们知道所有远程调用的处理过程都是通过 HttpInvokerRequestExecutor（HTTP 调用器请求执行器）实现的。HTTP 调用器请求执行器并不是单一的实现，它是一个接口，并且有两个常用的实现：一个使用 JDK 自带的 HTTP 客户端通信；另一个使用 Apache Commons 的 HTTP 客户端通信，如图 12-3 所示。

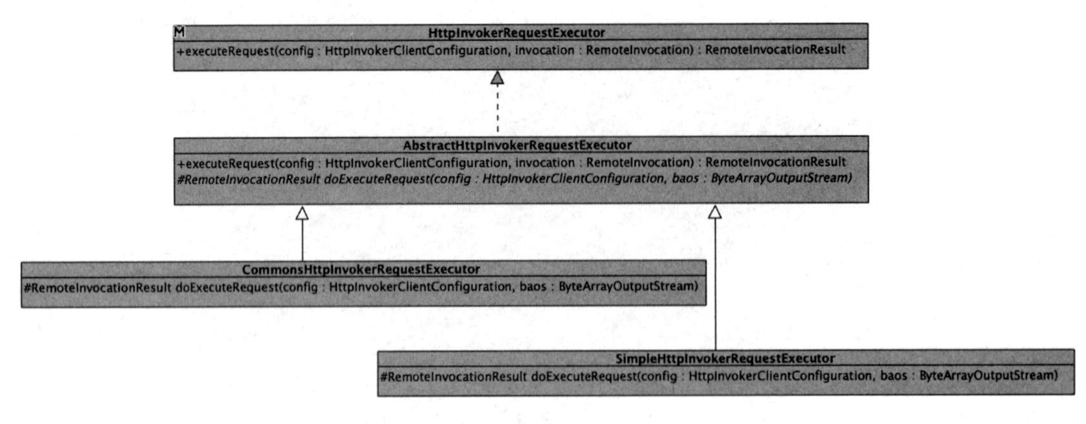


图 12-3

为了分析得更简单、透彻，这里仅分析基于 JDK 自带的 HTTP 客户端通信的实现。首先分析 AbstractHttpInvokerRequestExecutor（抽象 HTTP 唤起器请求执行器）的实现，代码及注释如下。

```
    public final RemoteInvocationResult executeRequest(
            HttpInvokerClientConfiguration config, RemoteInvocation invocation)
throws Exception {

        //将远程调用序列化并且输出到字节数组输出流中
        ByteArrayOutputStream baos = getByteArrayOutputStream(invocation);

        if (logger.isDebugEnabled()) {
            logger.debug("Sending HTTP invoker request for service at [" +
config.getServiceUrl() + "], with size " + baos.size());
        }

        //代理到其他方法进行处理
        return doExecuteRequest(config, baos);
    }

    //定义了抽象方法，供子类来实现
    protected abstract RemoteInvocationResult doExecuteRequest(
            HttpInvokerClientConfiguration config, ByteArrayOutputStream baos)
            throws Exception;


    protected RemoteInvocationResult readRemoteInvocationResult(InputStream is,
String codebaseUrl)
    throws IOException, ClassNotFoundException {
        //从 HTTP 请求的 body 数据中创建输入流
        ObjectInputStream ois = createObjectInputStream(decorateInputStream(is),
codebaseUrl);
        try {
            //代理到其他方法进行读操作
          return doReadRemoteInvocationResult(ois);
        }
        finally {
          ois.close();
        }
    }
```

```
    //使用了模板回调方法，子类可以进行改写
    protected InputStream decorateInputStream(InputStream is) throws IOException {
        return is;
    }

    protected ObjectInputStream createObjectInputStream(InputStream is, String
codebaseUrl) throws IOException {
        //使用特殊的输入流，如果本地不能解析返回结果中的某个类，则尝试采用网络 URL 配置的资源解
析类
        return new CodebaseAwareObjectInputStream(is, getBeanClassLoader(),
codebaseUrl);
    }

    protected RemoteInvocationResult
doReadRemoteInvocationResult(ObjectInputStream ois)
    throws IOException, ClassNotFoundException {
        //从流中读，如果没有读到远程调用结果，则抛出异常、终止处理
        Object obj = ois.readObject();
        if (!(obj instanceof RemoteInvocationResult)) {
        throw new RemoteException("Deserialized object needs to be assignable to type
[" + RemoteInvocationResult.class.getName() + "]: " + obj);
        }

        //返回远程调用
        return (RemoteInvocationResult) obj;
    }
```

如此可见，AbstractHttpInvokerRequestExecutor 实现了整个流程框架，但是留下了一个抽象方法，这个抽象方法是提供给子类使用不同的方式与 HTTP 进行远程服务通信的。

下面分析 SimpleHttpInvokerRequestExecutor（简单 HTTP 唤起器请求执行器）是如何通过 JDK 自带的 HTTP 客户端来完成这个任务的，代码及注释如下。

```
    //通过 JDK 自带的 HTTP 客户端实现基于 HTTP 的远程调用
    public class SimpleHttpInvokerRequestExecutor extends
AbstractHttpInvokerRequestExecutor {

        @Override
        protected RemoteInvocationResult doExecuteRequest(
                HttpInvokerClientConfiguration config, ByteArrayOutputStream
baos)
                throws IOException, ClassNotFoundException {
```

```
            //打开远程的 HTTP 连接
            HttpURLConnection con = openConnection(config);

            //设置 HTTP 连接信息
            prepareConnection(con, baos.size());

            //把准备好的序列化的远程方法调用的字节流写入 HTTP 请求体中
            writeRequestBody(config, con, baos);

            //校验 HTTP 响应
            validateResponse(config, con);

            //获得 HTTP 响应体的流
            InputStream responseBody = readResponseBody(config, con);

            //读取远程调用结果并返回
            return readRemoteInvocationResult(responseBody,
config.getCodebaseUrl());
        }
```

打开 HTTP 链接的代码及注释如下。

```
        protected HttpURLConnection openConnection(HttpInvokerClientConfiguration
config) throws IOException {
            //打开远程服务的 URL 连接
            URLConnection con = new URL(config.getServiceUrl()).openConnection();

            //这必须是基于 HTTP 的服务
            if (!(con instanceof HttpURLConnection)) {
                throw new IOException("Service URL [" + config.getServiceUrl() + "]
is not an HTTP URL");
            }

            return (HttpURLConnection) con;
        }
```

准备链接的代码及注释如下。

```
        protected void prepareConnection(HttpURLConnection con, int contentLength)
throws IOException {
            //需要写入远程调用的序列化的二进制流，所以需要使用 HTTP POST 方法，并且输出信息到
服务器
```

```
            con.setDoOutput(true);
            con.setRequestMethod(HTTP_METHOD_POST);

            //内容类型是 application/x-java-serialized-object，为序列化的二进制流的长度
            con.setRequestProperty(HTTP_HEADER_CONTENT_TYPE, getContentType());
            con.setRequestProperty(HTTP_HEADER_CONTENT_LENGTH,
Integer.toString(contentLength));

            //如果地域信息存在，则设置接收语言
            LocaleContext locale = LocaleContextHolder.getLocaleContext();
            if (locale != null) {
                con.setRequestProperty(HTTP_HEADER_ACCEPT_LANGUAGE,
StringUtils.toLanguageTag(locale.getLocale()));
            }

            //如果接收压缩选项，则使用压缩的 HTTP 通信
            if (isAcceptGzipEncoding()) {
                con.setRequestProperty(HTTP_HEADER_ACCEPT_ENCODING, ENCODING_GZIP);
            }
        }

        protected void writeRequestBody(
                HttpInvokerClientConfiguration config, HttpURLConnection con,
ByteArrayOutputStream baos)
                throws IOException {
            //将远程调用的序列化的二进制流写到 HTTP 连接的输出流中
            baos.writeTo(con.getOutputStream());
        }


        protected void validateResponse(HttpInvokerClientConfiguration config,
HttpURLConnection con)
                throws IOException {

            //如果接收 HTTP 响应的代码出错，则抛出异常、终止处理，则说明服务器没有开启或者服务
配置错误
            if (con.getResponseCode() >= 300) {
                throw new IOException(
                        "Did not receive successful HTTP response: status code =
" + con.getResponseCode() + ", status message = [" + con.getResponseMessage() + "]");
            }
```

```
        }

        protected InputStream readResponseBody(HttpInvokerClientConfiguration
config, HttpURLConnection con)
                throws IOException {

            if (isGzipResponse(con)) {
                //GZIP 响应，需要进行解压缩
                return new GZIPInputStream(con.getInputStream());
            }
            else {
                //二进制流
                return con.getInputStream();
            }
        }

        protected boolean isGzipResponse(HttpURLConnection con) {
            //通过 HTTP 头判断这是否是一个被压缩过的 HTTP 响应
            String encodingHeader =
con.getHeaderField(HTTP_HEADER_CONTENT_ENCODING);
            return (encodingHeader != null &&
encodingHeader.toLowerCase().indexOf(ENCODING_GZIP) != -1);
        }

    }
```

由此可见，SimpleHttpInvokerRequestExecutor 通过 JDK 自带的 URL 连接类实现了远程调用 RPC 所需要的底层 HTTP 通信的整体流程。这个流程支持 HTTP 请求体的压缩，并且能够使用地域信息进行一定程度的用户化。

通过以上代码可知，在某个远程调用（RemoteInvocation）被写入 HTTP 服务后，服务器就会返回一个远程调用结果（RemoteInvocationResult）。

## 12.2　深入剖析 RPC 服务端的实现

下面分析服务器端是如何实现 RPC 调用过程的，如图 12-4 所示。

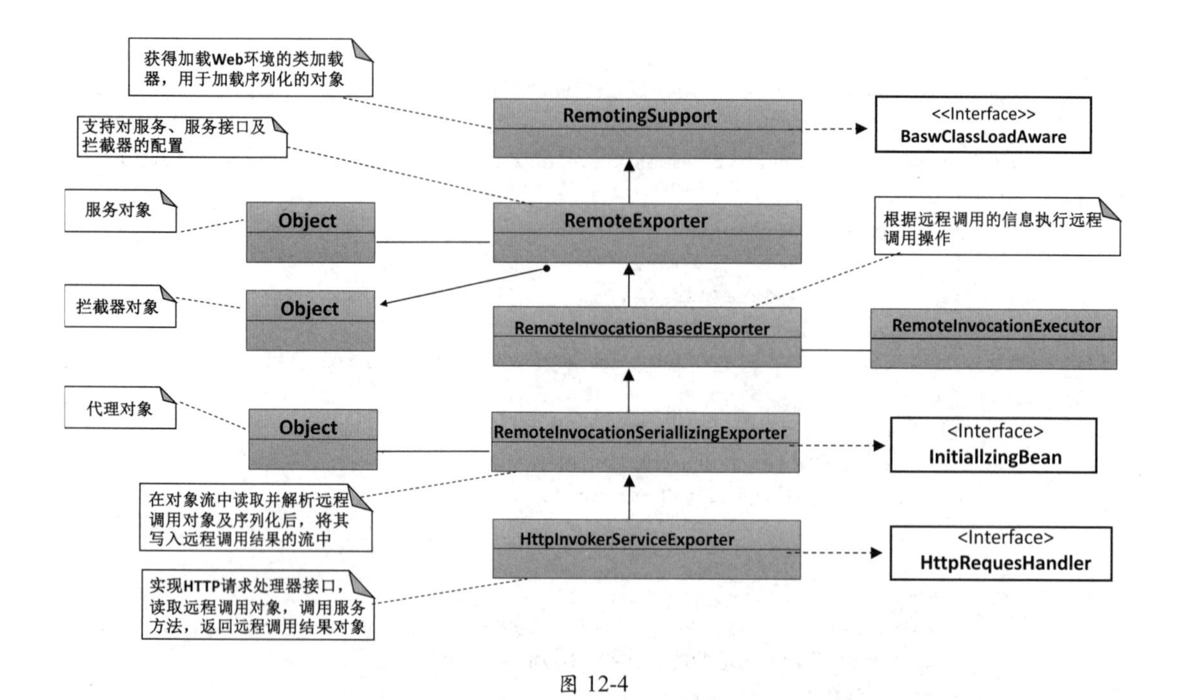


图 12-4

服务器端对基于 HTTP 请求处理器流程的实现仍然是建立在 Spring Web MVC 的实现架构中的。它和基于简单控制器流程的实现和基于注解控制器流程的实现非常相似，同样有处理器映射、处理器适配器和处理器的实现，唯一不同的是它没有特殊的处理器映射的实现。因为客户端是通过配置的 URL 查找和调用服务器端的服务的，第 10 章讲解的简单控制器流程的实现方式在这里基本可以被重用，尤其是 Bean 名称 URL 处理器映射在这里完全可以被重用，如图 12-5 所示。

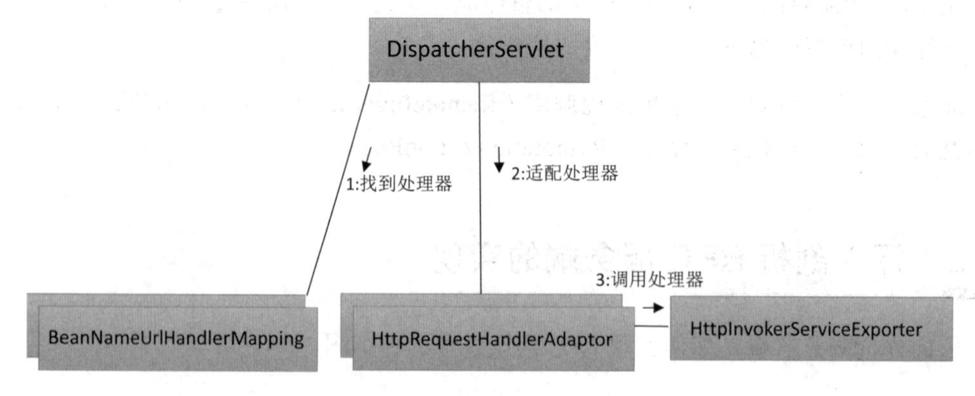


图 12-5

下面根据如图 12-5 所示流程的先后顺序分析它的实现。首先，DispatcherServlet 接收到一个包含远程调用序列化的二进制流的 HTTP 请求，它会使用配置的处理器映射查找能够处理当前的 HTTP 请求的处理器。在通常情况下，Bean 名称 URL 处理器映射会返回在初始化时配置的 HttpInvokerServiceExporter（调用器服务导出器），代码及注释如下。

```
    <bean name="/AccountService"
class="org.springframework.remoting.httpinvoker.HttpInvokerServiceExporter">
        <property name="service" ref="accountService"/>
        <property name="serviceInterface" value="example.AccountService"/>
    </bean>
```

Bean 名称 URL 处理器映射会发现这个 Bean 是一个 HandlerBean，然后使用 Bean 作为 URL 注册此处理器。客户端的 HTTP 请求被发送到这个 URL，DispatcherServlet 要求 Bean 名称 URL 处理器映射解析当前的请求所需要的处理器，于是返回配置的 HttpInvokerServiceExporter。

因为 HttpInvokerServiceExporter 实现了 HttpRequestHandler（HTTP 请求处理器接口），HttpRequestHandlerAdapter（HTTP 请求处理器适配器）支持这种类型的处理器，所以调用的控制流通过 HttpRequestHandlerAdapter 传递给 HTTP 调用器服务导出器，代码及注释如下。

```
    //用于适配 HTTP 请求处理器的 HandlerAdaptor，主要用于实现基于 HTTP 的远程调用
    public class HttpRequestHandlerAdapter implements HandlerAdapter {

        public boolean supports(Object handler) {
            //支持实现了 HttpRequestHandler 接口的处理器
            return (handler instanceof HttpRequestHandler);
        }

        public ModelAndView handle(HttpServletRequest request, HttpServletResponse
response, Object handler)
                throws Exception {

            //传递控制流给 HttpRequestHandler，不需要返回值，响应是在 HttpRequestHandler
中直接生成的
            ((HttpRequestHandler) handler).handleRequest(request, response);
            return null;
        }
```

```
        public long getLastModified(HttpServletRequest request, Object handler) {
            //通用的实现 HttpInvokerServiceExporter 不支持最后的修改操作，这里进行实现
            if (handler instanceof LastModified) {
                return ((LastModified) handler).getLastModified (Request) ;
            }
            return -1L;
        }

    }
```

通过以上程序可以知道，包含远程调用序列化的二进制流的 HTTP 请求被传递给 HTTP 调用器服务导出器，它将从序列化的二进制流中解析远程调用，进而解析方法调用，最后使用反射调用配置的服务中的相应方法，返回结果给客户端，相关代码及注释如下。

```
    //方法没有返回值，响应是在处理请求时生成和返回给客户端的
    public void handleRequest(HttpServletRequest request, HttpServletResponse 
response)
            throws ServletException, IOException {

        try {
            //从请求中读取远程调用
            RemoteInvocation invocation = readRemoteInvocation (Request) ;

            //根据远程调用的信息，调用配置服务的相应服务方法
            RemoteInvocationResult result = invokeAndCreateResult(invocation, 
getProxy());

            //写响应结果
            writeRemoteInvocationResult(request, response, result);
        }
        catch (ClassNotFoundException ex) {
            //客户端发送的二进制序列化流可能包含不可识别的类型，这时抛出异常、终止处理
            throw new NestedServletException("Class not found during 
deserialization", ex);
        }
    }
```

我们从上述方法中可以看到实现的总体流程，这个流程可分为三步：第 1 步是读取远

程调用；第 2 步是调用相关的服务方法；第 3 步是写入返回的结果。

读取远程调用的代码及注释如下。

```
    protected RemoteInvocation readRemoteInvocation(HttpServletRequest request)
            throws IOException, ClassNotFoundException {
        //从 HTTP 请求体的流中读取远程调用
        return readRemoteInvocation(request, request.getInputStream());
    }

    protected RemoteInvocation readRemoteInvocation(HttpServletRequest request,
InputStream is)
            throws IOException, ClassNotFoundException {

        //由通用的输入流构造对象输入流
        ObjectInputStream ois =
createObjectInputStream(decorateInputStream(request, is));
        try {
            //从流中读取远程调用
            return doReadRemoteInvocation(ois);
        }
        finally {
            ois.close();
        }
    }

    protected InputStream decorateInputStream(HttpServletRequest request,
InputStream is) throws IOException {
        //模板方法，仅仅返回 HTTP 请求体中的流
        return is;
    }

    protected ObjectInputStream createObjectInputStream(InputStream is) throws
IOException {
        //特殊的输入流，可以配置用户化的类加载器，如果某些类不存在，则可以尝试通过一个配置的 URL
加载此类
        return new CodebaseAwareObjectInputStream(is, getBeanClassLoader(), null);
    }
```

```
    protected RemoteInvocation doReadRemoteInvocation(ObjectInputStream ois)
    throws IOException, ClassNotFoundException {
        //读取 HTTP 请求体的序列化数据，也就是进行反序列化
        Object obj = ois.readObject();

        //如果不是远程调用的序列化流，则终止异常
        if (!(obj instanceof RemoteInvocation)) {
            throw new RemoteException("Deserialized object needs to be assignable
to type [" + RemoteInvocation.class.getName() + "]: " + obj);
        }

        return (RemoteInvocation) obj;
    }
```

调用相关的服务方法的代码及注释如下。

```
    protected RemoteInvocationResult invokeAndCreateResult(RemoteInvocation
invocation, Object targetObject) {
        try {
            //在事实上调用服务方法
            Object value = invoke(invocation, targetObject);

            //返回正确的远程结果
            return new RemoteInvocationResult(value);
        }
        catch (Throwable ex) {
            //在调用过程中如果有异常发生，则返回带有异常的远程调用结果，客户端将会重现这个异常
            return new RemoteInvocationResult(ex);
        }
    }
```

具体方法调用的代码及注释如下。

```
    protected Object invoke(RemoteInvocation invocation, Object targetObject)
    throws NoSuchMethodException, IllegalAccessException,
InvocationTargetException {

        if (logger.isTraceEnabled()) {
            logger.trace("Executing " + invocation);
```

```
        }
        try {
            //使用远程调用执行器执行服务方法，抛出产生的任意异常
            return getRemoteInvocationExecutor().invoke(invocation,
targetObject);
        }
        catch (NoSuchMethodException ex) {
            if (logger.isDebugEnabled()) {
                logger.warn("Could not find target method for " + invocation, ex);
            }
            throw ex;
        }
        catch (IllegalAccessException ex) {
            if (logger.isDebugEnabled()) {
                logger.warn("Could not access target method for " + invocation, ex);
            }
            throw ex;
        }
        catch (InvocationTargetException ex) {
            if (logger.isDebugEnabled()) {
                logger.debug("Target method failed for " + invocation,
ex.getTargetException());
            }
            throw ex;
        }
    }
```

远程调用执行器只有一个默认的实现，代码及注释如下。

```
    public class DefaultRemoteInvocationExecutor implements
RemoteInvocationExecutor {

        public Object invoke(RemoteInvocation invocation, Object targetObject)
                throws NoSuchMethodException, IllegalAccessException,
InvocationTargetException{

            //校验远程调用对象和配置的服务对象不为空
            Assert.notNull(invocation, "RemoteInvocation must not be null");
            Assert.notNull(targetObject, "Target object must not be null");
```

```
            //调用远程调用的默认实现
            return invocation.invoke(targetObject);
        }

    }


    public class RemoteInvocation implements Serializable {
        public Object invoke(Object targetObject) throws NoSuchMethodException,
                IllegalAccessException, InvocationTargetException {
            //通过远程调用包含的方法名和参数类型找到服务的方法
            Method method = targetObject.getClass().getMethod(this.methodName,
                    this.parameterTypes);

            //调用找到的方法
            return method.invoke(targetObject, this.arguments);
        }
    }
```

写入返回结果的代码及注释如下。

```
    protected void writeRemoteInvocationResult(
            HttpServletRequest request, HttpServletResponse response,
RemoteInvocationResult result)
            throws IOException {
        //设置内容类型为application/x-java-serialized-object
        response.setContentType(getContentType());

        //写远程调用结果到响应的输出流中
        writeRemoteInvocationResult(request, response, result,
response.getOutputStream());
    }

    protected void writeRemoteInvocationResult(
            HttpServletRequest request, HttpServletResponse response,
RemoteInvocationResult result, OutputStream os)
            throws IOException {
        //创建输出流
```

```
        ObjectOutputStream oos =
createObjectOutputStream(decorateOutputStream(request, response, os));
        try {
            //将远程调用结果写入响应的输出流中
            doWriteRemoteInvocationResult(result, oos);
            //将缓存刷新到 HTTP 响应体中
            oos.flush();
        }
        finally {
            oos.close();
        }
    }

    protected ObjectOutputStream createObjectOutputStream(OutputStream os) throws
IOException {
        //创建简单的输出流，用于序列化远程调用结果
        return new ObjectOutputStream(os);
    }

    protected void doWriteRemoteInvocationResult(RemoteInvocationResult result,
ObjectOutputStream oos)
    throws IOException {
        //因为远程调用结果是可序列化的，所以直接将远程调用结果写到输出流中
        oos.writeObject(result);
    }
```

通过以上代码可知，服务端的实现是将客户端传递过来的远程调用的序列化数据进行反序列化，根据远程调用信息调用业务逻辑方法，最后同样以序列化的方法将调用结果传递回客户端。

事实上，还有另外一种配置方法配置基于 HTTP 请求处理器流程的实现方式。这种方法不需要任何处理器映射和处理器适配器的实现，而是使用 HttpRequestHandlerServlet（HTTP 请求 HandlerServlet）。这个 Servlet 会将 HTTP 请求直接发送给相应的 HTTP 调用器服务导出器进行处理，如图 12-6 所示。

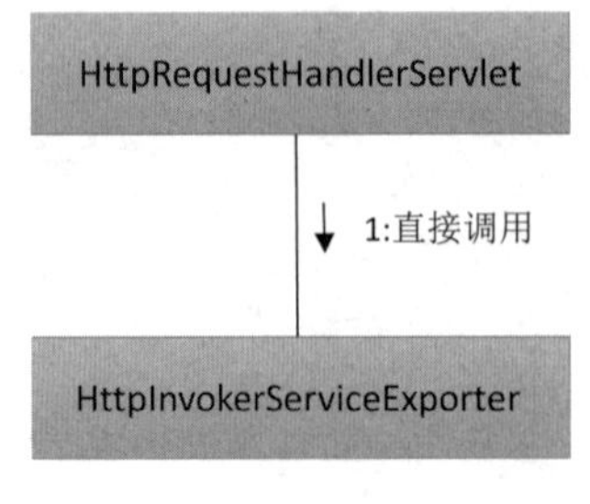


图 12-6

相关代码及注释如下。

```
public class HttpRequestHandlerServlet extends HttpServlet {

    private HttpRequestHandler target;

    @Override
    public void init() throws ServletException {
        //获取根 Web 应用程序环境
        WebApplicationContext wac = WebApplicationContextUtils.
getRequiredWebApplicationContext(getServletContext());

        //获取和此 Servlet 同名的 Bean，这个 Bean 必须是 HttpRequestHandler 接口的实现
        this.target = (HttpRequestHandler) wac.getBean(getServletName(),
HttpRequestHandler.class);
    }


    @Override
    protected void service(HttpServletRequest request, HttpServletResponse
response)
            throws ServletException, IOException {

        //设置地域信息
        LocaleContextHolder.setLocale(request.getLocale());
        try {
            //将控制流传递给 HttpRequestHandler
            this.target.handleRequest(request, response);
        }
        //既然重写了 service 方法，那么所有 HTTP 方法的请求都可能被发送到这里，所以
```

```
HttpRequestHandler 的实现需要检查当前的请求是否使用了支持的 HTTP 方法
            catch (HttpRequestMethodNotSupportedException ex) {
                String[] supportedMethods =
((HttpRequestMethodNotSupportedException) ex).getSupportedMethods();
                if (supportedMethods != null) {
                    //如果在异常中保存了支持的 HTTP 方法信息
                    response.setHeader("Allow",
StringUtils.arrayToDelimitedString(supportedMethods, ", "));
                }
                //向客户端发送“非法方法”错误状态
                response.sendError(HttpServletResponse.SC_METHOD_NOT_ALLOWED,
ex.getMessage());
            }
            finally {
                LocaleContextHolder.resetLocaleContext();
            }
        }

    }
```

根据上面这个简单 Servlet 的实现，可以这样配置我们的远程调用导出器，相关代码及注释如下。

根环境：

```
    <bean name="accountExporter"
class="org.springframework.remoting.httpinvoker.HttpInvokerServiceExporter">
        <property name="service" ref="accountService"/>
        <property name="serviceInterface" value="example.AccountService"/>
    </bean>
```

web.xml：

```
    <servlet>
        <servlet-name>accountExporter</servlet-name>
        <servlet-class>org.springframework.web.context.support.HttpRequestHandle
rServlet</servlet-class>
    </servlet>

    <servlet-mapping>
```

```
        <servlet-name>accountExporter</servlet-name>
        <url-pattern>/remoting/AccountService</url-pattern>
    </servlet-mapping>
```

可以看到这种实现方法涉及的组件会更少，不需要处理器映射和处理器适配器的参与，直接实现了从 Servlet 到处理器适配器的调用，相对于第 1 种方法而言可以称之为一个捷径，但是它需要单独配置一个 Servlet。除此之外，HTTP 请求 HandlerServlet 仅仅实现了 HttpServlet，并不拥有专用的子环境，所以需要在根共享环境中声明导出 RPC 服务 Bean 实例。

# 第 13 章 深入剖析处理器映射、处理器适配器及处理器的实现

第 10～12 章分析了基于简单控制器的流程实现、基于注解控制器的流程实现和基于 HTTP 请求处理器对 RPC 的流程实现，对这些流程分别采用了相应的处理器映射、处理器适配器和处理器来实现。事实上，在不同的流程中，处理器映射、处理器适配器和处理器的实现并不是完全隔离的。Sping MVC 采用了面向对象的方法进行分析和设计，抽象出一个合理的、可扩展的、可最大限度重用的架构，该架构中的每个层次都会完成一个特定的功能，使扩展框架以实现更多的流程成为可能，具有较好的扩展性和可插拔性。

下面针对不同的模块，包括处理器映射、处理器适配器和处理器等，深入分析每个模块的架构实现，这些实现会在最大程度重用的基础上相对独立。

## 13.1 处理器映射的实现架构

作为总控制器的 DispatcherServlet 首先会轮询处理器映射模块，查找能够处理当前请求的处理器，处理器映射模块根据当前请求的 URL 返回简单控制器类型、注解控制器类型或者远程调用处理器类型。在第 12 章根据流程的实现分析了 Bean 名称 URL 处理器映

射和默认注解处理器映射。事实上，在处理器映射的实现体系结构中还有其他实现，用来根据不同的规则查找相应的处理器逻辑。不同层次的处理器映射的实现，无论是抽象类还是实现类，都有特殊而又完整的逻辑，如图 13-1 所示。

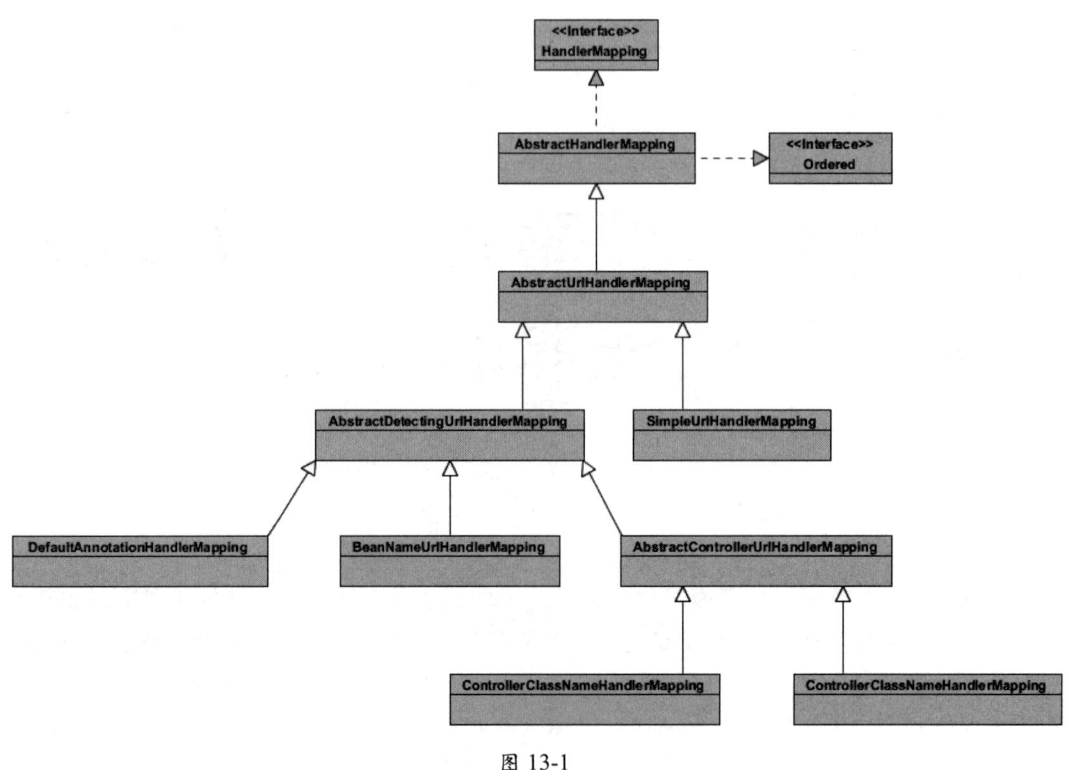


图 13-1

### 13.1.1 处理器映射实现类

Bean 名称 URL 处理器映射和默认注解处理器映射是经常被用到的处理器映射的实现，下面介绍所有处理器映射的具体实现类的逻辑功能。

#### 1. Bean 名称 URL 处理器映射（BeanNameUrlHandlerMapping）

这个实现类识别 Web 应用程序环境中以 URL 为名称来声明的 Bean 处理器（URL 是以斜线“/”为开头并且以斜线分隔的字符串），然后使用在 Bean 名称中声明的 URL 和请求的 URL 进行匹配，如果匹配成功，则使用匹配的 Bean 作为处理器返回。

#### 2. 默认注解处理器映射（DefaultAnnotationHandlerMapping）

这个实现类通过声明在 Web 应用程序环境中的请求映射注解（@RequestMapping）来注册处理器映射。请求映射注解包含了匹配请求的 URL 所使用的 URL Pattern 信息，然后使用在方法级别和类级别声明的 URL Pattern 来匹配请求的 URL，如果匹配成功，则使用匹配的 Bean 作为处理器返回。

#### 3. 控制器类名处理器映射（ControllerClassNameHandlerMapping）

这个实现类通过声明在 Web 应用程序环境中的控制器类型来注册处理器映射。它根据控制器类型转换出控制器所服务的 URL Pattern。其转换规则是，把以点号分隔的具有包前缀的类名替换成以斜线（/）分隔的具有包前缀的字符串，再加上前缀和后缀构成 URL Pattern，然后使用得到的 URL Pattern 匹配请求的 URL，如果匹配成功，则使用匹配的 Bean 作为处理器返回。

#### 4. 控制器 Bean 名称处理器映射（ControllerBeanNameHandlerMapping）

这个实现类通过声明在 Web 应用程序环境中的控制器类型来注册处理器映射。它根据控制器的 Bean 名称转换出控制器所服务的 URL Pattern。其转换规则是，把 Bean 名称加上前缀和后缀构成 URL Pattern，然后使用得到的 URL Pattern 匹配请求的 URL，如果匹配成功，则使用匹配的 Bean 作为处理器返回。

#### 5. 简单 URL 处理器映射（SimpleUrlHandlerMapping）

这个实现类通过配置一套从 URL Pattern 到处理器的映射来实现。它使用配置的映射中的 URL Pattern 匹配请求中的 URL，如果匹配成功，则使用匹配 URL Pattern 映射的 Bean 作为处理器返回。

### 13.1.2　处理器映射抽象类

我们看到的具体实现类并不是直接实现处理器映射接口的，而是通过一系列抽象类的实现完成的，在每个抽象类的实现层次上完成不同的独立逻辑功能。下面分析这些抽象类和其具体实现类是如何分工并且最终完成必要的业务逻辑的。

### 1. 抽象处理器映射（AbstractHandlerMapping）

抽象处理器映射是处理器映射的底层实现，直接实现处理器映射接口，并且继承 Web 应用程序环境支持的对象。它提供了配置默认处理器及能够应用到所有处理器上的处理器拦截器的功能，把获取处理器的操作留给子类进行定制化实现。

### 2. 抽象 URL 处理器映射（AbstractUrlHandlerMapping）

抽象 URL 处理器映射继承自抽象处理器映射，它提供了获取一个处理器的抽象方法，实现了根据 URL 匹配处理器的功能，也提供了根据 URL 查找应用在处理器上的特殊拦截器，并且提供了方法来实现注册 URL 到处理器的映射。

如何获得从 URL 到处理器的映射的逻辑留给子类完成。

简单 URL 处理器映射通过在应用程序环境初始化时直接注册从 URL 到处理器的映射来集成并实现抽象 URL 处理器映射。

### 3. 抽象探测 URL 处理器映射（AbstractDetectingUrlHandlerMapping）

抽象探测 URL 处理器映射通过一定的规则在 Web 应用程序环境中自动发现从 URL 到处理器的映射。

使用什么样的规则在 Web 应用程序环境中自动发现从 URL 到处理器的映射并没有直接实现，因为这样会有很多映射规则，并且可以根据需求自由扩展。这个规则留给子类实现。

Bean 名称 URL 处理器映射就是把 Bean 名称作为 URL 来发现处理器的。而默认注解处理器映射是根据声明在控制器的请求映射注解中包含的 URL Pattern 信息来解析处理器的。

### 4. 抽象控制器 URL 处理器映射（AbstractControllerUrlHandlerMapping）

这是抽象探测 URL 处理器映射的另一个实现，也是一个抽象实现，通过在 Bean 环境中找到合适的控制器类型,根据一定的规则将控制器类型映射到一个或者多个 URL Pattern 进行实现。

它有两个具体的实现类：控制器类名称处理器映射（ControllerClassNameHandler Mapping）根据类名解析出映射的 URL Pattern；控制器 Bean 名称处理器映射（Controller

BeanNameHandlerMapping）根据控制器在 Web 应用程序环境中声明的 Bean 名称映射到 URL Pattern。

### 13.1.3　对处理器映射类的代码剖析

前面已经对Bean名称URL处理器映射和默认注解处理器映射及其父类进行了讲解，下面对其他类进行代码分析。首先回顾抽象探测 URL 处理器映射的实现，代码及注释如下。

```
    protected abstract String[] determineUrlsForHandler(String beanName);
```

它留下了一个抽象方法，对于 Web 应用程序环境中的每个 Bean 都将使用此方法找到 Bean 所映射的 URL Pattern。子类需要根据具体的映射规则来实现这个方法。除了在上一节分析的 Bean 名称 URL 处理器映射和默认注解处理器映射实现了这个方法，还存在一套根据控制器类型映射的实现，这套实现包含一个抽象实现和两个具体实现，抽象实现是抽象控制器处理器映射，代码及注释如下。

```
    public abstract class AbstractControllerUrlHandlerMapping extends
AbstractDetectingUrlHandlerMapping  {

        //通过控制器接口类型或者控制器注解类型查找简单控制器和注解控制器的实现类
        private ControllerTypePredicate predicate = new
AnnotationControllerTypePredicate();

        //声明的包中的控制器不会作为处理器进行注册
        private Set<String> excludedPackages =
Collections.singleton("org.springframework.web.servlet.mvc");

        //声明的类不会作为处理器进行注册
        private Set<Class> excludedClasses = Collections.emptySet();

        //实现根据 Bean 映射出 URL 的逻辑
        @Override
        protected String[] determineUrlsForHandler(String beanName) {
            //获取 Bean 的类型
            Class beanClass = getApplicationContext().getType(beanName);

            //判断 Bean 是否可以作为控制器处理器
            if (isEligibleForMapping(beanName, beanClass)) {
```

```
                //根据 Bean 名称或者类型名映射出 URL 的逻辑
                return buildUrlsForHandler(beanName, beanClass);
            }
            else {
                return null;
            }
        }


        protected boolean isEligibleForMapping(String beanName, Class beanClass) {
            //如果 Bean 类型为空，则不映射此 Bean
            if (beanClass == null) {
                if (logger.isDebugEnabled()) {
                    logger.debug("Excluding controller bean '" + beanName + "' from class
name mapping " + "because its bean type could not be determined");
                }
                return false;
            }

            //如果 Bean 的包配置为排除包，则不映射此 Bean
            if (this.excludedClasses.contains(beanClass)) {
                if (logger.isDebugEnabled()) {
                    logger.debug("Excluding controller bean '" + beanName + "' from class
name mapping " + "because its bean class is explicitly excluded: " + beanClass.getName());
                }
                return false;
            }

            //如果 Bean 的包配置为排除类，则不映射此 Bean
            String beanClassName = beanClass.getName();
            for (String packageName : this.excludedPackages) {
                if (beanClassName.startsWith(packageName)) {
                    if (logger.isDebugEnabled()) {
                        logger.debug("Excluding controller bean '" + beanName + "' from
class name mapping " + "because its bean class is defined in an excluded package: " +
beanClass.getName());
                    }
                    return false;
                }
            }
```

```
            //必须是控制器类型才能映射为控制器处理器
            return isControllerType(beanClass);
        }


        protected boolean isControllerType(Class beanClass) {
            return this.predicate.isControllerType(beanClass);
        }


        protected boolean isMultiActionControllerType(Class beanClass) {
            return this.predicate.isMultiActionControllerType(beanClass);
        }


        //子类可以选择根据 Bean 名称或者 Bean 类来映射 URL Pattern
        protected abstract String[] buildUrlsForHandler(String beanName, Class
beanClass);

    }
```

抽象控制器处理器映射有两个实现，一个是根据 Bean 名称映射到 URL Pattern 的实现，另一个是根据 Bean 的类型映射到 URL Pattern 的实现。

以下是控制器 Bean 名称处理器映射的代码及注释。

```
    public class ControllerBeanNameHandlerMapping extends
AbstractControllerUrlHandlerMapping {

        private String urlPrefix = "";

        private String urlSuffix = "";

        @Override
        protected String[] buildUrlsForHandler(String beanName, Class beanClass) {
            List<String> urls = new ArrayList<String>();

            //根据 Bean 名称产生 URL Pattern
            urls.add(generatePathMaping(beanName));

            //对于 Bean 名称的别名，以同样的规则产生 URL Pattern
            String[] aliases = getApplicationContext().getAliases(beanName);
```

```
            for (String alias : aliases) {
                urls.add(generatePathMapping(alias));
            }

            //返回 URL Pattern 数组
            return StringUtils.toStringArray(urls);
        }

        protected String generatePathMapping(String beanName) {
            //如果 Bean 名称不以斜线（/）为开头，则添加斜线
            String name = (beanName.startsWith("/") ? beanName : "/" + beanName);
            StringBuilder path = new StringBuilder();

            //添加前缀
            if (!name.startsWith(this.urlPrefix)) {
                path.append(this.urlPrefix);
            }

            path.append(name);

            //添加后缀
            if (!name.endsWith(this.urlSuffix)) {
                path.append(this.urlSuffix);
            }
            return path.toString();
        }

    }
```

以下是控制器类名处理器映射的代码及注释。

```
    public class ControllerClassNameHandlerMapping extends
AbstractControllerUrlHandlerMapping {
        //控制器名的后缀
        private static final String CONTROLLER_SUFFIX = "Controller";

        //类型映射的路径是否区分字母大小写
        private boolean caseSensitive = false;

        private String pathPrefix;

        private String basePackage;
```

```
        public void setPathPrefix(String prefixPath) {
            this.pathPrefix = prefixPath;

            //一个路径应该保证以斜线为开头，但不用以斜线为结尾
            if (StringUtils.hasLength(this.pathPrefix)) {
                if (!this.pathPrefix.startsWith("/")) {
                    this.pathPrefix = "/" + this.pathPrefix;
                }
                if (this.pathPrefix.endsWith("/")) {
                    this.pathPrefix = this.pathPrefix.substring(0,
this.pathPrefix.length() - 1);
                }
            }
        }


        public void setBasePackage(String basePackage) {
            this.basePackage = basePackage;

            //设置默认的包前缀
            if (StringUtils.hasLength(this.basePackage)
&& !this.basePackage.endsWith(".")) {
                this.basePackage = this.basePackage + ".";
            }
        }

        @Override
        protected String[] buildUrlsForHandler(String beanName, Class beanClass) {
            //仅仅使用类名进行映射
            return generatePathMappings(beanClass);
        }

        protected String[] generatePathMappings(Class beanClass) {
            //产生路径前缀
            StringBuilder pathMapping = buildPathPrefix(beanClass);

            //获取不包含包名的类名
            String className = ClassUtils.getShortName(beanClass);

            //如果以控制器后缀（Controller）为结尾，则移除控制器后缀
```

```
            String path = (className.endsWith(CONTROLLER_SUFFIX) ?
                    className.substring(0, className.lastIndexOf(CONTROLLER_
SUFFIX)) : className);

            if (path.length() > 0) {
                //如果保持路径大小写，则把类名的第 1 个字符小写
                if (this.caseSensitive) {
                    pathMapping.append(path.substring(0, 1).toLowerCase()).
append(path.substring(1));
                }
                //否则使所有路径字符变成小写
                else {
                    pathMapping.append(path.toLowerCase());
                }
            }

            //如果是多行为控制器类型，则加上 URL 本身和所有的子 URL
            if (isMultiActionControllerType(beanClass)) {
                return new String[] {pathMapping.toString(), pathMapping.toString() + "/*"};
            }
            //否则只加上 URL 本身
            else {
                return new String[] {pathMapping.toString() + "*"};
            }
        }


        private StringBuilder buildPathPrefix(Class beanClass) {
            StringBuilder pathMapping = new StringBuilder();

            //第 1 部分是路径前缀
            if (this.pathPrefix != null) {
                pathMapping.append(this.pathPrefix);
                pathMapping.append("/");
            }
            else {
                pathMapping.append("/");
            }

            //第 2 部分是在包名中将句号替换成斜线的结果
            if (this.basePackage != null) {
```

```
                String packageName = ClassUtils.getPackageName(beanClass);
                if (packageName.startsWith(this.basePackage)) {
                    String subPackage =
packageName.substring(this.basePackage.length()).replace('.', '/');
                    pathMapping.append(this.caseSensitive ? subPackage :
subPackage.toLowerCase());
                    pathMapping.append("/");
                }
            }
            return pathMapping;
        }

    }
```

简单 URL 处理器映射（SimpleUrlHandlerMapping）实现了抽象 URL 处理器映射，它根据配置的 URL Pattern 到处理器的映射来查找处理器，代码及注释如下。

```
    public class SimpleUrlHandlerMapping extends AbstractUrlHandlerMapping {

        private final Map<String, Object> urlMap = new HashMap<String, Object>();

        //通过属性配置 URL 到 Bean 名称的映射
        public void setMappings(Properties mappings) {
            CollectionUtils.mergePropertiesIntoMap(mappings, this.urlMap);
        }

        //配置 URL 到 Bean 的映射
        public void setUrlMap(Map<String, ?> urlMap) {
            this.urlMap.putAll(urlMap);
        }

        public Map<String, ?> getUrlMap() {
            return this.urlMap;
        }

        @Override
        public void initApplicationContext() throws BeansException {
            super.initApplicationContext();
            //在初始化的时候注册处理器
            registerHandlers(this.urlMap);
        }
```

```
        protected void registerHandlers(Map<String, Object> urlMap) throws
BeansException {
            //如果配置的处理器映射为空，则警告
            if (urlMap.isEmpty()) {
                logger.warn("Neither 'urlMap' nor 'mappings' set on
SimpleUrlHandlerMapping");
            }
            else {
                //对于配置的URL到处理器的每个映射，如果URL不以斜线为开头，则追加斜线为开头，
否则注册处理器
                for (Map.Entry<String, Object> entry : urlMap.entrySet()) {
                    String url = entry.getKey();
                    Object handler = entry.getValue();
                    if (!url.startsWith("/")) {
                        url = "/" + url;
                    }
                    //从处理器的Bean名称中移除空白字符
                    if (handler instanceof String) {
                        handler = ((String) handler).trim();
                    }
                    registerHandler(url, handler);
                }
            }
        }

    }
```

## 13.2 处理器适配器的实现架构

作为总控制器的 DispatcherServlet 在通过处理器映射得到处理器后，会轮询处理器适配器模块，查找能够处理当前 HTTP 请求的处理器适配器的实现，处理器适配器模块根据处理器映射返回的处理器类型，例如简单的控制器类型、注解控制器类型或者远程调用处理器类型，选择某个适当的处理器适配器的实现来适配当前的 HTTP 请求。事实上，还有一个简单的处理器适配器可以将请求适配到一个通用的 Servlet 的实现中，如图 13-2 所示。

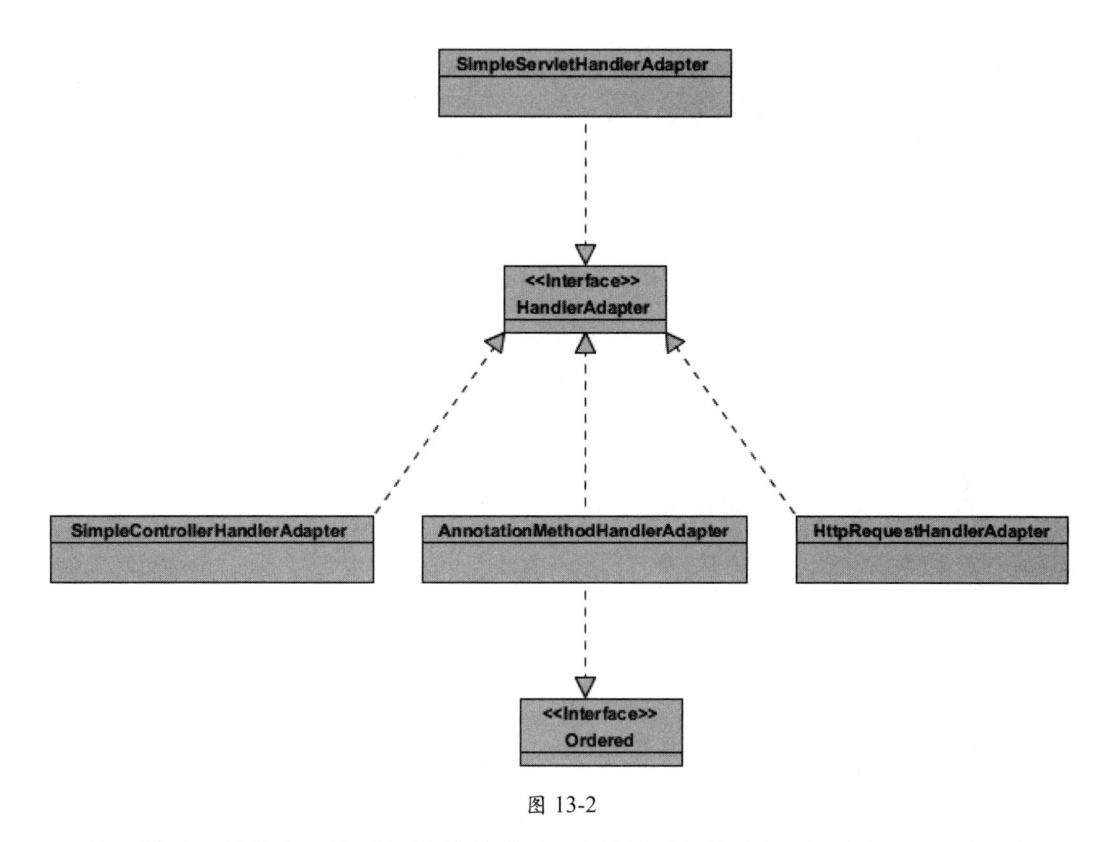


图 13-2

处理器适配器的实现体系架构简单明了，在该体系架构中针对不同流程的处理器适配器的实现基本不共用任何逻辑和抽象类，它们互相独立，各自为解耦的模块。前面在剖析基于流程的实现时已经对处理器适配器的三个实现进行了深入剖析，事实上在处理器适配器架构上还有一个实现，就是简单 Servlet 处理器适配器的实现，它简单地将 HTTP 请求适配到 Servlet 进行处理。下面对每个处理器适配器的功能实现进行分析。

#### 1．简单控制器处理器适配器

这个实现类将 HTTP 请求适配到一个控制器的实现进行处理。这里控制器的实现是一个简单的控制器接口的实现。简单控制器处理器适配器被设计成一个框架类的实现，不需要被改写，客户化的业务逻辑通常是在控制器接口的实现类中实现的。

#### 2．注解方法处理器适配器（AnnotationMethodHandlerAdapter）

从 13.1 节对流程的分析得知，这个类的实现是基于注解的实现，需要结合注解方法映射和注解方法处理器协同工作。它通过解析声明在注解控制器中的请求映射信息解析相应的处理器的方法来处理当前的 HTTP 请求。在处理的过程中，它通过反射来发现探测处理器方法的参数和调用处理器的方法，并且映射返回值到模型和控制器对象，最后返回模型和控制器对象给作为主控制器的 DispatcherServlet。

### 3．HTTP 请求处理器适配器（HttpRequestHandlerAdapter）

HTTP 请求处理器适配器仅仅支持对 HTTP 请求处理器的适配。它简单地将 HTTP 请求对象和响应对象传递给 HTTP 请求处理器的实现，并不需要返回值，主要应用在基于 HTTP 的远程调用的实现上。

### 4．简单 Servlet 处理器适配器（SimpleServletHandlerAdapter）

这个实现能够将一个 HTTP 请求传递给在 Servlet 规范中定义的 Servlet 的实现进行处理。它的应用并不广泛，主要应用于适配到一个已有的 Servlet 的实现以达到重用的目的。在基于简单控制器流程的实现中，有个相似的类 ServletWrappingController 实现了同样的业务逻辑。

这里对简单 Servlet 处理器适配器进行分析，代码及注释如下。

```
    public class SimpleServletHandlerAdapter implements HandlerAdapter {

        public boolean supports(Object handler) {
            //仅仅支持实现了 Servlet 的处理器，这个处理器需要在 Web 应用程序中声明，但是
Servlet 的初始化方法和析构方法不会被调用
            return (handler instanceof Servlet);
        }

        public ModelAndView handle(HttpServletRequest request, HttpServletResponse
response, Object handler)
                throws Exception {
            //适配到 Servlet 的 service 方法进行处理，不需要返回值，在 Servlet 的服务方法中直
接将返回值写入 HTTP 响应对象中
            ((Servlet) handler).service(request, response);
            return null;
        }

        public long getLastModified(HttpServletRequest request, Object handler) {
            //不支持最后的修改行为
```

```
            return -1;
        }

    }
```

## 13.3　深入剖析处理器

作为总控制器的 DispatcherServlet 将得到的处理器传递给支持此处理器的处理器适配器，处理器适配器调用处理器中适当的处理器方法，最后返回处理结果给 DispatcherServlet。

在处理器架构中并没有对处理器接口的简单定义，任何对象类型都可以成为处理器，每种类型的处理器都有一个对应的处理器适配器，用于将 HTTP 请求适配给一定类型的处理器。

处理器可分为简单控制器、注解控制器和 HTTP 请求处理器这三种类型，下面对这三种类型它们进行详细剖析。

### 13.3.1　简单控制器

简单控制器是最常用的处理器类型，它有一个简单的接口定义，接口有唯一的处理器方法，该方法接收 HTTP 请求对象和 HTTP 响应对象并将其作为参数，返回模型和视图对象。当 DispatcherServlet 派遣一个 HTTP 请求到简单控制器处理器适配器时，简单控制器处理器适配器就会传递 HTTP 请求对象和 HTTP 响应对象给简单控制器处理器方法，简单控制器处理器方法在调用服务层的业务逻辑处理方法后返回模型和视图对象，模型和视图对象最后被返回给 DispatcherServlet。

简单控制器接口有很多抽象或者具体的实现类，每个层次的类都实现一个独立的逻辑功能，如图 13-3 所示。

从图 13-3 可以看到，简单控制器的架构实现比较复杂，它有很多抽象实现类和具体实现类，某些类相互独立，某些类继承自其他类，发挥不同的功能。下面根据功能对这些类的实现进行分类。

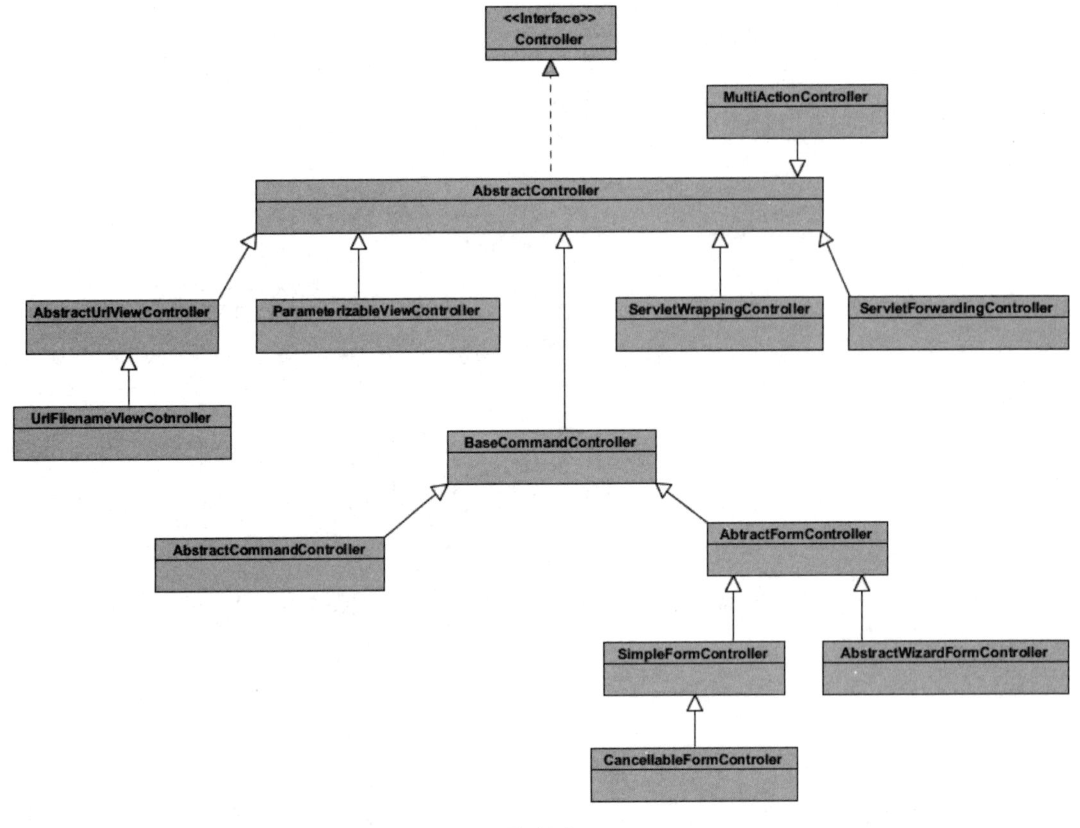


图 13-3

### 1. 抽象命令控制器（AbstractCommandController）

抽象命令控制器根据请求参数自动绑定一个命令类实例，它的子类在根据绑定的命令类实例完成服务层的业务逻辑的调用后，最后决定跳转到某个视图，用来处理单一的直线式流程。

### 2. 抽象表单控制器（AbstractFormController）

抽象表单控制器也根据请求参数自动绑定一个命令类实例，用来处理一个基于表单的流程，包括表单的显示、提交和取消。它是一个抽象类，但是由不同的实现类实现不同的表单流程。下面具体介绍三个实现类。

1）简单表单控制器（SimpleFormController）

简单表单控制器用来处理一个具有两个状态的表单处理流程，它们用于显示表单状态和提交表单状态。通过配置表单视图和成功视图，简单表单控制器就可以开始工作了。在第 1 次请求页面时，它使用 HTTP GET 协议，自动显示表单视图。在提交表单时，它使用 HTTP POST 协议进行服务层次的逻辑调用，最后显示成功视图，如图 13-4 所示。

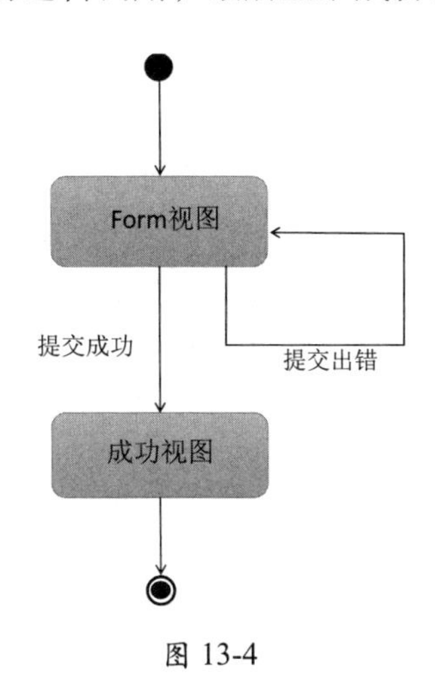


图 13-4

2）可取消的表单控制器（CancellableFormController）

可取消的表单控制器是简单表单控制器的子类，可以显示、提交和取消表单状态。如果在一个表单提交中带有取消参数，则显示取消视图，如图 13-5 所示。

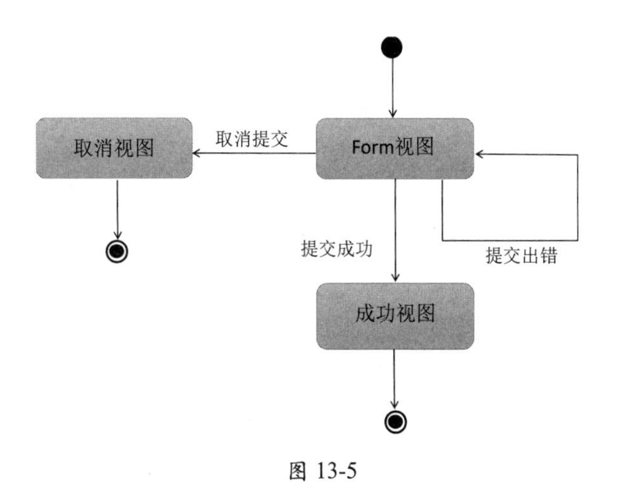


图 13-5

3）抽象导航控制器（AbstractWizardFormController）

抽象导航控制器更加复杂，它有更多的状态，有一个或者多个页面状态，包括取消状态和完成状态。在加载一个表单时，它显示第 1 个页面，可以通过页面提交的参数在不同的页面导航。若在一个提交中包含取消参数或者完成参数，则显示取消视图或者完成视图。这是一个抽象类，子类可以根据业务需要在显示取消和完成视图前进行服务层次的业务逻辑的处理，如图 13-6 所示。

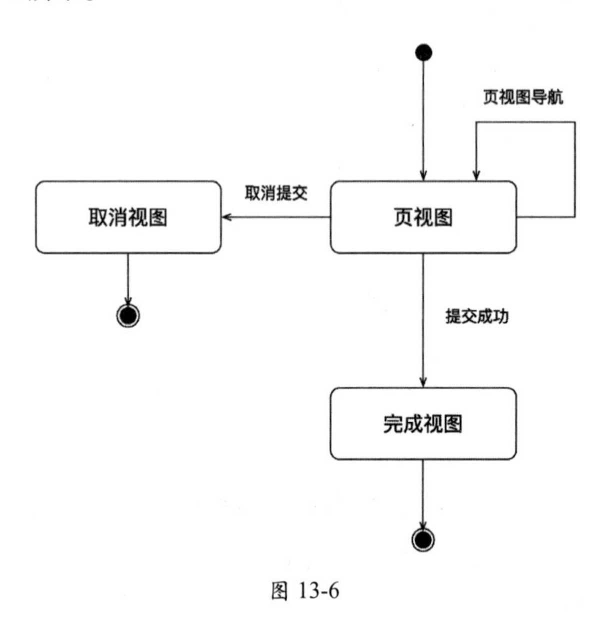


图 13-6

### 3．多动作控制器（MultiActionController）

多动作控制器用于处理多个 HTTP 请求，它根据 HTTP 请求 URL 映射得到应该调用的处理器方法，通过反射调用处理器方法，封装返回结果作为模型和视图，返回给简单控制器适配器。每个处理器方法都可以有一个对应的最后修改方法，最后修改方法的名称是由处理器方法的名称加上 LastModified 后缀构成的。最后修改方法也是通过反射调用并且返回结果的，如图 13-7 所示。

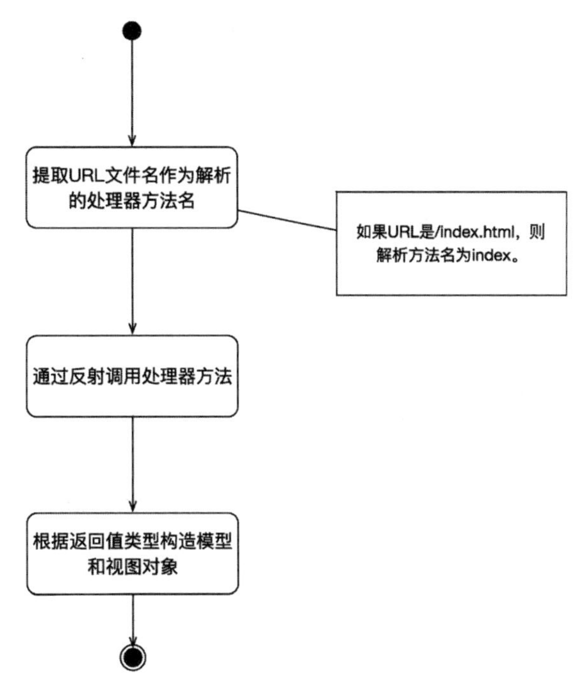


图 13-7

### 4．Servlet 相关控制器

Servlet 相关控制器和简单 Servlet 处理器适配器的功能类似，都是将 HTTP 请求适配到一个已存的 Servlet 实现。但是简单 Servlet 处理器适配器需要在 Web 应用程序环境中定义 Servlet Bean，并且 Servlet 没有机会进行初始化和析构。

1）Servlet 包装控制器（ServletWrappingController）

在 Servlet 包装控制器内部封装了一个 Servlet 实例，内部封装的 Servlet 实例并不对外开放，对程序的其他范围是不可见的。封装的 Servlet 实例有机会进行初始化和析构。Servlet 包装控制器适配所有 HTTP 请求到内部封装的 Servlet 实例进行处理。它通常用于将 HTTP 请求转接到通用的 Servlet 上，以及重用已存 Servlet 的场景。

2）Servlet 转发控制器（ServletForwardingController）

Servlet 包装控制器将所有的 HTTP 请求都转发给一个在 web.xml 中定义的 Servlet。Web 容器会对这个被定义为 web.xml 的标准 Servlet 进行初始化和析构。

下面通过表 13-1 来总结 Servlet 封装相关对象的异同。

表 13-1

| Servlet 封装对象 | 管 理 范 围 | 初始化和析构 | 服务调用方式 |
|---|---|---|---|
| SimpleServletHandlerAdaptor | Web 应用程序环境 | 没有 | 直接 |
| ServletWrappingController | 控制器内部 | 有 | 直接 |
| ServletForwardingController | web.xml | 有 | Servlet 派遣器 |

### 5．视图转发控制器

视图转发控制器可分为 URL 文件名视图控制器（UrlFilenameViewController）和可参数化视图控制器（ParameterizableViewController）。URL 文件名视图控制器将 URL 翻译成为视图名并返回。可参数化视图控制器简单地返回配置的视图名。

前面已经分析了基于不同流程的实现，并对简单表单控制器及其父类的实现进行了深入剖析，这里只对其他类进行深入剖析。

抽象命令控制器继承自基本命令控制器，基本命令控制器提供了创建命令对象和通过 HTTP 请求参数对命令对象进行绑定和校验的功能方法，抽象命令控制器使用这些方法实现了一个线性流程：首先创建命令对象，然后绑定校验命令对象，最后传递命令对象到抽象的方法进行业务逻辑的处理。子类应该根据业务逻辑实现此方法，代码及注释如下。

```
    public abstract class AbstractCommandController extends BaseCommandController
{

        public AbstractCommandController() {
        }

        public AbstractCommandController(Class commandClass) {
            setCommandClass(commandClass);
        }

        public AbstractCommandController(Class commandClass, String commandName) {
            setCommandClass(commandClass);
            setCommandName(commandName);
        }

        @Override
```

```
        protected ModelAndView handleRequestInternal(HttpServletRequest request,
HttpServletResponse response)
                throws Exception {
            //根据命令类型创建命令对象
            Object command = getCommand（Request）;

            //绑定命令对象到 HTTP 请求参数并且校验
            ServletRequestDataBinder binder = bindAndValidate(request, command);

            //构造绑定结果对象
            BindException errors = new BindException(binder.getBindingResult());

            //调用处理业务逻辑的方法
            return handle(request, response, command, errors);
        }

        //子类根据业务逻辑实现此方法，它通常不适用于表单流程，只适用于一个简单的 Ajax 请求
        protected abstract ModelAndView handle(
                HttpServletRequest request, HttpServletResponse response, Object
command, BindException errors)
                throws Exception;

    }
```

可取消的表单控制器继承自简单表单控制器。我们知道，简单表单控制器支持两种状态的表单流程：显示表单视图状态和显示成功视图状态。可取消的表单控制器增加了一个显示取消视图状态，代码及注释如下。

```
    public class CancellableFormController extends SimpleFormController {

        //默认代表取消请求的参数键值
        private static final String PARAM_CANCEL = "_cancel";

        private String cancelParamKey = PARAM_CANCEL;

        private String cancelView;

        public final void setCancelParamKey(String cancelParamKey) {
            this.cancelParamKey = cancelParamKey;
        }
```

```
        public final String getCancelParamKey() {
            return this.cancelParamKey;
        }

        //当接收到一个取消请求时，显示这个取消视图
        public final void setCancelView(String cancelView) {
            this.cancelView = cancelView;
        }

        public final String getCancelView() {
            return this.cancelView;
        }


        @Override
        protected boolean isFormSubmission(HttpServletRequest request) {
            //除了普通的表单提交请求，还包括具有取消参数的请求
            return super.isFormSubmission（Request） || isCancelRequest（Request）;
        }

        @Override
        protected boolean suppressValidation(HttpServletRequest request, Object
command) {
            //取消请求不需要校验参数
            return super.suppressValidation(request, command) || isCancelRequest
（Request）;
        }

        @Override
        protected ModelAndView processFormSubmission(
                HttpServletRequest request, HttpServletResponse response, Object
command, BindException errors)
                throws Exception {

            //特殊处理取消请求
            if (isCancelRequest（Request）) {
                return onCancel(request, response, command);
            }
            else {
                return super.processFormSubmission(request, response, command,
errors);
```

```
            }
        }

        protected boolean isCancelRequest(HttpServletRequest request) {
            //若存在取消参数，则是取消请求
            return WebUtils.hasSubmitParameter(request, getCancelParamKey());
        }

        protected ModelAndView onCancel(HttpServletRequest request,
HttpServletResponse response, Object command)
                throws Exception {
            //代理到处理取消的处理器
            return onCancel(command);
        }

        protected ModelAndView onCancel(Object command) throws Exception {
            //简单地返回取消视图
            return new ModelAndView(getCancelView());
        }

    }
```

抽象导航控制器（AbstractWizardFormController）继承自抽象表单控制器。抽象表单控制器定义了两个状态：显示表单视图状态和显示成功视图状态。抽象导航控制器扩展了它的实现，拥有多个页面状态，包含一个取消视图状态和一个完成视图状态。它能够在不同的页面之间进行导航，在一个模块有非常多的输入数据以至于需要多个 Tab 页面进行输入时适用，该类的代码过长，这里不再展开代码解析。

Servlet 包装控制器简单封装了一个内部的 Servlet 实例，代码及注释如下。

```
    public class ServletWrappingController extends AbstractController
        implements BeanNameAware, InitializingBean, DisposableBean {

        //包装的 Servlet 类名，它必须是一个 Servlet 的完全实现类
        private Class servletClass;

        //Servlet 的名称
        private String servletName;

        //Servlet 的初始化参数
        private Properties initParameters = new Properties();
```

```
    //可选的 Bean 名称
    private String beanName;

    //创建的内部 Servlet 实例
    private Servlet servletInstance;


    public void setServletClass(Class servletClass) {
        this.servletClass = servletClass;
    }


    public void setServletName(String servletName) {
        this.servletName = servletName;
    }

    public void setInitParameters(Properties initParameters) {
        this.initParameters = initParameters;
    }

    public void setBeanName(String name) {
        this.beanName = name;
    }

    //初始化方法继承
    public void afterPropertiesSet() throws Exception {
        //Servlet 类必须存在，而且是 Servlet 的一个实现类
        if (this.servletClass == null) {
            throw new IllegalArgumentException("servletClass is required");
        }
        if (!Servlet.class.isAssignableFrom(this.servletClass)) {
            throw new IllegalArgumentException("servletClass [" + this.servl
etClass.getName() + "] needs to implement interface [javax.servlet.Servlet]");
        }

        //如果 Servlet 名不存在，则使用 Bean 名称
        if (this.servletName == null) {
            this.servletName = this.beanName;
        }
```

```
            //创建一个 Servlet 实例
            this.servletInstance = (Servlet) this.servletClass.newInstance();

            //模拟调用 Servlet 的初始化方法
            this.servletInstance.init(new DelegatingServletConfig());
        }

        @Override
        protected ModelAndView handleRequestInternal(HttpServletRequest request,
HttpServletResponse response)
            throws Exception {

            //适配 Servlet 的服务方法，用于重用已存 Servlet 实现的逻辑
            this.servletInstance.service(request, response);
            return null;
        }


        public void destroy() {
            //模拟调用析构方法
            this.servletInstance.destroy();
        }


        private class DelegatingServletConfig implements ServletConfig {

            public String getServletName() {
                //配置的 Sevlet 名称或者 Bean 名称
                return servletName;
            }

            public ServletContext getServletContext() {
                //通过 Web 应用程序环境传递进来的真正 Sevlet 环境
                return ServletWrappingController.this.getServletContext();
            }

            public String getInitParameter(String paramName) {
                //可配置的初始化参数
                return initParameters.getProperty(paramName);
            }
```

```
            public Enumeration getInitParameterNames() {
                return initParameters.keys();
            }
        }

    }
```

Servlet 转发控制器通过 Servlet 转发器转发 HTTP 请求到一个标准的 web.xml 定义的 Servlet 组件，代码及注释如下。

```
    public class ServletForwardingController extends AbstractController implements
BeanNameAware {

        //Servlet 的名称
        private String servletName;

        //如果没有指定 Servlet 名称，则使用 Bean 名称
        private String beanName;

        public void setServletName(String servletName) {
            this.servletName = servletName;
        }

        public void setBeanName(String name) {
            this.beanName = name;
            if (this.servletName == null) {
                this.servletName = name;
            }
        }


        @Override
        protected ModelAndView handleRequestInternal(HttpServletRequest request,
HttpServletResponse response)
                throws Exception {

            //获取 Servlet 的转发派遣器
            RequestDispatcher rd =
getServletContext().getNamedDispatcher(this.servletName);
            if (rd == null) {
                throw new ServletException("No servlet with name '" + this.servle
tName + "' defined in web.xml");
```

```
            }
            //如果之前使用 include 操作，则继续 include，否则 forward
            if (useInclude(request, response)) {
                rd.include(request, response);
                if (logger.isDebugEnabled()) {
                    logger.debug("Included servlet [" + this.servletName + "] in
ServletForwardingController '" + this.beanName + "'");
                }
            }
            else {
                //使用容器提供的请求派遣功能，转发 HTTP 请求到 Servlet 进行处理
                rd.forward(request, response);
                if (logger.isDebugEnabled()) {
                    logger.debug("Forwarded to servlet [" + this.servletName + "]
in ServletForwardingController '" + this.beanName + "'");
                }
            }
            return null;
        }

        protected boolean useInclude(HttpServletRequest request,
HttpServletResponse response) {
            //如果它已经处理过 include 请求或者已经设置了响应状态代码
            return (WebUtils.isIncludeRequest（Request） ||
response.isCommitted());
        }

    }
```

URL 文件名视图控制器继承自抽象 URL 视图控制器。抽象 URL 视图控制器通过 URL 决定视图名称，并且返回包含此视图的模型和视图对象。子类需要根据业务逻辑实现映射 URL 到视图名，代码及注释如下。

```
    public abstract class AbstractUrlViewController extends AbstractController {

        @Override
        protected ModelAndView handleRequestInternal(HttpServletRequest request,
HttpServletResponse response) {
            //获取查找路径，用于日志
            String lookupPath = getUrlPathHelper().getLookupPathForRequest
（Request）;
```

```
            //根据请求 URL 决定视图名
            String viewName = getViewNameForRequest (Request) ;
            if (logger.isDebugEnabled()) {
                logger.debug("Returning view name '" + viewName + "' for lookup path
[" + lookupPath + "]");
            }
            return new ModelAndView(viewName);
        }

        //子类根据业务逻辑实现映射过程
        protected abstract String getViewNameForRequest(HttpServletRequest
request);

    }

    public class UrlFilenameViewController extends AbstractUrlViewController {
        protected String getViewNameForRequest(HttpServletRequest request) {
            //提取基于请求映射的路径或者查找路径
            String uri = extractOperableUrl (Request) ;
            return getViewNameForUrlPath(uri);
        }

        protected String extractOperableUrl(HttpServletRequest request) {
            //首先使用基于请求映射的路径
            String urlPath = (String)
request.getAttribute(HandlerMapping.PATH_WITHIN_HANDLER_MAPPING_ATTRIBUTE);

            //如果没有基于请求映射的路径，则使用查找路径
            if (!StringUtils.hasText(urlPath)) {
                urlPath = getUrlPathHelper().getLookupPathForRequest (Request) ;
            }
            return urlPath;
        }

        protected String getViewNameForUrlPath(String uri) {
            String viewName = this.viewNameCache.get(uri);
            if (viewName == null) {
                //从 URI 中提取视图名
                viewName = extractViewNameFromUrlPath(uri);
                //添加配置的前缀和后缀
```

```
            viewName = postProcessViewName(viewName);
            this.viewNameCache.put(uri, viewName);
        }
        return viewName;
    }

    protected String extractViewNameFromUrlPath(String uri) {
        //去除前缀“/”及后缀“.*”
        int start = (uri.charAt(0) == '/' ? 1 : 0);
        int lastIndex = uri.lastIndexOf(".");
        int end = (lastIndex < 0 ? uri.length() : lastIndex);
        return uri.substring(start, end);
    }

    protected String postProcessViewName(String viewName) {
        return getPrefix() + viewName + getSuffix();
    }
}
```

可参数化视图控制器的代码非常简单，这里不再提供代码及注释。

## 13.3.2　注解控制器

13.3.1 节剖析了简单控制器的实现体系结构。事实上，Spring 自从在 2.5 版本中引进了注解方法控制器，就已经不推荐使用简单控制器的实现体系结构中基于表单的实现类。

注解控制器是通过在一个简单的 Java 对象上声明具有元信息的注解来实现的，所以注解控制器并没有接口、抽象类或者实体类的实现体系结构。然而，声明在简单的 Java 对象上的注解起着至关重要的作用。

下面根据不同类型的注解进行剖析。

### 1．标识控制器和控制器方法的注解

1）@Controller

一个注解控制器是通过注解@Controller 标识的。注解@Controller 比注解@Component 具有更具体的语义，代表它不仅是应用程序环境中的一个 Bean，还是一个注解控制器类型。注解@Component 还有两个具有更具体语义的注解：@Repository 和@Service。

注解@Componet 和其具有更具体语义的注解都是通过 XML 环境中的标记<context:component-scan/>加载进入应用程序环境中的。

2）@RequestMapping

注解控制器的处理器方法是通过注解@RequestMapping 映射到一个适当的 HTTP 请求的。在注解@RequestMapping 中，可以声明 HTTP 方法、HTTP 参数、HTTP 头信息及更重要的 URL Pattern 信息。这些信息全部用来匹配一个 HTTP 请求，如果匹配成功，则用声明了注解@RequestMapping 的处理器方法来处理当前的 HTTP 请求。

注解@RequestMapping 既能够声明在注解控制器类级别，也能声明在注解控制器的处理器方法中。如果存在类级别的注解@RequestMapping，则将结合方法级别的注解@RequestMapping 一起匹配 HTTP 请求。

#### 2. 声明初始化数据绑定方法的注解

注解@InitBinder 用于声明一个初始化数据绑定对象的方法，数据绑定对象用于对一个业务逻辑对象进行赋值。在一个处理器方法参数没有任何注解声明的时候，它就是一个需要绑定的业务逻辑对象，在调用处理器方法之前，需要使用 Web 数据绑定对象对此业务逻辑对象进行绑定，注解@InitBinder 就是用来为 Web 数据绑定初始化的。

#### 3. 声明模型属性相关的注解

（1）注释@SessionAttribute

注解@SessionAttribute 可以声明保存某些模型对象到 Session 范围内。这些 Session 范围内的对象可以在接下来的请求中继续获得。

（2）注释@ModelAttribute

注解@ModelAttribute 有两个用途：声明一个方法的返回值作为模型属性；声明某个处理器方法参数能够从某个模型属性中得到期望的值。

#### 4. 注解控制器的处理器方法参数和返回值注解

前面已经在基于流程剖析的章节中，对注解控制器的处理器方法参数和返回值注解进行了详细分析，并给出了代码及注释，这里不再重复分析。

最后对一个典型的注解控制器进行分析，代码及注释如下。

```
//声明作为注解控制器组件
@Controller

//映射带有模板参数的 URL 到当前控制器的所有处理器方法中
@RequestMapping("/owners/{ownerId}/pets/new")

//将 pet 对象存储到 Session 范围内
@SessionAttributes("pet")
public class AddPetForm {
    //引用持久层业务逻辑服务对象，注解控制器推荐使用控制器对持久层业务逻辑进行直接调用，在
不复杂的情况下不再需要服务层和 DAO 层次
    private final Clinic clinic;

    //自动注入持久层业务逻辑服务对象
    @Autowired
    public AddPetForm(Clinic clinic) {
        this.clinic = clinic;
    }

    //声明模型属性，这些模型属性会在视图显示中使用
    @ModelAttribute("types")
    public Collection<PetType> populatePetTypes() {
        return this.clinic.getPetTypes();
    }

    //用来初始化绑定 Pet 对象
    @InitBinder
    public void setAllowedFields(WebDataBinder dataBinder) {
        dataBinder.setDisallowedFields("id");
    }

    //HTTP GET 请求用来显示表单
    @RequestMapping(method = RequestMethod.GET)
    //从路径变量中提取 OWNER ID
    public String setupForm(@PathVariable("ownerId") int ownerId, Model model)
{
        //获取 Owner 信息
        Owner owner = this.clinic.loadOwner(ownerId);
```

```
        //创建一个 Pet 对象并将其加入 Owner 中
        Pet pet = new Pet();
        owner.addPet(pet);

        //将 Pet 对象加入模型中，并且 Pet 对象是 Session 属性，所以也会被保存在 Session 中
        model.addAttribute("pet", pet);
        return "pets/form";
    }

    //HTTP POST 请求用来创建 Pet 对象
    @RequestMapping(method = RequestMethod.POST)
    //Pet 对象在表单请求中被存储在 Session 中，所以在模型中也可获得
    public String processSubmit(@ModelAttribute("pet") Pet pet, BindingResult
result, SessionStatus status) {
        //对 Pet 对象进行绑定和校验
        new PetValidator().validate(pet, result);

        //如果出错，则继续显示表单视图
        if (result.hasErrors()) {
            return "pets/form";
        }
        //如果成功，则创建 Pet 对象
        else {
            this.clinic.storePet(pet);

            //结束一个 Session 周期，清除在 Session 中保存的属性
            status.setComplete();

            //在成功后显示 Owner 视图
            return "redirect:/owners/" + pet.getOwner().getId();
        }
    }

}
```

### 13.3.3 HTTP 请求处理器

HTTP 请求处理器是用来实现基于 HTTP 请求的远程调用的处理器。在前面基于流程的分析中，已经对典型的 HTTP 请求处理器进行了详细分析。事实上，除了 HTTP 调用服

务导出器（HttpInvokerServiceExporter）的实现，还有更多的基于 HTTP 请求的远程调用的实现，如图 13-8 所示。

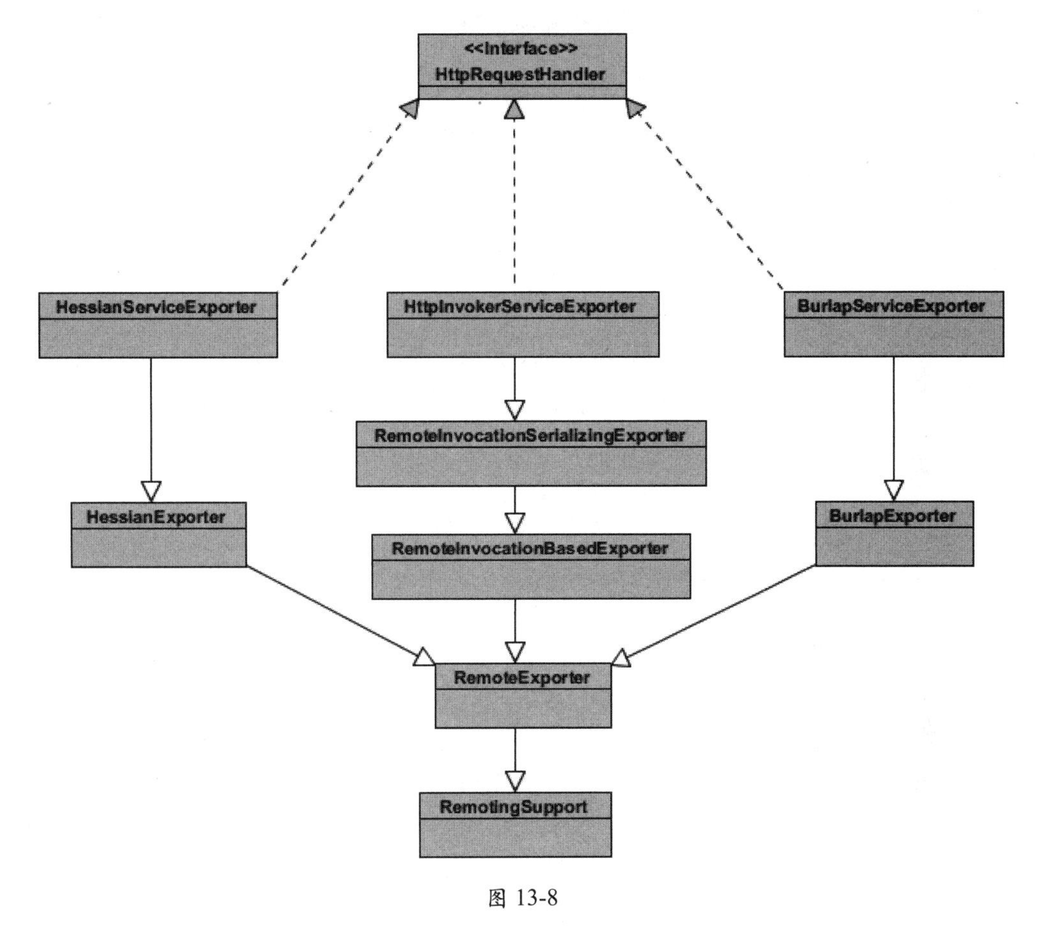


图 13-8

如图 13-8 所示，除了 HTTP 调用服务导出器，还有两个远程调用的实现类，它们是 Hessian 服务导出器和 Burlap 服务导出器，它们的实现流程和 HTTP 调用服务导出器的实现流程非常类似，区别在于它们并没有在 HTTP 上传递远程调用对象和远程调用对象结果的序列化数据，而是使用在 HTTP 上传输的专用数据格式来实现远程调用。

Hessian 通过在 HTTP 上传输二进制的数据来实现远程调用，Burlap 通过在 HTTP 上传输 XML 数据来实现远程调用。这里不对协议本身的实现进行分析。

## 13.4 拦截器的实现架构

根据前面的内容可以得知，处理器映射机制支持处理器拦截器功能。处理器拦截器将一定的功能应用于满足一定条件的请求。

处理器拦截器必须实现 HandlerInterceptor 接口，HandlerInterceptor 接口定义了如下三个方法。

### 1．preHandle()

这个方法在任意处理器调用之前被调用，它返回一个布尔值，如果该值为真，则继续调用处理器链的其他处理器或者拦截器；如果该值为假，则停止调用处理器链的其他处理器或者拦截器，在这种情况下，它假设拦截器已经处理了 HTTP 请求，而且写入了 HTTP 响应。

### 2．postHandle()

任何处理器调用之后调用的方法。

### 3．afterCompletion()

整个请求处理之后调用的方法。

代码及注释如下。

```
public interface HandlerInterceptor {

    //处理器执行之前调用的方法，可以用来对处理器进行预处理，如果返回的布尔值为假，则终止处理请求
    boolean preHandle(HttpServletRequest request, HttpServletResponse response, Object handler)
            throws Exception;

    //处理器执行之后调用的方法，可以用来对处理器进行后置处理
    void postHandle(
            HttpServletRequest request, HttpServletResponse response, Object handler, ModelAndView modelAndView)
            throws Exception;
```

```
        //当整个请求完成时（成功或者失败），如果有任意异常产生，则通过异常参数传入
        void afterCompletion(
                HttpServletRequest request, HttpServletResponse response, Object
handler, Exception ex)
                throws Exception;

    }
```

在对流程进行分析的时候，我们看到有两个层次的处理器拦截器的实现。在抽象的处理器映射层次上可以配置处理器拦截器，这些拦截器会被应用到所有处理器上。然后，在抽象 URL 处理器映射层次上可以根据 URL Pattern 配置处理器拦截器，这些拦截器只被应用到匹配 URL Pattern 的处理器上，如图 13-9 所示。

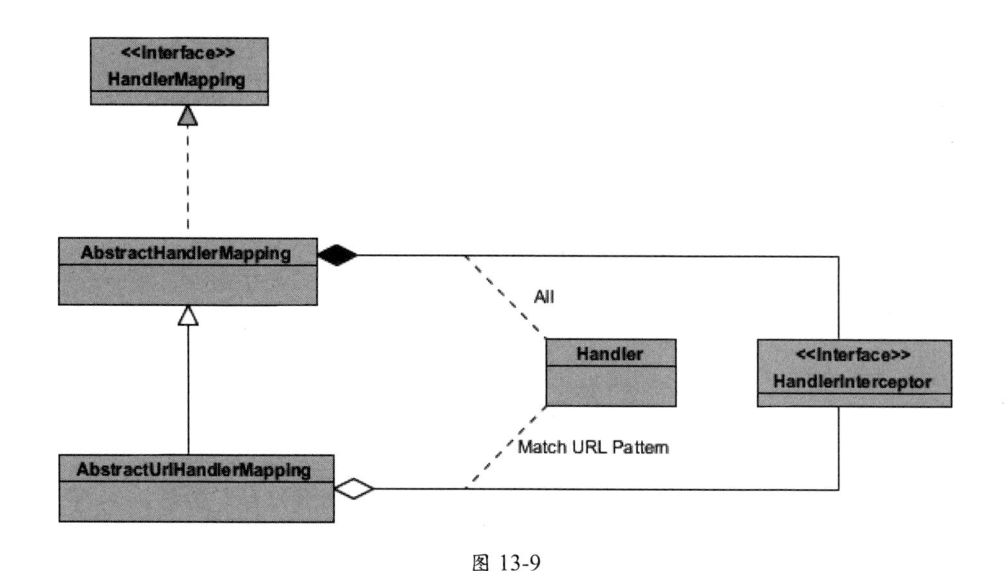


图 13-9

在抽象处理器映射类中声明了一个处理器拦截器的数组，但并没有提供这个数组的存取方法。这个处理器映射是通过另一个数组属性适配得到的，代码及注释如下。

```
    public abstract class AbstractHandlerMapping extends
WebApplicationObjectSupport
            implements HandlerMapping, Ordered {
        //通用类型的拦截器对象
        //包含处理器拦截器，它用通用的 Servlet HTTP 请求对象和通用的 Servlet HTTP 响应对象作
为方法参数
        //也包含 Web Request 拦截器，它使用 Spring 针对请求和响应的封装类型：WebRequest 和
```

```
WebResponse
        private final List<Object> interceptors = new ArrayList<Object>();

        //适配后的处理器适配器
        private HandlerInterceptor[] adaptedInterceptors;

        //提供方法设置 HandlerInterceptor 和 WebRequestInterceptor
        public void setInterceptors(Object[] interceptors) {
            this.interceptors.addAll(Arrays.asList(interceptors));
        }

        //当应用程序环境初始化时初始化拦截器
        protected void initApplicationContext() throws BeansException {
            extendInterceptors(this.interceptors);
            initInterceptors();
        }

        //子类可以改写新添加的拦截器
        protected void extendInterceptors(List<Object> interceptors) {
        }


        protected void initInterceptors() {
            if (!this.interceptors.isEmpty()) {
                this.adaptedInterceptors = new
HandlerInterceptor[this.interceptors.size()];
                //对于每种对象类型的拦截器，适配到标准的处理器拦截器
                for (int i = 0; i < this.interceptors.size(); i++) {
                    Object interceptor = this.interceptors.get(i);
                    if (interceptor == null) {
                        throw new IllegalArgumentException("Entry number " + i +
" in interceptors array is null");
                    }
                    this.adaptedInterceptors[i] = adaptInterceptor (Interceptor);
                }
            }
        }

        protected HandlerInterceptor adaptInterceptor(Object interceptor) {
            //如果已经是处理器拦截器类型，则不需要适配
            if (interceptor instanceof HandlerInterceptor) {
```

```
            return (HandlerInterceptor) interceptor;
        }
        //如果是 Web 请求拦截器，则需要使用 WebRequestHandlerInterceptorAdapter 进行
适配
        else if (interceptor instanceof WebRequestInterceptor) {
            return new
WebRequestHandlerInterceptorAdapter((WebRequestInterceptor) interceptor);
        }
        //不支持其他类型的拦截器
        else {
            throw new IllegalArgumentException("Interceptor type not supported:
" + interceptor.getClass().getName());
        }
    }

}
```

可以看到，AbstractHandlerMapping 支持两种类型的拦截器：处理器拦截器和 Web 请求拦截器。处理器拦截器使用标准的 HTTP 请求和 HTTP 响应作为参数，而 Web 请求拦截器使用了 Spring 封装类型 WebRequest 和 WebResponse。这是因为除了 Servlet 规范中的请求和响应，它还支持 Portlet 中的请求和响应。Web 请求拦截器的代码及注释如下。

```
public interface WebRequestInterceptor {

    //在处理器执行前调用，不支持在拦截器中结束处理器链的操作
    void preHandle(WebRequest request) throws Exception;

    //在处理器执行后调用
    void postHandle(WebRequest request, ModelMap model) throws Exception;

    //在请求处理完成后调用
    void afterCompletion(WebRequest request, Exception ex) throws Exception;

}
```

有时，我们并不希望全部实现这三个方法，而是希望实现其中的某个或者某些方法，Spring 框架提供了处理器拦截器适配器来达到这样的目的，如图 13-10 所示。

在图 13-10 中，处理器拦截器适配器实现了处理器拦截器接口，子类只需要继承处理器拦截器适配器并且根据业务逻辑需要改写其中的某些方法。

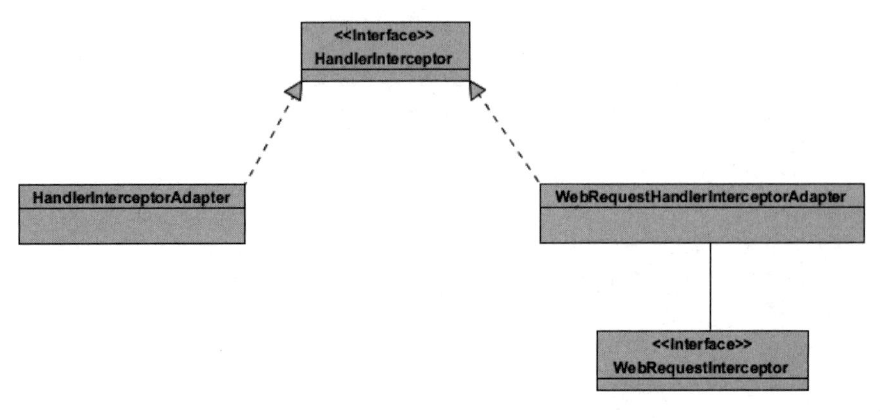


图 13-10

Web 请求处理器拦截器适配器用于将一个 Web 请求拦截器适配成一个标准的处理器拦截器，被应用于抽象处理器拦截器的内部实现上。

下面分析抽象 URL 处理器映射层次的处理器拦截器。这个层次的拦截器根据配置的 URL Pattern 应用到一部分处理器上，代码及注释如下。

```
    public abstract class AbstractUrlHandlerMapping extends AbstractHandlerMapping
{

        //映射拦截器集合，映射拦截器保存从 URL Pattern 到处理器拦截器的映射信息
        private MappedInterceptors mappedInterceptors;

        //可以在外部进行配置映射的拦截器
        public void setMappedInterceptors(MappedInterceptor[] mappedInterceptors)
{
            this.mappedInterceptors = new MappedInterceptors(mappedInterceptors);
        }


        @Override
        //从 Web 应用程序环境中查找映射的拦截器
        protected void initInterceptors() {
            super.initInterceptors();
```

```
            //查找 Web 应用程序环境中所有映射的拦截器
            Map<String, MappedInterceptor> mappedInterceptors =
BeanFactoryUtils.beansOfTypeIncludingAncestors(
                    getApplicationContext(), MappedInterceptor.class, true, false);
            if (!mappedInterceptors.isEmpty()) {
                this.mappedInterceptors = new
MappedInterceptors(mappedInterceptors.values().toArray(
                        new MappedInterceptor[mappedInterceptors.size()]));
            }

        }
    }
```

映射的拦截器用于保存从 URL Pattern 到处理器拦截器的映射信息，代码及注释如下。

```
    public final class MappedInterceptor {

        //匹配的 URL Pattern
        private final String[] pathPatterns;

        //匹配的 URL Pattern 应该应用的处理器拦截器
        private final HandlerInterceptor interceptor;

        //省略了构造器和存取方法
    }
```

有了这些映射信息，处理器映射就会在构造处理器执行链的时候，使用这些信息匹配当前 HTTP 请求，如果匹配成功，则使用此处理器拦截器。过滤功能是在映射的拦截器集合类中实现的，代码及注释如下。

```
    class MappedInterceptors {
        //所有可获得的映射的拦截器
        private MappedInterceptor[] mappedInterceptors;

        public MappedInterceptors(MappedInterceptor[] mappedInterceptors) {
            this.mappedInterceptors = mappedInterceptors;
        }

        //通过请求的查找路径进行过滤
        public Set<HandlerInterceptor> getInterceptors(String lookupPath,
PathMatcher pathMatcher) {
            Set<HandlerInterceptor> interceptors = new
```

```
LinkedHashSet<HandlerInterceptor>();
            for (MappedInterceptor interceptor : this.mappedInterceptors) {
                //如果映射的拦截器匹配查找路径，则使用此映射的拦截器
                if (matches(interceptor, lookupPath, pathMatcher)) {
                    interceptors.add(interceptor.getInterceptor());

                }
            }
            return interceptors;
        }

        private boolean matches(MappedInterceptor interceptor, String lookupPath,
PathMatcher pathMatcher) {
            //一个映射的拦截器包含多个 URL Pattern，如果其中一个 URL Pattern 匹配查找路径，
则匹配成功
            String[] pathPatterns = interceptor.getPathPatterns();
            if (pathPatterns != null) {
                for (String pattern : pathPatterns) {
                    if (pathMatcher.match(pattern, lookupPath)) {
                        return true;
                    }
                }
                return false;
            } else {
                return true;
            }
        }

    }
```

Spring 框架实现了一些通用的处理器拦截器。其中，每个拦截器都实现了一个独立的完整逻辑功能，如图 13-11 所示。

前面分析了适配器 WebRequestHandlerInterceptorAdapter 和 HandlerInterceptorAdapter 的用途。这里将对剩余的类进行功能性描述。

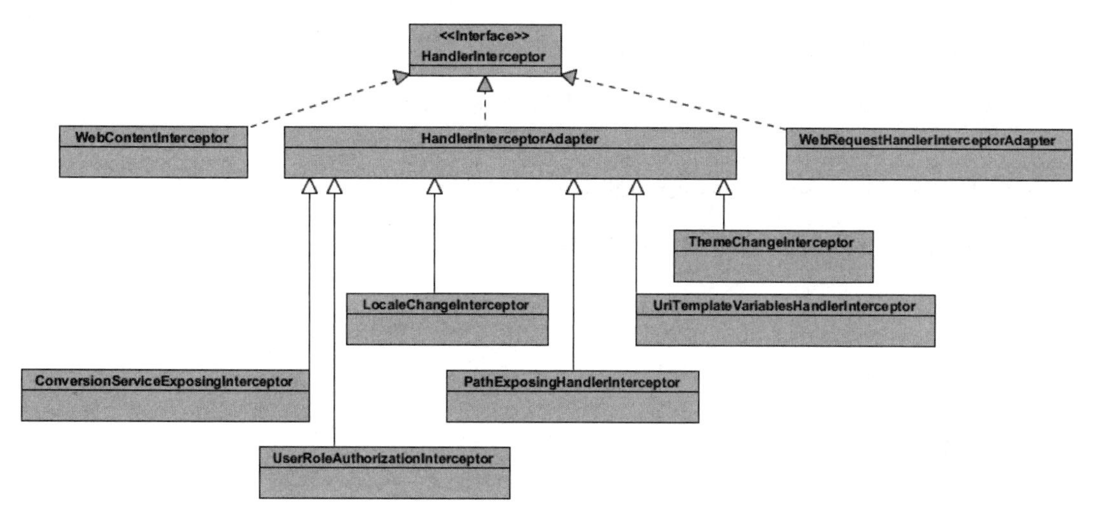


图 13-11

### 1．WebContentInterceptor

用于根据配置设置用户的 HTTP 缓存，并且对 HTTP 请求进行简单的方法校验。事实上，它是在处理器调用之前对 WebContentGenerator 的实现进行调用的。

### 2．ConversionServiceExposingInterceptor

在处理器调用之前导出配置的转换服务到 HTTP 请求属性中。

### 3．UserRoleAuthorizationInterceptor

用于限制一类控制器仅在一部分角色中使用。角色校验是在处理器调用之前完成的。

### 4．LocaleChangeInterceptor

在处理器调用之前根据请求的地域信息配置地域解析器。

### 5．ThemeChangeInterceptor

在处理器调用之前根据请求的主题信息配置主题解析器。

### 6．PathExposingHandlerInterceptor

在处理器内部使用，用于导出处理器匹配的路径信息到请求属性中。

### 7．UriTemplateVariablesHandlerInterceptor

在处理器内部使用，用于导出处理器匹配的路径信息中的模板变量到请求属性中。

# 第 14 章 视图解析和视图显示

本章分析作为总控制器的 DispatcherServlet 是如何解析视图和显示视图的，这是 Spring Web MVC 流程中的最后一个关键步骤。

由于视图显示技术具有多样性，所以存在很多视图解析器和视图显示的实现，本节分析典型的视图解析器和视图显示的实现（它们是基于 URL 的视图解析器），然后剖析其他更多的视图解析器和视图的实现。

## 14.1 基于 URL 的视图解析器和视图

基于 URL 的视图解析器是视图解析器接口的简单实现，它不需要显式的映射定义，而是直接把逻辑视图名解析成资源 URL。它通常被应用于基于 URL 的简单视图显示技术，并且逻辑视图名是 URL 的一部分，视图解析器和视图如图 14-1 和图 14-2 所示。

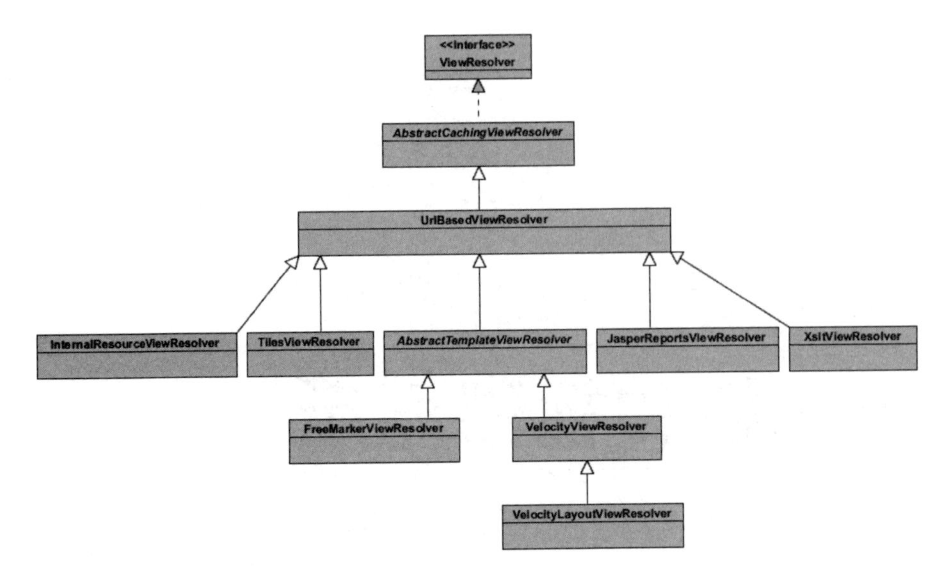
<<Interface>>
ViewResolver
AbstractCachingViewResolver
UrlBasedViewResolver
InternalResourceViewResolver
TilesViewResolver
AbstractTemplateViewResolver
JasperReportsViewResolver
XsltViewResolver
FreeMarkerViewResolver
VelocityViewResolver
VelocityLayoutViewResolver

图 14-1

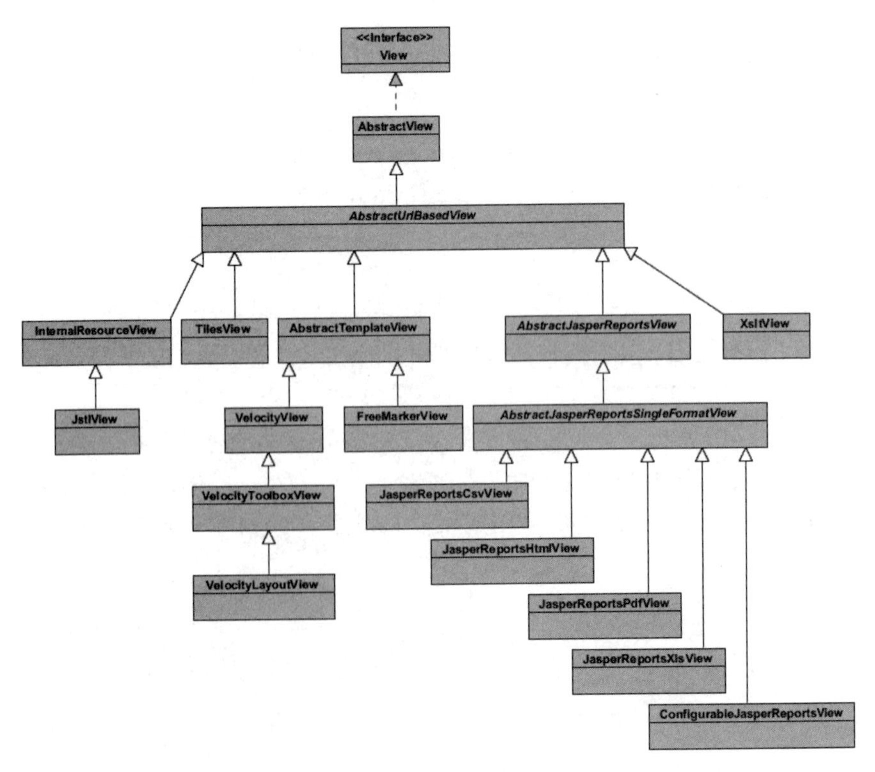
<<Interface>>
View
AbstractView
AbstractUrlBasedView
InternalResourceView
TilesView
AbstractTemplateView
AbstractJasperReportsView
XsltView
JstlView
VelocityView
FreeMarkerView
AbstractJasperReportsSingleFormatView
VelocityToolboxView
JasperReportsCsvView
JasperReportsHtmlView
VelocityLayoutView
JasperReportsPdfView
JasperReportsXlsView
ConfigurableJasperReportsView

图 14-2

抽象缓存视图解析器是视图解析器的直接抽象实现类。它实现了对视图的内存缓存，代码及注释如下。

```
    public abstract class AbstractCachingViewResolver extends
WebApplicationObjectSupport implements ViewResolver {
        //设置缓存是否开启
        private boolean cache = true;

        //缓存视图的映射对象
        private final Map<Object, View> viewCache = new HashMap<Object, View>();

        public void setCache(boolean cache) {
            this.cache = cache;
        }

        public boolean isCache() {
            return this.cache;
        }

        //解析视图方法的逻辑实现
        public View resolveViewName(String viewName, Locale locale) throws Exception
{
            //如果视图缓存关闭，则每次都创建视图
            if (!isCache()) {
                return createView(viewName, locale);
            }
            //如果视图缓存打开
            else {
                //首先获取缓存中存储视图的关键字对象
                Object cacheKey = getCacheKey(viewName, locale);
                //需要同步存取
                synchronized (this.viewCache) {
                    //检查在缓存中是否存在视图
                    View view = this.viewCache.get(cacheKey);
                    if (view == null) {
                        //让子类创建视图对象
                        view = createView(viewName, locale);
                        //将创建的视图加入缓存中
                        this.viewCache.put(cacheKey, view);
                        if (logger.isTraceEnabled()) {
                            logger.trace("Cached view [" + cacheKey + "]");
```

```
                    }
                }
                //返回从缓存中获得的视图或者新创建的视图
                return view;
            }
        }
    }

    protected Object getCacheKey(String viewName, Locale locale) {
        //使用逻辑视图名和地域作为视图的关键字
        return viewName + "_" + locale;
    }

    //从缓存中移除视图
    public void removeFromCache(String viewName, Locale locale) {
        if (!this.cache) {
            logger.warn("View caching is SWITCHED OFF -- removal not necessary");

        }
        else {
            Object cacheKey = getCacheKey(viewName, locale);
            Object cachedView;
            synchronized (this.viewCache) {
                cachedView = this.viewCache.remove(cacheKey);
            }
            if (cachedView == null) {
                //打印调试日志
                if (logger.isDebugEnabled()) {
                    logger.debug("No cached instance for view '" + cacheKey +
"' was found");
                }
            }
            else {
                if (logger.isDebugEnabled()) {
                    logger.debug("Cache for view " + cacheKey + " has been
cleared");
                }
            }
        }
    }
```

```
        //清除所有已经缓存的视图
        public void clearCache() {
            logger.debug("Clearing entire view cache");
            synchronized (this.viewCache) {
                this.viewCache.clear();
            }
        }

        protected View createView(String viewName, Locale locale) throws Exception
{
            return loadView(viewName, locale);
        }

        //让子类根据具体实现创建不同的视图
        protected abstract View loadView(String viewName, Locale locale) throws
Exception;

    }
```

视图解析器实现体系结构中的下一层次是基于 URL 的视图解析器，它除了根据重定向前缀和转发前缀构造一个重定向视图和转发视图，还通常为每个 URL 都创建一个抽象的基于 URL 视图的子类对象并且返回，代码及注释如下。

```
    public class UrlBasedViewResolver extends AbstractCachingViewResolver
implements Ordered {
        //重定向前缀
        public static final String REDIRECT_URL_PREFIX = "redirect:";
        //转发前缀
        public static final String FORWARD_URL_PREFIX = "forward:";

        //视图类名，应该是抽象的基于 URL 视图的子类
        private Class viewClass;
        //URL 前缀
        private String prefix = "";
        //URL 后缀
        private String suffix = "";
        //能够处理的视图逻辑名称集合，如果为空，则任何视图逻辑名都可以被处理
        private String[] viewNames = null;
        //支持的内容类型
        private String contentType;
        //以“/”为开头的 URL 是相对于 Web Server 根还是应用程序根
```

```
        private boolean redirectContextRelative = true;
        //使用 HTTP 1.0 兼容还是使用 HTTP1.1 兼容，不同版本的 HTTP 重定向方法不同
        private boolean redirectHttp10Compatible = true;
        //保存请求环境属性的关键字
        private String requestContextAttribute;
        //最大顺序
        private int order = Integer.MAX_VALUE;
        //静态的属性，应用到所有的解析视图上
        private final Map<String, Object> staticAttributes = new HashMap<String,
Object>();

        //设置视图类，需要的视图必须是抽象的基于 URL 的视图
        public void setViewClass(Class viewClass) {
            if (viewClass == null
|| !requiredViewClass().isAssignableFrom(viewClass)) {
                throw new IllegalArgumentException(
                        "Given view class [" + (viewClass != null ?
viewClass.getName() : null) + "] is not of type [" + requiredViewClass().getName()
+ "]");
            }
            this.viewClass = viewClass;
        }

        protected Class requiredViewClass() {
            return AbstractUrlBasedView.class;
        }

        @Override
        protected void initApplicationContext() {
            super.initApplicationContext();
            //在初始化过程中检查视图类是否存在
            if (getViewClass() == null) {
                throw new IllegalArgumentException("Property 'viewClass' is
required");
            }
        }

        @Override
        protected Object getCacheKey(String viewName, Locale locale) {
            //仅仅使用视图逻辑名作为缓存的关键字
            return viewName;
```

```
        }

        @Override
        protected View createView(String viewName, Locale locale) throws Exception
{
            //如果这个解析器不支持当前视图，则返回 null，让下一个解析器来处理
            if (!canHandle(viewName, locale)) {
                return null;
            }
            //检查特殊的"redirect:"前缀
            if (viewName.startsWith(REDIRECT_URL_PREFIX)) {
                String redirectUrl =
viewName.substring(REDIRECT_URL_PREFIX.length());
                return new RedirectView(redirectUrl, isRedirectContextRelative(),
isRedirectHttp10Compatible());
            }
            //检查特殊的"forward:"前缀
            if (viewName.startsWith(FORWARD_URL_PREFIX)) {
                String forwardUrl =
viewName.substring(FORWARD_URL_PREFIX.length());
                return new InternalResourceView(forwardUrl);
            }
            //否则，调用超类的实现：调用 loadView
            return super.createView(viewName, locale);
        }

        protected boolean canHandle(String viewName, Locale locale) {
            //如果声明了可以处理的视图结合，则进行匹配，如果匹配成功，则能够处理，否则不能处理
当前逻辑视图
            String[] viewNames = getViewNames();
            return (viewNames == null || PatternMatchUtils.simpleMatch(viewNames,
viewName));
        }

        @Override
        protected View loadView(String viewName, Locale locale) throws Exception {
            //创建抽象的基于 URL 的视图
            AbstractUrlBasedView view = buildView(viewName);
            //将创建的视图放入 Web 应用程序环境中并且初始化
            View result = (View)
getApplicationContext().getAutowireCapableBeanFactory().initializeBean(view,
```

```
viewName);
            //如果视图能处理当前地域，则返回当前视图
            return (view.checkResource(Locale) ? result : null);
        }

        protected AbstractUrlBasedView buildView(String viewName) throws Exception
{
            //根据配置的视图类名实例化视图对象
            AbstractUrlBasedView view = (AbstractUrlBasedView)
BeanUtils.instantiateClass(getViewClass());

            //URL = 前缀 + 逻辑视图名 + 后缀
            view.setUrl(getPrefix() + viewName + getSuffix());

            //设置内容类型
            String contentType = getContentType();
            if (contentType != null) {
                view.setContentType(contentType);
            }

            //设置请求环境属性的关键字值
            view.setRequestContextAttribute(getRequestContextAttribute());

            //这是静态属性
            view.setAttributesMap(getAttributesMap());
            return view;
        }

    }
```

我们看到，抽象的基于 URL 的视图解析器返回抽象的基于 URL 的视图。现在分析抽象的基于 URL 的视图的类的实现代码。这个视图的第 1 层类是抽象视图，它合并了 DispatcherServlet 传进来的模型数据和视图解析器传进来的静态模型数据，将这些数据准备好并传递给子类实现视图显示逻辑，代码及注释如下。

```
    public abstract class AbstractView extends WebApplicationObjectSupport
implements View, BeanNameAware {
        //默认的内容类型为 HTML
        public static final String DEFAULT_CONTENT_TYPE =
"text/html;charset=ISO-8859-1";
```

```
        //每次输出的数据长度
        private static final int OUTPUT_BYTE_ARRAY_INITIAL_SIZE = 4096;
        //视图作为 Bean 的名称
        private String beanName;
        //视图能处理的内容类型
        private String contentType = DEFAULT_CONTENT_TYPE;
        //保存请求环境属性的关键字
        private String requestContextAttribute;
        //静态属性集合
        private final Map<String, Object> staticAttributes = new HashMap<String,
Object>();

        //使用 CSV 格式的字符串设置静态属性
        public void setAttributesCSV(String propString) throws
IllegalArgumentException {
            if (propString != null) {
                StringTokenizer st = new StringTokenizer(propString, ",");
                while (st.hasMoreTokens()) {
                    String tok = st.nextToken();
                    int eqIdx = tok.indexOf("=");
                    if (eqIdx == -1) {
                        throw new IllegalArgumentException("Expected = in
attributes CSV string '" + propString + "'");
                    }
                    if (eqIdx >= tok.length() - 2) {
                        throw new IllegalArgumentException(
                                "At least 2 characters ([]) required in attributes
CSV string '" + propString + "'");
                    }
                    String name = tok.substring(0, eqIdx);
                    String value = tok.substring(eqIdx + 1);

                    //删除第 1 个和最后一个字符：{和}
                    value = value.substring(1);
                    value = value.substring(0, value.length() - 1);

                    addStaticAttribute(name, value);
                }
            }
        }
```

```
        public void render(Map<String, ?> model, HttpServletRequest request,
HttpServletResponse response) throws Exception {
            if (logger.isTraceEnabled()) {
                logger.trace("Rendering view with name '" + this.beanName + "' with
model " + model + " and static attributes " + this.staticAttributes);
            }

            //确定动态和静态模型属性
            Map<String, Object> mergedModel =
                    new HashMap<String, Object>(this.staticAttributes.size() +
(model != null ? model.size() : 0));
            mergedModel.putAll(this.staticAttributes);
            if (model != null) {
                mergedModel.putAll(model);
            }

            //导出请求环境属性
            if (this.requestContextAttribute != null) {
                mergedModel.put(this.requestContextAttribute,
createRequestContext(request, response, mergedModel));
            }

            //准备响应
            prepareResponse(request, response);

            //生成响应
            renderMergedOutputModel(mergedModel, request, response);
        }

        //如果设置了请求环境属性的关键字值，则导出请求环境
        protected RequestContext createRequestContext(
                HttpServletRequest request, HttpServletResponse response,
Map<String, Object> model) {

            return new RequestContext(request, response, getServletContext(),
model);
        }

        //解决 IE 的一个 Bug
        protected void prepareResponse(HttpServletRequest request,
HttpServletResponse response) {
```

```
            if (generatesDownloadContent()) {
                response.setHeader("Pragma", "private");
                response.setHeader("Cache-Control", "private, must-revalidate");
            }
        }

        //默认不产生下载内容
        protected boolean generatesDownloadContent() {
            return false;
        }

        //子类需要实现显示视图的逻辑
        protected abstract void renderMergedOutputModel(
                Map<String, Object> model, HttpServletRequest request,
HttpServletResponse response) throws Exception;

        //提供功能导出模型数据到请求属性中
        protected void exposeModelAsRequestAttributes(Map<String, Object> model,
HttpServletRequest request) throws Exception {
            for (Map.Entry<String, Object> entry : model.entrySet()) {
                String modelName = entry.getKey();
                Object modelValue = entry.getValue();
                if (modelValue != null) {
                    request.setAttribute(modelName, modelValue);
                    if (logger.isDebugEnabled()) {
                        logger.debug("Added model object '" + modelName + "' of type
[" + modelValue.getClass().getName() + "] to request in view with name '" + getBeanName()
+ "'");
                    }
                }
                else {
                    request.removeAttribute(modelName);
                    if (logger.isDebugEnabled()) {
                        logger.debug("Removed model object '" + modelName +
                                "' from request in view with name '" + getBeanName()
+ "'");
                    }
                }
            }
        }
```

```
        //创建临时的内存输出流
        protected ByteArrayOutputStream createTemporaryOutputStream() {
            return new ByteArrayOutputStream(OUTPUT_BYTE_ARRAY_INITIAL_SIZE);
        }

        //将一个内存输出流写入响应中
        protected void writeToResponse(HttpServletResponse response,
ByteArrayOutputStream baos) throws IOException {
            //写内容的类型和长度，均由字节数组决定
            response.setContentType(getContentType());
            response.setContentLength(baos.size());

            //将字节数组写入 Servlet 输出流中
            ServletOutputStream out = response.getOutputStream();
            baos.writeTo(out);
            out.flush();
        }

    }
```

视图实现的体系结构中的下一个实现类是抽象的基于 URL 的视图。它没有显示 URL，而是通过保存一个 URL 的值，让子类根据 URL 的值来完成视图的显示，代码及注释如下。

```
    public abstract class AbstractUrlBasedView extends AbstractView implements
InitializingBean {
        //存储一个将要显示的 URL
        private String url;


        protected AbstractUrlBasedView() {
        }

        protected AbstractUrlBasedView(String url) {
            this.url = url;
        }

        public void afterPropertiesSet() throws Exception {
            //默认的 URL 是必需的
            if (isUrlRequired() && getUrl() == null) {
                throw new IllegalArgumentException("Property 'url' is required");
            }
        }
```

```
        protected boolean isUrlRequired() {
            return true;
        }

        //模板方法，子类需要判断此视图是否支持某个地域信息
        public boolean checkResource(Locale locale) throws Exception {
            return true;
        }

    }
```

抽象的基于 URL 的视图解析器和抽象的基于 URL 的视图是体系结构中的基础抽象类，其他实体类都通过实现它们来实现一个具体视图解析的逻辑。

## 14.1.1　内部资源视图解析器和内部资源视图

内部资源视图解析器和内部资源视图是最常用的视图解析器和视图的实现，通过转发请求给 JSP、Servlet 或者具有 JSTL 标记的 JSP 组件进行处理。

内部资源视图解析器通过改写抽象的基于 URL 的视图解析器的构建视图方法，构建专用的内部资源视图或者 JSTL 视图，代码及注释如下。

```
    public class InternalResourceViewResolver extends UrlBasedViewResolver {

        //判断 JSTL 相关的类是否存在
        private static final boolean jstlPresent = ClassUtils.isPresent(
                "javax.servlet.jsp.jstl.core.Config",
InternalResourceViewResolver.class.getClassLoader());

        //是否总使用 include 派遣 HTTP 请求
        private Boolean alwaysInclude;

        //是否导出环境的 Bean 作为属性
        private Boolean exposeContextBeansAsAttributes;

        //需要导出 Web 应用程序环境中的 Bean 名称
        private String[] exposedContextBeanNames;

```

```
    public InternalResourceViewResolver() {
        //如果 JSTL 相关类存在，则使用 JSTL 视图，否则使用内部资源视图
        Class viewClass = requiredViewClass();
        if (viewClass.equals(InternalResourceView.class) && jstlPresent) {
            viewClass = JstlView.class;
        }
        setViewClass(viewClass);
    }

    @Override
    protected Class requiredViewClass() {
        //默认使用内部资源视图
        return InternalResourceView.class;
    }

    @Override
    protected AbstractUrlBasedView buildView(String viewName) throws Exception
{
        //使用超类创建内部资源视图或者 JSTL 视图
        InternalResourceView view = (InternalResourceView)
super.buildView(viewName);

        //设置是否总使用 include 请求操作
        if (this.alwaysInclude != null) {
            view.setAlwaysInclude(this.alwaysInclude);
        }

        //设置是否导出环境的 Bean 作为属性
        if (this.exposeContextBeansAsAttributes != null) {

    view.setExposeContextBeansAsAttributes(this.exposeContextBeansAsAttributes);
        }

        //需要导出 Web 应用程序环境中的 Bean 名称
        if (this.exposedContextBeanNames != null) {
            view.setExposedContextBeanNames(this.exposedContextBeanNames);
        }

        //防止派遣死循环
        view.setPreventDispatchLoop(true);
        return view;
```

```
        }

    }
```

从上面视图解析器的实现可以看出，它通过检查是否存在 JSTL 相关类，来决定创建内部资源视图还是 JSTL 视图。事实上，JSTL 视图是内部资源视图的子类，它不但支持 JSP 和 Servlet 服务器组件，还支持包含 JSTL 的 JSP 展示层的组件，代码及注释如下。

```
    public class InternalResourceView extends AbstractUrlBasedView {
        //是否总使用 include 派遣请求
        private boolean alwaysInclude = false;

        //是否导出转发属性
        private volatile Boolean exposeForwardAttributes;

        //是否导出应用程序环境中的 Bean 作为属性
        private boolean exposeContextBeansAsAttributes = false;

        //导出哪些 Bean 作为属性
        private Set<String> exposedContextBeanNames;

        //是否阻止派遣死循环
        private boolean preventDispatchLoop = false;

        @Override
        protected void initServletContext(ServletContext sc) {
            //如果早于 Servlet 2.5，则需要手动导出转发属性
            if (this.exposeForwardAttributes == null && sc.getMajorVersion() == 2
&& sc.getMinorVersion() < 5) {
                this.exposeForwardAttributes = Boolean.TRUE;
            }
        }

        @Override
        protected void renderMergedOutputModel(
                Map<String, Object> model, HttpServletRequest request,
HttpServletResponse response) throws Exception {

            //确定需要导出的请求实例
            HttpServletRequest requestToExpose = getRequestToExpose (Request) ;

            //导出模型对象到请求属性中
```

```
            exposeModelAsRequestAttributes(model, requestToExpose);

            //如果有 helpers，则导出到请求属性中
            exposeHelpers(requestToExpose);

            //确定请求派遣器的路径
            String dispatcherPath = prepareForRendering(requestToExpose,
response);

            // Obtain a RequestDispatcher for the target resource (typically a JSP).
            //为目标资源获得一个请求派遣器，典型的目标为一个 JSP 资源
            RequestDispatcher rd = getRequestDispatcher(requestToExpose,
dispatcherPath);
            if (rd == null) {
                throw new ServletException("Could not get RequestDispatcher for ["
+ getUrl() + "]: Check that the corresponding file exists within your web application
archive!");
            }

            //如果已经使用了 include，继续使用 include，否则使用 forward
            if (useInclude(requestToExpose, response)) {
                response.setContentType(getContentType());
                if (logger.isDebugEnabled()) {
                    logger.debug("Including resource [" + getUrl() + "] in
InternalResourceView '" + getBeanName() + "'");
                }
                rd.include(requestToExpose, response);
            }

            else {
                // 被转发的资源本身应该可以确定它自己的内容类型
                exposeForwardRequestAttributes(requestToExpose);
                if (logger.isDebugEnabled()) {
                    logger.debug("Forwarding to resource [" + getUrl() + "] in
InternalResourceView '" + getBeanName() + "'");
                }
                rd.forward(requestToExpose, response);
            }
        }

        protected HttpServletRequest getRequestToExpose(HttpServletRequest
originalRequest) {
```

```
            //如果导出 Bean 作为属性，则创建一个 HTTP Servlet 代理请求，这个代理请求包含导出
的 Bean 作为属性
            if (this.exposeContextBeansAsAttributes ||
this.exposedContextBeanNames != null) {
                return new ContextExposingHttpServletRequest(
                        originalRequest, getWebApplicationContext(),
this.exposedContextBeanNames);
            }
            //否则导出原来的 HTTP Servlet 请求
            return originalRequest;
        }

        protected String prepareForRendering(HttpServletRequest request,
HttpServletResponse response)
                throws Exception {

            String path = getUrl();
            //如果设置了防止派遣死循环，并且检测到派遣到最初的 URL，则阻止死循环，抛出异常，终
止处理
            if (this.preventDispatchLoop) {
                String uri = request.getRequestURI();
                if (path.startsWith("/") ? uri.equals(path) :
uri.equals(StringUtils.applyRelativePath(uri, path))) {
                    throw new ServletException("Circular view path [" + path + "]:
would dispatch back " + "to the current handler URL [" + uri + "] again. Check your
ViewResolver setup! " + "(Hint: This may be the result of an unspecified view, due
to default view name generation.)");
                }
            }
            return path;
        }

        protected RequestDispatcher getRequestDispatcher(HttpServletRequest
request, String path) {
            //使用容器的请求派遣器
            return request.getRequestDispatcher(path);
        }

        protected boolean useInclude(HttpServletRequest request,
HttpServletResponse response) {
            //如果设置了总是使用 include，或者是 include 请求，或者已经发送了响应代码
```

```
            return (this.alwaysInclude || WebUtils.isIncludeRequest(Request) ||
response.isCommitted());
        }

        protected void exposeForwardRequestAttributes(HttpServletRequest request)
{
            if (this.exposeForwardAttributes != null &&
this.exposeForwardAttributes) {
                try {
                    //导出转发请求属性 FORWARD_REQUEST_URI_ATTRIBUTE、
FORWARD_CONTEXT_PATH_ATTRIBUTE、FORWARD_SERVLET_PATH_ATTRIBUTE、
FORWARD_PATH_INFO_ATTRIBUTE、FORWARD_QUERY_STRING_ATTRIBUTE
                    WebUtils.exposeForwardRequestAttributes(Request);
                }
                catch (Exception ex) {
                    //Servlet 容器拒绝设置内部属性，例如 TriFork
                    this.exposeForwardAttributes = Boolean.FALSE;
                }
            }
        }

    }
```

子类 JSTL 视图不仅能够重用所有内部资源视图的逻辑，还增加了导出本地化环境的实现，代码及注释如下。

```
    public class JstlView extends InternalResourceView {
        //设置的消息源
        private MessageSource messageSource;

        @Override
        protected void exposeHelpers(HttpServletRequest request) throws Exception
{
            //如果设置了消息源，则导出设置的消息源
            if (this.messageSource != null) {
                JstlUtils.exposeLocalizationContext(request,
this.messageSource);
            }
            //否则导出应用程序环境作为消息源，应用程序环境也实现了消息源接口
            else {
                JstlUtils.exposeLocalizationContext(new RequestContext(request,
getServletContext()));
```

```
            }
        }

    }
```

## 14.1.2　瓦块视图解析器和瓦块视图

瓦块视图解析器和瓦块视图把 HTTP 请求派遣给瓦块容器进行处理，瓦块容器使用不同的瓦块定义来显示一个完整的瓦块页面。

瓦块视图解析器继承自抽象的基于 URL 的视图解析器，是通过返回瓦块视图类来实现的，相关代码如下。

```
    public class TilesViewResolver extends UrlBasedViewResolver {

        public TilesViewResolver() {
            setViewClass(requiredViewClass());
        }

        @Override
        protected Class requiredViewClass() {
            //简单地返回瓦块视图的定义
            return TilesView.class;
        }

    }
```

瓦块视图则把当前的 URL 交给瓦块容器进行响应，代码及注释如下。

```
    public class TilesView extends AbstractUrlBasedView {

        @Override
        public boolean checkResource(final Locale locale) throws Exception {
            //从应用程序对象中获取瓦块容器
            TilesContainer container =
ServletUtil.getContainer(getServletContext());
            //瓦块容器应该是基本的瓦块容器类型，如果不是，则进行乐观处理
            if (!(container instanceof BasicTilesContainer)) {
                return true;
            }

```

```
            //创建瓦块请求环境
            BasicTilesContainer basicContainer = (BasicTilesContainer) container;
            TilesApplicationContext appContext = new
ServletTilesApplicationContext(getServletContext());
            TilesRequestContext requestContext = new
ServletTilesRequestContext(appContext, null, null) {
                @Override
                public Locale getRequestLocale() {
                    return locale;
                }
            };

            //检查是否存在瓦块页面定义可以处理当前 URL
            return
(basicContainer.getDefinitionsFactory().getDefinition(getUrl(),
requestContext) != null);
        }

        @Override
        protected void renderMergedOutputModel(
                Map<String, Object> model, HttpServletRequest request,
HttpServletResponse response) throws Exception {

            ServletContext servletContext = getServletContext();
            //从应用程序对象中获取瓦块容器
            TilesContainer container = ServletUtil.getContainer(servletContext);
            //如果瓦块容器不存在，则不能处理当前请求，终止处理
            if (container == null) {
                throw new ServletException("Tiles container is not initialized. "
+ "Have you added a TilesConfigurer to your web application context?");
            }

            //导出模型映射数据作为请求属性以供瓦块容器使用
            exposeModelAsRequestAttributes(model, request);

            //导出本地化环境
            JstlUtils.exposeLocalizationContext(new RequestContext(request,
servletContext));

            if (!response.isCommitted()) {
                //Servlet 2.5 以下版本使用 forward 处理请求，后续版本不会调用到这里
```

```
            ServletContext sc = getServletContext();
            if (sc.getMajorVersion() == 2 && sc.getMinorVersion() < 5) {
                WebUtils.exposeForwardRequestAttributes (Request) ;
            }
        }

        //把请求交给瓦块容器进行处理
        container.render(getUrl(), request, response);
    }

}
```

### 14.1.3　模板视图解析器和模板视图

模板视图解析器和模板视图把 HTTP 请求传递给模板技术的容器进行处理，它支持 Velocity 和 FreeMaker。

抽象的模板视图解析器继承自基于 URL 的视图解析器，并且可以对创建的抽象模板视图进行设置，代码及注释如下。

```
public class AbstractTemplateViewResolver extends UrlBasedViewResolver {

    private boolean exposeRequestAttributes = false;

    private boolean allowRequestOverride = false;

    private boolean exposeSessionAttributes = false;

    private boolean allowSessionOverride = false;

    private boolean exposeSpringMacroHelpers = true;

    @Override
    protected Class requiredViewClass() {
        //支持抽象模板视图类
        return AbstractTemplateView.class;
    }

    @Override
    protected AbstractUrlBasedView buildView(String viewName) throws Exception
```

```
{
            //对抽象模板视图进行客户化的设置
            AbstractTemplateView view = (AbstractTemplateView)
super.buildView(viewName);
            view.setExposeRequestAttributes(this.exposeRequestAttributes);
            view.setAllowRequestOverride(this.allowRequestOverride);
            view.setExposeSessionAttributes(this.exposeSessionAttributes);
            view.setAllowSessionOverride(this.allowSessionOverride);
            view.setExposeSpringMacroHelpers(this.exposeSpringMacroHelpers);
            return view;
        }

    }
```

抽象的模板视图根据客户化的设置对请求进行一系列预处理，然后把 HTTP 请求传递给子类，子类根据具体的模板实现技术将 HTTP 请求交给模板容器进行处理。

```
    public abstract class AbstractTemplateView extends AbstractUrlBasedView {

        public static final String SPRING_MACRO_REQUEST_CONTEXT_ATTRIBUTE =
"springMacroRequestContext";


        private boolean exposeRequestAttributes = false;
        private boolean allowRequestOverride = false;
        private boolean exposeSessionAttributes = false;
        private boolean allowSessionOverride = false;
        private boolean exposeSpringMacroHelpers = true;

        @Override
        protected final void renderMergedOutputModel(
                Map<String, Object> model, HttpServletRequest request,
HttpServletResponse response) throws Exception {

            if (this.exposeRequestAttributes) {
                //导出请求属性到 Spring 模型中
                for (Enumeration en = request.getAttributeNames();
en.hasMoreElements();) {
                    //取得下一个元素
    String attribute = (String) en.nextElement();
    //如果已经存在同样名称的模型，则抛出异常
                    if (model.containsKey(attribute)
```

```
&& !this.allowRequestOverride) {
                        throw new ServletException("Cannot expose request
attribute '" + attribute + "' because of an existing model object of the same name");
                    }
                    //从请求中获得属性
                    Object attributeValue = request.getAttribute(attribute);
                    if (logger.isDebugEnabled()) {
                        logger.debug("Exposing request attribute '" + attribute +
                                "' with value [" + attributeValue + "] to model");
                    }
                    //把属性放入模型中
                    model.put(attribute, attributeValue);
                }
            }

            if (this.exposeSessionAttributes) {
                //导出 Session 属性到 Spring 模型中
                HttpSession session = request.getSession(false);
                if (session != null) {
                    for (Enumeration en = session.getAttributeNames();
en.hasMoreElements();) {
                        String attribute = (String) en.nextElement();
                        if (model.containsKey(attribute)
&& !this.allowSessionOverride) {
                            throw new ServletException("Cannot expose session
attribute '" + attribute + "' because of an existing model object of the same name");
                        }
                        Object attributeValue = session.getAttribute(attribute);
                        if (logger.isDebugEnabled()) {
                            logger.debug("Exposing session attribute '" + attrib
ute + "' with value [" + attributeValue + "] to model");
                        }
                        model.put(attribute, attributeValue);
                    }
                }
            }

            if (this.exposeSpringMacroHelpers) {
                if (model.containsKey(SPRING_MACRO_REQUEST_CONTEXT_ATTRIBUTE)) {
                    throw new ServletException(
                            "Cannot expose bind macro helper '" + SPRING_MACRO_
```

```
REQUEST_CONTEXT_ATTRIBUTE + "' because of an existing model object of the same name");
                    }
                    //导出请求环境实例
                    model.put(SPRING_MACRO_REQUEST_CONTEXT_ATTRIBUTE,
                            new RequestContext(request, response, getServletContext(),
model));
                }

                //应用响应内容类型
                applyContentType(response);

                //由子类使用模板技术进行处理
                renderMergedTemplateModel(model, request, response);
            }

            protected void applyContentType(HttpServletResponse response) {
                if (response.getContentType() == null) {
                    response.setContentType(getContentType());
                }
            }

            protected abstract void renderMergedTemplateModel(
                    Map<String, Object> model, HttpServletRequest request,
HttpServletResponse response) throws Exception;

    }
```

抽象模板视图解析器和抽象模板视图有两种类型的子类，两种类型的子类各自支持 Velocity 和 FreeMaker。

FreeMakerViewResolver 的实现非常简单，它仅仅返回 FreeMakerView 类。FreeMaker View 类则将 HTTP 请求传递给 FreeMaker 容器来处理并且响应产生展示层的界面。

VelocityViewResolver 的实现非常简单，它仅仅返回 VelocityView 类。VelocityView 类则将 HTTP 请求传递给 Velocity 容器来处理并且响应产生展示层的界面。

VelocityLayoutViewResolver 和 VelocityLayoutView 是 VelocityViewResolver 和 Velocity View 的子类，它增加了对 Layout 的支持。

这些类的实现需要更多的 FreeMaker 和 Velocity 知识，这里不进行详细的代码分析和注释。

### 14.1.4　XSLT 视图解析器和 XSLT 视图

XSLT 视图解析器和 XSLT 视图使用 XSLT 技术将 XML DOM 数据转换为某种支持的数据格式，包括 XML 格式，或者类似 HTML 的展示层的数据显示格式。

XSLT 视图解析器继承自基于 URL 的视图解析器，并且返回 XSLT 视图，代码及注释如下。

```
public class XsltViewResolver extends UrlBasedViewResolver {

    private String sourceKey;

    private URIResolver uriResolver;

    private ErrorListener errorListener;

    private boolean indent = true;

    private Properties outputProperties;

    private boolean cacheTemplates = true;

    @Override
    protected Class requiredViewClass() {
        //返回 XSLT 视图类，父类负责创建此类实例
        return XsltView.class;
    }

    @Override
    protected AbstractUrlBasedView buildView(String viewName) throws Exception
{
        //调用父类创建 XSLT 视图类的实例
        XsltView view = (XsltView) super.buildView(viewName);

        //设置数据源的属性关键字
        view.setSourceKey(this.sourceKey);

        //设置 URI 解析器
        if (this.uriResolver != null) {
            view.setUriResolver(this.uriResolver);
        }
```

```
        //设置错误监听器
        if (this.errorListener != null) {
            view.setErrorListener(this.errorListener);
        }

        //设置其他属性
        view.setIndent(this.indent);
        view.setOutputProperties(this.outputProperties);
        view.setCacheTemplates(this.cacheTemplates);
        return view;
    }

}
```

XSLT 视图则使用 XSLT 技术将一种 XML 格式的数据源转换为另一种格式的数据源，由于代码篇幅太长，所以这一部分不做代码解析，请读者自行阅读。

## 14.2 更多的视图解析器

14.1 节介绍了基于 URL 的视图解析器和视图的实现。事实上，还存在一些视图解析器，它们不仅支持某种类型的视图实现，还能在多种视图实现中互相转换和选择。本节将分析 4 种类型的视图解析器的实现。

### 14.2.1 Bean 名称视图解析器

Bean 名称视图解析器通过把逻辑视图名称作为 Web 应用程序环境中的 Bean 名称来解析视图，代码及注释如下。

```
public class BeanNameViewResolver extends WebApplicationObjectSupport
implements ViewResolver, Ordered {

    private int order = Integer.MAX_VALUE;


    public void setOrder(int order) {
        this.order = order;
    }
```

```
    public int getOrder() {
        return order;
    }


    public View resolveViewName(String viewName, Locale locale) throws
BeansException {
        // 获取 Web 应用程序环境
        ApplicationContext context = getApplicationContext();

        //如果在 Web 应用程序环境中不包含以 viewName 命名的 Bean，且它的名称是逻辑视图名，
则返回空的视图
        if (!context.containsBean(viewName)) {
            // Allow for ViewResolver chaining.
            return null;
        }

        // 如果在 Web 应用程序环境中包含这样的一个 Bean，则返回这个 Bean 作为视图
        return (View) context.getBean(viewName, View.class);
    }

}
```

## 14.2.2　内容选择视图解析器

内容选择视图解析器根据 HTTP 请求所指定的媒体类型来选择一个合适的视图解析器解析视图，但是它自己并不解析视图。一个 HTTP 请求可以通过以下某种方式指定媒体类型。

（1）根据 URL 路径的扩展名。

（2）根据指定的参数值。

（3）根据 HTTP 头接收的内容类型。

首先，内容选择视图解析器在初始化时加载了所有其他视图解析器，代码及注释如下。

```
@Override
protected void initServletContext(ServletContext servletContext) {
    if (this.viewResolvers == null) {
```

```
            //在 Web 应用程序环境中找到所有视图解析器的实现
            Map<String, ViewResolver> matchingBeans =

    BeanFactoryUtils.beansOfTypeIncludingAncestors(getApplicationContext(),
ViewResolver.class);
            this.viewResolvers = new ArrayList<ViewResolver>(matchingBeans.size());
            for (ViewResolver viewResolver : matchingBeans.values()) {
                //保存所有的视图解析器，并且排除自己
                if (this != viewResolver) {
                    this.viewResolvers.add (ViewResolver) ;
                }
            }
        }

        //如果不能找到视图解析器，则打印警告日志
        if (this.viewResolvers.isEmpty()) {
            logger.warn("Did not find any ViewResolvers to delegate to; please configure
them using the " + "'viewResolvers' property on the ContentNegotiatingViewResolver");
        }

        //排序视图解析器，ContentNegotiatingViewResolver 的优先级是最高的
        OrderComparator.sort(this.viewResolvers);
    }
```

在处理一个 HTTP 请求时，内容选择视图解析器首先通过上述三个规则解析请求所指定的媒体类型，代码及注释如下。

```
    protected List<MediaType> getMediaTypes(HttpServletRequest request) {
        //如果扩展名解析优先，则从 URL 的扩展名中解析媒体类型
        if (this.favorPathExtension) {
            String requestUri = urlPathHelper.getRequestUri (Request) ;
            String filename =
WebUtils.extractFullFilenameFromUrlPath(requestUri);
            MediaType mediaType = getMediaTypeFromFilename(filename);
            if (mediaType != null) {
                if (logger.isDebugEnabled()) {
                    logger.debug("Requested media type is '" + mediaType + "' (based
on filename '" + filename + "')");
                }
                List<MediaType> mediaTypes = new ArrayList<MediaType>();
                mediaTypes.add(mediaType);
```

```
                return mediaTypes;
            }
        }

        //如果参数解析优先，则从参数中解析媒体类型
        if (this.favorParameter) {
            if (request.getParameter(this.parameterName) != null) {
                String parameterValue = request.getParameter(this.parameterName);
                MediaType mediaType = getMediaTypeFromParameter(parameterValue);
                if (mediaType != null) {
                    if (logger.isDebugEnabled()) {
                        logger.debug("Requested media type is '" + mediaType + "'
(based on parameter '" + this.parameterName + "'='" + parameterValue + "')");
                    }
                    List<MediaType> mediaTypes = new ArrayList<MediaType>();
                    mediaTypes.add(mediaType);
                    return mediaTypes;
                }
            }
        }

        //如果不忽略在 HTTP 头中关于接受头的信息，则从 HTTP 头中解析媒体类型
        if (!this.ignoreAcceptHeader) {
            String acceptHeader = request.getHeader(ACCEPT_HEADER);
            if (StringUtils.hasText(acceptHeader)) {
                List<MediaType> mediaTypes =
MediaType.parseMediaTypes(acceptHeader);
                if (logger.isDebugEnabled()) {
                    logger.debug("Requested media types are " + mediaTypes + " (based
on Accept header)");
                }
                return mediaTypes;
            }
        }

        //如果解析不成功，则使用默认的内容类型
        if (this.defaultContentType != null) {
            return Collections.singletonList(this.defaultContentType);
        }
        else {
            return Collections.emptyList();
```

```
        }
    }
```

在得知一个请求所能接受的媒体类型后，它将选择一个能处理当前媒体类型的最佳视图解析器来解析具体的视图，代码及注释如下。

```
    public View resolveViewName(String viewName, Locale locale) throws Exception {
        //获取 Servlet 请求属性
        RequestAttributes attrs = RequestContextHolder.getRequestAttributes();
        Assert.isInstanceOf(ServletRequestAttributes.class, attrs);
        ServletRequestAttributes servletAttrs = (ServletRequestAttributes) attrs;

        //从 Servlet 请求属性中得到 HTTP 请求对象
        List<MediaType> requestedMediaTypes =
getMediaTypes(servletAttrs.getRequest());
        //如果支持的媒体类型数量超过一个，则进行排序
        if (requestedMediaTypes.size() > 1) {
            // avoid sorting attempt for empty list and singleton list
            Collections.sort(requestedMediaTypes);
        }

        //如果某个视图解析器能够解析当前请求，则解析的视图成为候选视图
        SortedMap<MediaType, View> views = new TreeMap<MediaType, View>();
        List<View> candidateViews = new ArrayList<View>();
        for (ViewResolver viewResolver : this.viewResolvers) {
            View view = viewResolver.resolveViewName(viewName, locale);
            if (view != null) {
                candidateViews.add (View) ;
            }
        }

        //默认视图也是候选视图
        if (!CollectionUtils.isEmpty(this.defaultViews)) {
            candidateViews.addAll(this.defaultViews);
        }

        //遍历所有候选视图
        for (View candidateView : candidateViews) {
            //获取候选试图支持的内容类型
            String contentType = candidateView.getContentType();
            if (StringUtils.hasText(contentType)) {
                //转换为媒体类型对象
```

```
                MediaType viewMediaType = MediaType.parseMediaType(contentType);
                //遍历 HTTP 请求支持的媒体类型
                for (MediaType requestedMediaType : requestedMediaTypes) {
                    //如果 HTTP 请求支持的媒体类型包含候选视图的媒体类型，则使用这个视图
                    if (requestedMediaType.includes(viewMediaType)) {
                        if (!views.containsKey(requestedMediaType)) {
                            views.put(requestedMediaType, candidateView);
                            break;
                        }
                    }
                }
            }
        }

        //如果解析到一个或者多个视图，则使用第 1 个视图
        if (!views.isEmpty()) {
            MediaType mediaType = views.firstKey();
            View view = views.get(mediaType);
            if (logger.isDebugEnabled()) {
                logger.debug("Returning [" + view + "] based on requested media type
'" + mediaType + "'");
            }
            return view;
        }
        else {
            return null;
        }
    }
```

## 14.2.3　资源绑定视图解析器

资源绑定视图解析器从资源绑定中加载 Bean 定义，然后通过视图逻辑名来解析一个定义的 Bean 作为视图名，代码及注释如下。

```
    @Override
    protected View loadView(String viewName, Locale locale) throws Exception {
        //从资源绑定中加载 Bean 工厂
        BeanFactory factory = initFactory(Locale);
        try {
            在 Bean 工厂中解析 Bean
```

```
            return factory.getBean(viewName, View.class);
        }
        catch (NoSuchBeanDefinitionException ex) {
            //允许链上的后续 ViewResolver 来处理
            return null;
        }
    }

    protected synchronized BeanFactory initFactory(Locale locale) throws
BeansException {
        //尝试找到缓存的本地化对象工厂
        if (isCache()) {
            BeanFactory cachedFactory = this.localeCache.get (Locale) ;
            if (cachedFactory != null) {
                return cachedFactory;
            }
        }

        //为 Locale 建设一个资源绑定列表的引用
        List<ResourceBundle> bundles = new LinkedList<ResourceBundle>();
        for (String basename : this.basenames) {
            ResourceBundle bundle = getBundle(basename, locale);
            bundles.add(bundle);
        }

        //在缓存中查找资源包的列表
        if (isCache()) {
            BeanFactory cachedFactory = this.bundleCache.get(bundles);
            if (cachedFactory != null) {
                this.localeCache.put(locale, cachedFactory);
                return cachedFactory;
            }
        }

        //创建子应用程序环境
        GenericWebApplicationContext factory = new GenericWebApplicationContext();
        factory.setParent(getApplicationContext());
        factory.setServletContext(getServletContext());

        //从资源包中加载 Bean 的定义
        PropertiesBeanDefinitionReader reader = new
```

```
PropertiesBeanDefinitionReader(factory);
        reader.setDefaultParentBean(this.defaultParentView);
        for (ResourceBundle bundle : bundles) {
            reader.registerBeanDefinitions(bundle);
        }

        factory.refresh();

        //为 Locale 和资源包缓存工厂
        if (isCache()) {
            this.localeCache.put(locale, factory);
            this.bundleCache.put(bundles, factory);
        }

        return factory;
    }
```

## 14.2.4　XML 视图解析器

XML 视图解析器从一个 XML 资源文件中加载 Bean 定义，然后通过视图逻辑名来解析一个定义的 Bean 作为视图名，代码及注释如下。

```
    protected synchronized BeanFactory initFactory() throws BeansException {
        //检查是否已经缓存
        if (this.cachedFactory != null) {
            return this.cachedFactory;
        }

        //从配置的位置或者默认的位置加载 XML 资源
        Resource actualLocation = this.location;
        if (actualLocation == null) {
            actualLocation =
getApplicationContext().getResource(DEFAULT_LOCATION);
        }

        //创建子应用程序环境
        GenericWebApplicationContext factory = new GenericWebApplicationContext();
        factory.setParent(getApplicationContext());
        factory.setServletContext(getServletContext());
```

```
        //用环境感知的实体解析器来加载 XML 资源
        XmlBeanDefinitionReader reader = new XmlBeanDefinitionReader(factory);
        reader.setEntityResolver(new
ResourceEntityResolver(getApplicationContext()));
        reader.loadBeanDefinitions(actualLocation);

        factory.refresh();

        if (isCache()) {
            this.cachedFactory = factory;
        }
        return factory;
    }
```

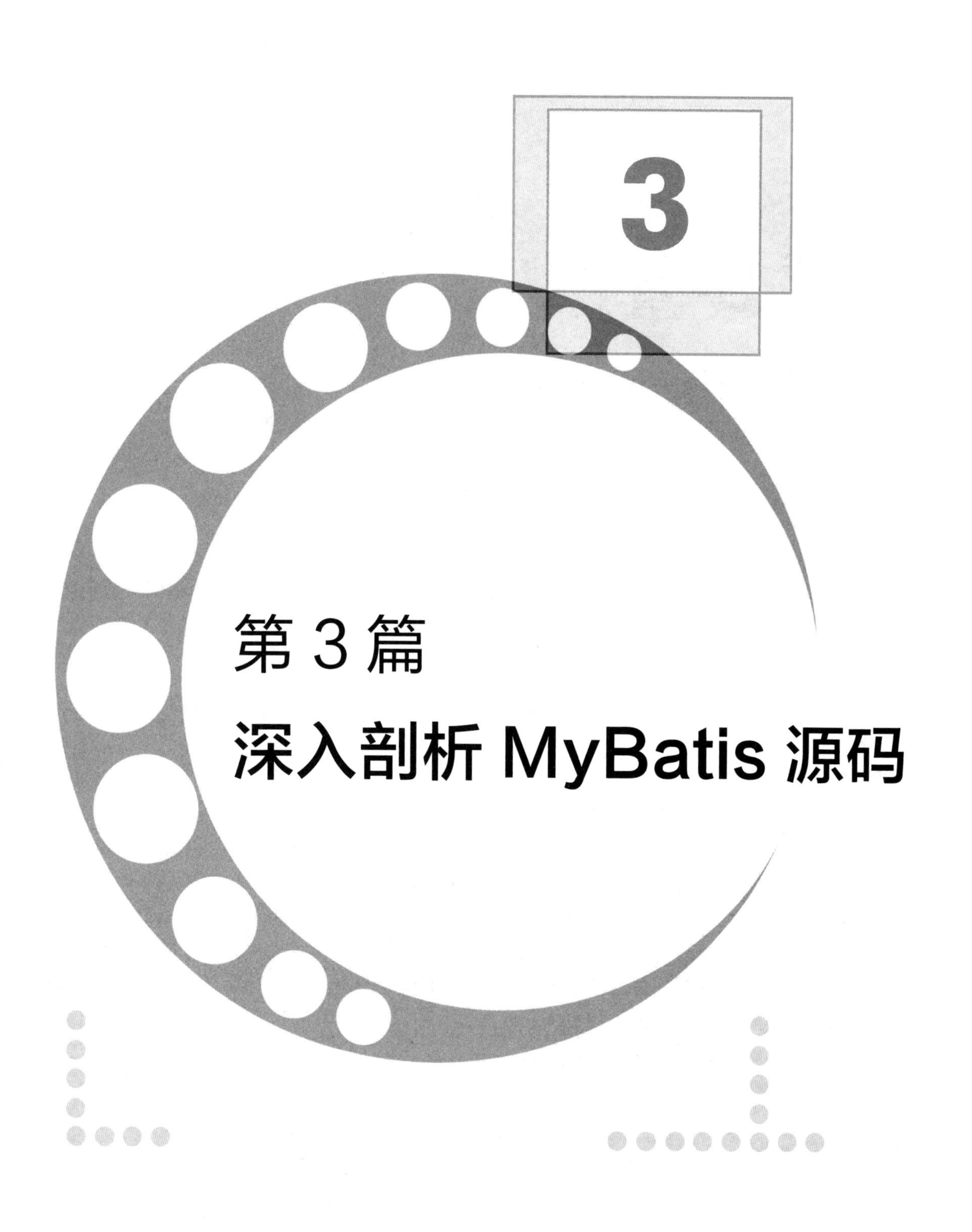

# 第3篇

# 深入剖析 MyBatis 源码

# 第 15 章 MyBatis 介绍

MyBatis 是轻量级的 Java 持久层中间件，完全基于 JDBC 实现持久化的数据访问，支持以 XML 和注解的形式进行配置，能灵活、简单地进行 SQL 映射，也提供了比 JDBC 更丰富的结果集，应用程序可以从中选择对自己的数据更友好的结果集。

## 15.1 MyBatis 的历史

MyBatis 的前身为 iBatis（该名称为 internet 和 abatis 的组合）。iBatis 是由 Clinton Begin 在 2001 年发起的开源项目，在 2002 年被捐献给 Apache 软件基金会（Apache Software Foundation，ASF），在之后的 6 年中，iBatis 在方法论、源码管理、社交、开源基础建设等方面都取得了很大的进步。2010 年 5 月 21 日，iBatis 项目组将 iBatis 更名为 MyBatis，并搬到 Google Code 继续开发，版本从 3.0.1 一直更新到 3.2.3，稳定性得到很大提升。2010 年 6 月 16 日，MyBatis 项目被正式归入 Apache Attic，属性变为“只读”，这意味着该项目在 iBatis 时代正式结束。为了让更多的人参与到项目中，2013 年 11 月 10 日，MyBatis 项目被迁移至 GitHub。

## 15.2　MyBatis 子项目

目前在 GitHub 上，除了 mybatis-3 核心项目，还有 34 个子项目，其中比较活跃的子项目如下（这里将这些子项目分为三大类）。

（1）集成工具类

◎ spring：支持 MyBatis 与 Spring 集成。
◎ spring-boot-starter：支持 MyBatis 与 Spring Boot 集成。
◎ cdi：支持 MyBatis 与 JDK 的 CDI（Contexts and Dependency Injection，上下文依赖注入）集成。
◎ guice：支持 MyBatis 与 Google Guice 集成。

（2）缓存扩展类

◎ ignite-cache：将缓存扩展到 Apache Ignite（内存组织框架）中。
◎ redis-cache：将缓存扩展到 Redis 缓存中。
◎ memcached-cache：将缓存扩展到 Memcached 中。
◎ caffeine-cache：将缓存扩展到 Caffeine 中。
◎ oscache-cache：将缓存扩展到 OSCache 中。
◎ hazelcast-cache：将缓存扩展到 Hazelcast 中。
◎ ehcache-cache：将缓存扩展到 EhCache 中。
◎ couchbase-cache：将缓存扩展到 Couchbase 中。

（3）其他工具类

◎ generator：MyBatis 和 iBatis 的代码生成器。
◎ mybatis-dynamic-sql：类型安全的动态 SQL 支持。
◎ scala：Scala 版本的 MyBatis。
◎ typeHandlers-jsr310：JSR310 支持。

## 15.3　MyBatis 的自身定位

MyBatis 从创建到现在，一直秉持着小而精的聚焦理念，这使其做到定位准确、轻量化、运行稳定和便于集成，并因此得到广泛应用。

### 15.3.1 JPA 持久化框架

JPA（Java Persistence API，Java 持久层 API）是 JCP（Java Community Process）组织对 Java 持久化数据访问的统一定义，是 Java EE 的标准之一，最早在 JSR-220 中被定义，后来作为独立的 JSR 规范被上升为 Java SE 标准。

JPA 提供了一套 object/relational 映射机制，Java 开发者只需对 JPA 编程，再选择一种第三方的 JPA 实现包集成到应用中，便能够通过 JPA 管理 Java 应用的关系型数据。所有 JPA 的实现都需要包含以下元素。

◎ 一套持久化 API：一套便捷的 API 能实现关系型对象的持久化。
◎ 一套查询语句：不对 SQL 语句编程，完全面向对象编程。
◎ ORM 元数据管理：提供 XML 和 Annotation 形式的元数据配置。

典型的 JPA 实现有 Hibernate、Toplink、OpenJPA、Spring Data JPA 等。

### 15.3.2 MyBatis 的功能

开发者可以使用 MyBatis 灵活多样的配置功能将应用程序中的 SQL 在执行前配置好。所有 SQL 都被放到统一的位置，这样既方便查找，又增强了可维护性。

MyBatis 也向开发者提供了统一的 SQL 执行方法，并且支持丰富的扩展定制来满足开发者的个性化需求。尽管大部分公司都会通过某种模板方法来简化 JDBC 访问，但事实证明 MyBatis 在这方面做得更好。

### 15.3.3 MyBatis 与 JPA 的异同

MyBatis 从 SQL 角度切入来解释对关系型数据库的使用，重点解决 Java 数据访问与关系型数据库的 SQL 不一致的问题。

JPA 更偏向实体与关系，旨在解决 Java 面向对象与关系型数据库实体关系理念一致但访问接口不一致的问题。

二者虽然都向应用程序提供了相似的访问方法，但出发点有所差异，我们在使用过程中会深刻体会到二者在设计理念上的不同。

## 15.4　MyBatis 的架构

本节首先介绍 MyBatis 被 Spring 环境集成后的系统架构，会整体讲解 MyBatis 的定位、功能及工作方式，对理解后面的内容有很大的帮助。

为了方便阅读源码，本节对 mybatis-3 源码包的关系进行了整理，并讲解了各个包内的代码的大致功能。

### 15.4.1　模块

MyBatis 通过 mybatis-3 的应用程序接口和 ibatis-spring 向用户提供 SQL 访问方法，而 ibatis-spring 底层仍依赖 mybatis-3 和 spring-tx 来实现对 SQL Mapping 和事务的支持。mybatis-3 实现了 SQL 映射的全部功能，通过构建器构建配置环境和 JDBC 环境，对应用程序提供接口并使用执行器执行 SQL，如图 15-1 所示。

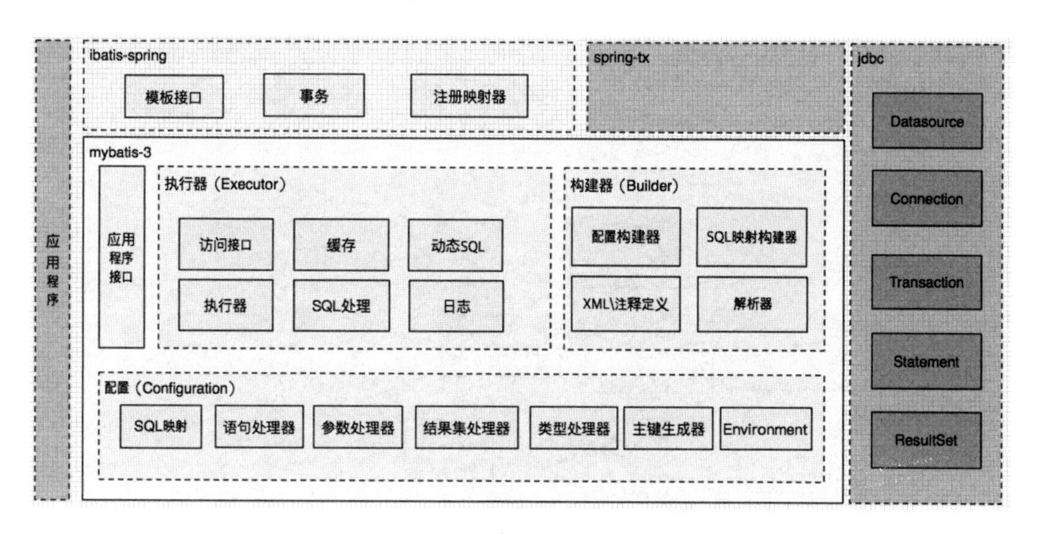


图 15-1

采用了 MyBatis 的程序架构体系主要包含以下内容。

◎ ibatis-spring：在实际项目中，大部分应用都将 Spring 作为对象容器，开发者除了可以使用原生的 MyBatis 提供的接入方法，还可以使用 MyBatis 团队开发的支持 Spring 环境的集成工具。该项目提供了标准的模板接口、事务支持和便捷的注册映射器。

◎ 应用程序接口：包装了常用的 SQL 访问方法，向应用程序提供统一的访问接口。

◎ 构建器（Builder）：MyBatis 运行环境的初始化构建器，负责构建配置信息及 SQL 映射关系，使用解析器解析配置，支持以 XML 和注释的形式进行配置。

◎ 执行器（Executor）：提供标准的 SQL 访问接口，支持缓存、动态 SQL 等高级特性。

◎ 配置（Configuration）：MyBatis 运行时的所有上下文信息，是整个 MyBatis 的核心。构建器最终用于构造 Configuration 类的对象，执行器运行过程中的所有配置、变量和构造工厂都在配置模块中。

◎ spring-tx：在与 Spring 集成的情况下，MyBatis 委托 Spring 来管理将要执行的底层 JDBC 对象、自身的构建器和执行器的生命周期。

◎ jdbc：与数据库交互的 JDBC 接口、驱动。

## 15.4.2 MyBatis 的项目包

在 mybatis-3 项目中有 Java 源码、Site 官网说明和 Test 测试用例三大目录。Java 源码中各个包的依赖图如图 15-2 所示。

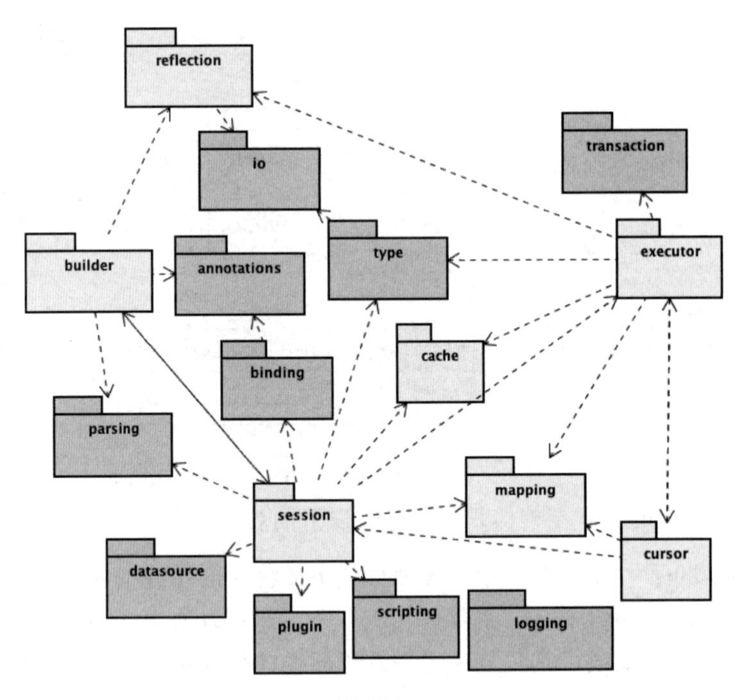


图 15-2

MyBatis 主要的源码包及其作用如下。

◎ annotations：注释包，其中有 Mapper 的配置注释定义。
◎ binding：注释实现包，其中有 Mapper 的配置注释实现代码。
◎ builder：构建器代码。
◎ cache：MyBatis 的缓存实现代码。
◎ cursor：结果集 Cursor 的接口代码。
◎ datasource：数据源及数据源工厂的代码。
◎ exceptions：异常定义代码。
◎ executor：执行器代码。
◎ io：反射工具类代码。
◎ jdbc：测试代码。
◎ lang：Java 版本的注释代码。
◎ logging：日志功能代码。
◎ mapping：SQL Mapping 代码。
◎ parsing：XML 解析工具。
◎ plugin：扩展点代码。
◎ reflection：类元数据、反射功能实现代码。
◎ scripting：动态 SQL 实现代码。
◎ session：执行器代码。
◎ transaction：事务支持代码。
◎ type：类型处理器代码。

# 第 16 章 构建阶段

MyBatis 和其他组件一样，也需要通过初始化来准备运行时环境。在初始化阶段输入的是 XML 和字节码，输出结果是 configuration 对象。

## 16.1 关键类

XMLConfigBuilder 和 XMLMapperBuilder 这两个构建器是 MyBatis 构建阶段的核心，如图 16-1 所示。

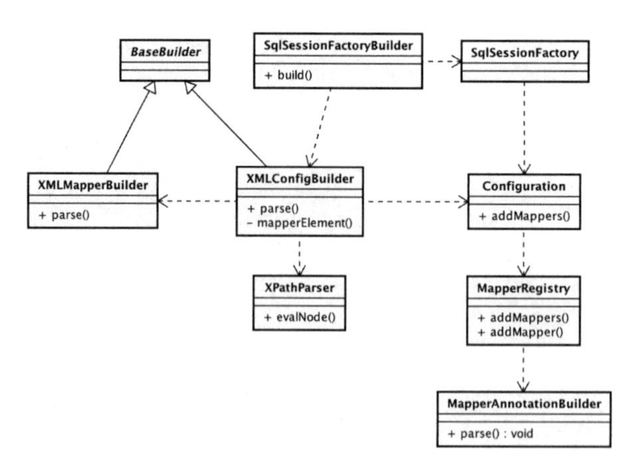


图 16-1

MyBatis 构建阶段主要的产出结果和参与构建的构建器如下，它们互相协作，实现了整个 MyBatis 执行前的准备工作。

- ◎ SqlSessionFactory：管理数据库会话、聚合 configuration 对象，是构建阶段的重要输出结果。
- ◎ SqlSessionFactoryBuilder：SqlSessionFactory 的构造器，可以自己解析配置，也可以直接传入提前构建好的配置对象构建 SqlSessionFactory。
- ◎ Configuration：存储所有 MyBatis 运行时的配置。
- ◎ BaseBuilder：构造器基类，处理 configuration、typeAlias 及 typeHandler 对象。
- ◎ XMLConfigBuilder：解析 XML 定义的 configuration 对象。
- ◎ XMLMapperBuilder：解析 XML 定义的 SQL 映射配置对象集合。
- ◎ MapperRegistry：configuration 对象中的 SQL 映射配置对象的注册机。
- ◎ MapperAnnotationBuilder：解析注释定义的 SQLMapper 对象集合。

## 16.2　关键时序

MyBatis 构建阶段的调用入口类是 SqlSessionFactoryBuilder，它会调用 XMLConfigBuilder 构建配置。XMLConfigBuilder 会调用 XMLMapperBuilder（以 XML 形式定义 SQL Mapper 时）构建 SQL Mapper 映射。SqlSessionFactoryBuilder 在得到初始化的 configuration 对象后用其构建 SqlSessionFactory。

SqlSessionFactory 是生产 SqlSession 对象的工厂，SqlSession 则是 MyBatis 执行阶段的关键入口类。如图 16-2 所示。

下面按照在如图 16-2 所示的时序图中描述的方法调用顺序，介绍构建的入口、构建配置及构建 SQL 映射的详细过程。

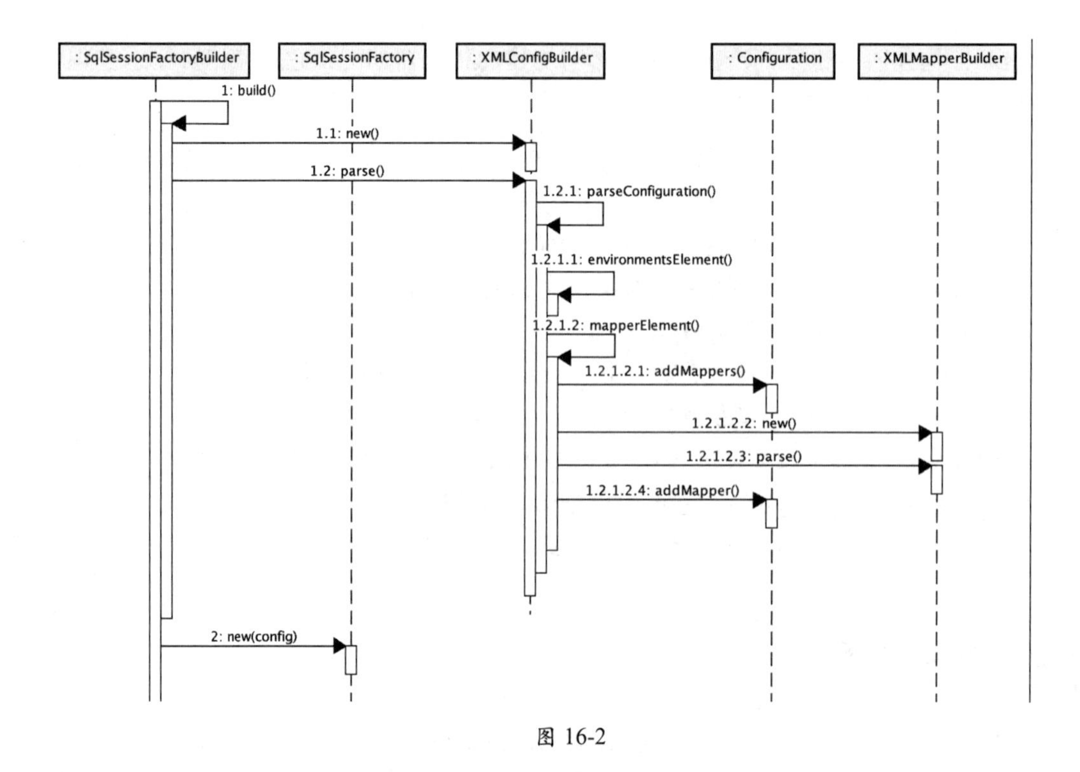


图 16-2

## 16.3 构建的入口：SqlSessionFactoryBuilder 和 SqlSessionFactory

在 SqlSessionFactoryBuilder 中有很多重载的 build()方法，但核心方法有以下两种。

（1）SqlSessionFactory#build(inputStream,environment,properties)：inputStream 是配置文件的文件流，environment 和 properties 是可选的参数。build()方法首先生成 XMLXmlConfigBuilder 对象，然后调用 XmlConfigBuilder#parse()方法将配置文件的文件流解析成 configuration 对象。

```
    public SqlSessionFactory build(InputStream inputStream, String environment,
Properties properties) {
  try {
    //初始化解析器
   XMLConfigBuilder parser = new XMLConfigBuilder(inputStream, environment,
properties);
```

```
    //parse()方法会将构建好的 config 回传给 build()方法
    return build(parser.parse());
  } catch (Exception e) {
    throw ExceptionFactory.wrapException("Error building SqlSession.", e);
  } finally {
    ErrorContext.instance().reset();
    try {
      inputStream.close();
    } catch (IOException e) {
      // Intentionally ignore. Prefer previous error.
    }
  }
}
```

（2）SqlSessionFactory#build(config)：在 configuration 对象解析完成后使用 configuration 对象构建 DefaultSqlSessionFactory 对象。

```
      public SqlSessionFactory build(Configuration config) {
  return new DefaultSqlSessionFactory(config);
}
```

## 16.4　配置（Configuration）和配置构造器（XmlConfigBuilder）

### 16.4.1　XmlConfigBuilder 的初始化

MyBatis 只支持 XML 形式的 Configuration 配置，XPathParser 是 XML 解析的工具类，文件解析过程如图 16-3 所示。

构造函数参数与 SqlSessionFactoryBuilder 一致，inputStream 配置文件的文件流、环境值 environment 和参数 properties 可为空。

```
    public XMLConfigBuilder(InputStream inputStream, String environment, Properties
props) {
  this(new XPathParser(inputStream, true, props, new XMLMapperEntityResolver()),
environment, props);
}
```

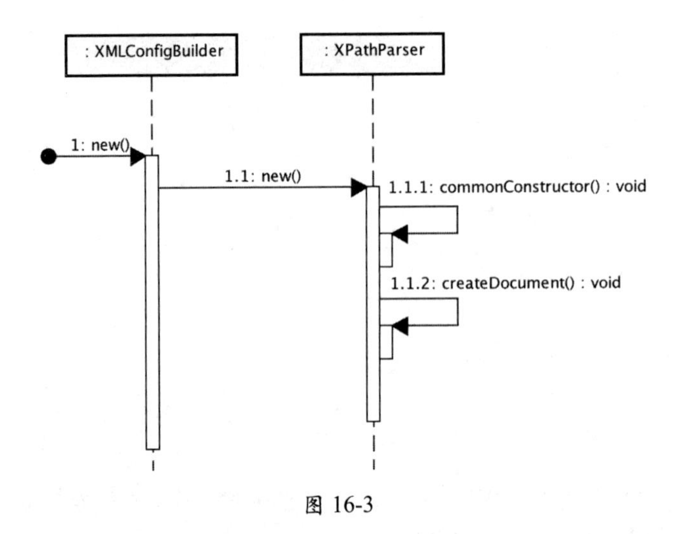


图 16-3

文件流会被构建成 XPathParser 对象 parser。

```
    public XPathParser(InputStream inputStream, boolean validation, Properties
variables, EntityResolver entityResolver) {
  commonConstructor(validation, variables, entityResolver);
  this.document = createDocument(new InputSource(inputStream));
}
```

XPathParser 类是 MyBatis 对 JDK 自带的 DOM 工具的封装，在初始化过程中主要调用 commonConstructor(validation,variables,entityResolver)方法和 createDocument(inputSource)方法。

```
    private XMLConfigBuilder(XPathParser parser, String environment, Properties
props) {
  super(new Configuration());
  ErrorContext.instance().resource("SQL Mapper Configuration");
  //处理属性变量
  this.configuration.setVariables(props);
  this.parsed = false;
  this.environment = environment;
  this.parser = parser;
}
```

私有的构造函数用于初始化 configuration 对象及赋值核心属性。XMLConfigBuilder 构建一个 configuration 对象，然后调用父类 BaseBuilder 的构造函数，将 properties 变量赋值到 configuration 对象。

整个解析的初始化过程比较简单，都在围绕 XML 配置文件及 configuration 对象进行初始化。下面介绍初始化好的配置文件是如何变成 configuration 对象的。

## 16.4.2　完整的 mybatis-3-config.dtd

Configuration 配置文件的 XML 格式定义为 mybatis-3-config.dtd。文件被放置在 builder 代码包中，规定了 Configuration 配置文件允许配置的内容，如图 16-4 所示。

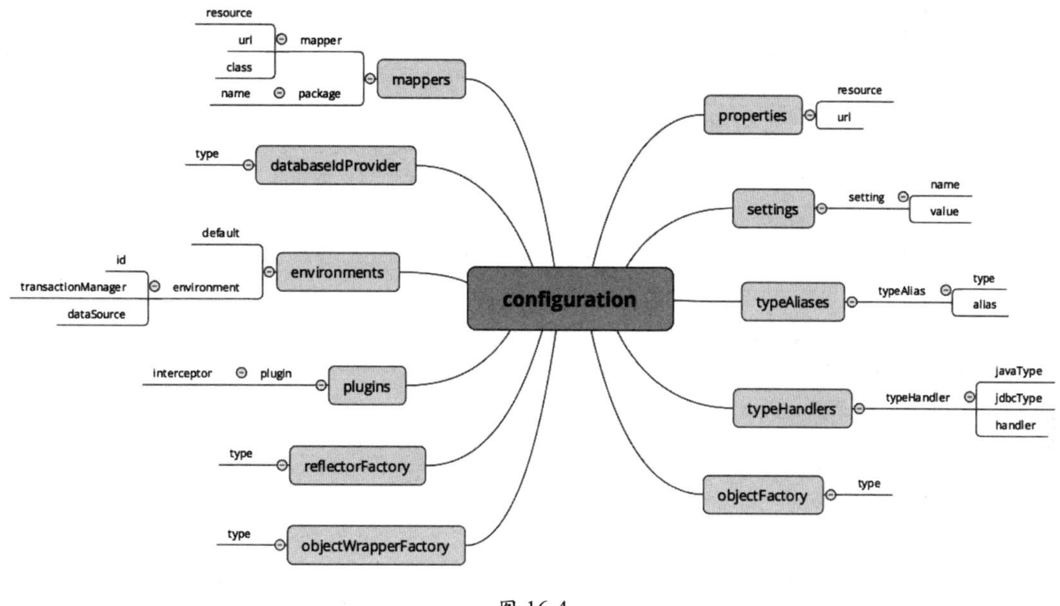


图 16-4

具体的标签功能和配置方式详见官网：http://www.mybatis.org/mybatis-3/zh/configuration.html#。

在日常使用中，通过配置 settings、typeHandlers、typeAliases、mappers 这几个必要元素就可以完成 MyBatis 的基本配置。

## 16.4.3　解析配置文件构建 Configuration 配置

Configuration 类的对象的大部分构建是在 XMLConfigBuilder 中完成的，但是运行环境 Environment 和 SQL 映射依赖其他两个 Builder 类实现，如图 16-5 所示。

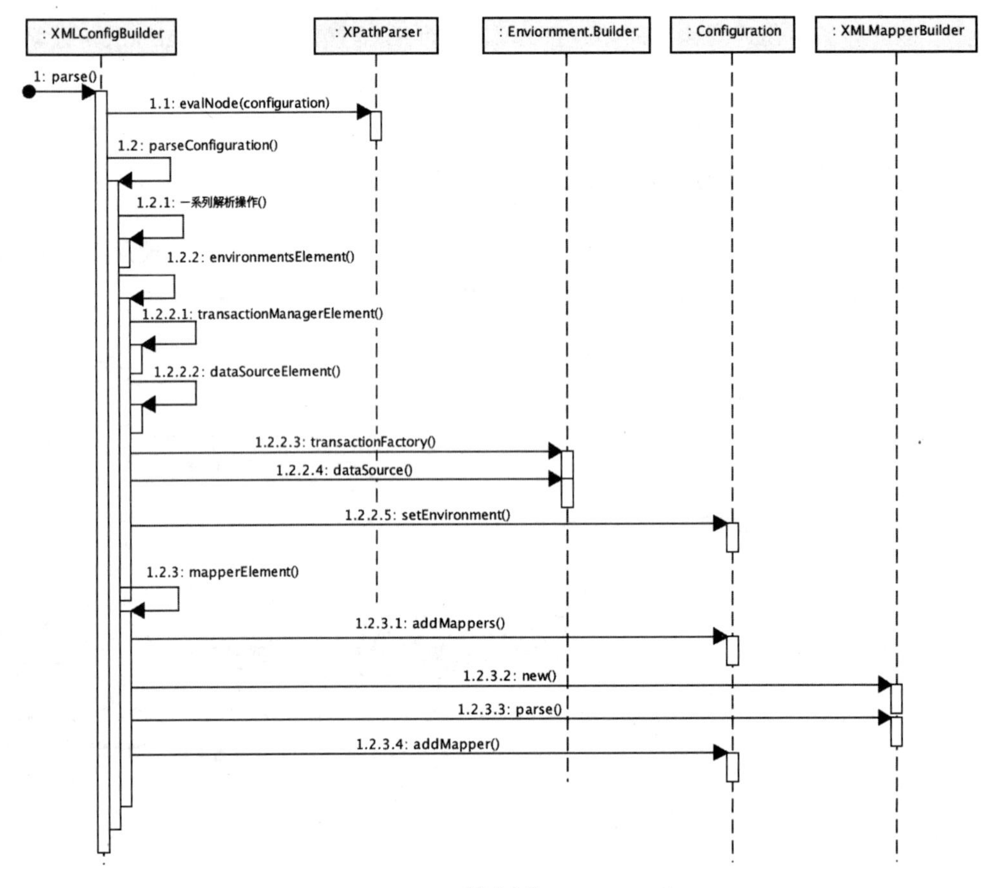


图 16-5

SqlSessionFactoryBuilder 在初始化之后，会调用 XmlConfigBuilder 的 parse()方法将配置文件初始化到 configuration 对象中。

```
  public Configuration parse() {
  //不重复解析
 if (parsed) {
   throw new BuilderException("Each XMLConfigBuilder can only be used once.");
 }
 parsed = true;
 //从配置文件的 Configuration 处开始解析配置
 parseConfiguration(parser.evalNode("/configuration"));
 return configuration;
}
```

之前提到，XPathParser 是基于 JDK 自带的 DOM 工具实现的解析器，在配置文件解析阶段，XPathParser 的 evalNode()方法在 XmlConfigBuilder 中经常被调用，目的就是使用 XPath 接口获取解析好的 document 对象中对应元素的 DOM 节点，该操作在整个构建过程中被广泛应用。

```
    public XNode evalNode(String expression) {
  return evalNode(document, expression);
}
    public XNode evalNode(Object root, String expression) {
    //从 root 根节点处校验配置
  Node node = (Node) evaluate(expression, root, XPathConstants.NODE);
  if (node == null) {
    return null;
  }
  return new XNode(this, node, variables);
}
    private Object evaluate(String expression, Object root, QName returnType) {
  try {
    return xpath.evaluate(expression, root, returnType);
  } catch (Exception e) {
    throw new BuilderException("Error evaluating XPath.  Cause: " + e, e);
  }
}
```

parse()通过 evalNode()获取配置文件根节点的 configuration 元素，再调用 parseConfiguration()完成解析操作。

```
    private void parseConfiguration(XNode root) {
  try {
    propertiesElement(root.evalNode("properties"));//加载属性配置
    //加载 vfs 自定义实现
    Properties settings = settingsAsProperties(root.evalNode("settings"));
    loadCustomVfs(settings);
    //加载别名处理器
    typeAliasesElement(root.evalNode("typeAliases"));
    //加载自定义扩展点
    pluginElement(root.evalNode("plugins"));
    //加载结果集对象工厂
    objectFactoryElement(root.evalNode("objectFactory"));
    objectWrapperFactoryElement(root.evalNode("objectWrapperFactory"));
    reflectorFactoryElement(root.evalNode("reflectorFactory"));
```

```
    settingsElement(settings);
    //加载环境标志
    environmentsElement(root.evalNode("environments"));
    //加载数据库厂商标志
    databaseIdProviderElement(root.evalNode("databaseIdProvider"));
    //加载类型处理器
    typeHandlerElement(root.evalNode("typeHandlers"));
    //加载 SQL Mapper
    mapperElement(root.evalNode("mappers"));
  } catch (Exception e) {
    throw new BuilderException("Error parsing SQL Mapper Configuration. Cause: " +
e, e);
  }
}
```

下面详细说明时序图中的一系列操作。

（1）propertiesElement(context)处理 property 变量，处理配置文件中的 properties 元素（例子来自 MyBatis 官网）。

```
    <properties resource="org/mybatis/example/config.properties" url="xxx">
      <property name="username" value="dev_user"/>
      <property name="password" value="F2Fa3!33TYyg"/>
    </properties>
```

该方法会生成一个 java.util.Properties 对象 defaults，并将其设置到 parser 和 configura tion 对象中。

propertiesElement(context)在处理 defaults 对象时有三种 properties 属性来源：resource 或 URL 指定的 properties 资源中的 key-value；property 元素定义的 key-value；configuration 对象中已经被初始化的 variables 变量（构建 SqlSessionFactoryBuilder 时的选填参数 props）。

```
    private void propertiesElement(XNode context) throws Exception {
  if (context != null) {
    Properties defaults = context.getChildrenAsProperties();
    String resource = context.getStringAttribute("resource");
    String url = context.getStringAttribute("url");
    if (resource != null && url != null) {//不能同时配置 resource 和 url
      throw new BuilderException("The properties element cannot specify both a URL
and a resource based property file reference.  Please specify one or the other.");
    }
    if (resource != null) {
```

```
      //从 resource 文件中加载 key-value 配置
      defaults.putAll(Resources.getResourceAsProperties(resource));
    } else if (url != null) {
      //从 URL 获取的输入流中加载 key-value 配置
      defaults.putAll(Resources.getUrlAsProperties(url));
    }
    //将配置信息追加到 configuration 对象的 variables 变量中
    Properties vars = configuration.getVariables();
    if (vars != null) {
      defaults.putAll(vars);
    }
    parser.setVariables(defaults);
    configuration.setVariables(defaults);
  }
}
```

variables 变量也可以在其他配置中动态替换使用（例子来自官网）:

```
<dataSource type="POOLED">
  <property name="driver" value="${driver}"/>
  <property name="url" value="${url}"/>
  <property name="username" value="${username}"/>
  <property name="password" value="${password}"/>
</dataSource>
```

更高级的用法、属性冲突时的加载顺序详见 http://www.mybatis.org/mybatis-3/zh/configuration.html#properties。

（2）settingAsProperties()检查 settings 元素定义的 properties 元素中的 key 值在 Configuration 类中是否有对应的 set()方法，使用的是 MyBatis 自身包装的 MetaCalss 工具类。如图 16-6 所示。

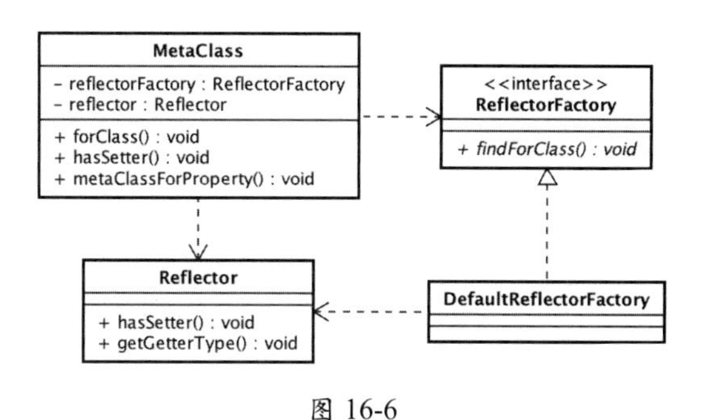


图 16-6

MetaClass 及其关联类可以将一个 class 的反射信息缓存到 Reflector 中，供需要时使用。

```
    private Properties settingsAsProperties(XNode context) {
  if (context == null) {
    return new Properties();
  }
  Properties props = context.getChildrenAsProperties();
  // Check that all settings are known to the configuration class
      //判断 Configuration 类是否被加载
  MetaClass metaConfig = MetaClass.forClass(Configuration.class,
localReflectorFactory);
      //遍历 props，判断在 Configuration 类中是否存在与配置项对应的 set()方法
  for (Object key : props.keySet()) {
    if (!metaConfig.hasSetter(String.valueOf(key))) {
      throw new BuilderException("The setting " + key + " is not known.  Make sure
you spelled it correctly (case sensitive).");
    }
  }
  return props;
}
```

（3）settingsElement()方法是一系列 set()方法、get()方法及强制类型转换方法，将 settings 元素的子节点对应的 key-value 对象设置到 configuration 对象中。

```
    private void settingsElement(Properties props) throws Exception {
  //加载自动映射规则
    configuration.setAutoMappingBehavior(AutoMappingBehavior.valueOf(props.
getProperty("autoMappingBehavior", "PARTIAL")));
configuration.setAutoMappingUnknownColumnBehavior(AutoMappingUnknownColumnBehavi
or.valueOf(props.getProperty("autoMappingUnknownColumnBehavior", "NONE")));
  //加载缓存开关
    configuration.setCacheEnabled(booleanValueOf(props.getProperty("cacheEnabled
"), true));
  //加载代理工厂
  configuration.setProxyFactory((ProxyFactory)
createInstance(props.getProperty("proxyFactory")));
  //懒加载开关
  configuration.setLazyLoadingEnabled(booleanValueOf(props.getProperty
("lazyLoadingEnabled"), false));
  //积极、消极加载开关
  configuration.setAggressiveLazyLoading(booleanValueOf(props.getProperty
("aggressiveLazyLoading"), false));
```

```
  //是否支持多结果集开关
  configuration.setMultipleResultSetsEnabled(booleanValueOf(props.getProperty
("multipleResultSetsEnabled"), true));
  //列标签开关
  configuration.setUseColumnLabel(booleanValueOf(props.getProperty
("useColumnLabel"), true));
  //JDBC 自生成主键开关
  configuration.setUseGeneratedKeys(booleanValueOf(props.getProperty
("useGeneratedKeys"), false));
  //设置默认的执行器
  configuration.setDefaultExecutorType(ExecutorType.valueOf(props.getProperty
("defaultExecutorType", "SIMPLE")));
  //设置超时时间
  configuration.setDefaultStatementTimeout(integerValueOf(props.getProperty
("defaultStatementTimeout"), null));
  //结果集获取数量
  configuration.setDefaultFetchSize(integerValueOf(props.getProperty
("defaultFetchSize"), null));
  //自动驼峰命名规则映射开关
  configuration.setMapUnderscoreToCamelCase(booleanValueOf(props.getProperty
("mapUnderscoreToCamelCase"), false));
  //嵌套语句分页开关
  configuration.setSafeRowBoundsEnabled(booleanValueOf(props.getProperty
("safeRowBoundsEnabled"), false));
  //本地缓存的作用范围
  configuration.setLocalCacheScope(LocalCacheScope.valueOf(props.getProperty
("localCacheScope", "SESSION")));
  //空值对应的类型
  configuration.setJdbcTypeForNull(JdbcType.valueOf(props.getProperty
("jdbcTypeForNull", "OTHER")));
  //设置触发懒加载的方法
  configuration.setLazyLoadTriggerMethods(stringSetValueOf(props.getProperty
("lazyLoadTriggerMethods"), "equals,clone,hashCode,toString"));
  configuration.setSafeResultHandlerEnabled(booleanValueOf(props.getProperty
("safeResultHandlerEnabled"), true));
  //设置动态 SQL 驱动器
  configuration.setDefaultScriptingLanguage(resolveClass(props.getProperty
("defaultScriptingLanguage")));
  @SuppressWarnings("unchecked")
  //加载类型处理器
  Class<? extends TypeHandler> typeHandler = (Class<? extends
```

```
TypeHandler>)resolveClass(props.getProperty("defaultEnumTypeHandler"));
  configuration.setDefaultEnumTypeHandler(typeHandler);
  //当查询结果是空值时，是否调用 setter()方法
  configuration.setCallSettersOnNulls(booleanValueOf(props.getProperty
("callSettersOnNulls"), false));
  //是否启用 param 注释功能
  configuration.setUseActualParamName(booleanValueOf(props.getProperty
("useActualParamName"), true));
  //是否返回空实例开关
  configuration.setReturnInstanceForEmptyRow(booleanValueOf(props.getProperty
("returnInstanceForEmptyRow"), false));
  //加载日志名称的前缀
  configuration.setLogPrefix(props.getProperty("logPrefix"));
  //加载日志实现
  @SuppressWarnings("unchecked")
  Class<? extends Log> logImpl = (Class<? extends
Log>)resolveClass(props.getProperty("logImpl"));
  configuration.setLogImpl(logImpl);
  //加载配置工厂
  configuration.setConfigurationFactory(resolveClass(props.getProperty
("configurationFactory")));
}
```

settings 是 MyBatis 的核心配置，全部设置详见 http://www.mybatis.org/mybatis-3/zh/configuration.html#settings。

（4）loadCustomVfs()加载自定义 VFS 实现，如果在 settings 元素中设置了“vfsImpl”，则会加载 value 值对应的类，并将其保存到 configuration 中。MyBatis 在根据别名加载类时会使用 VFS。

（5）typeAliasesElement()加载类型别名定义，用于初始化 configuration 对象的 typeAliasRegistry 变量。

```
   private void typeAliasesElement(XNode parent) {
  if (parent != null) {
    for (XNode child : parent.getChildren()) {
      if ("package".equals(child.getName())) {
        //配置包名
        String typeAliasPackage = child.getStringAttribute("name");
        configuration.getTypeAliasRegistry().registerAliases(typeAliasPackage);
      } else {
```

```
        //配置具体的类或别名，alias 优先
        String alias = child.getStringAttribute("alias");
        String type = child.getStringAttribute("type");
        try {
          Class<?> clazz = Resources.classForName(type);
          if (alias == null) {
            typeAliasRegistry.registerAlias(clazz);
          } else {
            typeAliasRegistry.registerAlias(alias, clazz);
          }
        } catch (ClassNotFoundException e) {
          throw new BuilderException("Error registering typeAlias for '" + alias + "'.
Cause: " + e, e);
        }
      }
    }
  }
}
```

需要注意，configuration 对象中的 typeAliasRegistry 和 builder 对象中的 typeAliasReg istry 是同一个对象的不同引用。typeAliasRegistry 会在构造时初始化一些基本类到私有属性 TYPE_ALIA SES 中，具体的类型映射可参考 MyBatis 官方文档：http://www.mybatis.org/mybatis-3/zh/configuration.html#typeAliases。

builder 对象也会根据在 Configuration 配置文件中定义的 typeAlias 配置，覆盖或者增加对应的别名映射。

配置文件可以以 package 和 typeAlias 标签这两种形式进行配置，可参考以下代码。

```
   <typeAliases>
     <typeAlias alias="Author" type="domain.blog.Author"/>
     <typeAlias alias="Blog" type="domain.blog.Blog"/>
     <typeAlias alias="Comment" type="domain.blog.Comment"/>
     <typeAlias alias="Post" type="domain.blog.Post"/>
     <typeAlias alias="Section" type="domain.blog.Section"/>
     <typeAlias alias="Tag" type="domain.blog.Tag"/>
     <package name="domain.blog"/>
   </typeAliases>
```

对以 package 扫描和 typeAlias 元素形式配置的别名解析分别对应 TypeAliasRegistry 类的 register Aliases()方法和 registerAlias()方法。

```
public void registerAliases(String packageName, Class<?> superType){
  ResolverUtil<Class<?>> resolverUtil = new ResolverUtil<Class<?>>();
  //获取 packageName 下 superType 的所有子类
  resolverUtil.find(new ResolverUtil.IsA(superType), packageName);
  Set<Class<? extends Class<?>>> typeSet = resolverUtil.getClasses();
  //遍历加载到的类，除匿名类、接口、成员类外的类型都会被注册
  for(Class<?> type : typeSet){
    // Ignore inner classes and interfaces (including package-info.java)
    // Skip also inner classes. See issue #6
    if (!type.isAnonymousClass() && !type.isInterface() && !type.isMemberClass()) {
      registerAlias(type);
    }
  }
}
public void registerAlias(Class<?> type) {
  //类的 simpleName 默认为 key
  String alias = type.getSimpleName();
  Alias aliasAnnotation = type.getAnnotation(Alias.class);
  //注释定义的别名优先于 simpleName
  if (aliasAnnotation != null) {
    alias = aliasAnnotation.value();
  }
  registerAlias(alias, type);
}
public void registerAlias(String alias, Class<?> value) {
  if (alias == null) {
    throw new TypeException("The parameter alias cannot be null");
  }
  // issue #748
  //类型 key 全部小写
  String key = alias.toLowerCase(Locale.ENGLISH);
  //不允许重复注册，先到先得
  if (TYPE_ALIASES.containsKey(key) && TYPE_ALIASES.get(key) != null
&& !TYPE_ALIASES.get(key).equals(value)) {
    throw new TypeException("The alias '" + alias + "' is already mapped to the value
'" + TYPE_ALIASES.get(key).getName() + "'.");
  }
  TYPE_ALIASES.put(key, value);
}
```

如果配置的是 package，则 MyBatis 会使用自己的反射工具类 ResolveUtil，将 package

元素配置的路径对应的包下所有的类反射出来并注册为 TypeAlias 别名。

从 registerAlias(type)方法可以看出，在注册 TypeAlias 别名时默认取的是 simpleName，如果类使用 Alias 注释进行标记，则会将 alias 变量赋值为在 Alias 注释标记上配置的 value。

最后，通过 registerAlias(alias,value)方法把别名映射添加到 TYPE_ALIASES 变量中。如果一个别名被多次注册，则之后注册的别名会覆盖之前注册的别名。

XmlConfigBuilder 的私有方法 resolveClass()也是通过 TypeAlias 别名获取对应的 class 给其他逻辑使用的。

（6）加载类型处理器 typeHandlerElement()。我们在项目中有时可以使用 MyBatis 提供的 TypeHandler 类处理枚举类型，本方法就是加载该项配置的。在 Configuration 配置文件中只定义 typeHandler 配置，在 SQLMapper 配置文件中使用 typeHandler 配置。

```
    <typeHandlers>
      <typeHandler handler="org.apache.ibatis.type.EnumOrdinalTypeHandler"
javaType="java.math.RoundingMode"/>
    </typeHandlers>
    private void typeHandlerElement(XNode parent) throws Exception {
  if (parent != null) {
    //遍历在 typeHandlers 下定义好的 typeHandler
   for (XNode child : parent.getChildren()) {
     if ("package".equals(child.getName())) {
      //指定包名
      String typeHandlerPackage = child.getStringAttribute("name");
      typeHandlerRegistry.register(typeHandlerPackage);
     } else {
      //读取 javaType、jdbcType 和 Handler 的配置
      String javaTypeName = child.getStringAttribute("javaType");
      String jdbcTypeName = child.getStringAttribute("jdbcType");
      String handlerTypeName = child.getStringAttribute("handler");
      //加载配置对应的类和枚举
      Class<?> javaTypeClass = resolveClass(javaTypeName);
      JdbcType jdbcType = resolveJdbcType(jdbcTypeName);
      Class<?> typeHandlerClass = resolveClass(handlerTypeName);
      if (javaTypeClass != null) {
        if (jdbcType == null) {
          //按 javaType 加载
          typeHandlerRegistry.register(javaTypeClass, typeHandlerClass);
        } else {
```

```
            //按 jdbcType 加载
            typeHandlerRegistry.register(javaTypeClass, jdbcType, typeHandlerClass);
          }
        } else {
          //按自定义 Handler 加载
          typeHandlerRegistry.register(typeHandlerClass);
        }
      }
    }
  }
```

typeHandler 元素的加载与 typeAlias 元素类似，支持 package 扫描和 typeHandler 元素单独配置这两种定义方式。TypeHandlerRegistry 的逻辑与 TypeAliasRegistry 极其相似，负责解析配置文件,会处理系统预置的 Handler、单独定义的 Handler 和通过注解 MappedTypes 标记的 Handler。

自定义的 TypeHandler 类在定义 jdbctype 时识别注解 MappedJdbcTypes。TypeHandler Registry 同样会由 TYPE_HANDLER_MAP（优先顺序为 javatype→jdbctype→handler）和 ALL_TYPE_HANDLERS_MAP 变量将注册的枚举处理类缓存起来。

```
   public void register(Class<?> typeHandlerClass) {
  boolean mappedTypeFound = false;
  //只有 typeHandlerClass 的情况
  //读取自定义 Handler 类中的 MappedTypes 注解
  MappedTypes mappedTypes = typeHandlerClass.getAnnotation(MappedTypes.class);
  if (mappedTypes != null) {
    for (Class<?> javaTypeClass : mappedTypes.value()) {
      //将自定义的 typeHandler 注册到枚举配置的 javaTypeClass 上
      register(javaTypeClass, typeHandlerClass);
      mappedTypeFound = true;
    }
  }
  if (!mappedTypeFound) {
    //在没有枚举的情况下，构造一个空对象用于注册
    register(getInstance(null, typeHandlerClass));
  }
}
   private <T> void register(Type javaType, TypeHandler<? extends T> typeHandler)
{
  //只有 javaType、typeHandlerClass 的情况
  //从 Handler 处反射出 jdbcType
```

```
  MappedJdbcTypes mappedJdbcTypes =
typeHandler.getClass().getAnnotation(MappedJdbcTypes.class);
  if (mappedJdbcTypes != null) {
    for (JdbcType handledJdbcType : mappedJdbcTypes.value()) {

      register(javaType, handledJdbcType, typeHandler);
    }
    if (mappedJdbcTypes.includeNullJdbcType()) {
      register(javaType, null, typeHandler);
    }
  } else {
    register(javaType, null, typeHandler);
  }
}
     private void register(Type javaType, JdbcType jdbcType, TypeHandler<?> handler)
{
  //javaType、jdbcType、Handler 都存在
  if (javaType != null) {
    //两层 Map 被用来保存对应的关系
    Map<JdbcType, TypeHandler<?>> map = TYPE_HANDLER_MAP.get(javaType);
    if (map == null) {
      map = new HashMap<JdbcType, TypeHandler<?>>();
      TYPE_HANDLER_MAP.put(javaType, map);
    }
    map.put(jdbcType, handler);
  }
  ALL_TYPE_HANDLERS_MAP.put(handler.getClass(), handler);
}
```

TypeHandler 类会在执行阶段负责处理入参和结果集，所以它定义了一个 setParameter()和三个 getResult()方法。setParameter()方法负责向 PreparedStatement 传递对应类型的参数，getResult()负责从 ResultSet、CallableStatement 中获取结果并进行类型转换。

MyBatis 在 TypeHandlerRegistry 类的构造函数里预先帮我们注册了常用的几十种类型和处理器的映射组合，这些预置的 TypeHandler 实现类都在 MyBatis 的 org.apache.ibatis.type 包中。这些类型处理器都继承自抽象模板类 BaseTypeHandler，它处理异常并进行空值判断，具体的类型转换交给子类各自实现。若在实际项目中想自定义 TypeHandler 类，则可以使用这个抽象模板。

（7）pluginElement()加载配置扩展点。逻辑很简单，通过 resolveClass()方法获取配置

文件中 intereptor 元素节点定义的 Class 类，再反射一个对应的实例 add()到 configuration 对象的 interceptorChain 链中。

```
    private void pluginElement(XNode parent) throws Exception {
  if (parent != null) {
    for (XNode child : parent.getChildren()) {
      String interceptor = child.getStringAttribute("interceptor");
      Properties properties = child.getChildrenAsProperties();
      //反射出拦截器对应的类
      Interceptor interceptorInstance = (Interceptor)
resolveClass(interceptor).newInstance();
      interceptorInstance.setProperties(properties);
      //追加到 interceptorChain 链中
      configuration.addInterceptor(interceptorInstance);
    }
  }
}
```

（8）objectWrapperFactoryElement()、objectFactoryElement()和 reflectorFactoryElement()加载结果集对象工厂。这三个方法的实现方式同 plugin 一样，都是将配置文件的 type 元素初始化到 configuration 对象的 ObjectFactory、ObjectWrapperFactory 和 reflectorFactory Element 属性中。

（9）environmentsElement()加载运行时环境配置。在实际项目中，若需要对一套代码区分开发环境、QA 环境和生产环境，或者在生产环境中有多个数据源使用相同的 SQL Mapping，则需要用到 MyBatis 的 environment 配置。

```
    <environments default="development">
      <environment id="development">
        <transactionManager type="JDBC">
          <property name="..." value="..."/>
        </transactionManager>
        <dataSource type="POOLED">
          <property name="driver" value="${driver}"/>
          <property name="url" value="${url}"/>
          <property name="username" value="${username}"/>
          <property name="password" value="${password}"/>
        </dataSource>
      </environment>
    </environments>
```

本章开头提到，SqlSessionFactoryBuilder 的 build()方法在调用时有一个可选参数 environment，它就是对应的配置文件中 environment 元素 id 属性的值，如果被配置为空，则系统会使用默认的环境配置值“default”。

```
    private void environmentsElement(XNode context) throws Exception {
  if (context != null) {
    if (environment == null) {
      //获取默认的环境值
      environment = context.getStringAttribute("default");
    }
    for (XNode child : context.getChildren()) {
      //遍历环境配置列表，获取 id
      String id = child.getStringAttribute("id");
      //判断当前环境配置是否在构建 configuration 时指定的 id 中
      if (isSpecifiedEnvironment(id)) {
        //初始化环境配置对应的会话、数据源工厂、数据源和环境对象
        TransactionFactory txFactory =
transactionManagerElement(child.evalNode("transactionManager"));
        DataSourceFactory dsFactory =
dataSourceElement(child.evalNode("dataSource"));
        DataSource dataSource = dsFactory.getDataSource();
        Environment.Builder environmentBuilder = new Environment.Builder(id)
            .transactionFactory(txFactory)
            .dataSource(dataSource);
        configuration.setEnvironment(environmentBuilder.build());
      }
    }
  }
}
```

isSpecifiedEnvironment(id)判断配置文件是否指定了 environment 对象的 id 值：如果当前 builder 对象要构建的 TransactionFactory 指定了 environment，并且在配置文件中有对该 id 的配置描述，则会构建 environment 对象。

builder 对象通过 transactionManageElement(context)和 dataSoureElement(context)反射事务工厂 TransactionFactory、数据源工厂 DataSoureFactory 及数据源 Datasoure，三个对象初始化一个 environmentBuilder，builder 对象的 build()方法在构建好 environment 对象后，会将 environment 对象保存到 configuration 对象中，如图 16-7 所示。

（10）databaseIdProviderElement()加载数据库厂商 id 的配置。databaseIdProvider 元素定义

数据库厂商的 id，在构建 SQL Mapping 时可以根据此配置区分数据库厂商，具体的配置方式如下。

```
<databaseIdProvider type="DB_VENDOR">
  <property name="SQL Server" value="sqlserver"/>
  <property name="DB2" value="db2"/>
  <property name="Oracle" value="oracle" />
</databaseIdProvider>
```

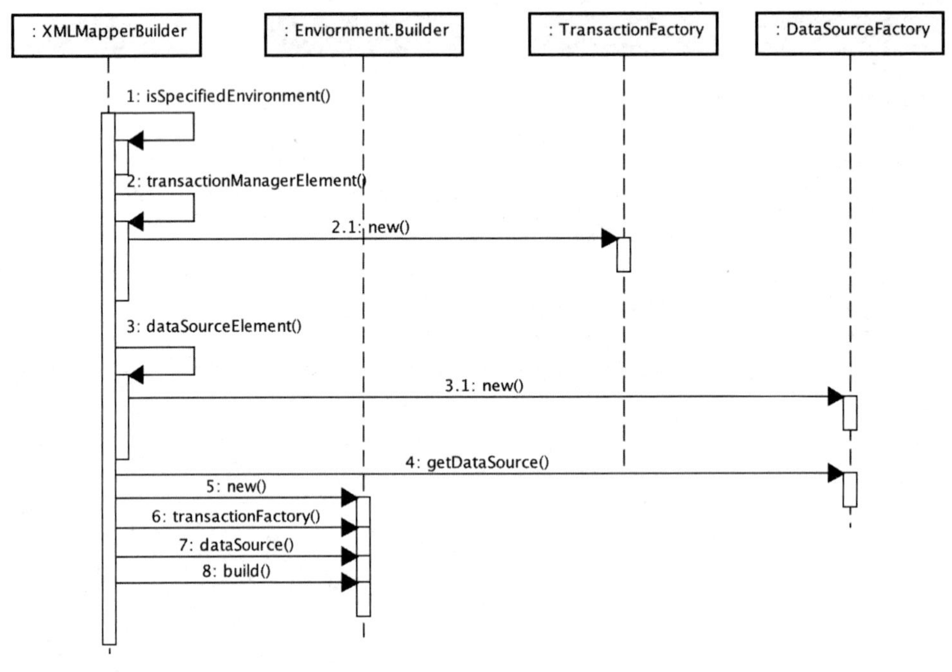


图 16-7

下面看看 databaseId 是如何被解析到 configuration 对象中的。

```
  private void databaseIdProviderElement(XNode context) throws Exception {
DatabaseIdProvider databaseIdProvider = null;
if (context != null) {
  String type = context.getStringAttribute("type");
  //硬编码保持兼容性，当配置值为 VENDOR 时，将配置值改为 DB_VENDOR
  if ("VENDOR".equals(type)) {
      type = "DB_VENDOR";
  }
  Properties properties = context.getChildrenAsProperties();
```

```
    //获取默认的 VendorDatebaseIdProvider
    databaseIdProvider = (DatabaseIdProvider) resolveClass(type).newInstance();
    databaseIdProvider.setProperties(properties);
  }
  Environment environment = configuration.getEnvironment();
  if (environment != null && databaseIdProvider != null) {
    //调用 DatabaseIdProvider 获取 databaseId
    String databaseId =
databaseIdProvider.getDatabaseId(environment.getDataSource());
    configuration.setDatabaseId(databaseId);
  }
}
```

如果在配置文件中配置了“<databaseIdProvider type="DB_VENDOR" />”，则会通过 resolveClass 初始化一个 DatebaseIdProvider 的实现类 VendorDatabaseIdProvider（MyBatis 也可自定义其他 provider，自定义的类需要实现 DatebaseIdProvider 接口，为自定义的类注册别名 alias），然后将 configuration 对象中的数据源传给 VendorDatabaseIdProvider，将获取的数据库厂商名保存到 configuration 对象的 databaseId 属性中。

下面讲解 VendorDatabaseIdProvider 的两个重要方法：getDatabaseName(dataSource)和 getDatabaseProductName(dataSource)。getDatabaseProductName(dataSource)通过数据源的 DatabaseMetaData 获取数据库厂商名；而 getDatabaseName(dataSource)会将 productName 的值进行一次名称转换，依据的是在 Configuration 配置文件的 databaseIdProvider 元素中配置的 key-value。

```
   private String getDatabaseName(DataSource dataSource) throws SQLException {
  String productName = getDatabaseProductName(dataSource);
  if (this.properties != null) {
    for (Map.Entry<Object, Object> property : properties.entrySet()) {
      //根据配置文件中的 key-value 配置，把数据连接的供应商名称映射成自定义的 id
      if (productName.contains((String) property.getKey())) {
        return (String) property.getValue();
      }
    }
    //若匹配不到，则返回 null
    return null;
  }
  return productName;
}
   private String getDatabaseProductName(DataSource dataSource) throws
```

```
SQLException {
  Connection con = null;
  try {
    con = dataSource.getConnection();
    //从数据库连接的元信息中获取供应商的名称
    DatabaseMetaData metaData = con.getMetaData();
    return metaData.getDatabaseProductName();
  } finally {
    if (con != null) {
      try {
        con.close();
      } catch (SQLException e) {
        // ignored
      }
    }
  }
}
```

（11）mapperElement()方法构建 SQL Mapper。从这个方法开始，构建过程进入第 2 个重要阶段：SQL Mapper 初始化阶段。

```
    private void mapperElement(XNode parent) throws Exception {
  if (parent != null) {
    for (XNode child : parent.getChildren()) {
      if ("package".equals(child.getName())) {
        //按代码包加载
        String mapperPackage = child.getStringAttribute("name");
        configuration.addMappers(mapperPackage);
      } else {
        //三者只能配置一项，在同时配置两项或两项以上时，程序不进行处理
        String resource = child.getStringAttribute("resource");
        String url = child.getStringAttribute("url");
        String mapperClass = child.getStringAttribute("class");
        if (resource != null && url == null && mapperClass == null) {
          //按 classpath 加载到的 resource 加载
          //使用 XMLMapperBuilder 构建
          ErrorContext.instance().resource(resource);
          InputStream inputStream = Resources.getResourceAsStream(resource);
          XMLMapperBuilder mapperParser = new XMLMapperBuilder(inputStream,
configuration, resource, configuration.getSqlFragments());
          mapperParser.parse();
        } else if (resource == null && url != null && mapperClass == null) {
```

```
          //按 URL 对应的 I/O 流加载
          //使用 XMLMapperBuilder 构建
          ErrorContext.instance().resource(url);
          InputStream inputStream = Resources.getUrlAsStream(url);
          XMLMapperBuilder mapperParser = new XMLMapperBuilder(inputStream,
configuration, url, configuration.getSqlFragments());
          mapperParser.parse();
        } else if (resource == null && url == null && mapperClass != null) {
          //自定义 Mapper 实现
          Class<?> mapperInterface = Resources.classForName(mapperClass);
          configuration.addMapper(mapperInterface);
        } else {
          throw new BuilderException("A mapper element may only specify a url, resource
or class, but not more than one.");
        }
      }
    }
  }
}
```

XMLConfigBuilder 在解析 SQL Mapper 配置时如果遇到直接定义 resource 或 URL 并且 mapperClass 为空的情况，则会调用 XmlMapperBuilder#parse()直接解析文件。

XMLConfigBuilder 在解析 SQL Mapper 配置时也支持扫描包和指定类的方式，这两种方式都会反射 MyBatis 的 SQL Mapper 注释。package 和 class 分别通过 MapperRegistry#addMappers(packageName)和 addMapper(type)实现，最终会循环或者单次使用 MapperAnnotationBuilder 解析 Mapper 类中的注释。

```
    public void addMappers(String packageName, Class<?> superType) {
    //扫描包
  ResolverUtil<Class<?>> resolverUtil = new ResolverUtil<Class<?>>();
  resolverUtil.find(new ResolverUtil.IsA(superType), packageName);
  Set<Class<? extends Class<?>>> mapperSet = resolverUtil.getClasses();
    //遍历 packageName 对应的包，将包内的类处理成 MappedStatement
  for (Class<?> mapperClass : mapperSet) {
    addMapper(mapperClass);
  }
}
    public <T> void addMapper(Class<T> type) {
    //只处理接口
  if (type.isInterface()) {
```

```
    //判断重复加载
    if (hasMapper(type)) {
      throw new BindingException("Type " + type + " is already known to the
MapperRegistry.");
    }
    boolean loadCompleted = false;
    try {
      knownMappers.put(type, new MapperProxyFactory<T>(type));
      //使用 MapperAnnotationBuilder 处理注解定义的 Mapper
      MapperAnnotationBuilder parser = new MapperAnnotationBuilder(config, type);
      parser.parse();
      loadCompleted = true;
    } finally {
      if (!loadCompleted) {
        //加载失败，清理 Mapper
        knownMappers.remove(type);
      }
    }
  }
}
```

## 16.5　SQL 简介

在介绍 SQL 映射构建之前，先简单介绍 SQL 语句。

### 1．数据查询语言（DQL）

此类 SQL 语句可以从数据库中查询结果，标准语法如下（非完全）。

```
select_list [ INTO new_table ] FROM table_source
[ WHERE search_condition ] [ GROUPBY group_by_expression ]
[ HAVINGsearch_condition ] [ ORDERBY order_expression [ ASC | DESC ] ]
```

查询语言也有很多高级用法，支持嵌套查询（子查询）、关联查询（join）、合并查询（union），这里不做详细介绍。

### 2．数据操作语言（DML）

DML 指在 SQL 语句中负责修改存储数据但不修改数据库和数据定义的语句。常用的

DML 语句有 insert、update 和 delete，标准语法如下。

- ◎ insert：INSERT INTO table (column1 [, column2, column3 ... ]) VALUES (value1 [, value2, value3 ... ])。
- ◎ update：UPDATE table_name SET column_name = value [, column_name = value ...] [WHERE condition]。
- ◎ delete：DELETE FROM table_name [WHERE condition]。

#### 3．事务处理语言（TPL）

TPL 用于与数据库交互管理实务，比如 BEGIN TRANSACTION、COMMIT 和 ROLL BACK 语句。

#### 4．数据控制语言（DCL）

用于授权数据库对象，比如 GRAND 语句。

#### 5．数据定义语言（DDL）

用于定义数据库对象、表、字段、索引等，比如 CREATE TABLE。

#### 6．指针控制语言（CCL）

用于定义游标，主要在脚本、存储过程和触发器中使用。

MyBatis 主要针对 DQL 和 DML 进行 SQL 映射。MyBatis 对 TPL 的支持通过 JDBC 实现，对其他类型的语句（DCL、DDL 和 CCL）不适用。

## 16.6　SQL 映射的构建

### 16.6.1　通过 XML 定义的 SQL Mapper

mybatis-3-mapper.dtd 定义了 SQL Mapper 配置文件支持的内容，如图 16-8 所示列出了 3 层结构。

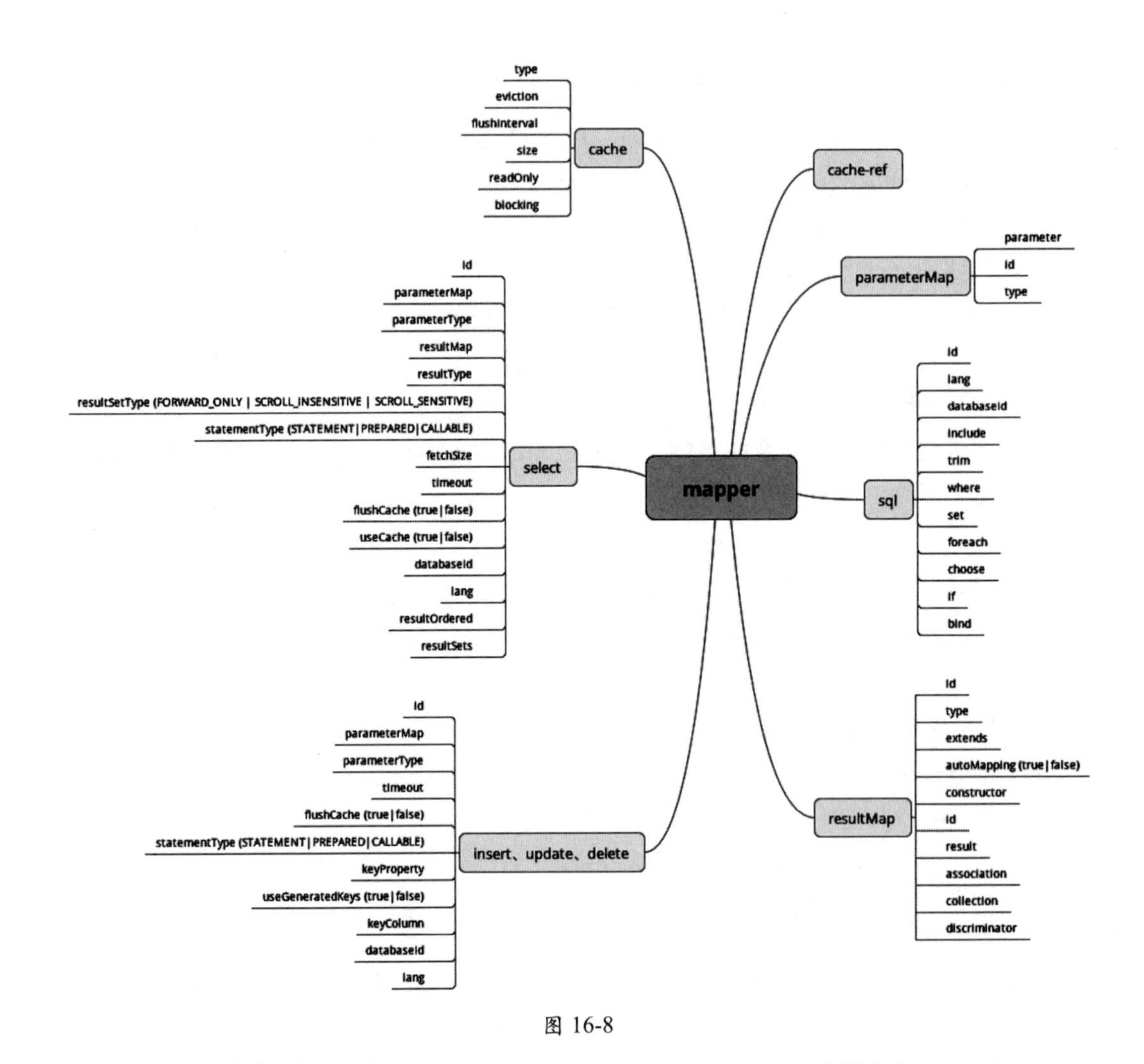


图 16-8

mapper 元素的顶级元素有 cache、cache-ref、parameterMap（已废弃）、resultMap、sql、select、insert、update 和 delete，可看出 mapper 元素定义的内容都是与 CRUD 操作相关的。

由于 parameterMap 元素已被废弃，所以我们在之后解析构建 mapper 元素时将不会展示与 parameterMap 元素相关的内容。

## 16.6.2 Configuration 类中与 SQL Mapping 相关的类

MyBatis 的 SQL Mapping 配置被保存在 Configuration 类的对象中，与 Configuration

关联的类和 Configuration 类中与 SQL Mapping 有关的属性列表如图 16-9 所示。

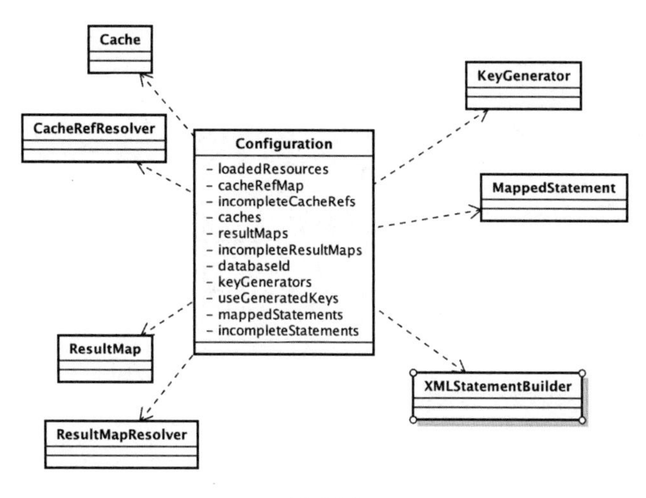


图 16-9

Configuration 类的主要属性及功能如下。

◎ loadedResources：用于判断 SQL Mapper 文件是否被加载过。
◎ cacheRefMap：为缓存引用的配置。
◎ incompleteCacheRefs：为加载失败的缓存引用的配置处理器。
◎ caches：为缓存配置。
◎ resultMaps：为 ResultMap 配置。
◎ incompleteResultMaps：为加载失败的 ResultMap 配置。
◎ databaseId：用于指定数据库厂商。
◎ keyGenerators：为主键生成器。
◎ useGeneratedKeys：指定是否使用主键生成器。
◎ mappedStatements：为 SQL 语句配置。
◎ incompleteStatements：为加载失败的 SQL 语句配置生成器。

## 16.6.3　XmlMapperBuilder 是如何工作的

XmlMapperBuilder#parse()完成了大部分配置内容的加载工作，使 MapperRegistry 注册机将构建好的 Mapper 注册到 configuration 对象中。为了支持以注释形式定义的 SQL Mapper，MapperAnnotationBuilder 也由 XMLMapperBuilder 调用，如图 16-10 所示。

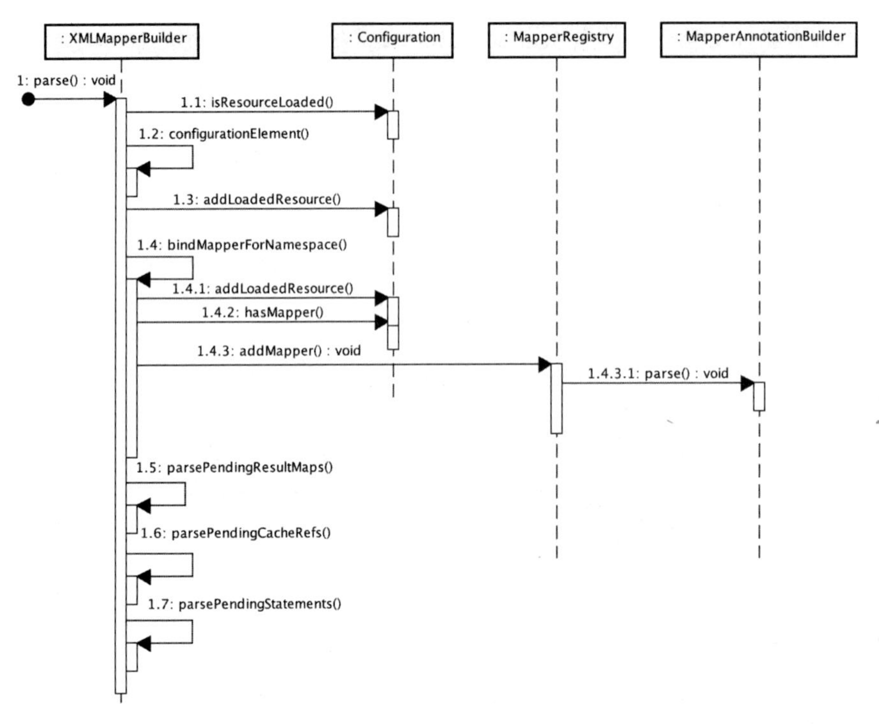


图 16-10

XMLMapperBuilder#parse()会在解析 SQL Mapper 配置文件前后调用 isResourceLoaded(resource)和 addLoadedResource(resource)，使用 loadedResources 集合的 add(resource)和 contains(resource)方法实现，目的是防止相同的 SQL Mapper 配置被重复加载。

```
  public void parse() {
  //判断 resource 是否被重复解析
if (!configuration.isResourceLoaded(resource)) {
  //从 mapper 节点开始解析
  configurationElement(parser.evalNode("/mapper"));
  configuration.addLoadedResource(resource);
  bindMapperForNamespace();
}
//在解析时加载失败的情况下重试加载（同步操作、仅一次）
parsePendingResultMaps();
parsePendingCacheRefs();
parsePendingStatements();
}
```

接下来看看 XmlMapperBuilder#configurationElement(context) 进行 SQL Mapping 加载的步骤。

（1）加载 SQL 的命名空间，必须指定 namespace，若未指定程序，则会抛出异常。

（2）加载缓存引用配置。

（3）加载缓存配置。

（4）加载请求参数。

（5）加载结果集映射。

（6）加载 SQL 片段。

（7）加载 SQL 语句。

代码如下。

```
  private void configurationElement(XNode context) {
 try {
   //加载命名空间，一般使用 Mapper 或 Dao 的接口名
  String namespace = context.getStringAttribute("namespace");
  if (namespace == null || namespace.equals("")) {
    throw new BuilderException("Mapper's namespace cannot be empty");
  }
  builderAssistant.setCurrentNamespace(namespace);
  cacheRefElement(context.evalNode("cache-ref"));//加载缓存引用
  cacheElement(context.evalNode("cache"));//加载缓存配置
  parameterMapElement(context.evalNodes("/mapper/parameterMap"));//加载参数映射
  resultMapElements(context.evalNodes("/mapper/resultMap"));//加载结果映射
  sqlElement(context.evalNodes("/mapper/sql"));//加载 SQL 语句
 buildStatementFromContext(context.evalNodes("select|insert|update|delete"));//
加载 mappedStatement
 } catch (Exception e) {
  throw new BuilderException("Error parsing Mapper XML. Cause: " + e, e);
 }
}
```

下面按顺序看看每个加载的实现细节。

（1）XmlMapperBuilder#cacheRefElement(context)在加载缓存引用时，将当前配置的命名空间配置到 configuration 对象，然后调用 CacheRefResolver#resolveCacheRef()配置加载

缓存引用。

```
    private void cacheRefElement(XNode context) {
  if (context != null) {
    configuration.addCacheRef(builderAssistant.getCurrentNamespace(),
context.getStringAttribute("namespace"));
    CacheRefResolver cacheRefResolver = new CacheRefResolver(builderAssistant,
context.getStringAttribute("namespace"));
    try {
      cacheRefResolver.resolveCacheRef();
    } catch (IncompleteElementException e) {
      //处理未完成的加载
      configuration.addIncompleteCacheRef(cacheRefResolver);
    }
  }
}
```

CacheRefResolver#resolveCacheRef()直接调用 MapperBuilderAssistant#useCacheRef()，MapperBuilderAssistant#useCacheRef()从 configuration 对象中获取缓存对象，并判断 Cache 类的对象是否已经初始化。

```
    public Cache useCacheRef(String namespace) {
  if (namespace == null) {
    throw new BuilderException("cache-ref element requires a namespace attribute.");
  }
  try {
    unresolvedCacheRef = true;
    Cache cache = configuration.getCache(namespace);
    if (cache == null) {//若未完成加载，则不允许使用
      throw new IncompleteElementException("No cache for namespace '" + namespace +
"' could be found.");
    }
    currentCache = cache;
    unresolvedCacheRef = false;
    return cache;
  } catch (IllegalArgumentException e) {
    throw new IncompleteElementException("No cache for namespace '" + namespace + "'
could be found.", e);
  }
}
```

（2）XmlMapperBuilder#cacheElement(context)在加载缓存配置时，处理 SQL Mapper

中的如下配置。

```
        <cache
            eviction="FIFO"
            flushInterval="60000"
            size="512"
        readOnly="true"/>
```

根据在配置文件中获取的 type（默认值为 PREPETUAL，也可自定义）、eviction（默认值为 LRU，其他值有 FIFO、SOFT 和 WEAK）配置值获取完全限定名，加上其他配置（flushInterval、size、readOnly、blocking），使用 builderAssistant 对象构建缓存策略。

XmlMapperBuilder 是基于 XML 的 SQL Mapper 构建器，cacheElement()方法负责构建缓存配置。

```
    private void cacheElement(XNode context) throws Exception {
  if (context != null) {
    String type = context.getStringAttribute("type", "PERPETUAL");//缓存类型
    Class<? extends Cache> typeClass = typeAliasRegistry.resolveAlias(type);
    String eviction = context.getStringAttribute("eviction", "LRU");//缓存策略
     //逐出策略
    Class<? extends Cache> evictionClass = typeAliasRegistry.resolveAlias(eviction);
    Long flushInterval = context.getLongAttribute("flushInterval");//刷新间隔
    Integer size = context.getIntAttribute("size");//缓存大小
    boolean readWrite = !context.getBooleanAttribute("readOnly", false);//只读
    boolean blocking = context.getBooleanAttribute("blocking", false);//阻塞
    Properties props = context.getChildrenAsProperties();//其他参数
    builderAssistant.useNewCache(typeClass, evictionClass, flushInterval, size,
readWrite, blocking, props);
  }
}
```

MapperBuilderAssistant 是 SQL Mapper 构建助理类，useNewCache()方法负责构建和使用 Cache 类的 Builder 模式生成 Cache 类的对象。

```
    public Cache useNewCache(Class<? extends Cache> typeClass,
    Class<? extends Cache> evictionClass,
    Long flushInterval,
    Integer size,
    boolean readWrite,
    boolean blocking,
    Properties props) {
```

```
 Cache cache = new CacheBuilder(currentNamespace)
     .implementation(valueOrDefault(typeClass, PerpetualCache.class))
     .addDecorator(valueOrDefault(evictionClass, LruCache.class))
     .clearInterval(flushInterval)
     .size(size)
     .readWrite(readWrite)
     .blocking(blocking)
     .properties(props)
     .build();//以 Build 模式构建
 configuration.addCache(cache);
 currentCache = cache;
 return cache;
}
```

evicitionClass 对象使用了装饰者模式，具体的使用方法会在介绍二级缓存时给出具体说明。

MyBatis 大量使用了 Builder 模式构建对象，Cache 类需要 7 个参数构建，面对如此多的构造参数，使用 Builder 模式可以降低构造函数的复杂性。CacheBuilder 主要有 5 个方法构建缓存：setDefaultImplementations()、newBaseCacheInstance(cacheClass,id)、setCacheProperties(cache)、newCacheDecoratorInstance(cacheClass,cache)和 setStandardDecorators(cache)。其中标准的装饰方法 setStandardDecorators()如下。

```
  private Cache setStandardDecorators(Cache cache) {
 try {
  MetaObject metaCache = SystemMetaObject.forObject(cache);//反射 cache 元数据
  if (size != null && metaCache.hasSetter("size")) {
    metaCache.setValue("size", size);//设置大小，如果有的话
  }
  if (clearInterval != null) {
    cache = new ScheduledCache(cache);//装饰带时间间隔的缓存
    ((ScheduledCache) cache).setClearInterval(clearInterval);
  }
  if (readWrite) {
    cache = new SerializedCache(cache);//装饰序列化的缓存
  }
  cache = new LoggingCache(cache);//装饰写日志缓存
  cache = new SynchronizedCache(cache);//装饰同步缓存
  if (blocking) {
    cache = new BlockingCache(cache);//装饰阻塞缓存
  }
```

```
    return cache;
  } catch (Exception e) {
    throw new CacheException("Error building standard cache decorators.  Cause: " +
e, e);
  }
}
```

（3）XmlMapperBuilder#parameterMapElement()在加载请求参数时，首先解析配置文件，生成构建请求参数 ParameterMap 需要的 ParameterMapping 类的对象，然后调用 MapperBuilderAssistant#addParameterMap()构建 ParameterMap 类的对象，并将构建好的对象追加到 configuration 对象。

```
    private void parameterMapElement(List<XNode> list) throws Exception {
  for (XNode parameterMapNode : list) {
    String id = parameterMapNode.getStringAttribute("id");//入参 id
    String type = parameterMapNode.getStringAttribute("type");//入参类型
    Class<?> parameterClass = resolveClass(type);
    List<XNode> parameterNodes = parameterMapNode.evalNodes("parameter");//参数属性
列表
    List<ParameterMapping> parameterMappings = new ArrayList<ParameterMapping>();
    for (XNode parameterNode : parameterNodes) {
      String property = parameterNode.getStringAttribute("property");//属性名
      String javaType = parameterNode.getStringAttribute("javaType");//Java 类型
      String jdbcType = parameterNode.getStringAttribute("jdbcType");//JDBC 类型
      String resultMap = parameterNode.getStringAttribute("resultMap");//结果集
      String mode = parameterNode.getStringAttribute("mode");//参数模式
      String typeHandler = parameterNode.getStringAttribute("typeHandler");//结果处理器
      Integer numericScale = parameterNode.getIntAttribute("numericScale");//数字精度
      ParameterMode modeEnum = resolveParameterMode(mode);
      Class<?> javaTypeClass = resolveClass(javaType);
      JdbcType jdbcTypeEnum = resolveJdbcType(jdbcType);
      @SuppressWarnings("unchecked")
      Class<? extends TypeHandler<?>> typeHandlerClass = (Class<? extends
TypeHandler<?>>) resolveClass(typeHandler);
      ParameterMapping parameterMapping =
builderAssistant.buildParameterMapping(parameterClass, property, javaTypeClass,
jdbcTypeEnum, resultMap, modeEnum, typeHandlerClass, numericScale);//完成构建
      parameterMappings.add(parameterMapping);
    }
    builderAssistant.addParameterMap(id, parameterClass, parameterMappings);
  }
```

```
}
```

（4）XmlMapperBuilder#resultMapElement(context)在加载结果集映射时，处理类似下文中 resultMap 标签的内容，配合 statement 中的 resultMap 属性使用，提供与 resultType 配置不同的另一种结果集映射。

```
<resultMap id="userResultMap" type="User">
  <id property="id" column="user_id" />
  <result property="username" column="user_name"/>
  <result property="password" column="hashed_password"/>
</resultMap>
```

XmlMapperBuilder 执行 resultMapElement()的目的是构建一个 ResultMap 结果集，然后将该结果集添加到 configuration 对象中。在解析配置后通过循环将配置处理成前置对象 ResultMapping，之后 ResultMapResolver 负责将 ResultMapping 构建出 ResultMap 并加入 configuration 对象中。最后，如果在构建中出现异常，则会将 ResultMapResolver 加入未完成的任务列表中，如图 16-11 所示。

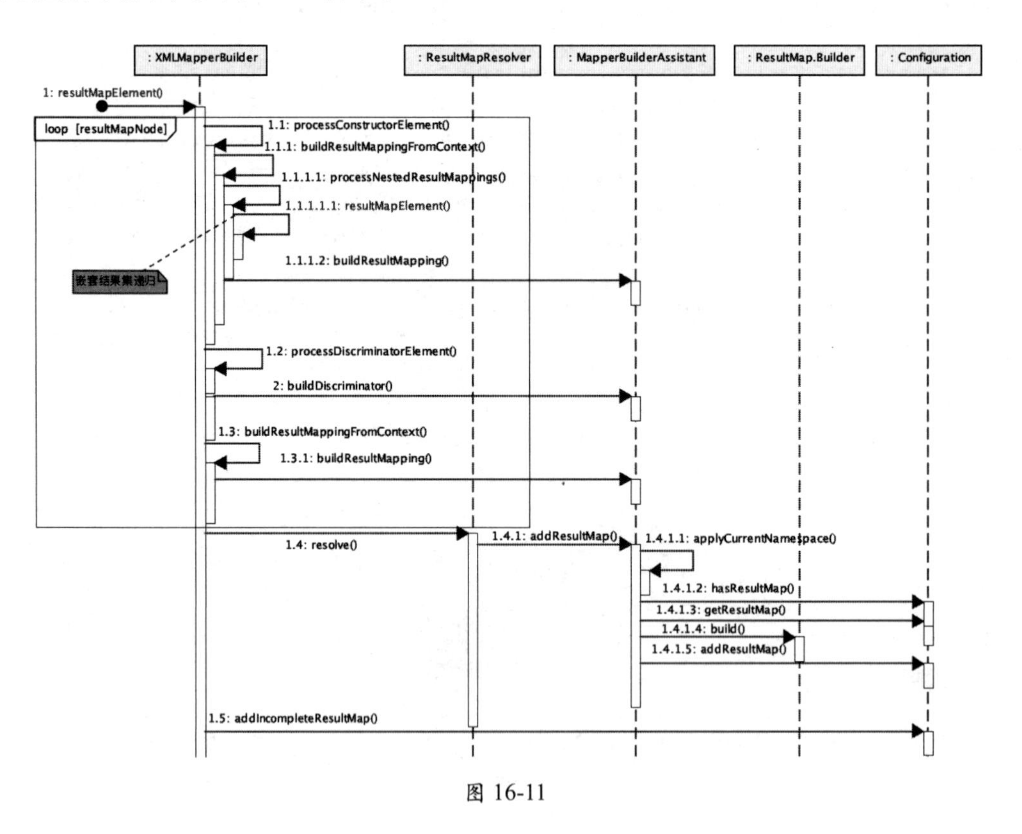


图 16-11

XmlMapperBuilder 会解析配置文件结果映射中的如下内容。

◎ ID：结果集语句的唯一 ID，该字段在全局中与命名空间一起标识 SQL 语句的唯一性。

◎ type：结果集对应的类型，判断顺序为 javaType→resultType→ofType→type，在顺序上若有配置值，则直接使用该配置值。

◎ extend：结果集支持继承，对多余属性增加定义并生成一个新的结果集。

◎ autoMapping：启用、禁用自动映射。

◎ constructor：使用 processConstructorElement()方法处理定义的构造函数。因为在构造结果集时支持嵌套结果集，所以这里会有递归调用，递归链路为 resultMapElement() → processConstructorElement() → buildResultMappingFromContext() → processNestedResult Mappings()→resultMapElement()，代码如下。

```
    private String processNestedResultMappings(XNode context, List<ResultMapping>
resultMappings) throws Exception {
    //根据 association、collection、case 的配置，加载嵌套结果集
    if ("association".equals(context.getName())
     || "collection".equals(context.getName())
     || "case".equals(context.getName())) {
   if (context.getStringAttribute("select") == null) {
     ResultMap resultMap = resultMapElement(context, resultMappings);
     return resultMap.getId();
   }
  }
  return null;
}
```

◎ discriminator：processDiscriminatorElement()方法完成嵌套结果集的决定器构建。在定义好属性字段及其相关类型配置后，遍历 discriminator 内部的 case 元素，将字段值与 resultMap 的映射关系保存到 discriminatorMap 变量中。最后使用构建助手类 builderAssistant 构建决定器，代码如下。

```
    private Discriminator processDiscriminatorElement(XNode context, Class<?>
resultType, List<ResultMapping> resultMappings) throws Exception {
  String column = context.getStringAttribute("column");//决定器对应的列
  //加载必要的类型、类型处理器
  String javaType = context.getStringAttribute("javaType");
  String jdbcType = context.getStringAttribute("jdbcType");
  String typeHandler = context.getStringAttribute("typeHandler");
  Class<?> javaTypeClass = resolveClass(javaType);
```

```
  @SuppressWarnings("unchecked")
  Class<? extends TypeHandler<?>> typeHandlerClass = (Class<? extends TypeHandler<?>>)
resolveClass(typeHandler);
  JdbcType jdbcTypeEnum = resolveJdbcType(jdbcType);
  Map<String, String> discriminatorMap = new HashMap<String, String>();
  for (XNode caseChild : context.getChildren()) {
    //遍历决定器的全部条件，构建映射
    String value = caseChild.getStringAttribute("value");
    String resultMap = caseChild.getStringAttribute("resultMap",
processNestedResultMappings(caseChild, resultMappings));
    discriminatorMap.put(value, resultMap);
  }
  return builderAssistant.buildDiscriminator(resultType, column, javaTypeClass,
jdbcTypeEnum, typeHandlerClass, discriminatorMap);
}
```

◎ result：buildResultMappingFromContext()完成结果集的字段映射的构建。此方法没有特别复杂的逻辑：加载 XML 中的配置项进行强制类型转换，把解析出的变量交给构建助手类 builderAssistant 构建 ResultMapping 对象，代码如下。

```
    private ResultMapping buildResultMappingFromContext(XNode context, Class<?>
resultType, List<ResultFlag> flags) throws Exception {
  String property;
  if (flags.contains(ResultFlag.CONSTRUCTOR)) {
    property = context.getStringAttribute("name");//在指定为 CONSTRUCTOR 时，读取 name
属性
  } else {
    property = context.getStringAttribute("property");//读取 propery 属性
  }
  String column = context.getStringAttribute("column");//列名
  String javaType = context.getStringAttribute("javaType");
  String jdbcType = context.getStringAttribute("jdbcType");
  String nestedSelect = context.getStringAttribute("select");
  String nestedResultMap = context.getStringAttribute("resultMap",
      processNestedResultMappings(context, Collections.<ResultMapping>
emptyList()));
  String notNullColumn = context.getStringAttribute("notNullColumn");
  String columnPrefix = context.getStringAttribute("columnPrefix");
  String typeHandler = context.getStringAttribute("typeHandler");
  String resultSet = context.getStringAttribute("resultSet");
  String foreignColumn = context.getStringAttribute("foreignColumn");
```

```
  boolean lazy = "lazy".equals(context.getStringAttribute("fetchType",
configuration.isLazyLoadingEnabled() ? "lazy" : "eager"));
  Class<?> javaTypeClass = resolveClass(javaType);
  @SuppressWarnings("unchecked")
  Class<? extends TypeHandler<?>> typeHandlerClass = (Class<? extends TypeHandler<?>>)
resolveClass(typeHandler);
  JdbcType jdbcTypeEnum = resolveJdbcType(jdbcType);
  return builderAssistant.buildResultMapping(resultType, property, column,
javaTypeClass, jdbcTypeEnum, nestedSelect, nestedResultMap, notNullColumn,
columnPrefix, typeHandlerClass, flags, resultSet, foreignColumn, lazy);
}
```

在执行上面的全部方法完成 ResultMapping 的构建后，XmlMapperBuilder 会调用 ResultMapResolver#resolve()将解析好的 ResultMapping 对象保存到配置中，后者直接调用 MapperBuilderAssistant#addResultMap()。MapperBuilderAssistant#addResultMap()使用 ResultMap.Builder 类构建 ResultMap，并将构建好的结果集添加到 configuration 对象中。而 ResultMap. Builder 类的逻辑相对简单，这里不再赘述。

```
    public ResultMap addResultMap(…) {
  //加载命名空间
  id = applyCurrentNamespace(id, false);
  extend = applyCurrentNamespace(extend, true);

  if (extend != null) {
    if (!configuration.hasResultMap(extend)) {
      throw new IncompleteElementException("Could not find a parent resultmap with
id '" + extend + "'");
    }
    ResultMap resultMap = configuration.getResultMap(extend);
    List<ResultMapping> extendedResultMappings = new
ArrayList<ResultMapping>(resultMap.getResultMappings());
    extendedResultMappings.removeAll(resultMappings);
    // Remove parent constructor if this resultMap declares a constructor.
    boolean declaresConstructor = false;
   //判断是否定义过构造器
    for (ResultMapping resultMapping : resultMappings) {
      if (resultMapping.getFlags().contains(ResultFlag.CONSTRUCTOR)) {
        declaresConstructor = true;
        break;
      }
    }
```

```
    if (declaresConstructor) {
      Iterator<ResultMapping> extendedResultMappingsIter =
extendedResultMappings.iterator();
      while (extendedResultMappingsIter.hasNext()) {
        if
(extendedResultMappingsIter.next().getFlags().contains(ResultFlag.CONSTRUCTOR)) {
          extendedResultMappingsIter.remove();//移除构造器
        }
      }
    }
    resultMappings.addAll(extendedResultMappings);
  }
  ResultMap resultMap = new ResultMap.Builder(configuration, id, type, resultMappings,
autoMapping)
      .discriminator(discriminator)
      .build();//完成构建
  configuration.addResultMap(resultMap);
  return resultMap;
}
```

（5）XmlMapperBuilder#sqlElement(context)在加载 SQL 片段时，处理配置文件中类似下文中定义的 SQL 语句。SQL 片段可以减少 SQL 中的重复语句，定义好的 SQL 片段可以在其他 SQL 语句中引用。

```
    <sql id="userColumns">
      ${alias}.id,${alias}.username,${alias}.password
    </sql>
    <select id="selectUsers" resultType="map">
        select
         <include refid="userColumns">
        <property name="alias" value="t1"/>
         </include>,
         <include refid="userColumns">
        <property name="alias" value="t2"/>
         </include>
        from some_table t1
        cross join some_table t2
    </select>
```

考虑到需要支持不同数据库厂商的 SQL“方言”，所以 SQL 片段也用 databaseid 进行划分，存放在 Map 对象 sqlFragments 属性中。sqlElement()方法的可选参数 requiredData baseId 说明该语句使用的是特定的数据库厂商的 SQL 方言。

（6）XmlMapperBuilder#buildStatementFromContext()加载 SQL 语句。

MyBatis 在加载 SQL 语句时使用 Builder 模式先解析 xnode 对象及内部节点配置并将其保存到变量中，再逐个传给 builder 对象，最后 builder 对象将构建好 MappedStatement 类的对象追加到 configuration 对象中。在构建遇到异常时，将配置任务追加到 configuration 对象的未完成任务列表中，如图 16-12 所示。

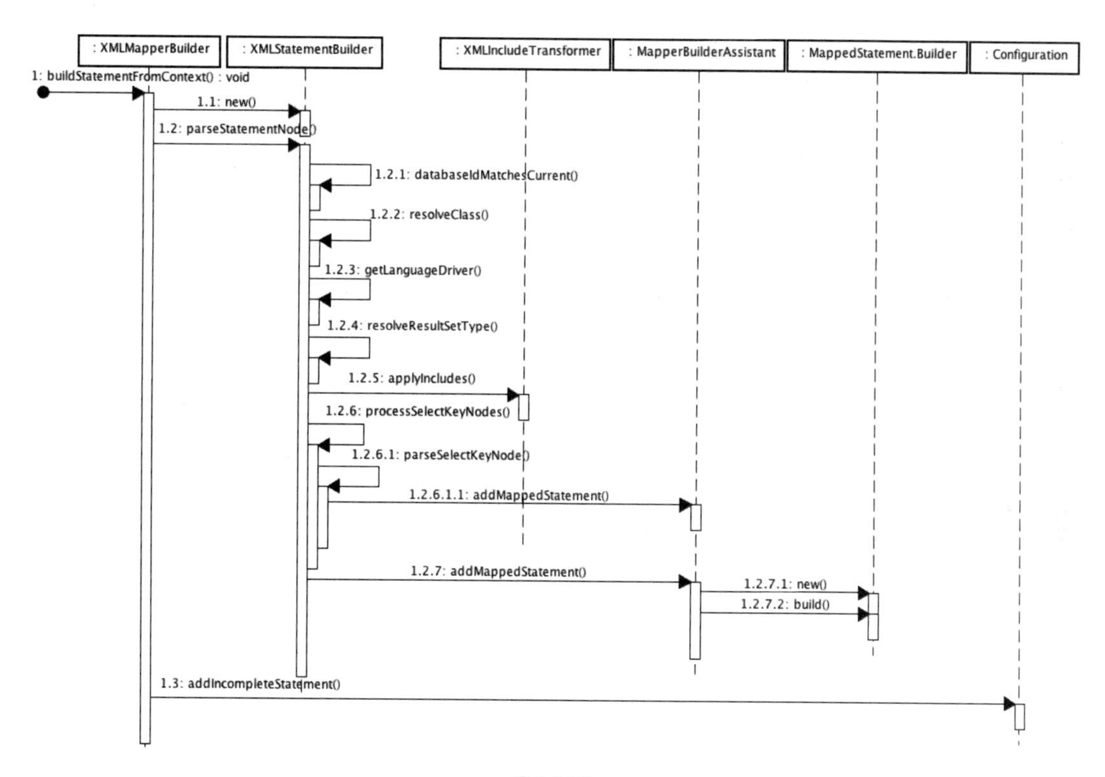


图 16-12

配置文件中的 select、insert、update、delete 节点各代表一条 SQL 语句，每条语句都对应一个 MappedStatement 类的对象。MappedStatement 类保存了每条 SQL 语句在执行阶段需要的信息，也为执行阶段提供了获取 SQL 的 getBoundSql()方法。XMLStatementBuilder#parseStatementNode()解析 SQL 基本信息的过程如下。

◎ id、databaseId：SQL 配置节点的唯一 id 和 databaseId。

◎ nodeName：SQL 配置节点的名字，最终会匹配成 SqlCommandType 枚举（UNKN

OWN、INSERT、UPDATE、DELETE、SELECT、FLUSH）。

◎ resultType、parameterType：通过 resolveClass()加载配置中别名对应的类。

◎ lang：根据此配置加载对应的 LanguageDriver，是在 MyBatis 3.2 版本中增加的可插拔脚本语言驱动功能，能够实现动态 SQL 查询。

◎ resultSetType：匹配到枚举 ResultSetType（FORWARD_ONLY、SCROLL_INSENSITIVE、SCROLL_SENSITIVE）。

◎ statementType：匹配到 StatementType 枚举（STATEMENT、PREPARED、CALLABLE）。

◎ fetchSize、timeout、parameterMap、resultMap、flushCache、useCache、resultOrdered、resultSets、keyProperty、keyColumn：StatementBuilder 未做特殊处理，直接用于构建。

◎ 处理 include：逻辑与 parseStatementNode()一致，但只处理 resultType、statementType、keyProperty、keyColumn 和 order 配置。MyBatis 支持定义 SQL 语句片段，所有 SQL 标签定义的 SQL 语句片段在 Configuration 配置中都有映射配置。

```
    public void parseStatementNode() {
    …
    // Include Fragments before parsing
XMLIncludeTransformer includeParser = new XMLIncludeTransformer(configuration,
builderAssistant);
includeParser.applIncludes(context.getNode());
    …
    }
```

parseStatementNode()方法在构建 statement 时，使用 XMLIncludeTransformer 从 configuration 对象中加载需要用到的 SQL 语句片段到当前 SQL 语句的上下文中。

◎ selectkey 主键返回策略：在 parseStatementNode()方法加载到 selectKey 元素并找到指定的数据库厂商语句后，调用 parseSelectKeyNode()方法解析 selectKey 元素，生成特殊的 SELECT 查询语句并加入源 SQL 语句的 id 生成策略中。该 SQL 语句会在源 SQL 语句执行前执行。

```
    private void parseSelectKeyNode(String id, XNode nodeToHandle, Class<?>
parameterTypeClass, LanguageDriver langDriver, String databaseId) {
  String resultType = nodeToHandle.getStringAttribute("resultType");
  Class<?> resultTypeClass = resolveClass(resultType);
  StatementType statementType =
StatementType.valueOf(nodeToHandle.getStringAttribute("statementType",
```

```
StatementType.PREPARED.toString()));//默认类型为查询语句
  String keyProperty = nodeToHandle.getStringAttribute("keyProperty");//主键属性
  String keyColumn = nodeToHandle.getStringAttribute("keyColumn");//主键列
  boolean executeBefore = "BEFORE".equals(nodeToHandle.getStringAttribute("order",
"AFTER"));//主键策略逻辑默认在查询之后执行

  //主键策略对应的 SQL 关闭缓存设置
  boolean useCache = false;
  boolean resultOrdered = false;
  KeyGenerator keyGenerator = NoKeyGenerator.INSTANCE;
  Integer fetchSize = null;
  Integer timeout = null;
  boolean flushCache = false;
  String parameterMap = null;
  String resultMap = null;
  ResultSetType resultSetTypeEnum = null;

  SqlSource sqlSource = langDriver.createSqlSource(configuration, nodeToHandle,
parameterTypeClass);
  SqlCommandType sqlCommandType = SqlCommandType.SELECT;//查询语句
  //在构建后存入配置
  builderAssistant.addMappedStatement(id, sqlSource, statementType, sqlCommandType,
      fetchSize, timeout, parameterMap, parameterTypeClass, resultMap,
resultTypeClass,
      resultSetTypeEnum, flushCache, useCache, resultOrdered,
      keyGenerator, keyProperty, keyColumn, databaseId, langDriver, null);

  id = builderAssistant.applyCurrentNamespace(id, false);

  MappedStatement keyStatement = configuration.getMappedStatement(id, false);
  configuration.addKeyGenerator(id, new SelectKeyGenerator(keyStatement,
executeBefore));
}
```

◎ KeyGenerator#parseStatementNode()：在方法处理主键策略时，如果在配置中已经存在定义好的主键生成策略，MyBatis 就会直接使用该策略。如果只是指定了使用自定义主键策略，但是在配置中并无对应的策略，MyBatis 就会为 INSERT 语句指定一个默认的 Jdbc3KeyGenerator 生成策略。

```
    String keyStatementId = id + SelectKeyGenerator.SELECT_KEY_SUFFIX;
keyStatementId = builderAssistant.applyCurrentNamespace(keyStatementId, true);
```

```
if (configuration.hasKeyGenerator(keyStatementId)) {
  keyGenerator = configuration.getKeyGenerator(keyStatementId);
} else {
  keyGenerator = context.getBooleanAttribute("useGeneratedKeys",
      configuration.isUseGeneratedKeys() &&
SqlCommandType.INSERT.equals(sqlCommandType))
      ? Jdbc3KeyGenerator.INSTANCE : NoKeyGenerator.INSTANCE;
}
```

◎ MapperBuilderAssistant#addMappedStatement()：处理语句 id 的命名空间，根据 SQL 类型是否是 SELECT 来判断是否需要使用缓存、处理结果集 ResultMap 和参数集 ParameterMap，构建 MappedStatement 类的对象并追加到 configuration 对象的 mappedStatements 变量中。

```
    public MappedStatement addMappedStatement(…) {

  if (unresolvedCacheRef) {//需要等到缓存引用加载完成
    throw new IncompleteElementException("Cache-ref not yet resolved");
  }
  //处理命名空间
  id = applyCurrentNamespace(id, false);
  boolean isSelect = sqlCommandType == SqlCommandType.SELECT;

  MappedStatement.Builder statementBuilder = new
MappedStatement.Builder(configuration, id, sqlSource, sqlCommandType)
      .resource(resource)
      .fetchSize(fetchSize)
      .timeout(timeout)
      .statementType(statementType)
      .keyGenerator(keyGenerator)
      .keyProperty(keyProperty)
      .keyColumn(keyColumn)
      .databaseId(databaseId)
      .lang(lang)
      .resultOrdered(resultOrdered)
      .resultSets(resultSets)
      .resultMaps(getStatementResultMaps(resultMap, resultType, id))
      .resultSetType(resultSetType)
      .flushCacheRequired(valueOrDefault(flushCache, !isSelect))
      .useCache(valueOrDefault(useCache, isSelect))
      .cache(currentCache);
```

```
  ParameterMap statementParameterMap = getStatementParameterMap(parameterMap,
parameterType, id);
  if (statementParameterMap != null) {
    statementBuilder.parameterMap(statementParameterMap);
  }

  MappedStatement statement = statementBuilder.build();
  configuration.addMappedStatement(statement);
  return statement;
}
```

◎ org.apache.ibatis.mapping.MappedStatement.Builder#Builder()：因为 Builder()没有特别复杂的逻辑，所以大部分 MappedStatement 类的对象构建是在 Builder()构建时完成的。

```
    public Builder(Configuration configuration, String id, SqlSource sqlSource,
SqlCommandType sqlCommandType) {
  mappedStatement.configuration = configuration;
  mappedStatement.id = id;
  mappedStatement.sqlSource = sqlSource;
  mappedStatement.statementType = StatementType.PREPARED;
  mappedStatement.parameterMap = new ParameterMap.Builder(configuration,
"defaultParameterMap", null, new ArrayList<ParameterMapping>()).build();
  mappedStatement.resultMaps = new ArrayList<ResultMap>();
  mappedStatement.sqlCommandType = sqlCommandType;
  mappedStatement.keyGenerator = configuration.isUseGeneratedKeys() &&
SqlCommandType.INSERT.equals(sqlCommandType) ? Jdbc3KeyGenerator.INSTANCE :
NoKeyGenerator.INSTANCE;
  String logId = id;
  if (configuration.getLogPrefix() != null) {
    logId = configuration.getLogPrefix() + id;
  }
  mappedStatement.statementLog = LogFactory.getLog(logId);
  mappedStatement.lang = configuration.getDefaultScriptingLanguageInstance();
}
```

下面讲解 XmlMapperBuilder#bindMapperForNamespace()。如果在 XML 文件里指定了有效的（能加载到指定的类）namespace，则 MyBatis 也会根据 namespace 指定的包去调用 MapperAnnotationBuilder 加载对应的 SQL Mapper。因为 namespace 也可能为代码包的一部分，所以在添加 loadedResources 对象时增加了“namespace:”前缀。

```
    if (!configuration.hasMapper(boundType)) {
  // Spring may not know the real resource name so we set a flag
  // to prevent loading again this resource from the mapper interface
  // look at MapperAnnotationBuilder#loadXmlResource
  configuration.addLoadedResource("namespace:" + namespace);
  configuration.addMapper(boundType);
}
```

XmlMapperBuilder#parsePendingResultMaps()、XmlMapperBuilder#parsePending-CacheRefs()和 XmlMapperBuilder#parsePendingStatements()用于清除未加载的处理器。

### 16.6.4 映射注解器定义的 SQL Mapper

MyBatis 支持 SQL Mapper 注释，具体的使用方法和含义可参考 http://www.mybatis.org/mybatis-3/zh/java-api.html 中关于映射注解器的内容，如图 16-13 所示。

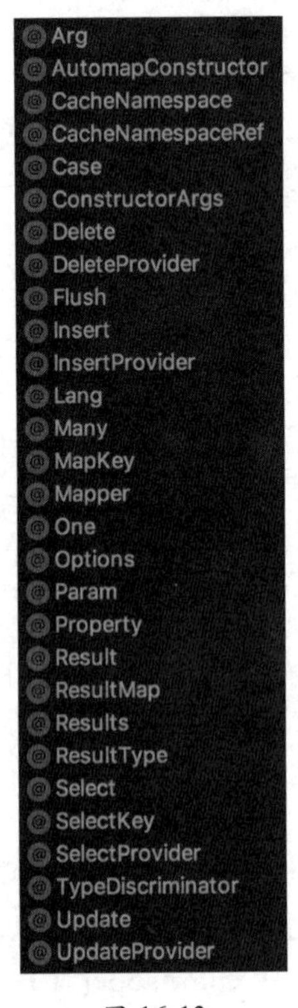


图 16-13

如 MyBatis 官网所说，MyBatis 在设计之初就是一个以 XML 配置驱动的框架。但是 MyBatis 在更新到 3.0 版本时支持了注解的配置方法。可惜的是，受限于 Java 注解的表现形式及 SQL Mapper 配置的复杂程度，配置不如 XML 方便，所以使用率并不高。

在 Spring 提供 SQL Mapper 对象的代理功能后，Annotation 定义 SQL Mapper 的功能被重新发掘。

MapperAnnotationBuilder 的调用顺序与 XmlMapperBuilder 相似，只不过构建的内容略少，要大量使用反射构建 SQL Mapper，如图 16-14 所示。

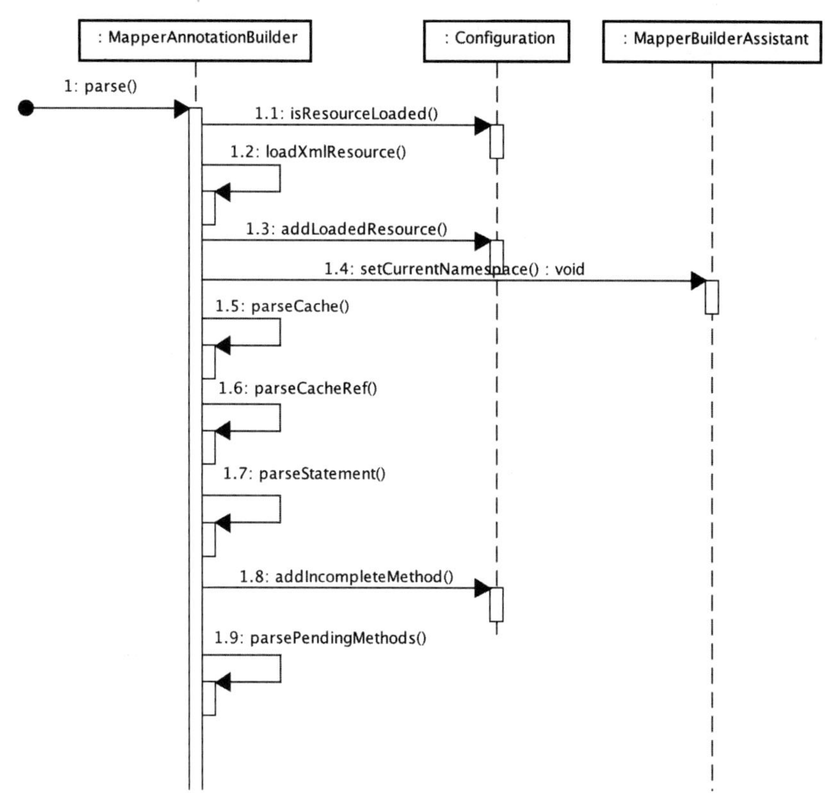


图 16-14

MapperAnnotationBuilder 只处理 cache、cacheRef 和 statement 配置，可实现的配置比 XML 简单，并且逻辑大同小异。

### 16.6.5 小结

SQL Mapper 构建属于整个 MyBatis 构建的一部分。在 Configuration 类的对象构建完成且一些全局变量和运行准备工作完成后，SQL Mapper 构建被触发了。

MyBatis 支持以 XML 和注解形式定义的 SQL 映射，所以在构建前也要初始化对应的解析器。

SQL 语句在构建阶段实现了语句、主键、参数、返回结果和缓存等的加载，加载好的语句变量被保存在 configuration 对象中，在运行时使用。

# 第 17 章
# 执行阶段

## 17.1　关键类

如图 17-1 所示是执行阶段的关键类，其中的深色部分是最小类集合，浅色部分是可选功能涉及的类，Statement 是 JDBC 的接口。

下面按照程序的执行顺序简要介绍 MyBatis 执行阶段的关键类和必要的类，它们围绕 Executor 类搭建了 MyBatis 的执行组件。

◎ SqlSession：MyBatis 的核心执行入口。默认实现为 DefaultSqlSession，其他实现有 SqlSessionManager、SqlSessionTemplate（mybatis-spring）等，该接口提供了大量的 SQL 调用方法。

◎ Configuration：保存构建阶段的结果，也负责在执行阶段初始化需要的变量。

◎ MappedStatement：配置好的映射 SQL 语句。

◎ BoundSql：SQL 的抽象，存放执行 SQL 的内容。

◎ Executor：执行器，方法更加抽象，只有 select（DQL）和 update（DML）。虚类 BaseExecutor 有 BatchExecutor、ClosedExecutor、ReuseExecutor、SimpleExecutor 等多种子类实现。

◎ StatementHandler：处理 SQL 语句的管理器接口。

◎ ResultSetHandler：处理结果集的管理器接口。

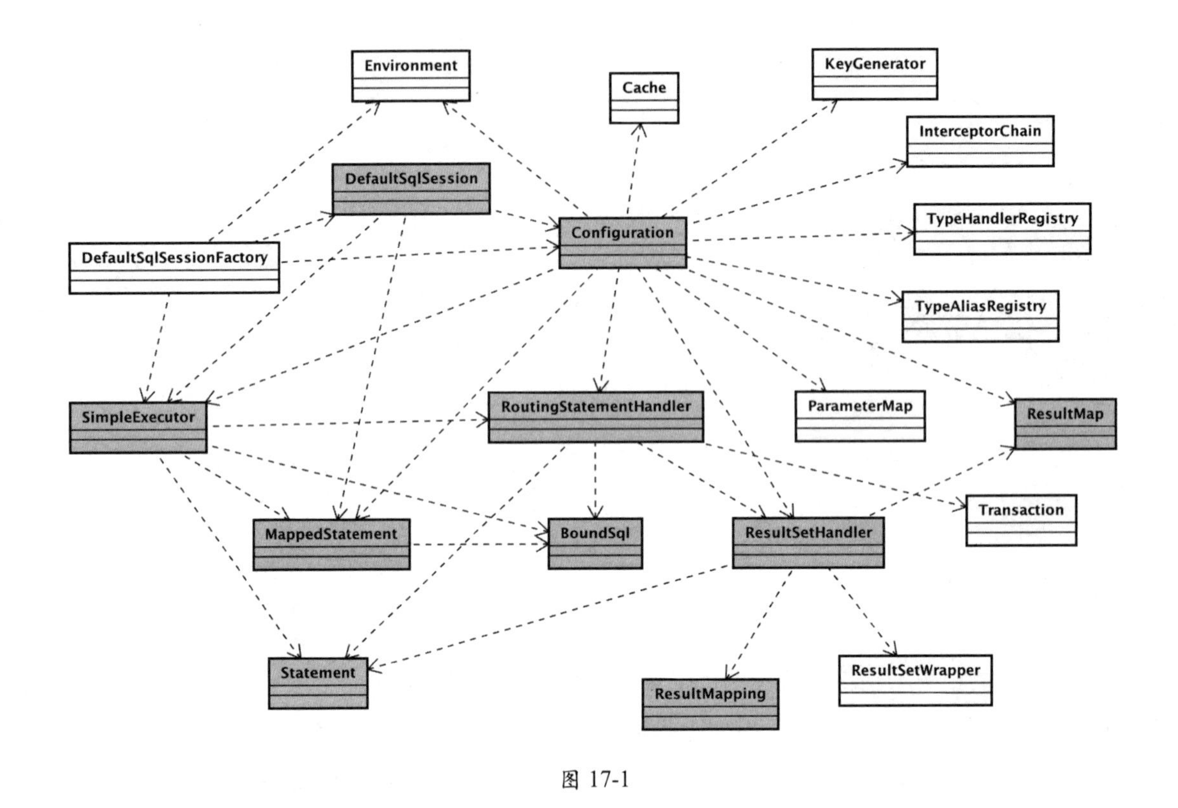


图 17-1

## 17.2 关键接口及默认实现初始化

### 17.2.1 SqlSession 及其关联类的构建过程

SqlSession 是公认的 MyBatis 的接口层，封装了 selectOne()、selectList()、selectMap()、selectCursor()、select()的 DQL 语句，insert()、update()、delete()的 DML 语句，以及 commit()、rollback()的 TPL 语句，如图 17-2 所示。

MyBatis 核心提供的 SqlSession 实例化方式主要用到了工厂 SqlSessionFactory。DefaultSqlSessionFactory 是 SqlSessionFactory 中的一个子类，也是 SqlSessionFactory 默认的实现类，是构建阶段 SqlSessionFactoryBuilder 的产物。

另一个子类 SqlSessionManager 利用 ThreadLocal 和代理拦截，保障了线程安全的、支持自动重连的 SqlSession，这个类没有具体的生产使用，因此这里不深入研究。

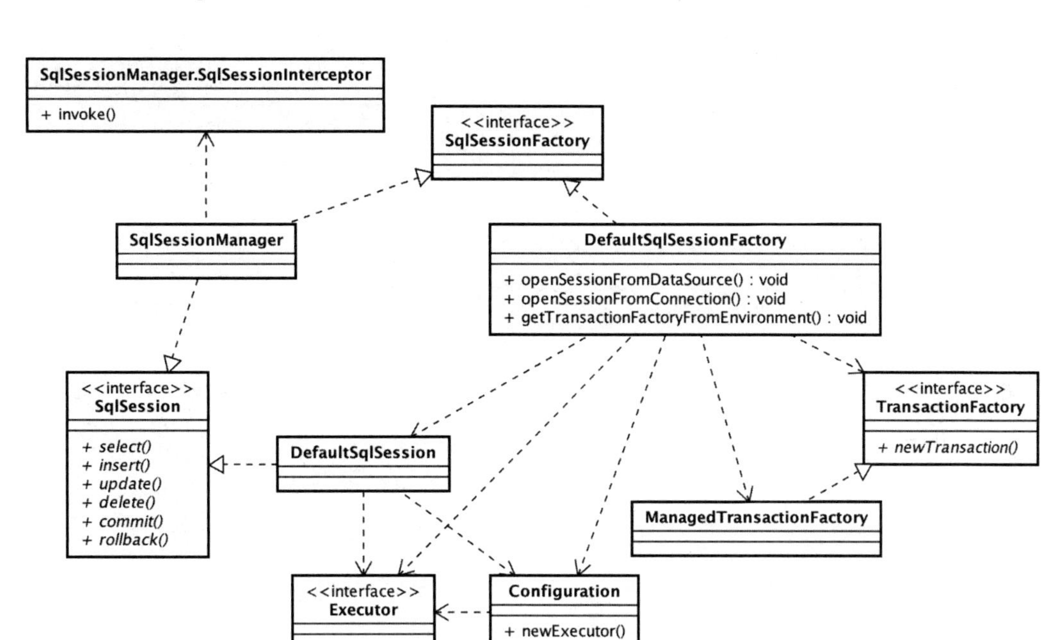


图 17-2

DefaultSqlSessionFactory 只用于构造 SqlSession 的默认子类 DefaultSqlSession 对象。DefaultSqlSession 有 3 个主要属性：configuration、executor 和 autoCommit（autoCommit 参数虽然在声明变量时没有默认值，但 DefaultSqlSession 和 DefaultSqlSessionFactory 会把它赋值成默认值“false”）。

DefaultSqlSessionFactory 提供了两种创建 DefaultSqlSession 的方式：openSessionFromDataSource()和 openSessionFromConnection()。两者的区别只在于 TransactionFactory 生产 Transaction 对象的入参不同，在其他方面与 Environment、Executor 和 SqlSession 的构造方式相同。

```
    private SqlSession openSessionFromDataSource(ExecutorType execType,
TransactionIsolationLevel level, boolean autoCommit) {
  Transaction tx = null;
  try {
     //取出构建好的环境
    final Environment environment = configuration.getEnvironment();
     //事务工厂构建事务
```

```
    final TransactionFactory transactionFactory =
getTransactionFactoryFromEnvironment(environment);
    tx = transactionFactory.newTransaction(environment.getDataSource(), level,
autoCommit);//需要从 environment 中获取数据源
     //生成执行器
    final Executor executor = configuration.newExecutor(tx, execType);
     //构建 SqlSession
    return new DefaultSqlSession(configuration, executor, autoCommit);
  } catch (Exception e) {
    closeTransaction(tx); // may have fetched a connection so lets call close()
    throw ExceptionFactory.wrapException("Error opening session.  Cause: " + e, e);
  } finally {
    ErrorContext.instance().reset();
  }
}
     private SqlSession openSessionFromConnection(ExecutorType execType, Connection
connection) {
  try {
    boolean autoCommit;
    try {
     //从数据库连接元数据中获取自动提交的参数
      autoCommit = connection.getAutoCommit();
    } catch (SQLException e) {
    //鉴于大部分 JDBC 驱动都不支持事务，所以默认值为 true
      autoCommit = true;
    }
    final Environment environment = configuration.getEnvironment();
    final TransactionFactory transactionFactory =
getTransactionFactoryFromEnvironment(environment);
    final Transaction tx = transactionFactory.newTransaction(connection);//直接使用
传入的数据源
    final Executor executor = configuration.newExecutor(tx, execType);
    return new DefaultSqlSession(configuration, executor, autoCommit);
  } catch (Exception e) {
    throw ExceptionFactory.wrapException("Error opening session.  Cause: " + e, e);
  } finally {
    ErrorContext.instance().reset();
  }
}
```

在根据 environment 对象获取 transactionFactory 时要注意，如果没有已构建好的工厂对象，则系统会创建一个默认对象，实现类为 ManagedTrasactionFactory，而这个工厂在创建 transaction 时也会构造一个 Transaction 子类 ManagedTransaction 的对象（注意 ManagedTransaction 并没有实现 commit()和 rollback()方法）。

```
    public Executor newExecutor(Transaction transaction, ExecutorType executorType)
{
  executorType = executorType == null ? defaultExecutorType : executorType;
  executorType = executorType == null ? ExecutorType.SIMPLE : executorType;
  Executor executor;
  if (ExecutorType.BATCH == executorType) {//支持批量的执行器
    executor = new BatchExecutor(this, transaction);
  } else if (ExecutorType.REUSE == executorType) {//支持 statement 缓存的执行器
    executor = new ReuseExecutor(this, transaction);
  } else {
    executor = new SimpleExecutor(this, transaction);//基础执行器
  }
  if (cacheEnabled) {
    executor = new CachingExecutor(executor);//装饰支持缓存的执行器
  }
  executor = (Executor) interceptorChain.pluginAll(executor);//装载扩展插件
  return executor;
}
```

Configuration#newExecutor(transaction,exectutorType)为工厂方法，根据入参 executorType 构造 executor 对象。ExecutorType 有三种：BATCH、REUSE 和 SIMPLE（默认值），分别对应 BatchExecutor、ReuserExecutor 和 SimpleExecutor，如图 17-3 所示。

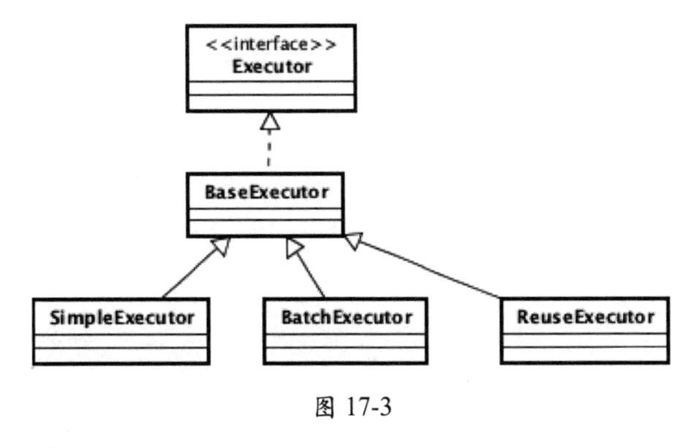


图 17-3

SimpleExecutor 只实现了 BaseExecutor 的虚方法，大部分 Executor 类的功能还是在 Base Executor 中实现的，并没有定义特殊的属性和方法。

至此 SqlSession 及其重要属性 executor 和 configuration 都已构造完成，应用程序可以通过 SqlSession 执行自己定义好的 SQL。

## 17.2.2 StatementHandler 语句处理器

委派模式的 RoutingStatementHandler 类根据不同的需求在 SimpleStatementHandler、CallableStatementHandler、PreparedStatementHandler 三种代理类中进行选择，如图 17-4 所示。

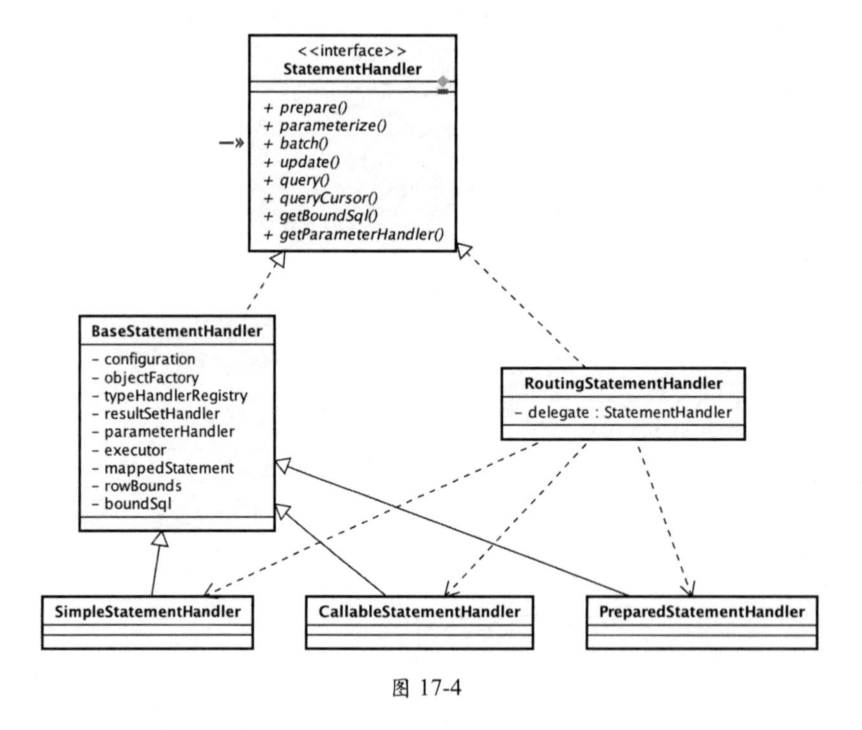


图 17-4

StatementHandler 的构建是 executor 对象在执行具体的 SQL 时，通过 Configuration 类的 newStatementHandler(executor,mappedStatement,rowBounds,parameterHandler,resultHandler,boundSql)方法触发的。

```
    public StatementHandler newStatementHandler(Executor executor, MappedStatement mappedStatement, Object parameterObject, RowBounds rowBounds, ResultHandler resultHandler, BoundSql boundSql) {
  StatementHandler statementHandler = new RoutingStatementHandler(executor, mappedStatement, parameterObject, rowBounds, resultHandler, boundSql);
  statementHandler = (StatementHandler)
```

```
interceptorChain.pluginAll(statementHandler);//装载扩展插件
  return statementHandler;
}
```

在构造完 StatementHandler 之后，configuration 对象会用 interceptorChain 的 pluginAll (object)对 Handler 进行代理，具体细节会在后面讲解。

RoutingStatementHandler 会根据 MappedStatement 类的对象的 statementType 值（STATEMENT、PREPARED、CALLABLE）构造不同的 StatementHandler 子类对象，若没对应到，则会报异常（ExecutorException）。

```
    public RoutingStatementHandler(Executor executor, MappedStatement ms, Object parameter, RowBounds rowBounds, ResultHandler resultHandler, BoundSql boundSql) {

  switch (ms.getStatementType()) {
    case STATEMENT://普通语句
      delegate = new SimpleStatementHandler(executor, ms, parameter, rowBounds, resultHandler, boundSql);
      break;
    case PREPARED://预编译语句
      delegate = new PreparedStatementHandler(executor, ms, parameter, rowBounds, resultHandler, boundSql);
      break;
    case CALLABLE://存储过程
      delegate = new CallableStatementHandler(executor, ms, parameter, rowBounds, resultHandler, boundSql);
      break;
    default:
      throw new ExecutorException("Unknown statement type: " + ms.getStatementType());
  }

}
```

SimpleStatementHandler、PreparedStatementHandler 和 CallableStatementHandler 的构造函数都没有特殊定制，直接调用其父类 BaseStatementHandler 的构造函数。

```
    protected BaseStatementHandler(Executor executor, MappedStatement mappedStatement, Object parameterObject, RowBounds rowBounds, ResultHandler resultHandler, BoundSql boundSql) {
  this.configuration = mappedStatement.getConfiguration();
  this.executor = executor;
  this.mappedStatement = mappedStatement;
```

```
  this.rowBounds = rowBounds;

  this.typeHandlerRegistry = configuration.getTypeHandlerRegistry();
  this.objectFactory = configuration.getObjectFactory();

  if (boundSql == null) { // issue #435, get the key before calculating the statement
    generateKeys(parameterObject);
    boundSql = mappedStatement.getBoundSql(parameterObject);
  }

  this.boundSql = boundSql;

  this.parameterHandler = configuration.newParameterHandler(mappedStatement,
parameterObject, boundSql);
  this.resultSetHandler = configuration.newResultSetHandler(executor,
mappedStatement, rowBounds, parameterHandler, resultHandler, boundSql);
}
```

BaseStatementHandler 在构建时除了赋值属性，还做了初始化工作：如果在构建时传入了 boundSql 对象，则触发一次 keyGenerator 对象的 processBefore()方法处理主键入参（具体处理方法暂不详述），再将处理过的入参重新生成一次 boundSql 对象；通过 Configuration 类的 newParameter Handler()和 newResultSetHandler()构建参数和结果集处理器（具体处理方式与 Statement Handler 一致，会在后面详细讲解）。

## 17.3 DQL 语句是如何执行的

### 17.3.1 查询接口

SqlSession 的查询接口有 5 大类查询方法。

◎ selectOne()：返回单个对象，入参支持 statement、[parameter]。

◎ selectList()：返回 List 结果集，入参支持 statement、[parameter]、[rowBounds]。

◎ selectMap()：返回 Map 结果集，入参支持 statement、mapKey、[parameter]、[rowBounds]。

◎ selectCursor()：返回 Cursor 结果集，入参支持 statement、[parameter]、[rowBounds]。

◎ select()：无返回值但允许传入自定义的 ResultSetHandler 处理结果集，入参支持 statement、handler、[parameter]、[rowBounds]。

selectOne()、selectMap()是通过调用 selectList()实现的。select()与 selectList()比起来只是 ResultHandler 类（注意不是 ResultSetHandler）支持自定义，其他都是相同的。selectList()和 selectCursor()的调用链路虽然几乎没有交集，但也只是在调用 ResultSetHandler 处理结果集时通过 ResultSetHandler#handleResultSets()或 ResultSetHandler#handleCursorResultSets()实现的，所以这里通过 SqlSession#selectList()来分析 MyBatis 是如何实现一次查询的。

## 17.3.2　关键时序

SqlSession 在执行查询操作时，先从 configuration 对象那里获取配置好的 SQL Mapper，之后的工作就交给 Executor#query()了。Executor 类主要依赖 StatementHandler 和 ResultSet Handler 来完成查询工作，StatementHandler 负责查询，ResultSetHandler 负责结果封装，如图 17-5 所示。

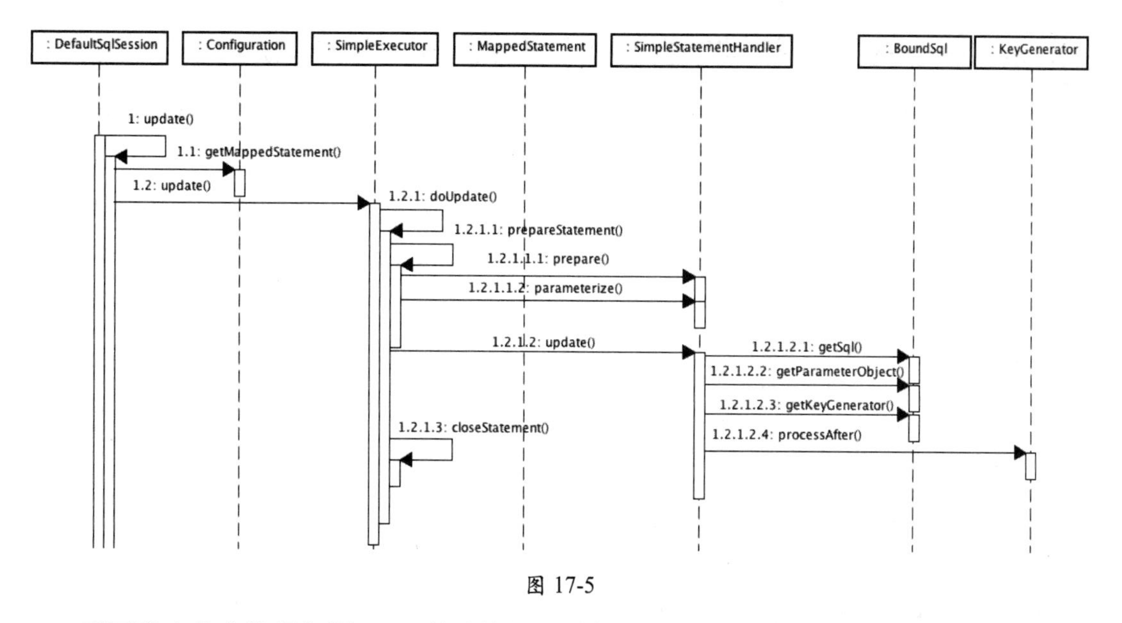


图 17-5

下面的小节会按照如图 17-5 所示的调用顺序详细描述执行阶段的实现细节，在理解下面的小节有问题时，请回看此图。

### 17.3.3 程序执行查询的入口：DefaultSqlSession#selectList(statement)

selectList()做了两件事：使用 statement 语句从 configuration 对象中获取映射的 MappedStatement 语句；调用 Executor#query()执行语句。

```
  public <E> List<E> selectList(String statement, Object parameter, RowBounds
rowBounds) {
  try {
    MappedStatement ms = configuration.getMappedStatement(statement);
    return executor.query(ms, wrapCollection(parameter), rowBounds,
Executor.NO_RESULT_HANDLER);
  } catch (Exception e) {
    throw ExceptionFactory.wrapException("Error querying database.  Cause: " + e, e);
  } finally {
    ErrorContext.instance().reset();
  }
}
```

### 17.3.4 生成执行语句：getMappedStatement()

configuration 对象会从在构建过程中构建出的 mappedStatements(Map<Sting,MappedStatement>)对象中获取映射好的返回。

除了上述逻辑，在生成执行语句前，getMappedStatement()方法还会触发 buildAllStatements()方法，将因 SQL Mapper 构建阶段异常而保存的处理器 resolver()全部调用一次，保证 mappedStatements 对象的正确性。

```
  protected void buildAllStatements() {
  if (!incompleteResultMaps.isEmpty()) {
    synchronized (incompleteResultMaps) {
      // This always throws a BuilderException.
      incompleteResultMaps.iterator().next().resolve();
    }
  }
  if (!incompleteCacheRefs.isEmpty()) {
    synchronized (incompleteCacheRefs) {
      // This always throws a BuilderException.
      incompleteCacheRefs.iterator().next().resolveCacheRef();
    }
  }
```

```
  if (!incompleteStatements.isEmpty()) {
    synchronized (incompleteStatements) {
      // This always throws a BuilderException.
      incompleteStatements.iterator().next().parseStatementNode();
    }
  }
  if (!incompleteMethods.isEmpty()) {
    synchronized (incompleteMethods) {
      // This always throws a BuilderException.
      incompleteMethods.iterator().next().resolve();
    }
  }
}
```

## 17.3.5　执行器查询：Executor#query()

在 Executor类中有很多种 query()重载方法，其中 SqlSession调用的是最外层的 query()，query()方法调用 MappedStatement 类生成一次 boundSql 对象，调用 createCacheKey()方法生成本次缓存的 cacheKey 对象，再将 boundSql 对象、cacheKey 对象和其他入参一起调用一次 query()。

核心的 query()做了这些事情：处理本地缓存（后面会详细讲解 MyBatis 对缓存的处理）；从数据库中查询数据，方法为 BaseExecutor#queryFromDataBase()，该方法会直接使用子类的 doQuery()，也会处理对缓存数据的写操作；Executor 类利用 queryStack 变量执行嵌套查询实现结果集的延迟加载（deferload）。

```
   public <E> List<E> query(MappedStatement ms, Object parameter, RowBounds
rowBounds, ResultHandler resultHandler, CacheKey key, BoundSql boundSql) throws
SQLException {
  ErrorContext.instance().resource(ms.getResource()).activity("executing a
query").object(ms.getId());
  if (closed) {
    throw new ExecutorException("Executor was closed.");
  }
  //在嵌套查询结束或强制主动刷新的情况下清空缓存
  if (queryStack == 0 && ms.isFlushCacheRequired()) {
    clearLocalCache();
  }
  List<E> list;
  try {
```

```
    queryStack++;
    list = resultHandler == null ? (List<E>) localCache.getObject(key) : null;
    if (list != null) {
      handleLocallyCachedOutputParameters(ms, key, parameter, boundSql);
    } else {
      //执行数据库查询
      list = queryFromDatabase(ms, parameter, rowBounds, resultHandler, key,
boundSql);
    }
  } finally {
    queryStack--;
  }
  if (queryStack == 0) {
    for (DeferredLoad deferredLoad : deferredLoads) {
      deferredLoad.load();
    }
    // issue #601
    deferredLoads.clear();
    if (configuration.getLocalCacheScope() == LocalCacheScope.STATEMENT) {
      // issue #482
      clearLocalCache();
    }
  }
  return list;
}
```

SimpleExecutor#doQuery()执行查询操作，如下所示。

```
    public <E> List<E> doQuery(MappedStatement ms, Object parameter, RowBounds
rowBounds, ResultHandler resultHandler, BoundSql boundSql) throws SQLException {
  Statement stmt = null;
  try {
    Configuration configuration = ms.getConfiguration();
     //构建语句处理器
    StatementHandler handler = configuration.newStatementHandler(wrapper, ms,
parameter, rowBounds, resultHandler, boundSql);
     //预编译 JDBC 语句
    stmt = prepareStatement(handler, ms.getStatementLog());
     //执行查询
    return handler.<E>query(stmt, resultHandler);
  } finally {
    closeStatement(stmt);
  }
```

```
}
```

下面使用 configuration 对象构建一个语句处理器 StatementHandler（StatementHandler 的生成逻辑在第 16 章已经介绍过）。调用 SimpleExecutor#prepareStatement()预处理 statement 准备执行环境，然后调用 Transaction（主要是 ManagedTransaction）打开一个连接，使用创建的连接调用 StatementHandler#prepare()生成一个语句 Statement 类的对象，最后调用 StatementHandler#parameterize()方法处理参数。

使用 BaseExecutor#getConnection()获取连接，如下所示。

```
    protected Connection getConnection(Log statementLog) throws SQLException {
  Connection connection = transaction.getConnection();
  if (statementLog.isDebugEnabled()) {
    //使用 ConnectionLogger 对 connection 进行动态代理，目的是打印 debug 日志
    return ConnectionLogger.newInstance(connection, statementLog, queryStack);
  } else {
    //直接返回连接
    return connection;
  }
}
```

使用 ManagedTransaction#openConnection()打开连接，如下所示。

```
    protected void openConnection() throws SQLException {
  if (log.isDebugEnabled()) {
    log.debug("Opening JDBC Connection");
  }
  this.connection = this.dataSource.getConnection();
  if (this.level != null) {
    this.connection.setTransactionIsolation(this.level.getLevel());
  }
}
```

使用 BaseExecutor#prepare()预处理语句，如下所示。

```
    public Statement prepare(Connection connection, Integer transactionTimeout)
throws SQLException {
  ErrorContext.instance().sql(boundSql.getSql());//日志组件初始化
  Statement statement = null;
  try {
    statement = instantiateStatement(connection);//初始化语句
    setStatementTimeout(statement, transactionTimeout);//设置超时时间
    setFetchSize(statement);//设置滚动的大小
```

```
    return statement;
  } catch (SQLException e) {
    closeStatement(statement);
    throw e;
  } catch (Exception e) {
    closeStatement(statement);
    throw new ExecutorException("Error preparing statement.  Cause: " + e, e);
  }
}
```

StatementHandler#parameterize()处理参数，BaseStatementHandler 通过 ParameterHandler 接口的 setParameters()方法实现参数处理。BaseStatementHandler 在构建 ParameterHandler 对象时使用了 Configuration#newParameterHandler()方法，该方法同样支持自定义扩展。下面看一下 ParameterHandler#setParameters()方法。

```
    public void setParameters(PreparedStatement ps) {
  ErrorContext.instance().activity("setting
parameters").object(mappedStatement.getParameterMap().getId());//打印日志用
  //获取、遍历参数映射
      List<ParameterMapping> parameterMappings = boundSql.getParameterMappings();
  if (parameterMappings != null) {
    for (int i = 0; i < parameterMappings.size(); i++) {
      ParameterMapping parameterMapping = parameterMappings.get(i);//按顺序获取
      if (parameterMapping.getMode() != ParameterMode.OUT) {//只处理 IN 或 INOUT 模式的
参数映射
        Object value;
        String propertyName = parameterMapping.getProperty();
        if (boundSql.hasAdditionalParameter(propertyName)) { //动态 SQL 参数
          value = boundSql.getAdditionalParameter(propertyName);
        } else if (parameterObject == null) { //入参对象为空
          value = null;
        } else if (typeHandlerRegistry.hasTypeHandler(parameterObject.getClass()))
{ //通过 TypeHandler 处理参数
          value = parameterObject;
        } else { //通过 MetaObject 反射参数
          MetaObject metaObject = configuration.newMetaObject(parameterObject);
          value = metaObject.getValue(propertyName);
        }
            //从参数映射中获取 TypeHandler
        TypeHandler typeHandler = parameterMapping.getTypeHandler();
        JdbcType jdbcType = parameterMapping.getJdbcType();
        if (value == null && jdbcType == null) {
```

```
          jdbcType = configuration.getJdbcTypeForNull();
        }
        try {
          //设置参数
          typeHandler.setParameter(ps, i + 1, value, jdbcType);
        } catch (TypeException e) {
          throw new TypeException("Could not set parameters for mapping: " +
parameterMapping + ". Cause: " + e, e);
        } catch (SQLException e) {
          throw new TypeException("Could not set parameters for mapping: " +
parameterMapping + ". Cause: " + e, e);
        }
      }
    }
  }
}
```

ParameterHandler#setParameters()从 boundSql 对象中获取参数映射，遍历参数映射，为 PreparedStatement 按照映射顺序设置参数。

在一切准备就绪后，statementHandler 对象执行 query()方法查询数据库。

### 17.3.6　JDBC 执行语句：SimpleStatementHandler#query()

query()查询方法就是对 JDBC 接口的调用，首先从 boundSql 对象处获取真实的 SQL 语句，用准备好的 statement 到数据库中执行 SQL，最后调用 ResultSetHandler#handler ResultSets()方法处理返回值。

```
    public <E> List<E> query(Statement statement, ResultHandler resultHandler)
throws SQLException {
  String sql = boundSql.getSql();
  statement.execute(sql);
  return resultSetHandler.<E>handleResultSets(statement);
}
```

### 17.3.7　结果集处理：DefaultResultSetHandler#handlerResultSets()

原理很简单，将 ResultSet 处理成 List<Object>，如图 17-6 所示。

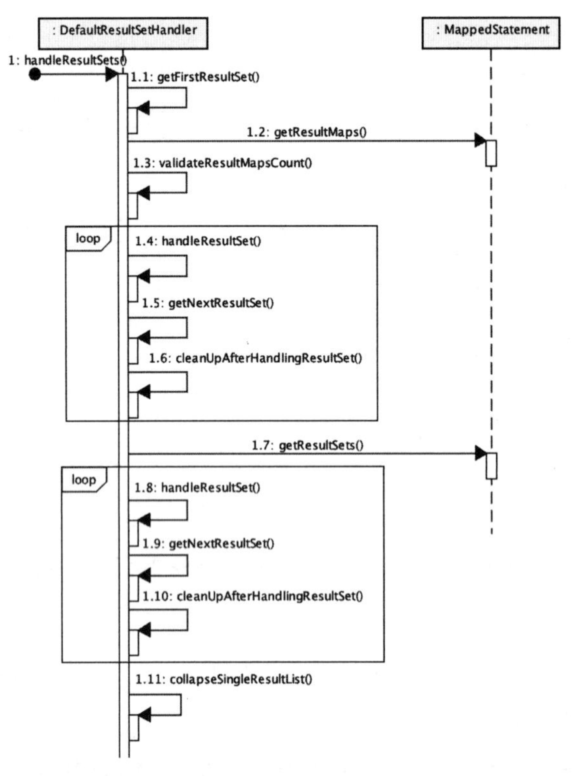


图 17-6

handleResultSets()在处理结果集时，首先声明一个返回变量 multipleResults 存放结果数据，调用 getFirstResultSet()构造一个 ResultSetWrapper 结果集包装对象，该对象代表一行结果集数据，也是下面循环体内的临时变量。程序会先处理 ResultMaps 再处理 ResultSets。只要在查询结果集中有数据，handlerResultSet()和 getNextResultSet()就会持续处理结果集，在每次处理完结果集后都会调用 cleanUpAfterHandlingResultSet()清空处理嵌套结果集的临时变量。

```
    public List<Object> handleResultSets(Statement stmt) throws SQLException {
  ErrorContext.instance().activity("handling
results").object(mappedStatement.getId());//日志组件初始化

  final List<Object> multipleResults = new ArrayList<Object>();

  int resultSetCount = 0;
  ResultSetWrapper rsw = getFirstResultSet(stmt);//获取一次结果集
```

```
  //处理 ResultMap
  List<ResultMap> resultMaps = mappedStatement.getResultMaps();
  int resultMapCount = resultMaps.size();
  validateResultMapsCount(rsw, resultMapCount);
  while (rsw != null && resultMapCount > resultSetCount) {//遍历结果集
    ResultMap resultMap = resultMaps.get(resultSetCount);
    handleResultSet(rsw, resultMap, multipleResults, null);//处理结果集
    rsw = getNextResultSet(stmt);//获取下一个结果集
    cleanUpAfterHandlingResultSet();
    resultSetCount++;
  }

  String[] resultSets = mappedStatement.getResultSets();
  if (resultSets != null) {
    while (rsw != null && resultSetCount < resultSets.length) {
      ResultMapping parentMapping = nextResultMaps.get(resultSets[resultSetCount]);
      if (parentMapping != null) {
        String nestedResultMapId = parentMapping.getNestedResultMapId();
        ResultMap resultMap = configuration.getResultMap(nestedResultMapId);
        handleResultSet(rsw, resultMap, null, parentMapping);//结果集处理
      }
      rsw = getNextResultSet(stmt);
      cleanUpAfterHandlingResultSet();
      resultSetCount++;
    }
  }

  return collapseSingleResultList(multipleResults);
}
```

handlerResultSet()在处理 ResultMap 时，如果 ResultMap 是嵌套结果集，则直接调用 handleRowValues()方法；如果 ResultMap 是单结果集，则调用 handleRowValues()方法并传入结果集处理器。单结果集经过一系列调用之后最终通过 getRowValue()反射出查询结果 object 对象。

```
    private void handleResultSet(ResultSetWrapper rsw, ResultMap resultMap,
List<Object> multipleResults, ResultMapping parentMapping) throws SQLException {
  try {
    if (parentMapping != null) {
     //优先 parentMapping 处理
      handleRowValues(rsw, resultMap, null, RowBounds.DEFAULT, parentMapping);
```

```
    } else {
      if (resultHandler == null) {
        //未指定 resultHandler，指定了一个 DefaultResultHandler
        DefaultResultHandler defaultResultHandler = new
DefaultResultHandler(objectFactory);
        handleRowValues(rsw, resultMap, defaultResultHandler, rowBounds, null);
        multipleResults.add(defaultResultHandler.getResultList());
      } else {
        handleRowValues(rsw, resultMap, resultHandler, rowBounds, null);
      }
    }
  } finally {
    // issue #228 (close resultsets)
    closeResultSet(rsw.getResultSet());
  }
}
    private Object getRowValue(ResultSetWrapper rsw, ResultMap resultMap) throws
SQLException {
  final ResultLoaderMap lazyLoader = new ResultLoaderMap();
  Object rowValue = createResultObject(rsw, resultMap, lazyLoader, null);
  if (rowValue != null && !hasTypeHandlerForResultObject(rsw, resultMap.getType()))
{
    final MetaObject metaObject = configuration.newMetaObject(rowValue);
    boolean foundValues = this.useConstructorMappings;
    if (shouldApplyAutomaticMappings(resultMap, false)) {
     //自动映射
      foundValues = applyAutomaticMappings(rsw, resultMap, metaObject, null) ||
foundValues;
    }
     //字段映射
    foundValues = applyPropertyMappings(rsw, resultMap, metaObject, lazyLoader, null)
|| foundValues;
    foundValues = lazyLoader.size() > 0 || foundValues;
     //空结果集返回空对象逻辑
    rowValue = foundValues || configuration.isReturnInstanceForEmptyRow() ? rowValue :
null;
  }
  return rowValue;
}
```

之后通过 storeObject()调用 callResultHandler()触发 resultHandler 对象的拦截器功能。

```
    private void callResultHandler(ResultHandler<?> resultHandler,
DefaultResultContext<Object> resultContext, Object rowValue) {
  resultContext.nextResultObject(rowValue);
  ((ResultHandler<Object>) resultHandler).handleResult(resultContext);
}
```

DefaultResultSetHandler#getNextResultSet()方法从 JDBC 结果集中获取数据。

```
    private ResultSetWrapper getNextResultSet(Statement stmt) throws SQLException
{
  // Making this method tolerant of bad JDBC drivers
  try {
    if (stmt.getConnection().getMetaData().supportsMultipleResultSets()) {
      // Crazy Standard JDBC way of determining if there are more results
      if (!(!stmt.getMoreResults() && stmt.getUpdateCount() == -1)) {
        ResultSet rs = stmt.getResultSet();
        if (rs == null) {
          return getNextResultSet(stmt);
        } else {
          return new ResultSetWrapper(rs, configuration);
        }
      }
    }
  } catch (Exception e) {
    // Intentionally ignored.
  }
  return null;
}
```

由于区分简单结果集和嵌套结果集，所以 multipleResults 的真实类型可以为 List<Object>和 List<List<Object>>。程序要对单一结果集调用 collapseSingleResultList()，当 multipleResults 大小为 1 时，将 List<List<Object>>处理成 List<Object>。

```
    private List<Object> collapseSingleResultList(List<Object> multipleResults) {
  return multipleResults.size() == 1 ? (List<Object>) multipleResults.get(0) :
multipleResults;
}
```

嵌套查询的递归处理路径为 handleResultSets()→handleResultSet()→handleRowValues()→handleRowValuesForNestedResultMap()→getRowValue()→applyNestedResultMappings()→resultMap.getPropertyResultMappings()或 getRowValue()。

## 17.4 DML 语句是如何执行的

### 17.4.1 操作接口

SqlSession 支持增删改这三类接口。

◎ insert()：返回影响行数（int 类型），方法入参有 statement、parameter（非必需）。
◎ update()：返回影响行数（int 类型），方法入参有 statement、parameter（非必需）。
◎ delete()：返回影响行数（int 类型），方法入参有 statement、parameter（非必需）。

三种方法都是由 update()包装而来的，下面以 update()为入口分析 MyBatis 是如何处理 DML 语句的。

### 17.4.2 关键时序

与 DQL 语句执行的依赖顺序很相似，DML 在插入时会有新主键产生，这个功能被委托给 KeyGenerator 类完成。DML 对结果集也不敏感，所以不需要 ResultSetHandler 帮忙处理复杂的结果集，如图 17-7 所示。

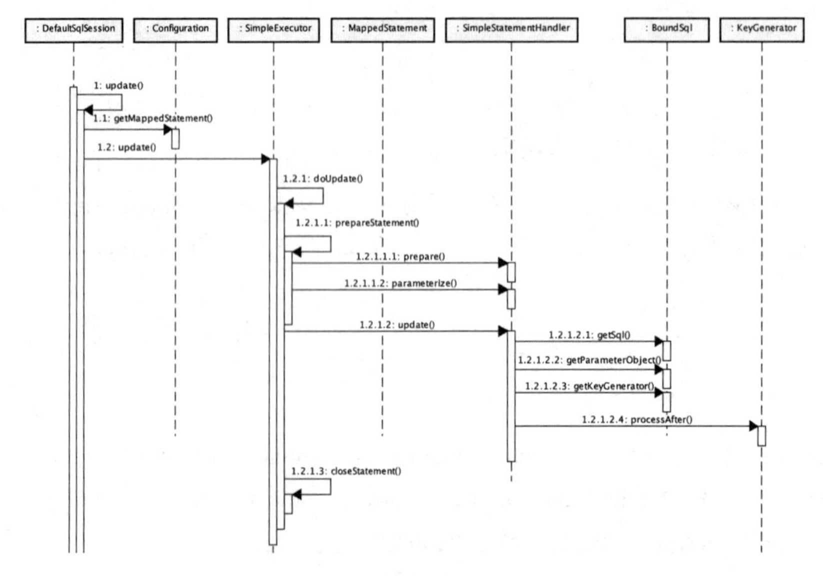


图 17-7

## 17.4.3　程序执行更新的入口：DefaultSqlSession#update()

应用程序通过 SqlSession 的 update()方法执行 SQL 语句。参数很简单，即要执行的语句（statement）和执行的参数（parameter）。

```
    public int update(String statement, Object parameter) {
  try {
    dirty = true;//启动自动提交模式
    MappedStatement ms = configuration.getMappedStatement(statement);
    return executor.update(ms, wrapCollection(parameter));
  } catch (Exception e) {
    throw ExceptionFactory.wrapException("Error updating database.  Cause: " + e, e);
  } finally {
    ErrorContext.instance().reset();
  }
}
```

update()的实现跟 selectList()相似，也只做了两件事：使用 statement 对象从 configuration 对象中获取映射的 MappedStatement 类的对象中的语句；调用 Executor#update()执行语句。

## 17.4.4　执行器执行方法：Executor#update()

BaseExecutor#update()在处理过本地缓存后，直接调用虚方法 doUpdate()。

```
    public int update(MappedStatement ms, Object parameter) throws SQLException {
  ErrorContext.instance().resource(ms.getResource()).activity("executing an
update").object(ms.getId());
  if (closed) {
    throw new ExecutorException("Executor was closed.");
  }
  clearLocalCache();
  return doUpdate(ms, parameter);
}
    public int doUpdate(MappedStatement ms, Object parameter) throws SQLException
{
  Statement stmt = null;
  try {
    Configuration configuration = ms.getConfiguration();
    StatementHandler handler = configuration.newStatementHandler(this, ms, parameter,
RowBounds.DEFAULT, null, null);
```

```
    stmt = prepareStatement(handler, ms.getStatementLog());
    return handler.update(stmt);
  } finally {
    closeStatement(stmt);
  }
}
```

doUpdate()与 doQuery()的相似度极高，只有两处不同：StatementHandler 构建入参和 Handler 调用方法。其他实现都一致。

构建 StatementHandler 的第 1 个参数 executor 时，query()用的是 wrapper 对象，update()用的是 this 本身，wrapper 在 CachingExecutor 中会被用到并禁用 setExecutor Wrapper 方法，目的是不允许 wrapper 对象被继续包装，而 SimpleExecutor 对象用 wrapper 或 this 本身没有差别。rowBounds、resultHandler、boundSql 参数在 update()中都用不到，因此采用的是默认值和 null。

与查询语句的 StatementHandler 调用方法不同，查询语句调用了 query()，更新语句调用了 update()。

在 SimpleStatementHandler 的父类 BaseStatementHandler 构造器中有一个特殊的逻辑，会触发主键生成策略的 processBefore()方法，在 SQL 中配置 selectKey 元素的功能时，SelectKey Generator 内部会生成一个新的 executor 对象执行 selectKey 元素指定的 SQL 语句并将返回值设置到返回对象中。

```
    @Override
public void processBefore(Executor executor, MappedStatement ms, Statement stmt,
Object parameter) {
  if (executeBefore) {
    processGeneratedKeys(executor, ms, parameter);//在执行前处理主键策略
  }
}

private void processGeneratedKeys(Executor executor, MappedStatement ms, Object
parameter) {
  try {
    if (parameter != null && keyStatement != null && keyStatement.getKeyProperties() !=
null) {
      String[] keyProperties = keyStatement.getKeyProperties();//获取主键字段
      final Configuration configuration = ms.getConfiguration();
      final MetaObject metaParam = configuration.newMetaObject(parameter);//映射参
```

```
数
      if (keyProperties != null) {
        // Do not close keyExecutor.
        // The transaction will be closed by parent executor.
        //执行查询
        Executor keyExecutor = configuration.newExecutor(executor.getTransaction(),
ExecutorType.SIMPLE);
        List<Object> values = keyExecutor.query(keyStatement, parameter,
RowBounds.DEFAULT, Executor.NO_RESULT_HANDLER);
        if (values.size() == 0) {
          throw new ExecutorException("SelectKey returned no data.");
        } else if (values.size() > 1) {
          throw new ExecutorException("SelectKey returned more than one value.");
        } else {
          MetaObject metaResult = configuration.newMetaObject(values.get(0));
          //将查询到的值设置到对应的字段上
          if (keyProperties.length == 1) {
            if (metaResult.hasGetter(keyProperties[0])) {
              setValue(metaParam, keyProperties[0],
metaResult.getValue(keyProperties[0]));
            } else {
              // no getter for the property - maybe just a single value object
              // so try that
              setValue(metaParam, keyProperties[0], values.get(0));
            }
          } else {
            handleMultipleProperties(keyProperties, metaParam, metaResult);
          }
        }
      }
    }
  } catch (ExecutorException e) {
    throw e;
  } catch (Exception e) {
    throw new ExecutorException("Error selecting key or setting result to parameter
object. Cause: " + e, e);
  }
}
```

### 17.4.5 SQL 语句执行：SimpleStatementHandler#update()

首先从 boundSql 对象中获取真正要执行的 SQL 语句和查询参数。

然后从 mappedStatement 对象中获取配置的 keyGenerator 变量，在构建阶段如果在配置文件中定义了 useGeneratedKeys 为 true，则变量 keyGenerator 会为默认值 Jdbc3KeyGenerator 的对象。

最后调用 Statement#execute()操作数据库，返回影响行数，部分分支需要处理 KeyGenerator#processAfter()。

```
    public int update(Statement statement) throws SQLException {
  String sql = boundSql.getSql();
  Object parameterObject = boundSql.getParameterObject();
  KeyGenerator keyGenerator = mappedStatement.getKeyGenerator();
  int rows;
    //在语句执行完成后调用主键策略逻辑
  if (keyGenerator instanceof Jdbc3KeyGenerator) {
    statement.execute(sql, Statement.RETURN_GENERATED_KEYS);//在结果集中返回主键
    rows = statement.getUpdateCount();
    keyGenerator.processAfter(executor, mappedStatement, statement,
parameterObject);
  } else if (keyGenerator instanceof SelectKeyGenerator) {
    statement.execute(sql);
    rows = statement.getUpdateCount();
    keyGenerator.processAfter(executor, mappedStatement, statement,
parameterObject);
  } else {
    //在未指定的情况，不触发 processAfter()
    statement.execute(sql);
    rows = statement.getUpdateCount();
  }
  //返回影响行数
  return rows;
}
```

### 17.4.6 结果集主键逻辑：Jdbc3KeyGenerator#processAfter()

在插入新数据时，应用程序需要知道新数据的主键值。MyBatis 支持将新插入的数据

的主键值放入 parameterObject（入参对象）中。从 MappedStatement 类的对象中获取配置好的 keyProperties 主键字段，再用 MyBatis 封装的反射工具类（TypeHandler、MetaObject）把数据库返回的新数据的主键值赋到对象指定的属性中。

```
    public void processBatch(MappedStatement ms, Statement stmt, Collection<Object>
parameters) {
  ResultSet rs = null;
  try {
    rs = stmt.getGeneratedKeys();
    final Configuration configuration = ms.getConfiguration();
    final TypeHandlerRegistry typeHandlerRegistry =
configuration.getTypeHandlerRegistry();
    final String[] keyProperties = ms.getKeyProperties();
    final ResultSetMetaData rsmd = rs.getMetaData();
    TypeHandler<?>[] typeHandlers = null;
     //找到 key 对应的字段
    if (keyProperties != null && rsmd.getColumnCount() >= keyProperties.length) {
      for (Object parameter : parameters) {
        // there should be one row for each statement (also one for each parameter)
        if (!rs.next()) {
          break;
        }
        final MetaObject metaParam = configuration.newMetaObject(parameter);
        if (typeHandlers == null) {
          typeHandlers = getTypeHandlers(typeHandlerRegistry, metaParam,
keyProperties, rsmd);
        }
        populateKeys(rs, metaParam, keyProperties, typeHandlers);//将 rs 中的结果数据
反射到 metaParam 中
      }
    }
  } catch (Exception e) {
    throw new ExecutorException("Error getting generated key or setting result to
parameter object. Cause: " + e, e);
  } finally {
    if (rs != null) {
      try {
        rs.close();
      } catch (Exception e) {
        // ignore
      }
```

```
        }
    }
}
```

## 17.5 小结

MyBatis 对外提供功能丰富且统一的执行入口，但自身对于查询语句（DQL）和修改语句（DML）是分开实现的。

MyBatis 会从配置中找到用户需要执行的 SQL 语句 BoundSql 来创建连接、构建 Statement 和设置参数。在准备工作做好后 Executor 类会执行真正的 SQL，在处理好返回的结果集后，会将封装好的对象返回给应用程序。

在执行阶段也提供了很多高级特性，自定义扩展点、两级缓存、事务控制、动态 SQL、嵌套结果集都是为了方便应用程序使用提供的功能。

# 第 18 章 专题特性解析

## 18.1 动态 SQL 支持

MyBatis 聚焦于 SQL Mapping，支持动态 SQL，这使得 MyBatis 很强大。当然，针对不同的数据库厂商会有特殊函数的情况，也可以用动态 SQL 功能实现差异化调用。Mapper 配置文件主要用于动态 SQL 的元素如下。

- ◎ if：支持 OGNL 表达式，若符合条件，则 SQL 片段会被拼入 SQL。
- ◎ choose：类似 Java 的 switch，配合 when 和 otherwise 使用。如果逻辑不复杂，则也可以用 if 替代。
- ◎ trim：由于 if 语句会造成 SQL 语句不符合语法规则，所以利用 trim 可以避免多出 where 或者 and/or 关键字的尴尬。
- ◎ foreach：遍历集合，典型的使用场景是 in 条件语句的生成。

### 18.1.1 XmlScriptBuilder 解析配置

在 SQL Mapping 构建阶段会根据需要初始化一个 XmlScriptBuilder 的实例。XmlScriptBuilder 会解析生成 SqlSource 对象。SqlSource 需要一个重要的对象：SqlNode。XmlScriptBuilder#parseDynamicTags(xnode)会解析配置文件来构建必要的 SqlNode 对象，SqlNode

正是 MyBatis 的重要特性，即动态 SQL 的关键对象，如图 18-1 所示。

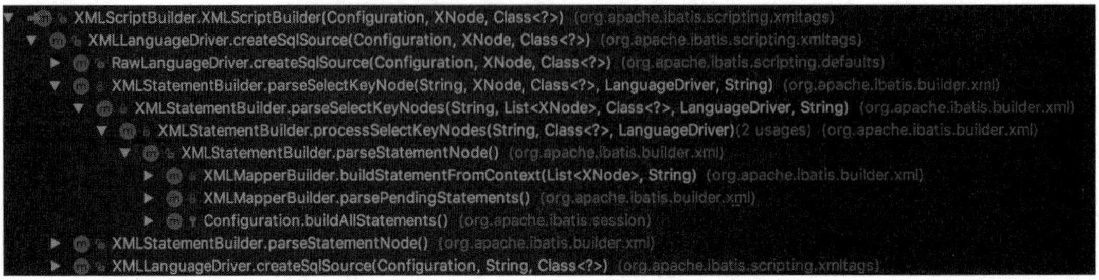

```
▼ XMLScriptBuilder.XMLScriptBuilder(Configuration, XNode, Class<?>) (org.apache.ibatis.scripting.xmltags)
  ▼ XMLLanguageDriver.createSqlSource(Configuration, XNode, Class<?>) (org.apache.ibatis.scripting.xmltags)
    ► RawLanguageDriver.createSqlSource(Configuration, XNode, Class<?>) (org.apache.ibatis.scripting.defaults)
    ▼ XMLStatementBuilder.parseSelectKeyNode(String, XNode, Class<?>, LanguageDriver, String) (org.apache.ibatis.builder.xml)
      ▼ XMLStatementBuilder.parseSelectKeyNodes(String, List<XNode>, Class<?>, LanguageDriver, String) (org.apache.ibatis.builder.xml)
        ▼ XMLStatementBuilder.processSelectKeyNodes(String, Class<?>, LanguageDriver)(2 usages) (org.apache.ibatis.builder.xml)
          ▼ XMLStatementBuilder.parseStatementNode() (org.apache.ibatis.builder.xml)
            ► XMLMapperBuilder.buildStatementFromContext(List<XNode>, String) (org.apache.ibatis.builder.xml)
            ► XMLMapperBuilder.parsePendingStatements() (org.apache.ibatis.builder.xml)
            ► Configuration.buildAllStatements() (org.apache.ibatis.session)
    ► XMLStatementBuilder.parseStatementNode() (org.apache.ibatis.builder.xml)
    ► XMLLanguageDriver.createSqlSource(Configuration, String, Class<?>) (org.apache.ibatis.scripting.xmltags)
```

图 18-1

当 XML 节点类型为 CDATA_SECTION_NODE 和 TEXT_NODE 时，节点会被当作静态配置，其他节点则会被 XmlScriptBuilder 的处理器 NodeHandler 处理成动态的 SqlNode。MyBatis 用策略模式实现对配置文件中不同标签的解析，如下所示是动态 SQL 与处理器的映射关系。

```
    private void initNodeHandlerMap() {
  nodeHandlerMap.put("trim", new TrimHandler());
  nodeHandlerMap.put("where", new WhereHandler());
  nodeHandlerMap.put("set", new SetHandler());
  nodeHandlerMap.put("foreach", new ForEachHandler());
  nodeHandlerMap.put("if", new IfHandler());
  nodeHandlerMap.put("choose", new ChooseHandler());
  nodeHandlerMap.put("when", new IfHandler());
  nodeHandlerMap.put("otherwise", new OtherwiseHandler());
  nodeHandlerMap.put("bind", new BindHandler());
}
```

## 18.1.2　NodeHandler 构建 SqlNode 树

NodeHandler 节点处理器接口定义了 handleNode(nodeToHandle,targetContents)方法。节点处理器有很多实现类，逻辑也很相似：处理自己关心的标签来构建 SqlNode 对象，将 SqlNode 对象添加到 targetContents 目标上下文中。

（1）BindHandler：解析配置文件中的 bind 标签，读取 name 和 value 属性，构建 VarDeclSqlNode 对象，将生成的节点添加到 targetContents 上下文中。

```
    @Override
```

```
public void handleNode(XNode nodeToHandle, List<SqlNode> targetContents) {
  final String name = nodeToHandle.getStringAttribute("name");
  final String expression = nodeToHandle.getStringAttribute("value");
  final VarDeclSqlNode node = new VarDeclSqlNode(name, expression);
  targetContents.add(node);
}
```

（2）ChooseHandler：解析配置文件中的 choose 元素，递归调用 IfHandler 和 Otherwise Handler 来实现 when 和 otherwise 的逻辑。最终构建 ChooseNode 对象，将其保存到 target Contents 上下文中。

```
    public void handleNode(XNode nodeToHandle, List<SqlNode> targetContents) {
  List<SqlNode> whenSqlNodes = new ArrayList<SqlNode>();
  List<SqlNode> otherwiseSqlNodes = new ArrayList<SqlNode>();
  handleWhenOtherwiseNodes(nodeToHandle, whenSqlNodes, otherwiseSqlNodes);
  SqlNode defaultSqlNode = getDefaultSqlNode(otherwiseSqlNodes);
  ChooseSqlNode chooseSqlNode = new ChooseSqlNode(whenSqlNodes, defaultSqlNode);
  targetContents.add(chooseSqlNode);
}
```

（3）IfHandler：调用 XmlScriptBuilder#parseDynamicTags(xnode)解析内部的元素，解析 if/when 元素定义的 test 表达式，生成 IfSql。Node 对象被放入 targetContents 上下文中。

```
    @Override
public void handleNode(XNode nodeToHandle, List<SqlNode> targetContents) {
  MixedSqlNode mixedSqlNode = parseDynamicTags(nodeToHandle);
  String test = nodeToHandle.getStringAttribute("test");
  IfSqlNode ifSqlNode = new IfSqlNode(mixedSqlNode, test);
  targetContents.add(ifSqlNode);
}
```

（4）OtherwiseHandler：自身不参与解析，相当于一个子动态块，直接调用 XmlScript Builder#parseDynamicTags(xnode)生成一个 MixdSqlNode 并将其放入上下文中。

```
    @Override
public void handleNode(XNode nodeToHandle, List<SqlNode> targetContents) {
  MixedSqlNode mixedSqlNode = parseDynamicTags(nodeToHandle);
  targetContents.add(mixedSqlNode);
}
```

（5）ForEachHandler：调用 XmlScriptBuilder#parseDynamicTags(xnode)解析内部的元素来获得 MixedSqlNode 对象，解析 foreach 元素，读取 collection、item、index、open、 close、separator 的设置值，生成 ForEachSqlNode 对象并将其添加到 targetContents 上下文中。

（6）SetHandler：调用 XmlScriptBuilder#parseDynamicTags(xnode)解析内部的元素来获得 MixedSqlNode 对象，再生成 SetSqlNode 对象并将其放入上下文中。

（7）TrimHandler：调用 XmlScriptBuilder#parseDynamicTags(xnode)解析内部的元素来获得 MixedSqlNode 对象，解析 trim 元素，读取 prefix、prefixOverrides、surffix、surffixOverrides 设置值，生成 TrimSqlNode 对象并将其放入上下文中。

（8）WhereHandler：调用 XmlScriptBuilder#parseDynamicTags(xnode)解析内部的元素来获得 MixedSqlNode 对象，再生成 WhereSqlNode 对象并将其放入上下文中。

我们从上面的各个 NodeHandler 接口的实现中不难发现一个细节：所有调用了 XmlScript Builder#parseDynamicTags(xnode)方法的 NodeHandler 接口都将支持动态配置，即 SqlNode 树的构建方式，具体的使用还需要在实际项目中根据实际情况多思考。

XmlScriptBuilder#parseScriptNode()生成了一大堆 SqlNode，这些 SqlNode 都被放入上下文中形成一棵树，最终被放入 SqlSource 对象中返回，如果有动态标签的话，则 XmlScript Builder 会构建一个具体的 DynamicSqlSource 的子类对象。这个 SqlSource 对象也会被用于构建 MappedStatement 类的对象。

还记得在执行阶段，Executor 类会调用 MappedStatement#getBoundSql()获取 boundSql 对象吗？配置过动态 SQL 的 DynamicSqlSource#getBoundSql()都会被调用。

```
    @Override
public BoundSql getBoundSql(Object parameterObject) {
  DynamicContext context = new DynamicContext(configuration, parameterObject);
  rootSqlNode.apply(context);//实现动态 SQL
  SqlSourceBuilder sqlSourceParser = new SqlSourceBuilder(configuration);
  Class<?> parameterType = parameterObject == null ? Object.class :
parameterObject.getClass();
  SqlSource sqlSource = sqlSourceParser.parse(context.getSql(), parameterType,
context.getBindings());
  BoundSql boundSql = sqlSource.getBoundSql(parameterObject);
  for (Map.Entry<String, Object> entry : context.getBindings().entrySet()) {
   boundSql.setAdditionalParameter(entry.getKey(), entry.getValue());
  }
  return boundSql;
}
```

DynamicSqlSource 先构建一个上下文 DynamicContext，在 DynamicContext 内部有一个叫作 bindings 的用于存放上下文的 ContextMap 对象，一个 StringBuilder 用于存放 SQL 字符串。DynamicSqlSource 接下来调用配置树的根节点 SqlNode 的 apply()方法解析上下文。

## 18.1.3　SqlNode 处理 SQL 语句

SqlNode 接口定义了 apply(context)方法，用于解析上下文，下面是 SqlNode 的子类对 apply()的实现逻辑。

（1）MixedSqlNode：指动态 SQL 的根节点和大部分嵌套设置的根节点。apply()也循环调用了子节点的 apply()方法。

```
    @Override
public boolean apply(DynamicContext context) {
  for (SqlNode sqlNode : contents) {
    sqlNode.apply(context);
  }
  return true;
}
```

（2）TrimSqlNode：contents 是 TrimSqlNode 的子节点，有一对用于实现前后缀替换的属性，即 prefix、prefixToOverride 和 surffix、surffixToOverride；configuration 用于构建其最重要的上下文 SetSqlNode.FilteredDynamicContext 对象。TrimSqlNode#apply()先构建 SetSqlNode.FilteredDynamicContext 对象，然后调用子节点 contents 的 apply()，但用 SetSqlNode.FilteredDynamicContext 保存上下文，最后调用 SetSqlNode.FilteredDynamicContext #applyAll()处理子节点构建好的 SQL 语句。

```
    @Override
public boolean apply(DynamicContext context) {
  FilteredDynamicContext filteredDynamicContext = new
FilteredDynamicContext(context);
  boolean result = contents.apply(filteredDynamicContext);
  filteredDynamicContext.applyAll();
  return result;
}
```

（3）SetSqlNode.FilteredDynamicContext#applyAll()像它的父类一样也有一个自己的 sqlBuffer 保存 SQL，在处理完替换前后缀逻辑（不详细赘述，代码如下）后，再把 sqlBuffer

追加到主上下文 context 中。

```
    public void applyAll() {
  sqlBuffer = new StringBuilder(sqlBuffer.toString().trim());
  String trimmedUppercaseSql = sqlBuffer.toString().toUpperCase(Locale.ENGLISH);
  if (trimmedUppercaseSql.length() > 0) {
    applyPrefix(sqlBuffer, trimmedUppercaseSql);
    applySuffix(sqlBuffer, trimmedUppercaseSql);
  }
  delegate.appendSql(sqlBuffer.toString());
}
    private void applyPrefix(StringBuilder sql, String trimmedUppercaseSql) {
    //实现前缀
  if (!prefixApplied) {
    prefixApplied = true;
    if (prefixesToOverride != null) {
      for (String toRemove : prefixesToOverride) {
        if (trimmedUppercaseSql.startsWith(toRemove)) {
          sql.delete(0, toRemove.trim().length());
          break;
        }
      }
    }
    if (prefix != null) {
     //追加一个空格和前缀
      sql.insert(0, " ");
      sql.insert(0, prefix);
    }
  }
}

private void applySuffix(StringBuilder sql, String trimmedUppercaseSql) {
    //实现后缀
  if (!suffixApplied) {
    suffixApplied = true;
    if (suffixesToOverride != null) {
      for (String toRemove : suffixesToOverride) {
        if (trimmedUppercaseSql.endsWith(toRemove) ||
trimmedUppercaseSql.endsWith(toRemove.trim())) {
          int start = sql.length() - toRemove.trim().length();
          int end = sql.length();
```

```
            sql.delete(start, end);
            break;
          }
        }
      }
      if (suffix != null) {
       //追加一个空格和后缀
        sql.append(" ");
        sql.append(suffix);
      }
    }
}
```

（4）SetSqlNode 和 WhereSqlNode：父类为 TrimSqlNode，从构造函数上看就是一个 trim 的简化版，只是为了扩展，区分了 SetSqlNode 和 WhereSqlNode，其目前实现的功能都在 TrimSqlNode 里。SetSqlNode 是一个只处理 surffixToOverrides 为空字符串的 TrimSqlNode 节点，而 WhereSqlNode 处理“WHERE”标签中 prefixToOverride 属性值为“AND”和“OR”的 TrimSqlNode 节点。

```
    public SetSqlNode(Configuration configuration,SqlNode contents) {
  super(configuration, contents, "SET", null, null, suffixList);
}

    private static List<String> prefixList = Arrays.asList("AND ","OR ","AND\n",
"OR\n", "AND\r", "OR\r", "AND\t", "OR\t");
    public WhereSqlNode(Configuration configuration, SqlNode contents) {
  super(configuration, contents, "WHERE", prefixList, null, null);
}
```

（5）IfSqlNode：使用 ExpressionEvaluator#evaluateBoolean()支持 OGNL 表达式。若满足判断条件，则会调用子节点 SqlNode#apply()。

```
    @Override
public boolean apply(DynamicContext context) {
  //调用 OGNL 工具判断表达式
  if (evaluator.evaluateBoolean(test, context.getBindings())) {
    contents.apply(context);
    return true;
  }
  return false;
}
```

（6）ChooseSqlNode：一次性执行子节点的 SqlNode#apply()，直到一个子节点返回了 true，本节点也会返回 true。如果在循环结束后还是没有返回，则会调用默认节点的 SqlNode#apply()，这是一个典型的 if-else 逻辑。

```
@Override
public boolean apply(DynamicContext context) {
  for (SqlNode sqlNode : ifSqlNodes) {
    if (sqlNode.apply(context)) {
      return true;
    }
  }
  if (defaultSqlNode != null) {
    defaultSqlNode.apply(context);
    return true;
  }
  return false;
}
```

（7）ForEachSqlNode：由于实现一个集合遍历需要的参数比较多，所以我们先看一下在 MyBatis 官方文档中给出的 foreach 例子。

```
<foreach item="item" index="index" collection="list"
      open="(" separator="," close=")">
        #{item}
</foreach>
```

在配置 SQL 中的循环语句时，“item”配置表示遍历时的元素，“index”配置表示集合元素的坐标，“collection”配置表示集合对象，“open”和“close”配置表示语句的开始和结束字符，“separator”配置表示子语句之间的分隔符。ForEachSqlNode#apply()处理语句时根据在“foreach”标签内部定义的 SQL 语句和上述配置值生成完整的 SQL 语句。

首先判断设置的集合是否可遍历，即“collection”配置的对象在通过 OGNL 处理后是否实现了 java.lang.Iterable 接口。

在处理 open 元素之后遍历集合，每次遍历都会先把当前元素的 item 和当前 index 绑定到 context，然后用绑定了 item 和 index 的上下文处理子节点 SQL。在遍历子节点的过程中处理方式与 TrimSqlNode 类似，也有一个 ForEachSqlNode.FilteredDynamicContext，在临时上下文存放子节点处理完的 SQL 语句后进行二次加工。在遍历完集合后追加 close 字符，完成逻辑。

```
    @Override
public boolean apply(DynamicContext context) {
  Map<String, Object> bindings = context.getBindings();
  final Iterable<?> iterable = evaluator.evaluateIterable(collectionExpression,
bindings);
  if (!iterable.iterator().hasNext()) {
    return true;
  }
  boolean first = true;
  applyOpen(context);//处理 open
  int i = 0;
  //遍历集合
  for (Object o : iterable) {
    DynamicContext oldContext = context;
    if (first || separator == null) {
      context = new PrefixedContext(context, "");
    } else {
      context = new PrefixedContext(context, separator);
    }
    int uniqueNumber = context.getUniqueNumber();
    // Issue #709
    //处理 index 和 item
    if (o instanceof Map.Entry) {//对 Map 特殊处理
      @SuppressWarnings("unchecked")
      Map.Entry<Object, Object> mapEntry = (Map.Entry<Object, Object>) o;
      applyIndex(context, mapEntry.getKey(), uniqueNumber);
      applyItem(context, mapEntry.getValue(), uniqueNumber);
    } else {
      applyIndex(context, i, uniqueNumber);
      applyItem(context, o, uniqueNumber);
    }
    contents.apply(new FilteredDynamicContext(configuration, context, index, item,
uniqueNumber));//处理“#{}”
    if (first) {
      first = !((PrefixedContext) context).isPrefixApplied();
    }
    context = oldContext;
    i++;
  }
  applyClose(context);//处理 close
  //重置上下文
```

```
  context.getBindings().remove(item);
  context.getBindings().remove(index);
  return true;
}
```

（8）TextSqlNode：XmlScriptBuilder 在解析配置文件中的 cdata 和纯文本时会被标记为文本 SQL，TextSqlNode#isDynamic()会区分动态文本 SQL 和静态文本 SQL，动态文本 SQL 需要 TextSqlNode#apply()处理。TextSqlNode#isDynamic()利用 GenericTokenParser 对 SQL 进行解析，如果存在的模式为“${xxxxx}”，TextSqlNode 就会认为 SQL 语句是动态的。

```
    public boolean isDynamic() {
  DynamicCheckerTokenParser checker = new DynamicCheckerTokenParser();
  GenericTokenParser parser = createParser(checker);
  parser.parse(text);
  return checker.isDynamic();
}
    private GenericTokenParser createParser(TokenHandler handler) {
  return new GenericTokenParser("${", "}", handler);
}
```

TextSqlNode#apply()使用 BindingTokenParser#handleToken()处理 SQL 中的 token，将处理好的 SQL 语句追加到上下文中。

BindingTokenParser#handleToken()在收到处理请求时也支持 value 为 OGNL 的表达式，由于“${}”与“#{}”不同，“${}”是直接被 OGNL 转换为 SQL 语句的，所以在处理完 SQL 语句后还会调用 injectionFilter 来判断是否有 SQL 注入的风险。

```
    @Override
public String handleToken(String content) {
  Object parameter = context.getBindings().get("_parameter");
  if (parameter == null) {
    context.getBindings().put("value", null);
  } else if (SimpleTypeRegistry.isSimpleType(parameter.getClass())) {
    context.getBindings().put("value", parameter);
  }
    //执行 OGNL 解析，判断是否存在注入
  Object value = OgnlCache.getValue(content, context.getBindings());
  String srtValue = (value == null ? "" : String.valueOf(value)); // issue #274 return
"" instead of "null"
  checkInjection(srtValue);
```

```
  return srtValue;
}

private void checkInjection(String value) {
  if (injectionFilter != null && !injectionFilter.matcher(value).matches()) {
    throw new ScriptingException("Invalid input. Please conform to regex" +
injectionFilter.pattern());
  }
}
```

（9）StaticTextSqlNode：StaticTextSqlNode 处理 TextSqlNode 的类型为静态文本 SQL，对静态文本 SQL 的处理很简单，把内容 append()加到 DynamicContext 中即可。

```
    @Override
public boolean apply(DynamicContext context) {
  context.appendSql(text);
  return true;
}
```

（10）VarDeclSqlNode：处理 bind 定义的 name 和 expression，调用 OgnlCache.getValue()解析表达式，最后将 name 和解析好的 value 结果绑定到 DynamicContext 中。

```
    @Override
public boolean apply(DynamicContext context) {
  final Object value = OgnlCache.getValue(expression, context.getBindings());
  context.bind(name, value);
  return true;
}
```

经过对 DynamicContext 的 apply()的一系列操作，SqlNode 上下文就被动态解析成静态 SQL。DynamicSqlSource 在处理完 BoundSql 类的 additionalParameter 属性后，将 boundSql 对象返回，完成 boundSql 对象的生成。

## 18.2　MyBatis 的缓存支持

MyBatis 提供了两个级别的缓存策略：本地缓存和二级缓存，二级缓存中的内容优先级高于本地缓存，如图 18-2 所示。

本地缓存在创建 SqlSession 时被创建，执行过的查询结果会被缓存起来，目的是提高在同一事务中循环、嵌套查询的效率，所以该功能是默认开启的。本地缓存会在 DML 执行、事务提交、事务关闭、session 关闭和主动清空时被清空。官方也特别友情提醒，在缓存引用和查询结果对象是同一个时，对查询结果做出更改会影响到同一个 session 的其他线程的查询结果，有可能会导致程序出现 Bug。

二级缓存作用于 SQL Mapping 语句，如果说本地缓存被用于 MyBatis 以提高其内部查询效率，那么二级缓存才是真正意义上的应用级缓存。

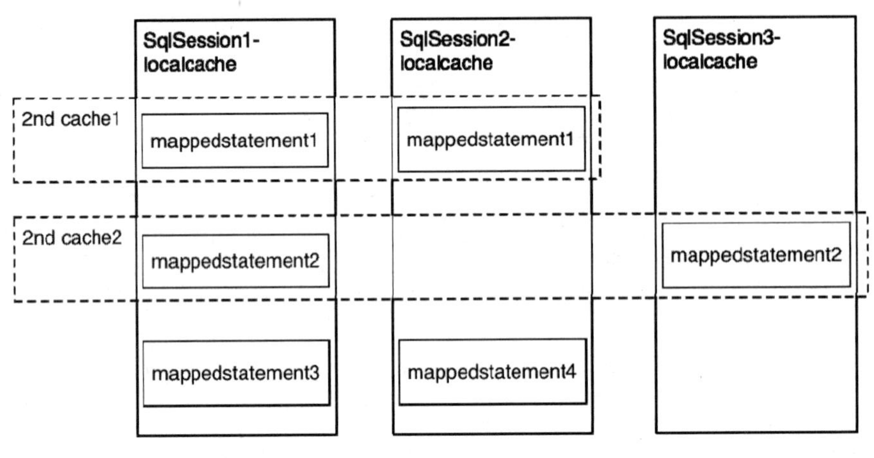


图 18-2

## 18.2.1 本地缓存

缓存的数据结构基本是 Key-value 形式的，MyBatis 也是采用 Key-value 数据结构做缓存的。CacheKey 就是 MyBatis 缓存的 key 对象，在每次查询 BaseExecutor#createCacheKey() 时都会返回一个本地缓存需要的 CacheKey。CacheKey 的 equals()是通过内部属性 hashCode(int)、checksum(long)、count(in)、updateList(ArrayList)实现的，4 个属性及合理的 update()算法虽然浪费了一些空间，但是加快了判断速度。

```
   public void update(Object object) {
int baseHashCode = object == null ? 1 : ArrayUtil.hashCode(object);

count++;
checksum += baseHashCode;
baseHashCode *= count;

hashcode = multiplier * hashcode + baseHashCode;
```

```
  updateList.add(object);
}
    @Override
public boolean equals(Object object) {

  if (this == object) {
    return true;
  }
  if (!(object instanceof CacheKey)) {
    return false;
  }

  final CacheKey cacheKey = (CacheKey) object;

  if (hashcode != cacheKey.hashcode) {//判断 hashcode
    return false;
  }
  if (checksum != cacheKey.checksum) {//判断 checksum
    return false;
  }
  if (count != cacheKey.count) {//判断 count
    return false;
  }

  for (int i = 0; i < updateList.size(); i++) {//判断 updateList
    Object thisObject = updateList.get(i);
    Object thatObject = cacheKey.updateList.get(i);
    if (!ArrayUtil.equals(thisObject, thatObject)) {
      return false;
    }
  }
  return true;
}
```

BaseExecutor#createCacheKey()使用 MappedStatement 类的 id、分页属性、SQL 语句、查询参数、environmentid 作为构建 CacheKey 的参数。

```
    @Override
public CacheKey createCacheKey(MappedStatement ms, Object parameterObject, RowBounds
rowBounds, BoundSql boundSql) {
  if (closed) {
```

```
    throw new ExecutorException("Executor was closed.");
  }
  CacheKey cacheKey = new CacheKey();
  cacheKey.update(ms.getId());//追加 msid 信息
  cacheKey.update(rowBounds.getOffset());//追加分页信息
  cacheKey.update(rowBounds.getLimit());//追加分页信息
  cacheKey.update(boundSql.getSql());//追加 SQL 信息
  List<ParameterMapping> parameterMappings = boundSql.getParameterMappings();
  TypeHandlerRegistry typeHandlerRegistry =
ms.getConfiguration().getTypeHandlerRegistry();
  // mimic DefaultParameterHandler logic
  for (ParameterMapping parameterMapping : parameterMappings) {
    if (parameterMapping.getMode() != ParameterMode.OUT) {
      Object value;
      String propertyName = parameterMapping.getProperty();
      //获取参数的真实值
      if (boundSql.hasAdditionalParameter(propertyName)) {
        value = boundSql.getAdditionalParameter(propertyName);
      } else if (parameterObject == null) {
        value = null;
      } else if (typeHandlerRegistry.hasTypeHandler(parameterObject.getClass())) {
        value = parameterObject;
      } else {
        MetaObject metaObject = configuration.newMetaObject(parameterObject);
        value = metaObject.getValue(propertyName);
      }
      cacheKey.update(value);//追加参数信息
    }
  }
  if (configuration.getEnvironment() != null) {
    // issue #176
    cacheKey.update(configuration.getEnvironment().getId());//追加环境信息
  }
  return cacheKey;
}
```

本地缓存是在 BaseExecutor 中实现的，如前文所述，BaseExecutor 是在 SqlSession 创建时被创建的，它与 SqlSession 一一对应。在 BaseExecutor 中有两个属性：localCache(PerpetualCache)和 localOutputParameterCache(PerpetualCache)，BaseExecutor 主要靠这两个属性来实现本地缓存。

PerpetualCache 为 localCache 和 localOutputParameterCache 对象所属的类型，实现了 Cache 接口，PerpetualCache 实现了 Cache 接口的以下方法。

（1）PerpetualCache#putObject()：向缓存中添加对象。

（2）PerpetualCache#getObject()：从缓存中获取对象。

（3）PerpetualCache#removeObject()：从缓存中清除对象。

（4）PerpetualCache#clear()：清空缓存。

BaseExecutor 在查询时用到了缓存，queryFromDatabase()先对 key 设置空占位符，在查询后为了防止递归查询对缓存操作后导致的不准确性，会在对 localCache 做一次移除操作后再将返回值加入缓存中，最后对 localOutputParameterCache 添加缓存并返回。

```
   private <E> List<E> queryFromDatabase(MappedStatement ms, Object parameter,
RowBounds rowBounds, ResultHandler resultHandler, CacheKey key, BoundSql boundSql)
throws SQLException {
  List<E> list;
  localCache.putObject(key, EXECUTION_PLACEHOLDER);//为 key 设置占位符
  try {
    list = doQuery(ms, parameter, rowBounds, resultHandler, boundSql);//执行查询
  } finally {
    localCache.removeObject(key);//移除本地缓存
  }
  localCache.putObject(key, list);//重新放置缓存
  if (ms.getStatementType() == StatementType.CALLABLE) {
     //存储过程
    localOutputParameterCache.putObject(key, parameter);
  }
  return list;
}
```

为了保证缓存的有效性，BaseExecutor#clearLocalCache()会在执行几种方法后进行缓存清空操作。

（1）BaseExecutor#commit()：在事务提交之前。

（2）BaseExecutor#update()：在更新执行之前。

（3）BaseExecutor#rollback()：在事务回滚之前。

（4）BaseExecutor#query()：在递归查询第一次执行时，MyBatis 配置 localCacheScope 为 STATEMENT，在执行查询后缓存会被清空。

BaseExecutor#query()在查询时会调用 BaseExecutor#handleLocallyCacheOutputParameters()处理递归查询结果，这个方法是与 queryFromDatabase()互斥执行的。

## 18.2.2 二级缓存

若在 Configuration 配置文件中配置了<setting name="cacheEnabled" value="true">，则 MyBatis 在构建好 SimpleExecutor（在通常情况下）后，还会为 SimpleExecutor 外层装饰一个 CachingExecutor 对象。CachingExecutor 的大部分逻辑会被委托给 SimpleExecutor 实现，自己专注于实现二级缓存。

在 setting 开启了 cache 配置后，因为二级缓存是基于 SQL Mapper 的，所以 Cache 类的对象是在 SQL Mapper 构建阶段生成的。总之，在 MappedStatement 类中有了业务系统需要的 Cache 对象，这些对象所属的子类也都是程序自己决定的，它们会在执行时起到作用。下面介绍 Cache 类和它的小伙伴们。

org.apache.ibatis.cache.Cache 是 MyBatis 定义缓存功能的接口，它有以下实现。

（1）PerpetualCache：为本地缓存和二级缓存的默认实现。

（2）LruCache：为回收策略 eviction 的一种，在进行缓存回收时会优先淘汰最近最少使用的缓存内容。内部使用了 LinkedHashMap 的对象 keyMap，重写了 LinkedHashMap #removeEldestEntry()方法，该方法在 put()或在 keyMap 大小超过设定的大小时返回 true，此时会移除 keyMap 中最老的键和值。

```
  public void setSize(final int size) {
keyMap = new LinkedHashMap<Object, Object>(size, .75F, true) {
 private static final long serialVersionUID = 4267176411845948333L;

 @Override
 protected boolean removeEldestEntry(Map.Entry<Object, Object> eldest) {
  //判断缓存大小是否超出限制，获取最早被缓存的 key
  boolean tooBig = size() > size;
  if (tooBig) {
    eldestKey = eldest.getKey();
  }
```

```
    //在缓存超出大小限制后执行删除操作
     return tooBig;
    }
  };
}
    private void cycleKeyList(Object key) {
  keyMap.put(key, key);
  if (eldestKey != null) {
    //清除缓存
   delegate.removeObject(eldestKey);
   eldestKey = null;
  }
}
```

（3）FifoCache：为回收策略 eviction 的一种，先进先出。利用 java.util.Deque 实现队列的先进先出。

```
    private void cycleKeyList(Object key) {
  keyList.addLast(key);
  if (keyList.size() > size) {
   Object oldestKey = keyList.removeFirst();//移出队列
   delegate.removeObject(oldestKey);//清除缓存
  }
}
```

（4）SoftCache 和 WeakCache：为回收策略 eviction 的一种，移除基于垃圾回收器状态规则的对象。SoftCache 的重要属性 hardLinksToAvoidGarbageCollection 和 numberOfHardLinks 可以配合实现定义最大内存空间的缓存对象。加入的缓存队列的对象就会存在引用，queueOfGarbageCollectedEntries 是一个对象回收站，缓存对象在被回收时会被放入此队列中，MyBatis 在缓存对象被回收时会根据此队列清理缓存内容。软引用和弱引用缓存的差别仅仅是缓存存放对象类的不同，软引用使用 SoftEntry（父类是 SoftReference）类实现，而弱引用使用 WeakEntry 类实现（父类是 WeakReference），其他实现都相同。SoftReference 对象是内存敏感的，只有内存要满时垃圾回收器才会回收该对象。相对于 SoftReference，WeakReference 的生命周期更短，它在垃圾回收器每次执行时都会被直接回收。

```
    @Override
public void putObject(Object key, Object value) {
  //执行移出
  removeGarbageCollectedItems();
  //加入缓存
```

```
  delegate.putObject(key, new SoftEntry(key, value,
queueOfGarbageCollectedEntries));
}
    @Override
public Object getObject(Object key) {
  Object result = null;
  @SuppressWarnings("unchecked") // assumed delegate cache is totally managed by this
cache
  SoftReference<Object> softReference = (SoftReference<Object>)
delegate.getObject(key);
  if (softReference != null) {
    result = softReference.get();
    if (result == null) {
      //被回收
      delegate.removeObject(key);
    } else {
      // See #586 (and #335) modifications need more than a read lock
      synchronized (hardLinksToAvoidGarbageCollection) {
        //在被查询时加入 avoid 列表，为对象添加引用以避免回收
        hardLinksToAvoidGarbageCollection.addFirst(result);
        if (hardLinksToAvoidGarbageCollection.size() > numberOfHardLinks) {
          hardLinksToAvoidGarbageCollection.removeLast();
        }
      }
    }
  }
  return result;
}
```

（5）LoggingCache：标准装饰器，记录 cacheId 对应的命中次数并打印 debug 日志。

```
    @Override
public Object getObject(Object key) {
  requests++;
  final Object value = delegate.getObject(key);
  if (value != null) {
    hits++;
  }
  //打印命中率
  if (log.isDebugEnabled()) {
    log.debug("Cache Hit Ratio [" + getId() + "]: " + getHitRatio());
  }
```

```
  return value;
}
```

（6）SynchronizedCache：标准装饰器，但是什么都没干，怀疑是预留功能，后来被遗忘了。

（7）ScheduledCache：可配置的装饰器，被配置在 flushInterval 中。Cache 在被创建时生成变量 lastClear，值为当前时间。之后在对缓存进行操作时根据当前时间减去 lastClear 后是否大于设置的时间来判断是否超时，如果超时则清空缓存，并在清空缓存后将当前时间重新写到 lastClear 中。

```
    @Override
public void clear() {
  lastClear = System.currentTimeMillis();
  delegate.clear();
}
    private boolean clearWhenStale() {
  if (System.currentTimeMillis() - lastClear > clearInterval) {
    clear();
    return true;
  }
  return false;
}
```

（8）SerializedCache：将查询结果序列化后放入缓存中，在获取缓存时会将缓存的字节反序列化成对象，缓存的 value 实际是对象序列化后的 byte[]。

```
    private byte[] serialize(Serializable value) {
  try {
    ByteArrayOutputStream bos = new ByteArrayOutputStream();
    ObjectOutputStream oos = new ObjectOutputStream(bos);
    oos.writeObject(value);
    oos.flush();
    oos.close();
    return bos.toByteArray();
  } catch (Exception e) {
    throw new CacheException("Error serializing object.  Cause: " + e, e);
  }
}

private Serializable deserialize(byte[] value) {
  Serializable result;
```

```
  try {
    ByteArrayInputStream bis = new ByteArrayInputStream(value);
    ObjectInputStream ois = new CustomObjectInputStream(bis);
    result = (Serializable) ois.readObject();
    ois.close();
  } catch (Exception e) {
    throw new CacheException("Error deserializing object.  Cause: " + e, e);
  }
  return result;
}
```

（9）BlockingCache：为 Ehcache 的一个 net.sf.ehcache.constructs.blocking.BlockingCache 阻塞式缓存的简单实现，在并发环境要求查询结果一致的场景下可以选择阻塞式缓存。在缓存内没有数据、多个读线程并发的情况下，抢到锁的线程在执行查询后不放锁，其他读线程会被锁住。抢到锁的线程在查询到结果后会调用 putObject()方法释放锁，其他线程再按顺序获取锁执行查询，在查询到缓存数据时会释放锁，其他读线程才会读到缓存数据。MyBatis 为了保证多 key 使用同一把锁而不是整个缓存 map 使用一把锁，用 ConcurrentHashMap#putIfAbsent(key,lock)实现了 key 对 lock 的映射。

```
    @Override
public void putObject(Object key, Object value) {
    //添加缓存
  try {
    delegate.putObject(key, value);
  } finally {
    releaseLock(key);
  }
}

@Override
public Object getObject(Object key) {
    //查询缓存
  acquireLock(key);
  Object value = delegate.getObject(key);
  if (value != null) {
    releaseLock(key);
  }
  return value;
}
```

```
@Override
public Object removeObject(Object key) {
    //清除缓存
  return null;
}
    private ReentrantLock getLockForKey(Object key) {
    //每个 key 都对应一把锁
  ReentrantLock lock = new ReentrantLock();
  ReentrantLock previous = locks.putIfAbsent(key, lock);
  return previous == null ? lock : previous;
}
```

（10）TransactionalCache：内部有两个属性，临时存放未命中的缓存（entriesMissedInCache）和提交时存放的缓存（entriesToAddOnCommit）。TransactionalCache 在获取缓存时是从委托对象中获取的，为获取到的 key 存入 entriesMissedInCache。在存放缓存时只是对 entriesToAddOnCommit 进行 put()操作，待事务提交时才会将 entriesToAddOnCommit 调入委托对象的 putObject()并存入缓存，将 entriesMissedInCache 调入委托对象的 putObject()置空缓存，在提交事务时直接清空 entriesMissedInCache。

```
    @Override
public Object getObject(Object key) {
  // issue #116
  Object object = delegate.getObject(key);
  if (object == null) {
    entriesMissedInCache.add(key);
  }
  // issue #146
  if (clearOnCommit) {
    return null;
  } else {
    return object;
  }
}
    public void putObject(Object key, Object object) {
  entriesToAddOnCommit.put(key, object);
}
    private void flushPendingEntries() {
  for (Map.Entry<Object, Object> entry : entriesToAddOnCommit.entrySet()) {
    delegate.putObject(entry.getKey(), entry.getValue());
  }
  for (Object entry : entriesMissedInCache) {
```

```
    if (!entriesToAddOnCommit.containsKey(entry)) {
      delegate.putObject(entry, null);
    }
  }
}
    private void unlockMissedEntries() {
  for (Object entry : entriesMissedInCache) {
    try {
      delegate.removeObject(entry);
    } catch (Exception e) {
      log.warn("Unexpected exception while notifiying a rollback to the cache
adapter."
          + "Consider upgrading your cache adapter to the latest version.  Cause: "
+ e);
    }
  }
```

Cache 的子类除默认实现外都采用了装饰者模式实现，画风与 Executor 类相似。在调用 CacheBuilder#build()时会使用 setStandardDecorators()将初始化的 Cache 对象叠加装饰逻辑。LoggingCache、SynchronizedCache、ScheduledCache、SerializedCache 和 BlockingCache 在这个阶段被装饰到 Cache 对象上。

CacheBuilder 支持构建最完整的调用链为：BlockingCache→SynchronizedCache→LoggingCache→SerializedCache→ScheduledCache→LruCache/FifoCache/SoftCache/WeakCache→PerpetualCache。

```
    public Cache build() {
    //初始化缓存
  setDefaultImplementations();
  Cache cache = newBaseCacheInstance(implementation, id);
  setCacheProperties(cache);
  // issue #352, do not apply decorators to custom caches
  if (PerpetualCache.class.equals(cache.getClass())) {
    for (Class<? extends Cache> decorator : decorators) {
      cache = newCacheDecoratorInstance(decorator, cache);
      setCacheProperties(cache);
    }
    //配置缓存装饰器
    cache = setStandardDecorators(cache);
  } else if (!LoggingCache.class.isAssignableFrom(cache.getClass())) {
```

```
    cache = new LoggingCache(cache);
  }
  return cache;
}
     private Cache setStandardDecorators(Cache cache) {
  try {
    MetaObject metaCache = SystemMetaObject.forObject(cache);
     //为支持 size 的装饰器设置值
    if (size != null && metaCache.hasSetter("size")) {
      metaCache.setValue("size", size);
    }
     //定时缓存
    if (clearInterval != null) {
      cache = new ScheduledCache(cache);
      ((ScheduledCache) cache).setClearInterval(clearInterval);
    }
     //序列化缓存
    if (readWrite) {
      cache = new SerializedCache(cache);
    }
     //日志、同步缓存
    cache = new LoggingCache(cache);
    cache = new SynchronizedCache(cache);
    if (blocking) {
      cache = new BlockingCache(cache);//阻塞缓存
    }
    return cache;
  } catch (Exception e) {
    throw new CacheException("Error building standard cache decorators.  Cause: " +
e, e);
  }
}
```

在 CachingExecutor#query()执行缓存查询时，在开启二级缓存后，Executor 类会将 SimpleExecutor 包装成委托对象后发送给 CachingExecutor，而 CachingExecutor 会在 SimpleExecutor 执行查询前实现二级缓存。所以这里可以得知，如果同时开启了本地缓存和二级缓存，二级缓存在命中后就会直接返回缓存中的结果，不会查询本地缓存。

TransactionalCacheManager 负责将 MappedStatement 类的 Cache 对象包装成 TransactionalCache，为了加快操作缓存时的遍历速度，TransactionalCacheManager.transactionalCaches 保存二者的映射关系。

```
    private final Map<Cache, TransactionalCache> transactionalCaches = new
HashMap<Cache, TransactionalCache>();
    public Object getObject(Cache cache, CacheKey key) {
  return getTransactionalCache(cache).getObject(key);
}

public void putObject(Cache cache, CacheKey key, Object value) {
  getTransactionalCache(cache).putObject(key, value);
}
    private TransactionalCache getTransactionalCache(Cache cache) {
  TransactionalCache txCache = transactionalCaches.get(cache);
  if (txCache == null) {
    txCache = new TransactionalCache(cache);
    transactionalCaches.put(cache, txCache);
  }
  return txCache;
}
```

在 CachingExecutor#query()时实现了缓存的读取、重置操作，在事务回滚时会触发缓存重置操作，在事务提交时会触发缓存的写入操作。逻辑实现都是依靠 TransactionCache 完成的。

```
    @Override
public <E> List<E> query(MappedStatement ms, Object parameterObject, RowBounds
rowBounds, ResultHandler resultHandler, CacheKey key, BoundSql boundSql)
    throws SQLException {
    //加载缓存对象
  Cache cache = ms.getCache();
  if (cache != null) {
    //刷新一次缓存
    flushCacheIfRequired(ms);
    if (ms.isUseCache() && resultHandler == null) {
      ensureNoOutParams(ms, boundSql);
      @SuppressWarnings("unchecked")
     //查询缓存
      List<E> list = (List<E>) tcm.getObject(cache, key);
      if (list == null) {
        //未获取到缓存，执行查询
        list = delegate.<E> query(ms, parameterObject, rowBounds, resultHandler, key,
boundSql);
        tcm.putObject(cache, key, list); // issue #578 and #116
```

```
      }
      return list;
    }
  }
    //不支持缓存，直接执行查询
  return delegate.<E> query(ms, parameterObject, rowBounds, resultHandler, key,
boundSql);
}
    @Override
public void rollback(boolean required) throws SQLException {
    //一起回滚
  try {
    delegate.rollback(required);
  } finally {
    if (required) {
      tcm.rollback();
    }
  }
}
    @Override
public void commit(boolean required) throws SQLException {
    //一起提交
  delegate.commit(required);
  tcm.commit();
}
```

## 18.3　结果集支持：Object、List、Map 和 Cursor

MyBatis 的查询语句执行入口提供了在 Java 中经常用到的几种结果集对象。

（1）List 结果集：为 MyBatis 默认的查询返回值。

（2）Object 结果集：只适用于查询一行数据，在实现时包装了 selectList()方法，默认取第 1 个结果，如果查询结果大于 1，程序就会抛出 TooManyResultException 异常。

```
    public <T> T selectOne(String statement, Object parameter) {
  List<T> list = this.selectList(statement, parameter);
  if (list.size() == 1) {
     return list.get(0);
  } else if (list.size() > 1) {
```

```
        //这个异常困扰了多少人
        //尽量保证：SQL 查询结果只有一条；在调用时不用 selectOne()方法；被注释的查询方法返回值
不使用集合类型
        throw new TooManyResultsException("Expected one result (or null) to be returned
by selectOne(), but found: " + list.size());
    } else {
        return null;
    }
}
```

（3）Map 结果集：调用的还是 List 结果集查询，之后将结果集交给 DefaultMapResult Handler 处理成 Map 对象，DefaultMapResultHandler 使用 MetaObject 工具获取结果对象的 mapKey。

```
    public <K, V> Map<K, V> selectMap(String statement, Object parameter, String
mapKey, RowBounds rowBounds) {
    //执行查询
    List<? extends V> list = this.selectList(statement, parameter, rowBounds);
    DefaultMapResultHandler<K, V> mapResultHandler = new
DefaultMapResultHandler(mapKey, this.configuration.getObjectFactory(),
this.configuration.getObjectWrapperFactory(),
this.configuration.getReflectorFactory());
    DefaultResultContext<V> context = new DefaultResultContext();
    Iterator var8 = list.iterator();

    while(var8.hasNext()) {
        V o = var8.next();
        context.nextResultObject(o);
        //将结果集装入 mappedResults
        mapResultHandler.handleResult(context);
    }
    //返回 map
    return mapResultHandler.getMappedResults();
}
    public void handleResult(ResultContext<? extends V> context) {
    V value = context.getResultObject();
    MetaObject mo = MetaObject.forObject(value, this.objectFactory,
this.objectWrapperFactory, this.reflectorFactory);
    //直接从结果中反射出 key 和 value，装入 map
    K key = mo.getValue(this.mapKey);
    this.mappedResults.put(key, value);
```

```
}
```

（4）Cursor 结果集：MyBatis 在结果集处理器的接口定义中只定义了两种标准的结果集处理形式，即 List 和 Cursor。MyBatis 对 handleResultSets()和 handlerCursorResultSets()方法返回的 List 和 Cursor 形式的结果集进行了区分。

```
    <E> List<E> handleResultSets(Statement stmt) throws SQLException;
<E> Cursor<E> handleCursorResultSets(Statement stmt) throws SQLException;
```

需要注意的是，Cursor 结果集不支持嵌套结果集查询，如果 SQL 指定的 resultMap 有多个，则请不要调用 SqlSession#selectCursor()方法执行查询，MyBatis 会抛出 ExecutorException 异常。

而 Cursor 类也并非 100%概念上的数据库游标，数据库实际上已经执行完查询结果并将结果集返回给了应用程序，提供 Cursor 的目的是为应用程序提供更灵活的控制结果集的查询方式，避免 OOM 发生。Cursor 结果集只是 MyBatis 对 ResultSet 的迭代器模式实现，在迭代器滚动的时候才调用 ResultSetHandler 构建结果对象。

MyBatis 的 Cursor 接口及其实现如图 18-3 所示。

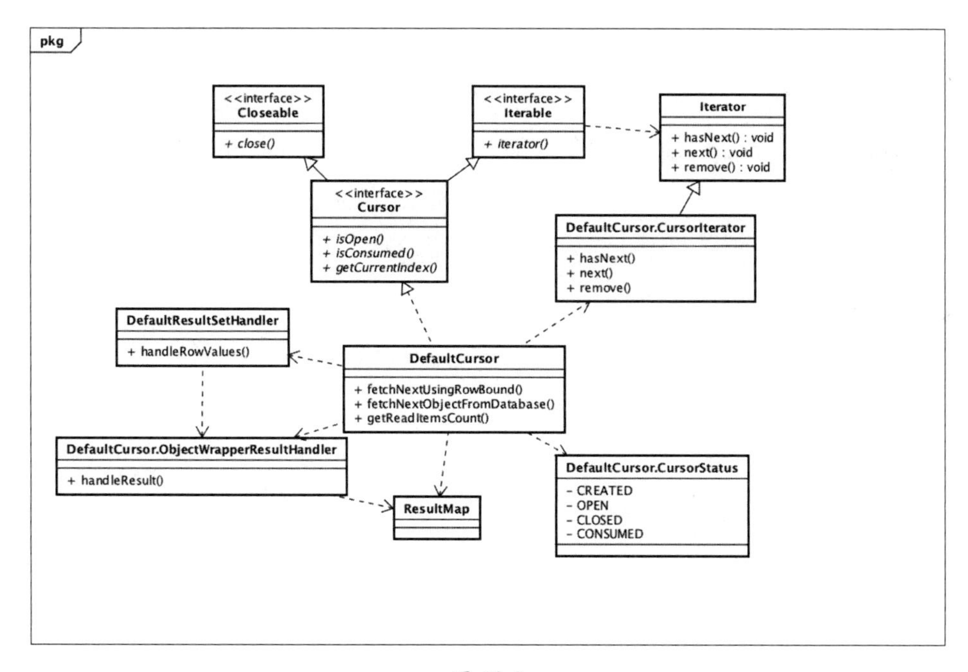


图 18-3

在 MyBatis 执行完查询的时候，ResultSetHandler 的逻辑相对于普通集合的结果集有了一些变动，后续处理相关的类如下。

（1）Cursor：为 MyBatis 提供的迭代器接口，继承了 Closeable 和 Iterable 接口。close()方法支持关闭结果集，iterator()方法可以获得迭代器变量，应用程序使用该变量访问结果集。Cursor 自己也定义了 isOpen()、isConsumed()、getCurrentIndex()方法，提供在遍历结果集时更灵活可控的操作。

（2）三个内部类：ObjectWrapperResultHandler 实现结果对象构建，CursorStatus 定义迭代器状态枚举，CursorIterator 实现迭代器。

（3）DefaultCursor：为 Cursor 接口的默认实现。从执行阶段获得 SQL 的结果集定义 ResultMap 和结果集处理器 DefaultResultSetHandler，通过 fetchNextUsingRowBound()方法实现状态的记录、结果集滚动和结果对象构建。

```
 protected T fetchNextUsingRowBound() {
    T result = fetchNextObjectFromDatabase();
    while (result != null && indexWithRowBound < rowBounds.getOffset()) {
        result = fetchNextObjectFromDatabase();
    }
    return result;
}
```

fetchNextUsingRowBound()方法会循环调用 fetchNextObjectFromDatabase()方法直至有返回值或者遍历索引 indexWithRowBound 越界。

```
 protected T fetchNextObjectFromDatabase() {
    if (isClosed()) {
        return null;
    }

    try {
        status = CursorStatus.OPEN;
        //处理结果集
        resultSetHandler.handleRowValues(rsw, resultMap, objectWrapperResultHandler,
RowBounds.DEFAULT, null);
    } catch (SQLException e) {
        throw new RuntimeException(e);
    }

    //获取结果对象
```

```
    T next = objectWrapperResultHandler.result;
   if (next != null) {
      indexWithRowBound++;
   }
   // No more object or limit reached
   if (next == null || getReadItemsCount() == rowBounds.getOffset() +
rowBounds.getLimit()) {
      close();
      status = CursorStatus.CONSUMED;
   }
   objectWrapperResultHandler.result = null;

   return next;
}
```

fetchNextObjectFromDatabase()方法很简单，除了维护 Cursor 状态、维护遍历索引、自动关闭迭代器，还委托 ResultSetHandler#handleRowValues()方法处理结果对象。

最后，DefaultCursor 会将 fetchNextUsingRowBound()方法通过 CursorIterator 提供给程序使用。

```
    private class CursorIterator implements Iterator<T> {
    int iteratorIndex = -1;
    T object;

    @Override
public boolean hasNext() {
   if (object == null) {
      object = fetchNextUsingRowBound();
   }
   return object != null;
}

    @Override
public T next() {
   // Fill next with object fetched from hasNext()
   T next = object;

   if (next == null) {
      next = fetchNextUsingRowBound();
   }
```

```
    if (next != null) {
        object = null;
        iteratorIndex++;
        return next;
    }
    throw new NoSuchElementException();
}
    }
```

CursorIterator 类实现迭代器的 hasNext()和 next()方法也都会调用 fetchNextUsingRowBount()从结果集中获取返回值对象。

## 18.4 自定义扩展点及接口

MyBatis 允许我们在已映射语句的执行过程的某一点进行拦截调用。在默认情况下，MyBatis 允许使用插件来拦截的方法调用如下（引自官网：http://www.mybatis.org/mybatis-3/zh/configuration.html#plugins）。

◎ Executor（update、query、flushStatements、commit、rollback、getTransaction、close、isClosed）。

◎ ParameterHandler（getParameterObject、setParameters）。

◎ ResultSetHandler（handleResultSets、handleOutputParameters）。

◎ StatementHandler（prepare、parameterize、batch、update、query）。

还记得 Configuration 类的 newExecutor()、newParamenterHandler()、newResultSetHandler()和 newStatementHandler()方法吗？这四种方法都有一个共同的语句，如下所示。

```
    parameterHandler = (ParameterHandler)
interceptorChain.pluginAll(parameterHandler);
    resultSetHandler = (ResultSetHandler)
interceptorChain.pluginAll(resultSetHandler);
    statementHandler = (StatementHandler)
interceptorChain.pluginAll(statementHandler);
    executor = (Executor) interceptorChain.pluginAll(executor);
```

它们都调用了 interceptorChain#pluginAll()为自定义的拦截器绑定被拦截对象。

```
    public Object pluginAll(Object target) {
    //遍历拦截器，为target依次包装代理逻辑
```

```
  for (Interceptor interceptor : interceptors) {
    target = interceptor.plugin(target);
  }
  return target;
}
```

尽管 MyBatis 并没有实现 Interceptor 接口，但是 MyBatis 的 plugin 包、单元测试和 mybatis-spring 都使用了封装好的动态代理工具类的 Plugin#wrap()方法实现了方法拦截。

Plugin#wrap()的代码示例如下。

```
   @Override
public Object plugin(Object target) {
  return Plugin.wrap(target, this);
}
```

Plugin#invoke()的代码示例如下。

```
   public static Object wrap(Object target, Interceptor interceptor) {
  Map<Class<?>, Set<Method>> signatureMap = getSignatureMap(interceptor);
  Class<?> type = target.getClass();
  Class<?>[] interfaces = getAllInterfaces(type, signatureMap);
  if (interfaces.length > 0) {
    //添加动态代理
    return Proxy.newProxyInstance(
       type.getClassLoader(),
       interfaces,
       new Plugin(target, interceptor, signatureMap));
  }
  return target;
}
   public Object invoke(Object proxy, Method method, Object[] args) throws Throwable
{
  try {
    Set<Method> methods = signatureMap.get(method.getDeclaringClass());
    if (methods != null && methods.contains(method)) {
      return interceptor.intercept(new Invocation(target, method, args));
    }
    return method.invoke(target, args);
  } catch (Exception e) {
    throw ExceptionUtil.unwrapThrowable(e);
  }
}
```

# 第 19 章 作为中间件如何承上启下

## 19.1 MyBatis 与底层的 JDBC

Java Database Connectivity（JDBC）API 是 Java 与众多 SQL 数据库及其他表格数据源（如电子表格或文件）之间互相通信的行业标准。JDBC API 为基于 SQL 的数据库访问提供了一个调用级 API。

MyBatis 虽然被定位为 SQL Mapping 中间件，但除对上层应用提供了一套简单的 API 外，与底层的 JDBC 也是密切相关的。下面讲讲 MyBatis 与 JDBC 是如何关联的。

### 19.1.1 java.sql.DataSource

javax.sql.DataSource 是在 JDBC 2.0 之后新增的接口，取代了 DriverManager 成为新的数据库访问接口。MyBatis 在构建 environmentElement 时就已经利用 DataSourceFactory 根据配置指定的 driver 值将 DataSource 对象初始化了。

MyBatis 的 DataSourceFactory 的三种实现能构造出三种数据源：UnpooledDataSource（MyBatis 自定义）、PooledDataSource（MyBatis 自定义）和 DataSource（通过 JNDI 获取）。

获取数据源工厂的方法有 XMLConfigBuilder#dataSourceElement(context)，如下所示。

```
  private DataSourceFactory dataSourceElement(XNode context) throws Exception {
 if (context != null) {
   String type = context.getStringAttribute("type");//获取 type
   Properties props = context.getChildrenAsProperties();//获取参数
    //初始化工厂
   DataSourceFactory factory = (DataSourceFactory)
resolveClass(type).newInstance();
   factory.setProperties(props);
   return factory;
 }
 throw new BuilderException("Environment declaration requires a
DataSourceFactory.");
}
```

## 19.1.2　java.sql.Connection

MyBatis 在执行 SQL 和实现 KeyGenerator 类时会需要创建数据库连接，最终会调用到接口的 org.apache.ibatis.transaction.Transaction#getConnection()方法。无论是哪种 Transaction 实现，打开连接的逻辑都大同小异：调用 dataSource 获取连接；设置事务级别；设置 connection 的 auto-commit 模式。

JdbcTransaction#openConnection()的代码示例如下。

```
  protected void openConnection() throws SQLException {
 if (log.isDebugEnabled()) {
   log.debug("Opening JDBC Connection");
 }
 connection = dataSource.getConnection();//打开连接
 if (level != null) {
   connection.setTransactionIsolation(level.getLevel());//设置事务隔离级别
 }
 setDesiredAutoCommit(autoCommmit);//自动提交
}
```

Connection 可设置的事务隔离级别如下（不一定支持所有驱动）。

◎ Connection.TRANSACTION_READ_UNCOMMITTED：读未提交。

◎ Connection.TRANSACTION_READ_COMMITTED：读已提交。

◎ Connection.TRANSACTION_REPEATABLE_READ：重复读。

◎ Connection.TRANSACTION_ßSERIALIZABLE：串行执行。

### 19.1.3 java.sql.Statement

在 17.3 节提到，Executor 类在执行阶段会对连接和语句都做初始化，主要实现在方法 BaseExecutor#prepare()中，让我们仔细看看这个方法都做了什么。

BaseExecutor#perpare()的代码示例如下。

```
  @Override
public Statement prepare(Connection connection, Integer transactionTimeout) throws
SQLException {
  ErrorContext.instance().sql(boundSql.getSql());
  Statement statement = null;
  try {
    statement = instantiateStatement(connection);
    setStatementTimeout(statement, transactionTimeout);
    setFetchSize(statement);
    return statement;
  } catch (SQLException e) {
    closeStatement(statement);
    throw e;
  } catch (Exception e) {
    closeStatement(statement);
    throw new ExecutorException("Error preparing statement.  Cause: " + e, e);
  }
}
```

将当前执行的 SQL 语句设置到 ErrorContext 上下文中供错误日志使用。BaseExecutor 在初始化 statement、设置超时时间和设置查询结果集 size 后，完成整个执行的准备工作。

SimpleStatementHandler#instantiateStatement()的代码示例如下。

```
  @Override
protected Statement instantiateStatement(Connection connection) throws SQLException
{
  if (mappedStatement.getResultSetType() != null) {
    return
connection.createStatement(mappedStatement.getResultSetType().getValue(),
ResultSet.CONCUR_READ_ONLY);
  } else {
    return connection.createStatement();
  }
}
```

在初始化 statement 对象时，MyBatis 支持指定的 resultSetType。

◎ FORWARD_ONLY：值为 1003，SQL 执行后的 resultset 对象只能向前滚动。
◎ SCROLL_INSENSITIVE：值为 1004，为可滚动的结果集，对修改不敏感。
◎ SCROLL_SENSITIVE：值为 1005，为可滚动的结果集，对修改敏感。

支持结果集滚动的方法有 next()、previous()、absolute()、afterLast()、beforeFirst()、first()、last()和 relative()，具体的使用方法请查阅 JDBC 文档。

BaseStatementHandler#setStatementTimeout()的代码示例如下。

```
    protected void setStatementTimeout(Statement stmt, Integer transactionTimeout)
throws SQLException {
  Integer queryTimeout = null;
  if (mappedStatement.getTimeout() != null) {//优先加载 mapper 的超时时间
    queryTimeout = mappedStatement.getTimeout();
  } else if (configuration.getDefaultStatementTimeout() != null) {
    queryTimeout = configuration.getDefaultStatementTimeout();
  }
  if (queryTimeout != null) {
    stmt.setQueryTimeout(queryTimeout);
  }
  StatementUtil.applyTransactionTimeout(stmt, queryTimeout, transactionTimeout);
}
```

MyBatis 会对比 SQL Mapper 和 configuration 对象设置的超时时间，优先将 SQL Mapper 设置的超时时间当作事务的超时时间，如果 SQL Mapper 没有指定超时时间，则将 configuration 对象的超时时间当作事务的超时时间。

BaseStatementHandler#setFetchSize()的代码示例如下。

```
    protected void setFetchSize(Statement stmt) throws SQLException {
  Integer fetchSize = mappedStatement.getFetchSize();//优先加载 mapper 的 fetchSize
  if (fetchSize != null) {
    stmt.setFetchSize(fetchSize);
    return;
  }
  Integer defaultFetchSize = configuration.getDefaultFetchSize();//获取系统默认的
fetchSize
  if (defaultFetchSize != null) {
    stmt.setFetchSize(defaultFetchSize);
  }
```

```
}
```

建议使用 MyBatis configuration 设置结果集大小，避免 OOM（Out Of Memory）。

### 19.1.4 java.sql.Resultset

执行阶段在 17.3.7 节有所介绍，ResultSetHandler 的 handleResultSets()和 handleResultSets()会对接 ResultSet 的功能，返回 List 和 Cursor 容易被应用程序接收的类型。

## 19.2 MyBatis 的主流集成方式

### 19.2.1 mybatis-spring 简介

我们通过使用 mybatis-spring，能在 Spring 3 环境的项目中便捷地使用 MyBatis 的 SQL 映射功能。

mybatis-spring 的代码被托管在 GitHub 上，地址是 https://github.com/mybatis/spring。

### 19.2.2 Spring 对 JDBC 的支持

spring-jdbc 是 Spring 对 JDBC 的理解和封装，spring-jdbc 大致提供了以下三部分主要功能。

（1）统一的 JDBC 接口：JDBC 功能强大，但是有过于底层的接口定义，程序员在平时的工作中很容易失误并造成低级错误。spring-jdbc 提供了更友好的数据访问方式和事务支持，便捷的模板方法有 JDBCTemplate 和 JdbcDaoSupport。

配置文件的代码示例如下。

```
    <bean id="dataSource"
class="org.springframework.jdbc.datasource.DriverManagerDataSource">
            <property name="driverClassName" value="com.mysql.jdbc.Driver"/>
            <property name="username" value="root"/>
            <property name="password" value="root"/>
            <property name="url" value="jdbc:mysql:///spring_data"/>
```

```
        </bean>
        <bean id="jdbcTemplate"
class="org.springframework.jdbc.core.JdbcTemplate">
            <property name="dataSource" ref="dataSource"/>
        </bean>
```

在从 Spring 环境中获取 JdbcTemplate 的 Bean 后，就可以调用它的 query()、execute()、update()、batchUpdate()、call()等多种方法简便地访问数据库。

JdbcDaoSupport 的父类是 spring-tx 的 DaoSupport，在应用程序中有数据访问功能的 Bean 可以集成此类。JdbcDaoSupport 能提供 JdbcTemplate 对象以供数据访问，也负责在 dao 初始化后检测 JdbcTemplate 是否被正确初始化。

（2）统一的异常处理：提供标准的数据访问异常，屏蔽了中间件、数据库厂商驱动的差异。

JdbcTemplatea 在处理数据库异常时会调用 SQLExceptionTranslator 处理异常，SQLExceptionTranslator#translate()会统一返回 DataAccessException 异常。spring-jdbc 也支持自定义异常处理，对于 spring-jdbc 定义的 DataAccessException 子类，如果数据库无法映射正确的异常，则也可以通过自定义 SqlErrorCode 解决。

SqlErrorCode 支持自定义的属性如下。

```
private String[] badSqlGrammarCodes = new String[0];

private String[] invalidResultSetAccessCodes = new String[0];

private String[] duplicateKeyCodes = new String[0];

private String[] dataIntegrityViolationCodes = new String[0];

private String[] permissionDeniedCodes = new String[0];

private String[] dataAccessResourceFailureCodes = new String[0];

private String[] transientDataAccessResourceCodes = new String[0];

private String[] cannotAcquireLockCodes = new String[0];

private String[] deadlockLoserCodes = new String[0];
```

```
private String[] cannotSerializeTransactionCodes = new String[0];
```

（3）丰富的扩展点（部分），如下所示。

◎ PreparedStatementCreator：在创建 PreparedStatement 语句时自定义语句内容。

◎ PreparedStatementSetter：只为语句设置参数，比 PreparedStatementCreator 更具有针对性。

◎ CallableStatementCreator：在创建 CallableStatement 语句时自定义语句内容。

◎ PreparedStatementCallback：用户自己实现 PreparedStatement 执行和结果集返回。

◎ CallableStatementCallback：用户自己实现 CallableStatement 执行和结果集返回。

◎ ResultSetExtractor：用户自己实现 ResultSet 结果集到返回对象的映射。

◎ RowCallbackHandler：用户自己处理结果集中的单行数据。

## 19.2.3 mybatis-spring 与 Spring

在了解 spring-jdbc 如何与 Spring 集成之后，我们很容易理解 MyBatis 如何与 Spring 集成。mybatis-spring 是项目的主要类，SqlSessionFactory 和 SqlSessionTemplate 是其中的核心类，如图 19-1 所示。

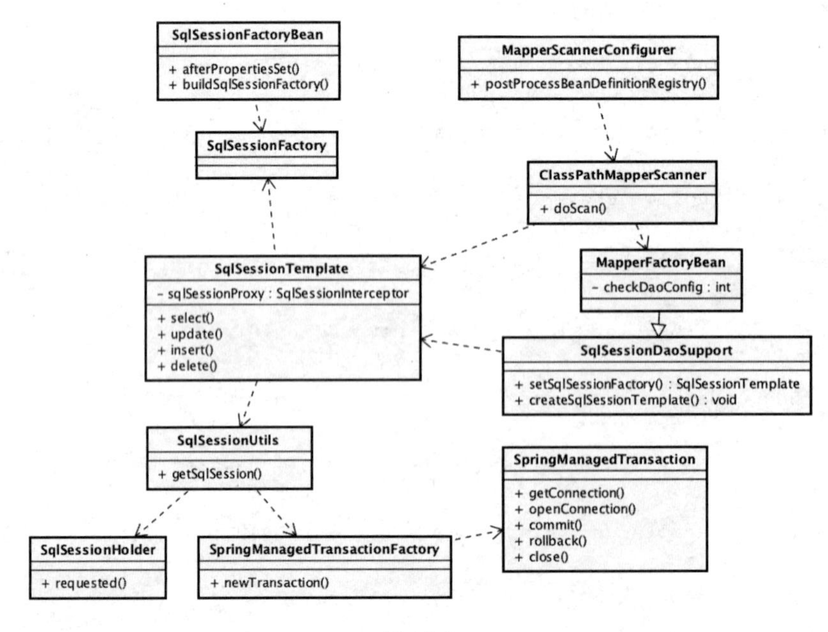


图 19-1

下面逐一介绍 mybatis-spring 主要类的技术细节。

（1）SqlSessionFactoryBean：MyBatis 配置初始化的入口。SqlSessionFactoryBean 首先初始化 MyBatis 的一个配置对象 configuration，默认会建立空配置，只设置 configuration Properties。

如果应用程序设置了 configLocation，SqlSessionFactoryBean 就会使用 configLocation 定位到的配置文件执行 MyBatis 的构建功能，进而得到 configuration 对象。需要注意的是，SqlSessionFactoryBean 在构建 environment 时，事务工厂使用的是 SpringManagedTransactionFactory，最后调用 sqlSessionFactoryBuilder#build(configuration)返回一个 DefaultSqlSessionFactory。

```
    protected SqlSessionFactory buildSqlSessionFactory() throws IOException {

  Configuration configuration;

  XMLConfigBuilder xmlConfigBuilder = null;
  if (this.configuration != null) {//已经存在 configuration
    configuration = this.configuration;
    //加载变量
     if (configuration.getVariables() == null) {
      configuration.setVariables(this.configurationProperties);
    } else if (this.configurationProperties != null) {
      configuration.getVariables().putAll(this.configurationProperties);
    }
  } else if (this.configLocation != null) {//从 configLocation 开始加载
    xmlConfigBuilder = new XMLConfigBuilder(this.configLocation.getInputStream(),
null, this.configurationProperties);//初始化 builder
    configuration = xmlConfigBuilder.getConfiguration();//构建 configuration
  } else {
    LOGGER.debug(() -> "Property 'configuration' or 'configLocation' not specified,
using default MyBatis Configuration");
    configuration = new Configuration();//新建一个空的 configuration
    if (this.configurationProperties != null) {
      configuration.setVariables(this.configurationProperties);
    }
  }
…
  if (xmlConfigBuilder != null) {
    try {
```

```
      xmlConfigBuilder.parse();//解析 XML 文件
      LOGGER.debug(() -> "Parsed configuration file: '" + this.configLocation + "'");
    } catch (Exception ex) {
      throw new NestedIOException("Failed to parse config resource: " +
this.configLocation, ex);
    } finally {
      ErrorContext.instance().reset();
    }
  }
  //加载事务工厂
  if (this.transactionFactory == null) {
    this.transactionFactory = new SpringManagedTransactionFactory();
  }
  //配置运行环境
  configuration.setEnvironment(new Environment(this.environment,
this.transactionFactory, this.dataSource));

  if (!isEmpty(this.mapperLocations)) {
     //遍历 mapper
    for (Resource mapperLocation : this.mapperLocations) {
      if (mapperLocation == null) {
        continue;
      }

      try {
     //初始化 mapper 构建器
        XMLMapperBuilder xmlMapperBuilder = new
XMLMapperBuilder(mapperLocation.getInputStream(),
            configuration, mapperLocation.toString(),
configuration.getSqlFragments());
        xmlMapperBuilder.parse();//解析 mapper 文件
      } catch (Exception e) {
        throw new NestedIOException("Failed to parse mapping resource: '" +
mapperLocation + "'", e);
      } finally {
        ErrorContext.instance().reset();
      }
      LOGGER.debug(() -> "Parsed mapper file: '" + mapperLocation + "'");
    }
  } else {
    LOGGER.debug(() -> "Property 'mapperLocations' was not specified or no matching
```

```
resources found");
  }
  //使用工厂构建 sqlSession 对象并返回
  return this.sqlSessionFactoryBuilder.build(configuration);
}
```

（2）MapperScannerConfigurer：SqlSessionFactoryBean 使用 MapperScannerConfigurer 扫描 Mapper 接口。

```
    @Override
public void postProcessBeanDefinitionRegistry(BeanDefinitionRegistry registry) {
  if (this.processPropertyPlaceHolders) {
    processPropertyPlaceHolders();//处理字符串占位符
  }
  //初始化扫描器
  ClassPathMapperScanner scanner = new ClassPathMapperScanner(registry);
  scanner.setAddToConfig(this.addToConfig);
  scanner.setAnnotationClass(this.annotationClass);
  scanner.setMarkerInterface(this.markerInterface);
  scanner.setSqlSessionFactory(this.sqlSessionFactory);
  scanner.setSqlSessionTemplate(this.sqlSessionTemplate);
  scanner.setSqlSessionFactoryBeanName(this.sqlSessionFactoryBeanName);
  scanner.setSqlSessionTemplateBeanName(this.sqlSessionTemplateBeanName);
  scanner.setResourceLoader(this.applicationContext);//Spring 上下文
  scanner.setBeanNameGenerator(this.nameGenerator);
  scanner.registerFilters();
  scanner.scan(StringUtils.tokenizeToStringArray(this.basePackage,
ConfigurableApplicationContext.CONFIG_LOCATION_DELIMITERS));
}
```

初始化好的 Bean 对象会被注册到 applicationContext 上下文中。

```
    @Override
public Set<BeanDefinitionHolder> doScan(String... basePackages) {
  Set<BeanDefinitionHolder> beanDefinitions = super.doScan(basePackages);

  if (beanDefinitions.isEmpty()) {
    LOGGER.warn(() -> "No MyBatis mapper was found in '" + Arrays.toString(basePackages)
+ "' package. Please check your configuration.");
  } else {
    processBeanDefinitions(beanDefinitions);
  }
```

```
  return beanDefinitions;
}
```

将 mapperFactoryBean 作为 Mapper 接口的实现，初始化 mapperFactoryBean 必要的参数（addToConfig、sqlSessionFactory、sqlSessionTemplate），最后把 autowired 模式设置成 bytype。

```
    private void processBeanDefinitions(Set<BeanDefinitionHolder> beanDefinitions)
{
  GenericBeanDefinition definition;
  for (BeanDefinitionHolder holder : beanDefinitions) {
    definition = (GenericBeanDefinition) holder.getBeanDefinition();
    String beanClassName = definition.getBeanClassName();
    LOGGER.debug(() -> "Creating MapperFactoryBean with name '" + holder.getBeanName()
        + "' and '" + beanClassName + "' mapperInterface");


definition.getConstructorArgumentValues().addGenericArgumentValue(beanClassName);
//issue #59
    definition.setBeanClass(this.mapperFactoryBean.getClass());

    definition.getPropertyValues().add("addToConfig", this.addToConfig);

    boolean explicitFactoryUsed = false;
     //处理 sqlSessionFactory
    if (StringUtils.hasText(this.sqlSessionFactoryBeanName)) {
      definition.getPropertyValues().add("sqlSessionFactory", new
RuntimeBeanReference(this.sqlSessionFactoryBeanName));
      explicitFactoryUsed = true;
    } else if (this.sqlSessionFactory != null) {
      definition.getPropertyValues().add("sqlSessionFactory",
this.sqlSessionFactory);
      explicitFactoryUsed = true;
    }
    //处理 sqlSessionTemplate
    if (StringUtils.hasText(this.sqlSessionTemplateBeanName)) {
      if (explicitFactoryUsed) {
        LOGGER.warn(() -> "Cannot use both: sqlSessionTemplate and sqlSessionFactory
together. sqlSessionFactory is ignored.");
      }
```

```
      definition.getPropertyValues().add("sqlSessionTemplate", new
RuntimeBeanReference(this.sqlSessionTemplateBeanName));
      explicitFactoryUsed = true;
    } else if (this.sqlSessionTemplate != null) {
      if (explicitFactoryUsed) {
        LOGGER.warn(() -> "Cannot use both: sqlSessionTemplate and sqlSessionFactory
together. sqlSessionFactory is ignored.");
      }
      definition.getPropertyValues().add("sqlSessionTemplate",
this.sqlSessionTemplate);
      explicitFactoryUsed = true;
    }
    //在未指定 sqlSessionFactory、sqlSessionTemplate 的情况下，使用 autowired 绑定
    if (!explicitFactoryUsed) {
      LOGGER.debug(() -> "Enabling autowire by type for MapperFactoryBean with name
'" + holder.getBeanName() + "'.");
      definition.setAutowireMode(AbstractBeanDefinition.AUTOWIRE_BY_TYPE);
    }
  }
}
```

（3）SqlSessionTemplate：为模板方法，实现了 SqlSession 的功能。用动态代理为 SqlSession 添加 SqlSessionInterceptor 拦截功能，实现 MyBatis 事务与 Spring 的集成。

（4）MapperFactoryBean：MapperFactoryBean 的父类 SqlSessionDaoSupport 继承了 spring-tx 中的 DaoSupport。实现的 checkDaoConfig()方法可以检查 sqlSession 是否已经被初始化，并检查在配置中是否有 SQL Mapper。getObject()实现了其工厂 Bean 的功能，能返回 mapper 对象，为 MapperScannerConfigurer 提供 Mapper 接口自动注入功能。

```
    @Override
protected void checkDaoConfig() {
  notNull(this.sqlSessionTemplate, "Property 'sqlSessionFactory' or
'sqlSessionTemplate' are required");
}

    @Override
protected void checkDaoConfig() {
  super.checkDaoConfig();

  notNull(this.mapperInterface, "Property 'mapperInterface' is required");
```

```
  Configuration configuration = getSqlSession().getConfiguration();
  if (this.addToConfig && !configuration.hasMapper(this.mapperInterface)) {
    try {
      configuration.addMapper(this.mapperInterface);
    } catch (Exception e) {
      logger.error("Error while adding the mapper '" + this.mapperInterface + "' to
configuration.", e);
      throw new IllegalArgumentException(e);
    } finally {
      ErrorContext.instance().reset();
    }
  }
}
```

（5）SpringManagedTransactionFactory：因为使用的是 Spring 管理的 datasource，所以 mybatis-spring 的 SpringManagedTransaction 实现了对 datasource 的事务支持。

```
    private void openConnection() throws SQLException {
    //打开连接
  this.connection = DataSourceUtils.getConnection(this.dataSource);
    //获取自动提交
  this.autoCommit = this.connection.getAutoCommit();
    //获取是否支持事务
  this.isConnectionTransactional =
DataSourceUtils.isConnectionTransactional(this.connection, this.dataSource);

  LOGGER.debug(() ->
      "JDBC Connection ["
          + this.connection
          + "] will"
          + (this.isConnectionTransactional ? " " : " not ")
          + "be managed by Spring");
}
    @Override
public void commit() throws SQLException {
    //提交事务
  if (this.connection != null && !this.isConnectionTransactional && !this.autoCommit)
{
    LOGGER.debug(() -> "Committing JDBC Connection [" + this.connection + "]");
    this.connection.commit();
  }
}
```

```
    @Override
public void rollback() throws SQLException {
    //回滚事务
  if (this.connection != null && !this.isConnectionTransactional && !this.autoCommit)
{
    LOGGER.debug(() -> "Rolling back JDBC Connection [" + this.connection + "]");
    this.connection.rollback();
  }
}
    @Override
public void close() throws SQLException {
    //关闭连接
  DataSourceUtils.releaseConnection(this.connection, this.dataSource);
}
```

# 反侵权盗版声明



举报电话：（010）88254396；（010）88258888

传　　真：（010）88254397

E-mail:　　dbqq@phei.com.cn

通信地址：北京市万寿路173信箱

　　　　　电子工业出版社总编办公室

邮　　编：100036